Erhaltungskonzepte

Methoden und Maßnahmen
zur Sicherung historischer Bauwerke

Ernst & Sohn

Erhalten historisch bedeutsamer Bauwerke

Baugefüge, Konstruktionen, Werkstoffe

Sonderforschungsbereich 315
Universität Karlsruhe

Sonderband 1990

Ernst & Sohn Verlag für Architektur
und technische Wissenschaften
Berlin

Erhaltungskonzepte

Methoden und Maßnahmen
zur Sicherung historischer Bauwerke

Ernst & Sohn
Verlag für Architektur
und technische Wissenschaften
Berlin

Diese Arbeit ist im Sonderforschungsbereich 315 »Erhalten historisch bedeutsamer Bauwerke, Baugefüge, Konstruktionen, Werkstoffe« entstanden und wurde auf seine Veranlassung unter Verwendung der ihm von der Deutschen Forschungsgemeinschaft zur Verfügung gestellten Mittel gedruckt.

Herausgeber: Dr.-Ing. HARTWIG SCHMIDT, SFB 315

Redaktionelle Bearbeitung: Dokumentationsstelle des SFB 315, EGBERT FRIEDRICH

Abbildung S. VIII: Prof. Dr.-Ing. FRITZ WENZEL (Photo: D. Altenkirch)

Dieses Buch enthält 198 Abbildungen und 9 Tabellen.

CIP-Titelaufnahme der Deutschen Bibliothek

Erhaltungskonzepte
Methoden und Maßnahmen zur Sicherung historischer Bauwerke Sonderforschungsbereich 315, Univ. Karlsruhe.
Red. Bearb.: Dokumentationsstelle d. SFB 315 - Berlin: Ernst, Verlag für Architektur u. Techn. Wiss. 1993
ISBN 3-433-01241-5
NE: Sonderforschungsbereich Erhalten historisch bedeutsamer Bauwerke - Baugefüge, Konstruktion, Werkstoffe (Karlsruhe)

Satz: Ditta Ahmadi, Berlin
Druck: Oskar Zach GmbH & Co. KG, Berlin
Bindung: Lüderitz & Bauer GmbH, Berlin

Herstellung: Fred Willer

Printed in Germany

Vorwort

Der Anlaß für die Konzeption eines Sonderforschungsbereiches, der sich schwerpunktmäßig mit den ingenieurtechnischen Problemen der Erhaltung historischer Bauwerke beschäftigt, war die Hoffnung, durch »denkmalgerechte« Sicherungsmaßnahmen die erschreckenden Verluste an Kulturgut durch substanzzerstörende Sanierungen zu verhindern, denn Architekten wie Ingenieure zeigten sich, bis auf wenige Ausnahmen, in den vergangenen Jahrzehnten weitgehend unfähig zu einem substanzschonenden Umgang mit alten Bauten. Neben der Schwierigkeit, ihre Resttragfähigkeit zu erkennen oder sich in die Funktionsprinzipien der alten Konstruktionen hineinzudenken, war es der von der Denkmalpflege oft tolerierte Brauch, anstelle einer sorgfältigen Reparatur die historische Substanz auszuwechseln, der zu den zu beklagenden Verlusten geführt hat.
Die für den Neubau entwickelten Normen, Sicherheitsbestimmungen und Vorschriften lassen sich nur unter Vernachlässigung der aus einer langen Geschichte – oft Leidensgeschichte – resultierenden Probleme auf ein historisches Bauwerk übertragen. Die Erfahrung zeigt, daß die für den Neubau üblichen Berechnungsgrundlagen, am Altbau praktiziert, diesen in seiner Substanz weitgehend verändern. Das Ergebnis der Baumaßnahmen, die zumeist ohne sorgfältige Voruntersuchungen durchgeführt werden, ist die Verwandlung des Baudenkmals in ein »Neubaudenkmal«.
Eine der wichtigsten Aufgaben der Denkmalpflege ist die Erhaltung der authentischen historischen Substanz mit allen ihren Geschichtsspuren. Diese Verpflichtung zur dokumentarisch treuen Überlieferung der materiellen wie geistigen Bedeutung ist nur aufrechtzuerhalten, wenn Methoden und Maßnahmen zur Bauerhaltung eingesetzt werden, die substanzschonend durchgeführt werden. Der SFB 315 hat sich die Entwicklung dieser »denkmalgerechten« Methoden zur Aufgabe gemacht. Das Ergebnis der Forschungen werden »Empfehlungen für die Praxis« sein; gilt es doch, auf diese einzuwirken und sie zu verändern. Die hierfür erforderlichen, oft langwierigen Untersuchungen werden in den Labors und Werkhallen durchgeführt, doch deren Zielstellung entwickelt sich im gemeinsamen Gespräch von Denkmalpflegern, Restauratoren, Ingenieuren und Naturwissenschaftlern. Auf jährlichen Tagungen und themenspezifischen Kolloquien werden die Forschungen und Forschungsergebnisse der einzelnen Teilprojekte vorgestellt und regelmäßig in den Jahrbüchern des SFB veröffentlicht.
Dieser Sonderband des Jahrbuchs 1990 mit Aufsätzen von Mitarbeitern und Freunden des SFB ist eine Dokumentation des bestehenden Gedankenaustausches. Er berücksichtigt die Themen, die in den Forschungen der einzelnen Teilprojekte des SFB leider nur geringe Berücksichtigung finden konnten, obwohl sie wichtig und von Bedeutung sind.
Ein glücklicher Umstand fügte es, daß das fünfjährige Bestehen des SFB 315 zusammenfiel mit dem 60. Geburtstag von Fritz Wenzel am 8. Februar 1990. Da es hauptsächlich seiner Initiative zu verdanken ist, daß dieser Sonderforschungsbereich 1985 von der Deutschen Forschungsgemeinschaft eingerichtet wurde, möchten wir diesen Band dem Jubilar widmen und ihm herzlich gratulieren. Die Aufsätze zeigen, wie weit sich die Kreise gemeinsamen Denkens und Handelns bereits ziehen.

Hartwig Schmidt

Inhalt

August Gebessler

Zum Geleit

Sehr geehrter und lieber Herr Wenzel!

Der berufliche Umgang mit Denkmälern hat immer wieder – das lehrt die Chronik der Denkmalpflege – in erfreulicher Weise auch dazu geführt, daß sich aus der dem Geschichtsdenkmal verpflichteten und in diesem Sinn gemeinsam wahrgenommenen Aufgabe zwischen Partnern selbst aus unterschiedlichsten Lagern nicht selten auch persönlich achtende Bindungen ergaben.
Auf diese Erfahrung berufe ich mich, wenn ich meine herzliche Gratulation zu Ihrem runden Geburtstag nicht nur im Rahmen enger berufsbezogener Kontakte, sondern auch als Ausdruck persönlicher Wertschätzung verstanden sehen möchte.
Umgekehrt kommt es ja auch den Denkmälern wiederum zugute, wenn sich aus der Offenheit des persönlichen Gespräches (wie in unserem ‚Fall') auch die fachlich-praktische Zusammenarbeit in dem Sinn partnerschaftlich verstehen kann, daß es auf beiden Seiten über den jeweils speziellen Auftrag und demgemäß über das jeweilige Rollenverständnis in der Gesamtaufgabe der Denkmalerhaltung keinen besonderen Klarstellungsbedarf gibt.
Ich halte dies hier nun nicht fest, um unserer Zusammenarbeit damit einen geburtstagsbezogen-unverfänglichen Persilschein auszustellen. Im Gegenteil.

Angesichts einer heutzutage vielseitigen Denkmalherausforderung und -gefährdung ist – oft genug gesagt – Denkmalerhaltung weithin nur noch interdisziplinär zu leisten.
Diese Tatsache und zudem das erfreuliche Öffentlichkeitsinteresse bzw. die Erwartung gegenüber dem Denkmalgeschehen, die Zunahme in der „Veranstaltung" des Denkmalthemas mit der bekannten Vermengung von Fachfragen und einem weithin visualisierten, emotionalen Denkmalverständnis, die notwendige Verankerung der Denkmalprobleme in den Möglichkeiten (und auch in der Eigendynamik) verschiedenster, inzwischen unentbehrlicher Wissenschaftsdisziplinen, die mitunter fragwürdige (auch politische) Indienstnahme des Denkmals für Anliegen (z.B. für die Stadtbildaufwertung), die mit den Belangen des Denkmals nicht mehr zu tun haben oder diesem sogar zuwiderlaufen, usw. usw. – das alles ist mit zu sehen, wenn heute die an sich banale Selbstverständlichkeit einer Orientierung der Denkmalpraxis an den Notwendigkeiten des Denkmals und – innerhalb der verschieden wirksamen Fachdisziplinen – die Klarheit im Aufgabenverständnis bzw. über die sachbedingte Rollenverteilung verstärkt zu reklamieren ist.
Ich spreche den letztgenannten Sachverhalt hier deswegen an, weil er auch für die denkmaldienliche Effektivität derjenigen Wissenschaften und Forschungszweige wohl grundlegend ist, die heute für die Denkmalsache gefordert sind.

Und ich erwähne dies Ihnen gegenüber vor allem deswegen mit Genugtuung (um soviel schon einmal vorweg zu sagen), weil Sie schon bei der Organisierung des Sonderforschungsbereiches gerade die mit dem angesprochenen Aspekt der Rollenverteilung zusammenhängenden Fragen ernsthaft bedacht und für die Praxis sozusagen vorgeregelt haben.
Eben diese Tatsache wäre für mich ein begrüßenswert beispielhafter Anlaß gewesen, um für die Festschrift zu Ihrem Geburtstag einen Beitrag zu schreiben und dabei ganz generell etwas zu reflektieren über die „Rollenfrage", über die Fachkompetenz im Spannungsfeld zwischen Denkmalbedarf und Denkmalwollen, im Spannungsfeld zwischen Dienst am Denkmal und Indienstnahme des Denkmals.
Daß dieses Vorhaben zu meinem großen Bedauern aus zeitlichen Gründen gescheitert ist, sehen Sie aus der Notlösung in Form dieses Briefes.

Welche Beobachtungen mich zum Vorhaben eines gerundeten Beitrages gedrängt hätten, ist Ihnen als „altem Fachhasen" und als erfahrenem Praktiker längst geläufig. Schließlich ist es für den Denkmalbestand schon immer von größtem Nachteil gewesen, wenn der eine im Fachgebiet des anderen dilettiert, wenn sich der fachliche Umgang mit dem historischen Artefakt nicht am Bedarf des Denkmals, sondern (getragen auch von den Anliegen eines optisch und gestaltwertorientierten Denkmalverständnisses) vorrangig an den Möglichkeiten des jeweiligen fachlichen Könnens und Wissens orientiert.

Natürlich geht es dabei zunächst auch um die Abgrenzung zwischen einerseits konservatorischen Fragen, die auf die historische Bedeutung und auf die substanzgebunden-geschichtliche Dimension im Denkmal gerichtet sind bzw. auf jene Faktoren, die in Gestalt und Substanz den geschichtlichen Charakter und Rang des Denkmals konstituieren, und andererseits jenen fachlich-speziellen Fragestellungen im großen Partnerfeld der Denkmalpflege, das sich von der handwerklichen Seite her, vom bautechnischen und baukonstruktiven, von restauratorischen oder von historisch-faktischen Gesichtspunkten her um das rechte Wissen zugunsten des Denkmalbestandes und seiner Erhaltung zu kümmern hat.

So wird das Denkmalgeschehen – um zunächst bewußt kritisch auch meine Zunft und meine selbstgemachten Erfahrungen zu benennen – dort unnötig belastet, wo der Konservator seinen Auftrag, nämlich Denkmalwerte namhaft und geltend zu machen, überschreitet (und dabei möglicherweise sogar vernachlässigt). Überdeutlich wird dies noch immer beispielsweise dort, wo er sich im sattsam bekannten Spannungsfeld der „Neubaufrage im historischen Zusammenhang" nicht selten vorrangig auf die Qualitätsdiskussion einläßt oder sich in der Rolle einer Art Tekturbüro „in Sachen historisch" um gestalterische Detailfragen kümmert, anstatt dem Partner, dem Architekten, dem Planer, die historisch relevante Baunachbarschaft (und dies ist freilich die schwierigere Aufgabe) so zu vermitteln, daß sie ihm in den verpflichtenden Bindungen ihres Bau- und Nutzungscharakters einsichtig und so zur Orientierung werden kann für ein in jeder Hinsicht dialogfähiges Neubauergebnis.
Oder das Verhältnis zum Fachhandwerker: Ich weiß aus der eigenen Praxis noch zu gut, daß und warum es immer wieder naheliegend sein kann, auf der Denkmalbaustelle der Erwartung spezieller Handwerksergebnisse selbst nachzuhelfen, etwa in der Putztechnik, oder durch das Nachmischen im Farbkübel usw., anstatt dem erfahrenen Praktiker und seiner Intelligenz vor allem das Handwerkliche als konstituierende Eigenschaft des Denkmals bzw. ihm den Wert der zwar anonymen, im Denkmalzusam-

menhang aber doch geschichtlich sprechenden Bausubstanz so zu vermitteln, daß er sich im Hinblick auf die Reparaturfähigkeit des Alten in seiner Reparaturintelligenz herausgefordert sieht.

Aber nicht nur dies. Die beratende Rolle des Konservators gegenüber dem Fachpartner ist zugegebenermaßen vor allem dort schwierig, wo der erheblich erweiterten Palette an Ursachen für die Dankmalgefährdung inzwischen auch ein wachsendes Angebot an technisch-naturwissenschaftlichen Möglichkeiten zur Bestandserhaltung entspricht. Damit wird die Erhaltungspraxis vielfach auf eine Spezialistenebene „gehoben", durch die der bisher geläufige, methodisch-praktische, sagen wir: vom Handwerklichen her immer noch nachvollziehbare und verhältnismäßige Rahmen einer Denkmalreparatur z.T. überschritten und solchermaßen vom Konservator dann „automatisch" zunächst mit konfliktträchtig zweifelnden Fragezeichen versehen. Dies natürlich auch wiederum nicht in jedem Fall ganz unbegründet.

Nicht zuletzt weiß ich aus eigener Praxis auch, wie verführerisch es ist, das Neue, die Veränderung im Denkmalzusammenhang nur als solche oder nur in gestalterischer Hinsicht zu qualifizieren anstatt dessen Auswirkungen auf das Denkmal als Geschichtsdenkmal und dessen Wertschichten darzulegen.

Ich benenne dazu beispielhaft nur den marktdrängenden Einsatz von Ersatzstoffen in der Baudenkmalsanierung (Dachdeckmaterialien, Kunststoff-Fensterläden, Kunststoffsprossenfenster usw.), wo die Antwort (gegenüber dem Fachpartner) nicht nur auf der Ebene des Unzulänglichen im Erscheinungsbild oder im (anderen) Alterungsverhalten zu suchen und auszudrücken ist, sondern in den Faktoren jener Authentizität, die nicht nur für das Original, sondern genauso für den reparierenden Substanzaustausch zu reklamieren ist, um wenigstens durch die materiell gleichartige Fortschreibung wiederum Übereinstimmung mit dem Original zu erreichen.

Dies nur als Andeutung zur Aufgaben- und Rollenproblematik auf der „einen Seite".

Und umgekehrt ist dies nicht anders. Sie wissen wie ich, wozu es führen kann und immer wieder führt, wenn sich unsere Partner im fachlich praktischen Umgang mit den Denkmälern beispielsweise nicht darauf beschränken, in aller (zugegeben: schwierigen) Normalität Bestandserhaltung zu leisten oder sicherzustellen, sondern schon aus dem bloßen Wissen um einen Sonderanspruch der Denkmäler nun auch von den Einsatzmöglichkeiten der eigenen Fachdisziplin her am historischen Artefakt mehr wollen und mehr tun, als es vom Denkmal als Geschichtszeugnis her notwendig, ja dienlich ist.

Das Anliegen zum herausstellenden Geltendmachen den Denkmals (in seiner Umweltnachbarschaft) und gleichermaßen zum Geltendmachen der jeweils eigenen Fachdisziplin gehört gerade in einer Zeit übergroßer und auch emotioneller Denkmalzuwendung offensichtlich zu den unvermeidbaren und in der Denkmaldienlichkeit immer wieder auch fragwürdigen Begleiterscheinungen.

Wir müssen die Belegbeispiele dafür nicht krampfhaft suchen. Sie begegnen uns zunächst schon vor allem dort, wo der tüchtige Fachhandwerker in Sonderkursen als nunmehr „Restaurator im Handwerk" seine zusätzlichen und wiedererlernten Kenntnisse in historischer Handwerkstechnik nicht vorrangig zur intelligent-reparierenden Substanzerhaltung einsetzt, sondern – orientiert an der schon zitierten visuell gearteten öffentlichen Ergebniserwartung und am zunächst allzu verständlichen Eigenbedürfnis nach Vorweisergebnissen – entsprechend den Zielen einer baupflegerisch-vernünftigen und gleichermaßen „historisch getreuen Erneuerung", mit der Konsequenz von zumeist übermäßigem Substanzaustausch und damit Verlust an geschichtlich sprechendem Bestand.

Daß dabei auch die m.E. überbordende Dominanz des Befundthemas mit eine nachteilige Rolle spielt, sollte inzwischen nicht mehr bestritten werden. Befunderhebung wird weithin nicht (mehr) verstanden als wissenschaftliche Erkundung und als Untersuchung zur Absicherung gegen mögliche Verluste in den verdeckten Wertschichten des Denkmals, sondern als Chance (beispielsweise in der Feststellung verschiedenster älterer Farbschichten), um einen, möglichst den „originalen" Zustand wieder herzustellen.
Dabei wäre die verhängnisvolle Gleichsetzung von „original" und „ursprünglich", die den Originalwert jeder jüngeren Denkmal-„Fassung" sträflich vernachlässigt, nicht nur in diesem Zusammenhang zusätzlich anzusprechen.
Lassen wir's dahingestellt, wie weit hier immer auch noch Vorstellungen vom Denkmal realisiert und Erwartungen umgesetzt werden, die man schon aus früheren (?) amtlich-denkmalpflegerischen Vorgaben in der Denkmalpraxis gewonnen hat. Die Zeit ist schließlich noch nicht lange her, wo denkmalpflegerische Leistung in erster Linie durch den bekannten Fotovergleich „Zustand vorher – Zustand nach der Renovierung" vermittelt und dann so auch verstanden wurde.

Nun haben wir die Praxis einer heutigen Befunduntersuchung (ähnlich wie die aktuelle Vertiefung bauforscherischer Untersuchungen und Bestandsanalysen) natürlich zunächst als Teil jenes erfreulichen Gesamtzuwachses an wissenschaftlicher Denkmalbefragung und an Denkmalwissen zu sehen, mit dem bei der notwendigen Instandsetzung für die Denkmäler einerseits die verstärkte Wahrung oder die angemessene Wiedergewinnung ihrer zeugnishaften Sprachmöglichkeiten und andererseits mehr Bestandssicherung erreicht werden kann.
Andererseits sind wir uns darüber im klaren: Um die Jahrhundertwende richtete sich der damals formulierte Aufruf nach „mehr Konservieren statt Restaurierung" erfahrungsbedingt gegen einen Umgang mit den Denkmälern, in dem die denkmalnachteilige Umsetzung von neu erworbenem Wissen (über die vermeintlich ursprünglich-originale, mittelalterliche Erscheinungsweise) unendlich viel Erneuerungseingriffe und Bestandsverluste gebracht hatten.
Grundsätzlich-sinngemäß aber ist die damalige Parole auch heute noch nicht überflüssig angesichts einer Praxis, die sich in ihren Maßnahmen zwar in einem eminenten Zuwachs an naturwissenschaftlich-technisch verfügbaren Fähigkeiten legitimiert sehen kann, die in der Endauswirkung aber gleichermaßen wiederum zum vermehrten Handanlegen im Geschichtsbestand führt.
Ich erinnere zur Erläuterung hier nur an den Aufgabenbereich der Restauratoren: Obwohl bei freigelegten Wandmalereien die rasch zunehmende Hinfälligkeit ebenso bekannt ist wie die Fragwürdigkeit in der (langfristigen) Auswirkung der ständig neu angebotenen Festigungsprodukte, mit denen (selbstverständlich wissenschaftlich!) an den „Original-Patienten" experimentiert wird, – all diese Erfahrungen konnten die Tendenz zur weiteren Freilegung von bislang verdeckten Malereien kaum einschränken.
Es ist nicht nur der immer wieder zitierte Partner Öffentlichkeit, für den – wie in der Archäologie – erst das sichtbar gemachte Geschichtszeugnis wertvoll ist bzw. der solchermaßen als die eigentliche Triebfeder zum freilegenden, zum aufdeckenden Handeln namhaft zu machen wäre.
Es sollte auch nicht von vornherein mit Negativbegriffen wie wissenschaftliche Eitelkeit belegt werden, wenn sich auch in dieser Fachdisziplin das Vorweisbedürfnis von Leistungsfähigkeit solchermaßen zuerst im Sichtbaren bzw. sichtbar gemachten Handeln und im eindrucksvoll schaubaren Ergebnis, d.h. im Aufdecken, im Translozieren usw. erfüllt sieht.

Es zeigt sich aber gerade an dieser Berufsgruppe, deren Mitglieder im besonderen zu den denkmalverantwortlichen Spezialisten gerechnet werden, wie dringend es ist, darüber nachzudenken, daß man an den Denkmalen nicht alles darf, was man weiß und kann. Ich erwähne diese längst bekannten Beobachtungen deshalb, weil sie letztendlich für *alle* im Denkmalzusammenhang tätigen Fachbereiche kennzeichnend dartun, wie rasch der erfreuliche Zuwachs an wissenschaftlich-praktischen Erkenntnissen zum Denkmalbestand und zur Denkmalerhaltung vom Denkmalvorteil auch zum Denkmalnachteil umschlagen kann.

Ich erwähne dies hier aber auch deshalb, weil ich meine, daß derartige Nachdenklichkeiten auch im großen und rapide wachsenden Forschungs- und Maßnahmebereich anzustellen wären, der einerseits verdienstvoll technisch-konstruktive Bestandssicherung, Substanzfestigung usw. anstrebt, andererseits aber auch dabei mitunter Methoden bzw. Verfahren entwickelt, mit denen in Ansatz, Aufwand und Verhältnismäßigkeit die Baubestands- und Reparatureigentümlichkeiten des geschichtlich Überkommenen nicht selten verfremdend überlagert werden.

Ich hätte daher gerne und begründet zunächst dargelegt, daß und warum die Fragestellungen und Erkenntnisse des von Ihnen initiierten und geleiteten Sonderforschungsbereiches grundsätzlich von zentraler Bedeutung sind, um den materiellen Herausforderungen in der aktuellen Denkmalgefährdung und einer heutigen, auf Erhaltung nicht nur der historisch-gestalterisch sondern geschichtlich sprechenden Substanz ausgerichteten Denkmalzuwendung besser gerecht werden zu können.

Ich wäre dann ausführlicher auch eingegangen beispielsweise auf Erscheinungsformen des gegenwärtig generellen Hochklimas im Denkmalthema, und auf eine Denkmalwertschätzung, das nicht unbedingt aus existentiellem Geschichtsbewußtsein, sondern zunächst ganz schlicht aus dem aus der Nachkriegszeit resultierenden Verlustdefizit im Altbaubestand und aus neubauverletzten Reaktionen entstanden ist – nicht zuletzt auch aus der zunehmend erwiesenen, z.T. fragwürdig-attraktiven Möglichkeit, neue Nutzungen im Altbestand einzubringen mit dem Nebeneffekt von zusätzlichen „Milieuqualitäten".

Das in diesem Prozeß erreichte *mehr* an Erhaltung ist de facto ja nicht nur ein Rückgang der Abbruchzahlen und eine Zunahme der Bestandssicherung. Vielmehr erschien im Gegenzug nun eine Aktivierung, eine Denkmal-Aufwertung im Sinne heutiger Funktionstüchtigkeit (Stadtbildwert, Nutzung usw.), die in der Praxis, d.h. auch über die heutzutage möglichen und z.T. abenteuerlichen technisch-konstruktiven Klimmzüge eine Art Denkmalerhaltung bewirkte, die sich nicht selten an der Grenze der Verhältnismäßigkeit bewegt.

Weiter wäre dann auch zu reflektieren über zunächst ganz natürliche, gleichermaßen aber gewichtige Gegebenheiten in diesem Zusammenhang: Über die zunächst selbstverständliche Eigengesetzlichkeit und Eigendynamik im Verfolg forscherischer Fragestellungen, die allerdings in der Durchführung und in der Ergebniserwartung möglicherweise an den Anliegen des Denkmals auch vorbeigehen kann. Es wäre nachzudenken über das zunächst selbstverständliche Bedürfnis, methodisch schwierige (technisch-konstruktive) Herausforderungen anzunehmen, dies mitunter aber eben auch mit einem Ergebnis von „Sicherungs- oder Stütz"-Lösungen, die Dauererhaltung unterstellen bzw. die letztendlich in Konflikt kommen können mit der (auch) notwendigen Hinnahme der Hinfälligkeit bzw. Eigengesetzlichkeit des Zeitlichen im Denkmal.

Oder ein weiteres: Ich hätte gerne auch reflektiert über Sicherungslösungen beispielsweise, die heutzutage dort und da mittels Stahl, Beton und Kunststoff unsichtbar in das

Denkmal eingebracht werden können und insofern keine äußerlich „störende" Hilfskonstruktion bringen müssen, die aber im Endergebnis doch einen Eingriff in den Altbestand und damit möglicherweise eine technologische Verfremdung bedeuten können, usw.
Ich würde - mit Bezug jetzt auf das zuletzt Gesagte - beispielsweise die Diskussion um die schwierige Sicherung der Klosterruine Heisterbach aufgreifen. Oder umgekehrt dann jene Art von sichtbaren Stützkonstruktionen, wie sie in einem Gastvortrag unseres SFB vorgeführt wurden, - Stützkonstruktionen, die nicht nur rechtens sichtbar eingebracht werden, sondern - über den Sinn einer verhältnismäßigen Bestandserhaltung hinaus - förmlich zur Demonstration technisch-konstruktiver Sicherungsmöglichkeiten geraten und in ihrem Eigenwert das Erlebnis des Denkmals so dominieren, daß eine Art gewollter Kontrast-Verfremdung entstehen kann.
Oder: Ich würde nach der Verhältnismäßigkeit bzw. nach dem Denkmalverständnis fragen, wenn die begründet-verstärkte Substanzzuwendung dazu führt, daß für den alten, schadhaften Balken im alten Mörtelzusammenhang eines Turminneren eine erhaltende umfängliche Stützkonstruktion ernsthaft diskutiert wird, wo zunächst eigentlich das Prinzip der fortschreibenden Baureparatur, d.h. die austauschende Erneuerung am Platze wäre.

Solche und ähnliche Fragen wollte ich für unseren Arbeitszusammenhang ausführlicher darlegen aus hauptsächlich zweierlei Gründen:
Erstens, weil ich weiß, daß Sie das in aller Offenheit auch erwarten.
Und zweitens: Sie haben schon in den Anfängen Ihrer Arbeit und Ihrer vielfältigen Auseinandersetzung mit dem Denkmalbestand solche Überlegungen mit angestellt, mitgetragen, haben in pionierhafter Weise mehr Fragestellungen provoziert als den rasch möglichen und interessanten Antworten geglaubt und so in erster Linie das (vom Denkmal her) Notwendige angestrebt und nicht das faszinierend Mögliche. Heute gibt es viele, die in diesem Aufgabenbereich auf den gutfahrenden Wagen aufspringen und begeistert sozusagen mitmachen, ohne ganz die Anliegen und die Schwierigkeiten zu spüren, aus denen heraus er erst in Bewegung gebracht werden mußte.
Im Zusammenhang mit Ihrem Geburtstag wird sicherlich an anderer Stelle die Vielzahl Ihrer Einzelmaßnahmen dargestellt werden, denen die Rettung und Sicherung von Baudenkmalen zu verdanken ist.
Ich nenne hier nur Herrenberg und die Konstanzer Klosterkaserne. Dies deshalb, weil ich dabei unmittelbar selbst erfahren konnte, daß und in welchem Ausmaß das Miterleben Ihrer diszipliniert besorgten, fachlichen Auseinandersetzung mit den jeweiligen baukonstruktiven Denkmalnöten beim mitzuständigen Partnerfeld (auch beim Partner Öffentlichkeit) zusätzlich Denkmalzuwendung und Werteinstellung bewirkt hat.
Dies gehört für mich jedenfalls zum Überdies-Gewinn aus unserem Zusammenwirken.

Es ist kein Geheimnis: Sie haben mehrfach die (im zeitlichen Einsatz) mangelhafte Mitleistung des Landesdenkmalamtes im Sonderforschungsbereich moniert. Dies auch im Namen der Deutschen Forschungsgemeinschaft.
Ich erwähne dies nicht, um nun auch an dieser Stelle gleich wieder und zum wievielten Male die Personalprobleme im Landesdenkmalamt, das Mißverhältnis zwischen vielfältiger Herausforderung und möglicher Aufgabenbewältigung zum Fenster hinaus zu hängen. Ich sage dies auch nicht, um darauf hinzuweisen, wo einerseits überall heute das Denkmalthema im fachlichen Verantwortungsrahmen genauso wie in öffentlichkeitswirksamer, d.h. meinungsbildender Weise erörtert wird, die andrerseits immer auch

eine konservatorische Wahrnehmung bzw. Darstellung der Denkmal-Belange erforderlich machen würde, – die aber zeitlich nicht mehr zu leisten ist. Auch darüber wäre einmal nachzudenken. Die ganze Bandbreite von Aktivitäten in dieser Hinsicht – angefangen von vielartigen Ausbildungsunternehmungen bis hin zu politisch-getragenen Informationsveranstaltungen – ist Ihnen ja weithin geläufig.
Ich rede hier vielmehr deshalb von der Mitleistung des Landesdenkmalamtes im Sonderforschungsbereich, weil mir gerade unter dem Stichwort Rollenverteilung doch völlig klar ist, daß das beständige Namhaftmachen der geschichtlichen Dimension in Denkmalfragen zu den unverzichtbaren Grundnotwendigkeiten auch im Sonderforschungsbereich gehört.

Es sind dies dieselben Fragen, die *mutatis mutandis* in allen Disziplinen der Denkmalpraxis heute mehr denn je zu reklamieren sind, wenn mit dem Anliegen des Denkmalvorteiles Neues und Zusätzliches am Denkmal eingebracht wird, das Aufwertung bringt oder die Erhaltung stützt, Gestalterisches oder Technisch-konstruktives, usw.: Wie weit ist dieses „Zutun“ nicht nur mit dem Historisch-faktischen am Denkmal, sondern auch mit dessen geschichtlichem Charakter (den der Konservator zu reklamieren hat), mit einer Art Ökologie des Zeitlichen im Denkmal noch vereinbar, weil sie Denkmal-konstituierende Wertschichten stützt, wieder zur Geltung führt – wie weit ist es unverhältnismäßig, weil damit solche Wertschichten überlagert, ja eliminiert werden. Fragen also letztendlich in der Richtung, wo sich dadurch Denkmalnachteile ergeben, daß an die Stelle des Hilfsstoffes der Ersatzstoff tritt, daß die Hilfsmittel zum Ersatzmittel werden. Nun muß ich diese Fragen, die die Denkmalpflege seit ihren Anfängen begleiten, in ihrer heutigen Aktualität ohne die beabsichtigte Durchführung belassen.

Entnehmen Sie meinen Zeilen aber doch wenigstens dies:
Es sind keine hohl-formalen Wünsche, die ich zu Ihrem Geburtstag bringen will, sondern vielmehr auffordernde, zur konstruktiven Auseinandersetzung auffordernde Zeichen der ernsthaft bedachten und kollegialen Verbundenheit.

Alles Gute für Ihre Arbeit und besonders für Ihre Gesundheit.

Stuttgart, den 9. Februar 1990

Stets Ihr August Gebeßler

Denkmalpflege

Wolf Schmidt

Überfordert der Denkmalschutz die Denkmalpfleger?

Der Versuch einer Standortbestimmung

„Ziel aller Handlungen und Maßnahmen von Denkmalschutz und Denkmalpflege ist die weitestmögliche Erhaltung der historischen Substanz“. In dieser knappen Formel faßt ein Gesetzeskommentar zusammen, was sich in der Nachkriegszeit zu einem der umfassendsten kulturellen Anliegen unseres Landes entwickelt hat. Die Notwendigkeit, wertvolle Teile des Baubestandes zu schützen, ergab sich nicht nur aus den großen Verlusten an Kunst- und Baudenkmälern während des Zweiten Weltkrieges. Für eine Rechtfertigung sorgten auch die Tendenzen zu einer radikalen Erneuerung, die den verbliebenen Resten im Gefolge des Wirtschaftswunders vielerorts drohte.

Um die Wirksamkeit von Denkmalschutz und Denkmalpflege zu gewährleisten, wurden deshalb in den vergangenen Jahrzehnten eine Reihe zum Teil recht einschneidender Gesetze erlassen. Im Zusammenhang damit schuf man zahlreiche staatliche oder halbstaatliche Institutionen neu. Andere wurden umorganisiert oder erhielten zusätzliche Kompetenzen übertragen, damit sie ihre konservatorischen Aufgaben besser erfüllen konnten. Ferner versuchen Subventionsprogramme des Bundes und der Länder auf direktem oder indirektem Weg, die schonende Behandlung der historischen Substanz zu fördern. Die Ausgaben hierfür dürften sich bundesweit auf mehrere hundert Millionen Mark im Jahr addieren. Dabei ist dieser Betrag nur ein Bruchteil der Summen, die Privatpersonen und Institutionen aufbringen, um die in ihrem Besitz befindlichen Denkmäler angemessen zu erhalten – und dies alles vor dem Hintergrund zahlreicher Beschränkungen und Zwänge, die beispielsweise die Nutzung eines historischen Bauwerks mit sich bringen kann. Angesichts dieser hohen Aufwendungen von privater und von öffentlicher Seite verwundert es natürlich nicht, daß auch ein Teil der Industrie und des Dienstleistungsgewerbes die Denkmalpflege als lukrativen Markt entdeckt hat. Begünstigt wird dieser Prozeß durch einen Hang mancher Gesellschaftsschichten zu nostalgischer Verklärung der Vergangenheit.

Stellt man nun aber die Frage, wie das Ergebnis all dieser Bemühungen und Vorgänge zu bewerten ist, und will man untersuchen, ob das Resultat den Aufwand lohnt, dann erhält man nur vage oder widersprüchliche Antworten. Offen ist schon, wer legitimiert wäre, hier ein abschließendes Urteil abzugeben. Die Fachleute? Sie würden im weitesten Sinne nur ihre eigenen Leistungen beurteilen, sind also selbst Partei und zudem häufig sogar in nebensächlichen Fragen völlig uneins. Die Betroffenen? Auch sie können wegen ihrer eigenen Interessen im Grunde nicht objektiv urteilen. Hinzu kommt, daß sie ihre individuellen Erfahrungen meist nicht verallgemeinern können, weil ihnen der Überblick fehlt. Die Politiker? Für sie ist die Erhaltung historischer Substanz ein Anlaß für Sonntagsreden im Wahlkreis. Für die Probleme hat man die Fachleute, und im Fall eines Interessenkonfliktes finden sich regelmäßig passende Sachzwänge. Die Gesellschaft als Ganzes? Von ihr stammt zwar letztlich die Forderung, daß Denkmäler zu schützen und zu pflegen sind, wer aber dürfte für sich in Anspruch nehmen, für sie zu sprechen? Die sogenannte Öffentlichkeit, repräsentiert unter anderem durch die Medien, bejaht zwar grundsätzlich die Erhaltung historischer Zeugnisse, was Umfragen immer wieder bestätigen. Die Vorstellung des Durchschnittsbürgers von Denkmalschutz und Denkmalpflege scheint sich jedoch vor allem an dem Bild niedlicher Fachwerkstädtchen, gepflasterter Gassen, trutziger Wehrmauern und kupferner Kutscherlaternen auszurichten. Erheben die Konservatoren aber Forderungen, die diese Ebene verlassen, schwindet das Verständnis rasch, und es kommt zu kritischen Reaktionen. Selbst wenn diese nur von kleinen Interessengruppen ausgehen, verfehlen sie doch meist nicht ihren Eindruck auf die politischen Repräsentanten der Gesellschaft, die die Kulturpolitik des Staates definieren und lenken.

So gesehen gehören der Schutz und die Pflege der Denkmäler beileibe nicht zu den selbstverständlichen Gepflogenheiten im Lande, über deren Ziele und Inhalte ein breiter Konsens herrscht, sie stehen

1 Baudenkmäler als Spielzeugidylle – Wunsch einer nostalgischen Gesellschaft oder mißverstandene Aufgabe der Denkmalpflege?

vielmehr im Kreuzungspunkt vieler gegensätzlicher Meinungen und Interessen. Die Frage, ob alle die Gesetze, Einrichtungen und Anstrengungen ihren Zweck erfüllen, wird je nach Standpunkt ganz unterschiedlich beantwortet. Das bedeutet faktisch, daß es keine allgemein anerkannten und objektiven Maßstäbe dafür gibt, was unter *„weitestmöglicher Erhaltung der historischen Substanz"* zu verstehen ist. Bei Licht betrachtet zeigt sich, daß dies schwerwiegende Konsequenzen hat, denn wo Maßstäbe fehlen, ist auch eine sinnvolle Kosten-Nutzen-Analyse nicht möglich. Die Folge davon ist, daß man Mängel und Defizite nicht erkennt. Wer aber nicht weiß, was er falsch macht und aus welchen Gründen, vermag auch nichts aus seinen Fehlern zu lernen. Dies bedeutet letztlich Stagnation in der Entwicklung.

Warum es bisher noch keine verbindlichen Maßstäbe in dem besagten Sinne gibt, dafür bieten sich mehrere Erklärungen an. Die nächstliegende ist darin zu sehen, daß das Anliegen, das in der eingangs zitierten Formel so konkret und eindeutig umrissen scheint, bei näherem Besehen wohl beides nicht ist. Die größte Einigkeit dürfte noch bei der Definition dessen bestehen, was ein Denkmal auszeichnet. Mehr als hundert Jahre denkmalpflegerischer Reflexion und wissenschaftlicher Vertiefung haben in dieser Frage einen relativ weitgehenden Konsens unter den Fachleuten entstehen lassen. Von einer ähnlichen Eingrenzung und begrifflichen Festlegung kann dagegen keine Rede sein, wenn man erklären soll, was unter „Erhaltung" zu verstehen ist. Schon im normalen Sprachgebrauch kann das Wort zweierlei bedeuten: einen Vorgang und ein Ergebnis. Versteht man es im erstgenannten Sinn, erkennt man rasch, daß es nicht nur eine einzige Form der Substanzerhaltung geben kann. Die Ausgangssituation, daraus hervorgehend die Art der zu lösenden Probleme und die Rahmenbedingungen und schließlich auch die denkmalpflegerischen Zielsetzungen sind von Fall zu Fall unterschiedlich. Daher gibt es auch viele Wege, die zum Erfolg führen können, von den zahllosen Alternativen des praktischen Vorgehens ganz zu schweigen. Entsprechend verschieden sind auch die Resultate: Ein sehr schadhaftes Bauwerk, um nur ein Beispiel zu nennen, erlaubt ganz einfach nicht das gleiche Maß an Substanzerhaltung wie ein intaktes. Insofern umfaßt der Begriff ein breites Spektrum von Ergebnissen: Von der peniblen konservatorischen Sicherung bis hin zur Auskernung oder sogar zum historisierenden Neubau kann alles „Erhaltung“ bedeuten. Die absolut unveränderbare Konservierung von Denkmälern ist dabei allerdings illusorisch. Kein Gegenstand läßt sich in eine Art „Dornröschenschlaf“ versetzen. Die kontinuierliche Veränderung aller Materie ist vielmehr naturgesetzlich bedingt. Man kann also nur versuchen, die unvermeidlichen Abnutzungs- und Verfallsprozesse zu verlangsamen und dadurch die Lebensdauer historischer Substanz auf begrenzte Zeit zu verlängern.

Was das jedoch im konkreten Einzelfall bedeutet, hängt stets von den jeweiligen Gegebenheiten und besonderen Umständen ab. Die bereits vage Definition dessen, was Denkmalschutz und Denkmalpflege bezwecken, wird durch das Prädikat „*weitestmöglich*“ zusätzlich relativiert. Wann man von Substanzerhaltung in diesem Sinne sprechen kann, läßt sich deshalb nach Lage der Dinge völlig unterschiedlich beurteilen. Der Effekt des Denkmalschutzes und die Wirksamkeit der Denkmalpflege entziehen sich somit jeder objektiven Beurteilung. Auf einen Außenstehenden muß dies zwangsläufig einen verwirrenden Eindruck machen. Die Öffentlichkeit, allen voran die Politiker, unterstellen nicht zu Unrecht, daß man etwas, das selbst Fachleute nicht nachvollziehbar begründen können, auch nicht zu kontrollieren vermag. Die Folge davon ist ein latentes Mißtrauen, das sich erfahrungsgemäß überall dort einstellt, wo

2 *Bei der Erhaltung historischer Substanz gibt es keine absoluten, allgemeinverbindlichen Maßstäbe, sondern ein breites Spektrum von Möglichkeiten; im konkreten Einzelfall muß das Resultat stets vor dem Hintergrund der jeweiligen Gegebenheiten und Rahmenbedingungen bewertet werden. (Karlstadt, Hauptstraße 6)*

große Apparate tätig werden, ohne daß man die Legitimität und Rationalität ihres Handelns ausreichend nachprüfen kann. Die bewußten und unbewußten Vorbehalte, die sich daraus ergeben, schaden natürlich langfristig dem Anliegen an sich und erschweren ungemein seine Verwirklichung. Vor allem sind sie kein Ersatz für eine offene und kritische Diskussion über den Sinn des Denkmalschutzes und die realen Möglichkeiten, seinen ideellen Anspruch zu erfüllen. Unter diesen Umständen erweisen sich auch alle Hinweise darauf, daß zwischen den Erwartungen der Gesellschaft und den Bedingungen der

3 Vor allem profane Baudenkmäler stehen meist im Kreuzungspunkt entgegengesetzter Interessen; die Denkmalpflege als ein Einflußfaktor unter vielen anderen kann dabei ihre Ziele nur unter günstigen Bedingungen erreichen.

Praxis allzu oft eine erhebliche Diskrepanz besteht, als wirkungslos. Solange jeder Einblick in die tatsächlichen Zusammenhänge fehlt, wird man vielmehr jeden Wunsch nach Verbesserungen in der Sache als Vorwand interessierter Fachkreise für die Forderung nach mehr Mitteln und Kompetenzen ansehen.

Besonders schädlich ist diese Situation für die Institutionen der Denkmalpflege. In dem dualistischen System, das in den meisten Bundesländern praktiziert wird, fällt ihnen bekanntlich die Aufgabe zu, die Maßnahmen zu definieren, die zum Schutz der Denkmäler notwendig sind. Die verwaltungstechnische Umsetzung, d.h. der eigentliche Eingriff des Staates in die Rechte des einzelnen, bleibt demgegenüber den sogenannten Denkmalschutz-Behörden, also Organen der inneren Verwaltung vorbehalten. Dem breiten Publikum wie dem einzelnen Denkmaleigentümer erscheint jedoch meist die Fachbehörde als die maßgebende Instanz, mit der man sich auseinandersetzen muß. Die hoheitlichen Akte in Form von Auflagen und Bescheiden werden als zwar unvermeidliche, aber eher abstrakte Begleiterscheinungen empfunden. Die Öffentlichkeit sieht deshalb alle Aspekte der Denkmal-Erhaltung zuvorderst als Angelegenheit der Denkmalpflege an, der man folglich auch die Verantwortung für alles zuweist, was auf diesem Gebiet geschieht. Kaum jemand fragt jedoch danach, welche Möglichkeiten die Denkmalpfleger denn überhaupt haben, um der allgemeinen Forderung nach weitestmöglicher Substanzerhaltung in der Praxis Geltung zu verschaffen. Eine Antwort auf diese Frage zu finden, erweist sich auch als sehr schwierig. Dies hat seinen Grund zuallererst darin, daß man gar nicht von „der Denkmalpflege" sprechen kann, sofern man damit die Institution meint. Da die Kulturpolitik in unserem Staat eine Angelegenheit der Bundesländer ist, bezeichnet dieser Sammelbegriff amtliche Einrichtungen, die sich in ihrer finanziellen und personellen Ausstattung wie in ihrem politischen Stellenwert erheblich voneinander unterscheiden. Den diversen Ländergesetzen entsprechend ist natürlich auch ihr Handlungsrahmen unterschiedlich. Viele Feststellungen lassen sich schon von daher nicht verallgemeinern, sondern besitzen Gültigkeit nur für ein bestimmtes Gebiet.

„Den Denkmalpfleger" gibt es infolgedessen auch nicht. Jedes Amt wurde mehr oder weniger arbeitsteilig organisiert, wodurch zahlreiche unterschiedliche Zuständigkeiten und Funktionen entstanden. Dementsprechend unterscheiden sich natürlich auch die Tätigkeiten innerhalb der einzelnen Kompetenzbereiche. Mit der konkreten Erhaltung von Denkmälern hat in der Regel nur eine Gruppe, die der Bau- und Kunstdenkmalpfleger, in anderer Weise auch die der Amtsrestauratoren, zu tun. Hinzu kommt, daß die Ausbildung und der berufliche Werdegang der Denkmalpfleger recht verschieden sein können.

4 Das erfolgreiche Erhalten von Baudenkmälern setzt bei allen Beteiligten die Bereitschaft voraus, unvoreingenommen nach technischen und wirtschaftlichen Kompromissen zu suchen, die nicht auf Kosten der historischen Substanz gehen; dies heißt auch für die Denkmalpfleger, daß sie sich aktiv und verantwortlich an den komplexen Entscheidungsprozessen im Rahmen konkreter Sanierungsvorhaben beteiligen müssen. (Karlstadt, Hauptstraße 6)

Funktionen, die in ihren Anforderungen im Grunde völlig gleich sind, werden im einen Fall von einem Kunsthistoriker, in einem anderen von einem Architekten wahrgenommen.

Nimmt man nun unter die Lupe, was die praktischen Denkmalpfleger konkret ausrichten können, stellt man schnell fest, daß die angebliche Machtposition, die man ihnen landläufig - je nach Interessenlage - unterstellt oder wünscht, gar nicht existiert. In der täglichen Praxis zeigt sich vielmehr, daß die Erhaltung historischer Substanz beileibe kein Vorgang ist, den eine Fachbehörde autonom bestimmen könnte. Kein Denkmalpfleger kann oder darf ein Denkmal allein erhalten. Er ist vielmehr eingebunden in ein kompliziertes System von juristischen, organisatorischen und politischen Abhängigkeiten und Abstimmungszwängen. Das führt dazu, daß seine Erhaltungsforderung allein in den seltensten Fällen ausreicht, um ein Denkmal zu retten. Und selbst dann, wenn etwa über die Instandsetzung eines Gebäudes grundsätzlich Einigkeit erzielt wurde, bleibt der Konservator auf viele Helfer angewiesen, die seine fachlichen Anliegen praktisch umsetzen. Das bedeutet: wenn die Rettung historischer Substanz im Einzelfall gelingen soll, müssen immer zahlreiche unterschiedliche Kräfte unter günstigen Bedingungen zusammenwirken. Die Denkmalpflege darf dabei nur als ein Einflußfaktor unter vielen anderen mit durchaus entgegengesetz-

5 Jeder Versuch, die Lebensdauer historischer Bauwerke zu verlängern, ist mit dem Risiko verbunden, daß sie dabei ihren besonderen Charakter als Zeugnisse der Geschichte verlieren; dieser Gefahr kann man wirksam nur begegnen, wenn man vor jeder Entscheidung über Eingriffe und Veränderungen den Bestand mit all seinen individuellen Eigenschaften und Merkmalen kennenlernt, d.h. sorgfältig untersucht, dokumentiert und beurteilt.

ten Absichten agieren. Wieviel von einem Denkmal letztlich erhalten bleibt, hängt deshalb nie vom zuständigen Konservator allein ab, sondern stets von mehreren Faktoren: zunächst von den Eigenschaften des Objekts (Anlage, Zustand), dann davon, ob der Denkmalpfleger bei den Vertretern der anderen Interessen mit seinen Argumenten Gehör findet, und schließlich von der Qualifikation der verfügbaren Fachleute, die die getroffenen Entscheidungen - auch im denkmalpflegerischen Sinne - umsetzen sollen.

Daß die Denkmalpflege nur die Rolle eines Einflußfaktors spielen darf, muß sie nicht grundsätzlich daran hindern, Wirkung zu entfalten. Nur hängt eben der Effekt, den sie erreichen kann, von den jeweiligen Rahmenbedingungen ab und davon, wie sie sich den spezifischen Anforderungen des Einzelfalls gegenüber verhält. Angesichts dieser doch relativ beschränkten Möglichkeiten und schwankenden Erfolgsaussichten drängt sich allerdings eine weitere Frage auf: Sind die Denkmalpfleger wenigstens von ihrem Selbstverständnis und von ihrem Problembewußtsein her in der Lage, aus dieser Situation das Beste zu machen, d.h. im Kräftespiel jedes Einzelfalls ein Maximum an Einfluß auszuüben?

Um das beurteilen zu können, muß man einen Blick auf die Entwicklungsgeschichte der Denkmalpflege werfen. Diese entstand ursprünglich als Disziplin am Rande der Kunstgeschichte. Ihre Aufgabe war zunächst und für lange Zeit, mit Hilfe wissenschaftlicher Kriterien zu definieren, was von der überkommenen historischen Substanz bedeutend und damit schutzwürdig war. Wichtige Gesichtspunkte bei diesen Untersuchungen waren vor allem die begriffliche Genauigkeit bei der Beschreibung und Würdigung der Objekte, die Vollständigkeit bei deren Erfassung wie bei der Berücksichtigung aller relevanten Fakten und schließlich die Plausibilität der Einschätzung. Von den Merkmalen und Eigenschaften der Denkmäler standen dabei im Vordergrund: die Anlage und die Gestalt, die ästhetische Wirkung, als Voraussetzung dafür in manchen Fällen auch der materielle oder künstlerische Aufwand und schließlich die historische Bedeutung im weitesten Sinne. Das Ergebnis der sogenannten Inventarisation wurde und wird noch heute beurteilt nach der Objektivität und Logik der Darstellung, der Sicherheit der historischen Erkenntnisse sowie der Nachvollziehbarkeit der Argumentation und Bewertung. Aspekte wie Kosten oder Zeitdauer der Untersuchung, Effizienz der wissenschaftlichen Arbeit oder Praktikabilität des Resultats waren demgegenüber nachrangig oder irrelevant, weil nicht meßbar.

Dieses traditionelle Aufgabenspektrum änderte sich erst in jüngster Zeit, als der Gesetzgeber die Wirksamkeit des Denkmalschutzes verbessern wollte. Dies sollte dadurch erreicht werden, daß man den staatlichen Konservatoren mehr unmittelbare Kontrolle der Bautätigkeit, ja überhaupt aller Maßnahmen ermöglichte, von denen Denkmäler betroffen waren bzw. sind. Dadurch konnten denkmalpflegerische Gesichtspunkte sehr viel früher und in sehr viel größerem Maß als zuvor ins Spiel gebracht werden, vor allem wenn ein Vorhaben historische Substanz zu zerstören drohte. Diese institutionalisierte Mitwirkung der Denkmalpflege forderte allerdings auch einen erheblichen Tribut: Die zuständigen Konservatoren mußten sich einbinden lassen in ein System rechtlicher, materieller und zeitlicher Verbindlichkeiten. Sie sehen sich nunmehr konfrontiert mit Wertmaßstäben, die alles andere als wissenschaftlich sind, und müssen sich Gesetzmäßigkeiten unterwerfen, in denen Zeit, Kosten und Effizienz die größte Rolle spielen. Die Kriterien, die ausschlaggebend dafür waren und sind, um ein Objekt als schutzwürdig anzuerkennen – also historische Bedeutung, Gestalt und ästhetische Wirkung, erweisen sich immer wieder als sekundär, wenn es darum geht zu entscheiden, ob ein Denkmal auch wirklich erhalten werden kann, der Schutz mithin seine volle Wirkung entfaltet. Was zählt, sind andere Qualitäten: die Nutzbarkeit der Substanz, ihr Zustand und ihre Dauerhaftigkeit, der Handelswert oder die Rendite. Das imaginäre Koordinatensystem für all dieses ist aber nicht die wissenschaftliche Logik, sondern die Zeit: Sie ist maßgebend für die Rentabilität einer Maßnahme, die Effizienz, den Nutzen, sie tritt sogar ganz offen hervor im Begriff der Lebensdauer.

Der Konservator herkömmlicher Prägung, der aufgrund seiner amtlichen Funktion in einer Welt der wirtschaftlichen Interessen agieren soll, um *„die weitestmögliche Erhaltung der historischen Substanz“* zu erreichen, ist dafür jedoch denkbar schlecht ausgestattet. Von der Ausbildung her ist er meist Wissenschaftler, erzogen zu gründlicher Analyse und logischer Beweisführung. Konkrete Probleme zu analysieren und optimale Lösungswege zu finden hat er dagegen nur ausnahmsweise gelernt. Für die Erfüllung seiner Aufgabe, d.h. die Vertretung der denkmalpflegerischen Interessen (nicht den Vollzug des Denkmalschutzes!) hat man ihn nur mit bescheidenen Kompetenzen ausgestattet: Er darf die Forderungen definieren, die sich im Einzelfall aus dem generellen Anliegen des Denkmalschutzes ableiten. Seine Wirkungsebene ist normalerweise die der Kreisverwaltungsbehörden, der Bauherren und der Baufachleute, sein Wirkungsrahmen sind die einzelnen Projekte. Dies hat zwar den positiven Effekt, daß der Konservator unmittelbar dort tätig ist, wo letztlich über die Erhaltung der historischen Substanz entschieden wird. Es führt aber auch zu einer enormen Zersplitterung der Kräfte, wenn z.B. ein Referent für fünf große Landkreise zuständig ist. Daß ihm seine Position im Grunde kein direktes Eingreifen, sondern nur eine Einflußnahme bei den Entscheidungsprozessen erlaubt, wurde schon gesagt. Seine „Werkzeuge“ sind dabei hauptsächlich Wort und Schrift, und die Form, in der er diese einsetzen kann, ist die des Gutachtens, der Beratung und der Kritik.

All dies ist zu sehen vor dem Hintergrund eines äußerst heterogenen Aufgabenfeldes. Denn was im Einzelfall zu tun ist, um wirklich ein Maximum an historischer Substanz selbst unter günstigen Bedingungen zu erhalten, läßt sich nicht generell vorhersagen. Die Arbeit des sogenannten „praktischen Denkmalpflegers“ steht somit in denkbar größtem Gegensatz zu der seiner Kollegen in den traditionellen Funktionen: Statt klar definierbare wissenschaftliche Ziele zu verfolgen, soll er ein sehr allgemein formuliertes kulturelles Anliegen vertreten, statt eindeutig abgegrenzter Aufgaben und Kompetenzen bestimmen eine Vielzahl diffuser Zwänge und Pflichten seinen Handlungsspielraum. Dabei darf er den Gegenstand aller Bemühungen, das Denkmal, nicht als Objekt in Ruhe, also quasi in statischem Zustand, betrachten, sondern muß es als Schauplatz mehr oder minder schnell verlaufender Wandlungsprozesse begreifen. Angesichts solcher Rahmenbedingungen verwundert es nicht, daß die Tätigkeit der – nimmt man den konkreten Effekt ihrer Arbeit – wirksamsten Gruppe staatlicher Konservatoren bis heute nicht gültig definiert ist.

Wirkliche Erfolge kann der Konservator nach dem bisher Gesagten somit nur erzielen, wenn zwei Voraussetzungen gegeben sind: Zum Ersten darf seine Arbeit nicht nur Alibi-Funktion haben, seine Mitwirkung an den Entscheidungen muß auch faktisch von den Betroffenen akzeptiert werden. Und zweitens: die Grundsätze der praktischen Denkmalpflege dürfen sich nicht mehr an den Maßstäben der wissenschaftlichen Forschung, sondern müssen sich an eigenen Maßstäben konkreter Substanzerhaltung orientieren. Welche Schlüsse lassen sich daraus ziehen?

Zunächst verlangt diese Situation von den Gebietskonservatoren ganz allgemein einige selbstkritische Einsichten, so etwa:

– daß es nicht genügt, vorwiegend als staatlicher Bedenkenträger aufzutreten, der sich über die Gesetzmäßigkeiten der von ihm beeinflußten Vorgänge hinwegsetzen darf. Nicht zuletzt dieser Eindruck hat das Bild, das sich die Öffentlichkeit von der Arbeit des Denkmalpflegers macht, vielerorts ins Negative verändert.

– daß nicht der Eindruck entstehen darf, das ursprüngliche Ziel der Denkmalpflege habe sich in der Weise gewandelt, daß der Schutz der Denkmäler nicht mehr *für* unsere Gesellschaft und deren Nachkommen, sondern *gegen* sie durchgesetzt werden soll. Mag dies in Wahrheit auch manchmal unvermeidlich sein, als grundlegendes Handlungsprinzip darf es nicht in Erscheinung treten.

– daß in einer Demokratie nur solche staatlichen Einrichtungen auf Dauer Autorität und Einfluß besitzen, die sich als hilfreich und nützlich erweisen. Dem steht die latente Opposition gegen Partikularinteressen nicht entgegen. Ablehnung und Kritik provozieren jedoch früher oder später Institutionen, die sich jeder Kontrolle entziehen, deren Grundsätze willkürlich erscheinen und deren Ziele nicht nachvollziehbar sind – es sei denn, ihre Arbeit ist ohnehin weitgehend überflüssig.

Konkret heißt das, daß die Denkmalpflege-Ämter das Image von Behörden, die nur Probleme schaffen, die es ohne sie nicht gäbe, abstreifen müssen. Wenn sie langfristig die Rolle spielen wollen, die ihnen im Interesse unserer kulturellen Identität und Kontinuität zukommt, müssen sie vielmehr lernen, sich auf dem Felde der praktischen Substanzerhaltung als eine Art staatlichen Dienstleistungsunternehmens zu sehen. Das erfordert vor allem die Bereitschaft und Fähigkeit, sich an der Suche nach praktischen Lösungen zu beteiligen. Bei Interessenkonflikten dürfen sie sich, von Ausnahmefällen abgesehen, nicht in die Schmollwinkel der Bedenken und der Distanzierung zurückziehen, sie müssen vielmehr kooperationsbereit bleiben. In Prozessen, in denen alle anderen Beteiligten Verantwortung tragen, und dies ist bei Baumaßnahmen immer der Fall, darf der Denkmalpfleger ferner nicht als einziger beanspruchen, entscheidend mitreden zu dürfen, gleichzeitig aber nichts verantworten zu müssen. Anderen an der Erhaltung Mitwirkenden muß man die Kooperation erleichtern, indem man die fachlichen Prioritäten begründet und die denkmalpflegerischen Maßstäbe wie die methodischen Grundsätze immer wieder offenlegt. Unter anderem sollten für einen möglichst großen Teil der Routine-Praxis verbindliche Richtlinien formuliert werden, die den anderen Beteiligten zur Information oder als Entscheidungshilfe dienen, und auf die sich jeder berufen kann, der mit der Denkmalpflege zusammenarbeitet. Außerdem wären es sich Institutionen mit einer solch langen wissenschaftlichen Tradition bei aller Praxisnähe schuldig, ihre eigenen Positionen immer wieder aufs Neue zur Diskussion zu stel-

6 *Je höher der Anspruch an die Qualität der Erhaltung ist, desto größer ist in der Regel der Zeitbedarf für eine Maßnahme, und desto größer ist die Zahl von Einzelleistungen, die erbracht werden müssen; denkmalpflegerisch erfolgreiche Instandsetzungs- oder Sanierungsprojekte setzen daher nicht nur ein umfangreiches Spezialwissen auf technischem und bauhistorischem Gebiet voraus, sondern erfordern im konkreten Einzelfall auch ein intelligentes und effizientes Management aller Aktivitäten. (Amorbach, Templerhaus)*

len bzw. von sich aus selbstkritisch zu hinterfragen, um ein Erstarren in Dogmen und Doktrinen zu vermeiden.

Der einzelne Konservator muß erkennen, daß es nicht seine Aufgabe sein kann, als Wissenschaftler aufzutreten. Nicht das Objekt an sich soll er in erster Linie analysieren, sondern die Probleme, die seine Erhaltung bereitet, auch wenn es hier naturgemäß enge Zusammenhänge gibt. Um seinen Argumenten und Forderungen Geltung zu verschaffen, muß er alles tun, um bei den Entscheidungspartnern Gehör zu finden. Er sollte daher nie aus den Augen verlieren, daß die Akzeptanz seines Anliegens und seines Auftretens eine wesentliche Voraussetzung hierfür ist. Aus diesem Grund darf sich seine Arbeit auch nicht darin erschöpfen, Entscheidungen zu blockieren oder zu verzögern. Dies wäre, von Ausnahmefällen wieder abgesehen, ein Mißbrauch seiner Stellung. Die Funk-

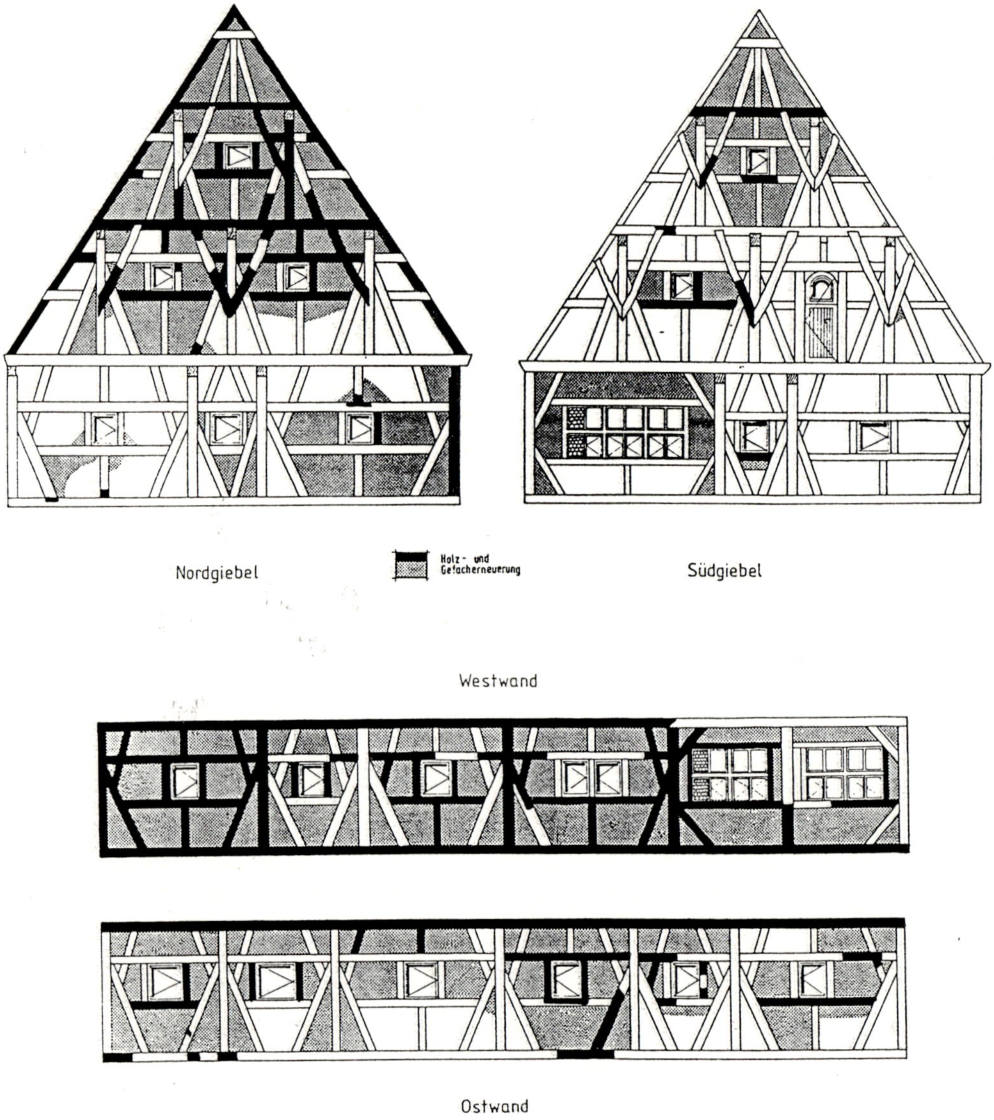

7 Die gezielte Verbesserung von Verfahren und Vorgehensweisen in der praktischen Denkmalpflege ist nicht möglich ohne eine systematische und kritische Erfolgskontrolle; hier: Bilanz einer Fachwerkreparatur. (Hohes Haus, Röttingen)

tion des praktischen Denkmalpflegers besteht vielmehr darin, durch seine Mitwirkung Entscheidungen herbeizuführen – vor allem solche natürlich, die die denkmalpflegerischen Interessen möglichst umfassend berücksichtigen.

Verlangt die Sache, d.h. die Erhaltung der historischen Stubstanz, nach qualifizierten Entscheidungen, dann verlangt die Idee des Denkmalschutzes nach Motivation. Nur wenn es dem Denkmalpfleger gelingt, den guten Willen und die Kompetenz möglichst vieler anderer Mitwirkender zu mobilisieren, wird er auf Dauer und in der

Breite Erfolg haben. Und da man nicht davon ausgehen kann, daß in jedem Fall alle an einem Bauvorhaben Beteiligten das notwendige Wissen und die erforderlichen Fähigkeiten für den behutsamen Umgang mit einem Denkmal haben, beinhaltet die Tätigkeit des praktischen Denkmalpflegers auch das Ausbilden und den regelmäßigen Erfahrungstransfer. Geschieht dies nicht, wird man die Wiederholung immer der gleichen Fehler nicht verhindern können.

Leitung und Lehre sollten folglich die Grundinhalte der modernen Konservatorentätigkeit sein, und zwar im Sinne einer gesellschaftlichen Dienstleistung, nicht als Aktivität einer sich elitär dünkenden Wissenschaft. Dies erfordert allerdings von den Referenten, die ihr Amt in diesem Sinne wahrnehmen wollen, Fähigkeiten und Eigenschaften, wie sie im Grunde auch die Industrie von ihren Führungskräften fordert: Verantwortungsbewußtsein, Urteilsfähigkeit, Entscheidungsfreude, Organisationstalent, psychologisches Geschick, Diskussionsbereitschaft, Motivationsgabe, Einsatzbereitschaft, Artikulationsfähigkeit und dergleichen mehr. Für die Personen, die unmittelbar mit dem Denkmalpfleger verkehren, dürften darüberhinaus noch wichtig sein: seine Glaubwürdigkeit, seine Sachlichkeit und seine Berechenbarkeit.

Wie sieht nun demgegenüber die verbreitete Praxis aus? In vielen Fällen verzetteln die Konservatoren schon dadurch ihre Kräfte, daß sie sich als Sachbearbeiter der Unteren Denkmalschutzbehörden mißbrauchen lassen. Sie befassen sich mit Angelegenheiten, die entweder von Rechts wegen von anderen Stellen erledigt werden müßten oder von Mitarbeitern mit geringerer Qualifikation bewältigt werden könnten. Wer aber seine Zeit hauptsächlich damit verbringt, Werbeanlagen zu beraten, Farbanstriche an neuen Häusern zu begutachten und sich bei jeder nebensächlichen Gestaltungsfrage wichtig zu tun, der kann sich natürlich die langwierige und aufwendige Betreuung wirklich schwieriger und bedeutender Projekte nicht leisten. Die Mitwirkung von Denkmalpflegern an solchen Vorhaben beschränkt sich allzu oft auf das Erstellen weniger Gutachten, die in der Regel unpräzise formuliert sind, keine konkreten Vorschläge enthalten und in Hinblick auf wichtige Weichenstellungen zu spät kommen.

Wo die kontinuierliche Überwachung komplizierter Erhaltungsmaßnahmen aber fehlt, wird auch deren Verlauf erfahrungsgemäß nicht dokumentiert. Das Gleiche gilt für die Fülle praktischer Erfahrungen im Umgang mit der historischen Substanz. Wenn man jedoch nach Abschluß einer Sanierung die Gründe für die wichtigen Entscheidungen und die wesentlichen Schritte der Realisierung nicht nachvollziehen kann, ist auch eine Beurteilung des Resultats und des Verhältnisses zwischen Aufwand und Ergebnis nicht möglich. Systematische Projektanalysen, die für eine empirische Verbesserung des Erhaltungsstandards unerläßlich sind, werden deshalb kaum oder gar nicht betrieben. Unter diesen Umständen können sich natürlich auch keine Maßstäbe und Grundsätze für das in der Praxis Mögliche und Sinnvolle entwickeln, was wiederum jede effektive Qualitätskontrolle der Denkmalpflege verhindert. Zusammenhängende und langfristig angelegte Konzepte der staatlichen Denkmalpflegeämter für die Ausbildung der personellen Infrastruktur und den kontinuierlichen Erfahrungstransfer sind wohl aus den nämlichen Gründen kaum oder nur ausnahmsweise vorhanden. Die praktische Denkmalpflege – dieser Eindruck läßt sich angesichts dieser Situation wohl nicht ganz von der Hand weisen – beschäftigt sich daher momentan hauptsächlich damit, den mehr oder weniger raschen Schwund an Denkmalsubstanz wissenschaftlich zu registrieren und resignierend zu verwalten, nicht aber zu bremsen und zu steuern.

Daß hier in absehbarer Zeit eine Änderung eintreten könnte, ist jedoch eher zu bezweifeln. Dies hat mehrere Gründe. Der nächstliegende ist darin zu sehen, daß die „praktischen“ oder Bau- und Kunstdenkmalpfleger in den meisten Ämtern inzwischen zwar die zahlenmäßig größte Gruppe stellen, ihre Tätigkeit jedoch kaum definiert ist. Das wissenschaftlich orientierte Denken, das sich im Laufe einer langen Tradition zu einem festen Besitzstand entwickelt hat, kann deshalb nach wie vor unangefochten dominieren und den fachlichen Kurs der Behörden bestimmen. Bemerkbar macht sich dies auf allen Ebenen und in jeder Hinsicht. Führungspositionen werden überwiegend mit Wissenschaftlern, d.h. vor allem Kunsthistorikern, besetzt. Gefördert und ausgebaut werden gleichfalls vorwiegend wissenschaftlich arbeitende Abteilungen: die Bauforschung, die Archäologie, Einrichtungen zur wissenschaftlichen Dokumentation wie die Photogrammetrie und für Materialanalysen. Auch die Publikationen der einzelnen Ämter wie der Landeskonservatoren befassen sich zum größten Teil mit historischen oder kunst- und baugeschichtlichen Themen. Eine Möglichkeit für die Gebietskonservatoren, sich in all den Fragen systematisch weiterzubilden, die für den Erfolg in der Praxis essentiell wichtig sind: Verhandlungsstrategie, Menschenführung, Ausbildungs- und Organisationstechnik etc., existiert nicht einmal in Ansätzen. Richtlinien, die als methodische Basis für den Umgang mit historischer Substanz dienen und die Arbeit der Konservatoren erleichtern könnten, fehlen weitgehend. Mithin gibt es fast in allen erhaltungsrelevanten Bereichen ebensoviele Standards, Vorgehensweisen und fachliche Schwerpunkte wie praktische Denkmalpfleger. Regt sich dagegen örtlich Widerstand, ist die Versuchung groß, den Mangel an Grundsätzen und Maßstäben dadurch zu vertuschen, daß man im Einzelfall weitgehende fachliche Konzessionen macht, vor allem um den Unmut der Politiker zu dämpfen. Die fachliche Glaubwürdigkeit wird dabei oft ohne großes Federlesen hinten angestellt. Daß die Behördenstruktur an sich schon auf Dauer jeden Leistungswillen zu ersticken droht, bedarf keiner Erwähnung.

Auch die Hoffnung, daß irgendwann besser ausgebildete Denkmalpfleger die Universitäten verlassen könnten, ist trügerisch. Es hieße viel von diesen Lehranstalten verlangen, wollte man von ihnen eine praxisorientierte Ausbildung fordern. Auf dem Gebiet der praktischen Denkmalpflege müßten sie etwas lehren, was noch nicht einmal die unmittelbar zuständigen Institutionen eines besonderen Interesses für wert erachten. Zudem sind ja gerade Hochschulen und Universitäten von alters her Stätten des wissenschaftlichen Denkens und Arbeitens. Es liegt deshalb in der Natur der Sache, daß man überall dort, wo man noch Einfluß auf die Besetzung von Stellen hat, Wissenschaftler bevorzugt. Die meisten Lehrstühle, die sich im deutschen Sprachraum zur Zeit mit einer denkmalpflegerischen Ausbildung befassen, sind konsequenterweise mit Kunst- oder Bauhistorikern besetzt. Nun könnte man annehmen, daß wenigstens die Architekturfakultäten aufgrund ihrer großen Praxisnähe dieses Defizit ein wenig ausgleichen. Dem steht jedoch bis heute eine quasi-ideologische Sperre entgegen. Sie wurzelt in der festen Überzeugung, daß für den Architekten das Entwerfen die wichtigste und wertvollste Form des Schaffens, um nicht zu sagen der Selbstverwirklichung ist. Der Respekt vor alter Bausubstanz und der behutsame Umgang damit steht in dieser Werteskala ziemlich weit unten: Die qualifizierte Erhaltung von Denkmälern scheint für den Durchschnittsarchitekten zweite Wahl zu sein. Entsprechend dürftig fällt die Ausbildung aus, wodurch bei späteren Projekten natürlich Schwierigkeiten mit den Denkmalpflegern infolge großer Wissenslücken vorprogrammiert sind. Die Systeme erhalten sich also selbst. Wie immer in solchen

8 Die Anstrengungen der Denkmalpfleger werden in der Praxis nur dann auf Dauer Erfolg haben, wenn sie in der Lage sind, über die Vermittlung kunst- und bauhistorischer Erkenntnisse hinaus den anderen Betroffenen bei der Suche nach konkreten Lösungswegen und bei der praktischen Umsetzung ihrer Grundsätze umfassend zu helfen. (Marktbreit, Schustergasse 20)

Fällen ist es eher unwahrscheinlich, daß Universitäten und Hochschulen die eingefahrenen Gleise aus eigenem Antrieb und aus eigener Kraft verlassen. Änderungen müßten da schon von außen kommen.
Dies alles ist sicherlich nicht tragisch in dem Sinne, daß lebenswichtige Funktionen des Staates oder der Gesellschaft bedroht sind. Der Schutz der Denkmäler ist kein Naturgesetz, sondern ein öffentliches Anliegen oder Interesse. Es muß sich in seiner Bedeutung an anderen Problemen unserer Zeit messen lassen, z.B. der Massenarbeitslosigkeit, der Krise im Gesundheitssystem usw. Dennoch ist es legitim zu fragen, ob die Gesellschaft am Ende eigentlich das bekommt, was sie will, und worin das besteht, wofür nicht unerhebliche Mittel aufgewendet und Einschränkungen hingenommen werden. Nach Lage der Dinge muß man aber davon ausgehen, daß der Denkmalschutz nur eine oberflächliche und damit geringe Wirkung entfaltet, denn bei der gängigen Praxis der Denkmalpflege darf man sich unter der weitestmöglichen Substanzerhaltung nicht allzuviel vorstellen. Im Regelfall wird man richtiger von der Bewahrung historischer Formen oder geschichtlich inspirierter Erscheinungsbilder sprechen müssen. Die Substanz in Gestalt tragender Konstruktionen, volkskundlich wichtiger Ausstattungen und alles anderen, was jenseits des Wahrnehmungshorizonts einer Ästhetikfixierten Kunstwissenschaft liegt, wird dabei auf Dauer kaum in nennenswertem Umfang überleben. Verlangt man dies trotzdem von der Institution Denkmalpflege, dann stellt man Forderungen, die sie unter den gegebenen Umständen weder von ihrem fachlichen Selbstverständnis und der Qualifikation der Mitarbeiter noch von ihrer Organisation und ihrer institutionellen Position her zu erfüllen in der Lage sein dürfte.

Abbildungsnachweis

1	Katalog der Fa. Faller 1992
2, 4, 6	Bayerisches Landesamt für Denkmalpflege (E. Lantz)
3, 5, 7	Verfasser
8	Hypo-Bank (Moosburger)

Stefan Polónyi

… historisch bedeutsam …

Fritz Wenzel zum 60. Geburtstag

Der Sonderforschungsbereich 315 der Universität Karlsruhe heißt: „Erhalten historisch bedeutsamer Bauwerke." Der Titel ist wohl bedacht, erst recht, weil er von Fritz Wenzel bedacht wurde. Der Titel wirkt umso überzeugender, je mehr man darüber nachdenkt: Warum wurde statt des landläufigen Begriffs „Denkmal*schutz*" der Ausdruck „Erhalten" gewählt und warum in der Infinitivform? Die Objekte hätte man auch einfach „historische Bauwerke" nennen können, Fritz Wenzel hat sich jedoch für „historisch bedeutsame Bauwerke" entschieden, um eine spezifische Bedeutsamkeit zu unterstreichen und das Tätigkeitsfeld des Sonderforschungsbereiches sinnvoll einzugrenzen.

Diese Eingrenzung bedurfte offensichtlich keiner weiteren Interpretation, da die historische Bedeutsamkeit der Bauwerke, mit denen sich der Sonderforschungsbereich bisher beschäftigt hat, über alle Zweifel erhaben ist.

Nach Hermann Lübbe* nimmt die *„Hinwendung zum Vergangenen mit dem Tempo zivilisatorischer Modernisierungsprozesse"* zu. Lübbe schreibt: *„Mit immer rascherer Folge wissenschaftlicher, technischer und sonstiger Innovation schrumpft zugleich die chronologische Ausdehnung der Gegenwart, das Ausmaß der Zeit nimmt ab, die wir als Zeit nicht veralteter Kultur wieder zu erkennen vermögen. Umgekehrt formuliert: je größer die Menge der unsere Zivilisation strukturell verändernden Ereignisse pro Zeiteinheit wird, um so näher rückt uns, chronologisch gesehen, die als fremd erscheinende Vergangenheit."* Das bedeutet, daß wir mit dem rapiden Zuwachs des historisch Bedeutsamen zu rechnen haben. Das muß uns veranlassen, über das „historisch Bedeutsame" nachzudenken.

Es geht also um die Erhaltung *historisch* bedeutsamer Bauwerke. Eine ästhetische Wertung wird hintangestellt. Im Laufe der verschiedenen Kunstepochen hat man den Wert mancher Stilrichtungen häufig zunächst falsch eingeschätzt, wie beispielsweise den Jugendstil; aber während der Renaissance war die Meinung über die Gotik wahrscheinlich auch nicht viel besser. Das ist verständlich: Eine neue Kunstrichtung zu verfolgen, bedarf der Abkehr von der jeweils vorhergehenden. Diese Abwendung muß zwangsläufig mit Geringschätzung verbunden sein. So ist es auch folgerichtig, sich bei der Denkmalpflege auf die Erhaltung der Substanz zu beschränken und ästhetische Korrekturen zu vermeiden. Die historische Bedeutsamkeit kann bisweilen dazu führen, daß einem sowohl geometrisch als auch technisch ungelenken, gotisierten romanischen Kirchlein wegen seiner Einmaligkeit beinahe mehr Aufmerksamkeit gewidmet wird, als manchem der zahlreichen Meisterwerke dieser Epochen.

Das Prinzip der Konservierung steht häufig der Umnutzung im Wege, aber auch

* Warum läuft uns die Zeit davon? – Kulturelle Folgen des technischen Fortschritts. Der Rotarier 10/1988, S. 894–896.

der Konservierung selbst: sie soll nämlich ohne Eingriff, also auch ohne Konservierungsmittel, erfolgen. Das Ausfüllen von klaffenden Rissen mit Traßmörtel wird noch eben notgedrungen hingenommen. Das zur Sanierung verwendete Material soll möglichst dem Originalmaterial entsprechen. Will man jedoch beispielsweise Sandsteine vor aggressiver Luft schützen, so ist das zur Zeit nur mit einer Imprägnierung möglich.

Das Erhalten bedingt also immer einen Eingriff. Alle Bauwerke sind anfällig und bedürfen einer ständigen Pflege und Erneuerung. Nur Ruinen sind als solche relativ beständig.

Die Erneuerung, die den Substanzerhalt bedeutet, weist den Konflikt auf, vor dem die „Denkmalschützer" stehen. Da zeigt sich, daß es ohne Wertung *doch* nicht geht. Bei jeder Wertung stellen sich zuerst zwei Fragen:

- wer wertet?
- nach welchen Kriterien wird gewertet?

Zur ersten Frage:

Die Entscheidungen fällen die Politiker auf der Basis von Gutachten, die von Kunst- bzw. Baugeschichtlern erstellt werden. Diese Gutachten müssen zwangsläufig einseitig sein. Die Historiker orientieren sich an der Vergangenheit. Ihre Perspektive ist die Konservierung der Vergangenheit und nicht die Fortentwicklung. So wird der Denkmalschützer bemüht sein, den Charakter der Kölner Innenstadt (nicht nur der Altstadt) zu wahren, obwohl sie im wesentlichen nach dem letzten Krieg entstanden ist und als Zentrum für 150000 Einwohner ausgelegt wurde. Inzwischen ist der Einzugsbereich der Kölner City auf 2 Millionen Menschen und fast ebensoviele Autos angewachsen.

Die Archäologen kämpfen gegen den Bau einer Tiefgarage unter dem Neumarkt, weil dort einige Hinterlassenschaften der Geschichte vermutet werden. Sie empfehlen, vier- bis fünfgeschossige Parkhäuser zu bauen, obwohl diese Lösung in der innerstädtischen Situation weder wirtschaftlich noch städtebaulich vertretbar ist. In Paris hat man unter den großen Boulevards trotz der unbestrittenen Geschichtsträchtigkeit des Terrains Parkplätze gebaut.

Im Streit der Interessen wird der Ingenieur über die Machbarkeit befragt.

Es ist einleuchtend, daß diese Spezialisten von ihrer Ausbildung und ihrer Zielsetzung her nicht in der Lage sind, die diversen Aspekte gegeneinander abzuwägen und überzeugende, nachvollziehbare Beschlußvorlagen auszuarbeiten. Am ehesten dürften sich vielleicht aus dem Kreise der Städteplaner Persönlichkeiten finden, die eine solche Aufgabe erfüllen könnten.

Nun zur zweiten Frage, zu den Wertungskriterien: Obwohl, wie oben gesagt, erst Leute ausgebildet werden müssen, die beurteilen können, was für die Gesellschaft „historisch bedeutsam" ist, soll es schon jetzt gestattet sein, einige Gedanken zu den Beurteilungskriterien beizusteuern.

Historisch bedeutsame Bauwerke können keinesfalls Absolutwert haben. Mögliche Wertverluste infolge Rißbildungen, auch bei Bauwerken von kulturhistorischer Bedeutung, werden bisweilen in Kauf genommen und durch einen Wertzuwachs in anderer Hinsicht (z.B. Bergbau, U-Bahn) aufgewogen werden müssen.

Das „historisch Bedeutsame" muß vorsichtig ausgelegt werden. Der „Ensemble-Schutz" bedeutet unter Umständen, daß die einzelnen Bauten keine Bedeutung haben, ihre Erhaltung aber durch die Art, wie sie zueinander stehen, gerechtfertigt wird. In Erweiterung dieses Gedankens wird vom „Milieuschutz" gesprochen. Zwar entwickelte sich „Milieu" nicht in den Nobelvierteln. Durch diesen Begriff wurde vielmehr das Elend von denen romantisiert, die es nicht erleiden mußten. Das Milieu ist nicht schützbar, denn es wird nicht von den Bauten getragen, sondern von den Menschen, die es *ertragen* müssen. Das Schützen des Berliner Stadtteils Kreuzberg kann nicht das „Zille-Milljöh" erhalten, da es sowieso längst tot ist. Das Erhalten der Kreuzberger Bausubstanz kann auch keine kulturhistorische Bedeutung haben. Hier kann es nur darum gehen, ob den dort angesiedelten Türken und Studenten durch die Sanierung dieser Bauten angemessene Wohnungen zu einem wirtschaftlich vertretbaren Preis geboten werden.

Statt „Milieu-Schutz" hätte ich den Begriff „Vertrautheitsschutz" verwenden können. Mit der Forderung nach dem Schutz der vertrauten Umgebung kann man jegliche Fortentwicklung unterbinden. Andererseits verstehen wir es erstaunlich schnell, uns mit den neuesten Errungenschaften der Technik vertraut zu machen, wenn es dabei um unsere Bequemlichkeit geht. Innerhalb weniger Jahre sind die Außentoiletten weitgehend verschwunden, Zentralheizung und Warmwasser sind zur Selbstverständlichkeit geworden.

Wir merken, daß das Erhalten historisch bedeutsamer Bauwerke schließlich eine wirtschaftliche Frage ist. Ebenso, wie wir jährlich feststellen, wieviel Geld uns die Verteidigung unserer Freiheit wert ist, müssen wir sagen, welchen Anteil des Bruttosozialproduktes (und in diesem Rahmen des Staatshaushaltes) wir bereit sind, für die Bewahrung der Hinterlassenschaften unserer Vergangenheit auszugeben.

Das „Erhalten" kostet sehr viel Geld, das Budget wird zwangsläufig beschränkt sein. So bleiben uns eine Wertung und die Aufstellung einer Prioritätenliste nicht erspart.

Man wird die historischen Bauwerke notgedrungen in drei Gruppen einteilen müssen:

- würdig für museale Erhaltung
- geeignet zur Umnutzung
- nach Dokumentation zum Abriß freizugeben.

Zur ersten Gruppe gehören Bauten, deren Substanz unverändert und möglichst unter Beibehaltung der ursprünglichen Nutzung (z.B. Kirchen) bewahrt oder für Besichtigungen und Ausstellungen, also als Museen, genutzt werden sollen; gewisse Eingriffe in die Substanz wie Heizung, Sicherheits- und Sanitäranlagen sind auch hierbei nicht zu vermeiden. Diese Bauten können nur von der öffentlichen Hand, ggf. von der Wirtschaft oder von gemeinnützigen Stiftungen getragen werden.

Die Umnutzung ist in der Regel mit einem größeren Eingriff in die Substanz verbunden. Möglicherweise werden Wände durchbrochen oder abgetragen, Decken ausgetauscht, Fenster und Türen erneuert, Anbauten vorgenommen, und das alte Bauwerk wird mit modernen technischen Einrichtungen ausgestattet. Erhalten bleibt dabei vielfach im wesentlichen nur die Fassade und ggf. eine repräsentative Treppe.

Da Umbauten in der Regel mehr als Abbruch und Neubau kosten und darüber hinaus Beeinträchtigungen bei der Nutzung in Kauf genommen werden müssen, wird in solchen Fällen eine staatliche Subvention (mindestens in Form von günstiger steuerlicher Abschreibung) gewährt, bzw. gewährt werden müssen.

Wir sehen, daß mit dem exponentiellen Anwachsen der historisch bedeutsamen Bauwerke, besonders in Anbetracht der zahlreichen Industriedenkmäler des Ruhrgebietes, eine finanzielle Belastung auf uns zukommt, die wir auf Dauer nicht tragen können. Andererseits ist es verständlich, daß wir nach Zeiten der Zerstörung von alter Bausubstanz, also besonders nach Kriegen, in einer Art Erhaltungseuphorie bestrebt sind, alles Übriggebliebene zu musealisieren. Ohne vorherige Bestandsaufnahme und eine Prioritätenliste auf der Basis gutfundierter Kriterien mit sorgfältigem Abwägen des Erhaltbarkeitswertes gegenüber den Aufwendungen besteht jedoch die Gefahr, daß Erhaltungsmaßnahmen in Angriff genommen, aber finanziell nicht durchgestanden werden. Das vorhandene Geld wird also möglicherweise für weniger bedeutsame Bauwerke ausgegeben, so daß es für die wirk-

lich bedeutsamen Bauwerke nicht mehr ausreicht.
Die Werterhaltung stellt eine Bereicherung dar, aber sie erfordert auch eine Einschränkung. Dabei ist die Frage, „Wie haben sich Neubauten in der Nähe historischer Bauten zu verhalten?“ bisher noch gar nicht angesprochen worden. Die landläufige Antwort lautet: „respektvoll“, wobei darunter eher „geduckt“ verstanden wird, also kleiner, bescheidener, zurückhaltender als das historische Bauwerk. Diese Beschränkung ist jedoch viel weitreichender, als die Erhaltung historisch bedeutsamer Bauten es erfordert. Einerseits bewundern wir beispielsweise die Paläste von Florenz gerade deshalb, weil man bei jedem Neubau bemüht war, die bereits vorhandenen Gebäude an Größe und Schönheit zu übertreffen. Andererseits besteht der Reiz, den die Neugotik der St Patrick's Cathedral auf uns ausübt darin, daß sie sich zwischen den New Yorker Wolkenkratzern geradezu bescheiden ausnimmt. Dennoch gehen die Forderungen der Denkmalpflege manchmal soweit, daß sie die Entwicklung unserer Städte nicht fördern, sondern verhindern.
So ist es notwendig, die Bebauungspläne der Städte beim Erarbeiten der Bestandsaufnahme und beim Bewerten der Erhaltenswürdigkeit auch unter dem Aspekt des Spielraums zur Stadtentwicklung zu überprüfen.
Die Fragen der historischen Bedeutsamkeit und der Erhaltenswürdigkeit alter Bauwerke werden zur Zeit in Dortmund sehr intensiv diskutiert: der Fachbereich Bauwesen soll nämlich in eine stillgelegte Zeche ausgesiedelt werden. Die Instandsetzungskosten würden allerdings bei weitem die Kosten eines Neubaues überschreiten. Wir sprechen und lehren einerseits über „intelligentes Bauen“ und wollen uns andererseits einem Gebäude anpassen, dessen Nutzungsmöglichkeiten von modernen Vorstellungen weit entfernt liegen.
Wie die nächste Generation über die Erhaltenswürdigkeit denkt, können wir nur vermuten. Ein Stimmungsumschwung in kürzerer Zeit wäre auch nicht unmöglich. Es wäre allerdings traurig, wenn man Bausubstanz, die wir zu unserer Zeit mit viel Aufwand erhalten, eines Tages als Behinderung empfände und einfach abrisse.

Berthold Burkhardt, Roland Dorn und Benedikt Hotze

Das Marie von Boschan-Aschrott-Altersheim von Otto Haesler und Karl Völker in Kassel

Ein Beitrag zur Restaurierung

Vorbemerkung

Mit zunehmender Intensität müssen sich Denkmalpflege und Denkmalschutz heute den Bauten und Städten der 50er Jahre zuwenden. Dabei dürfen wir nicht übersehen, daß noch eine Reihe wertvoller Bauten der Moderne zwar geschützt, aber noch nicht in befriedigendem Zustand erhalten sind. Herausragende Beispiele für eine denkmalpflegerische Sanierung, wenn auch mit der Tendenz zur „Überrestaurierung" sind die Weißenhofsiedlung in Stuttgart (1927), die Dammerstocksiedlung in Karlsruhe (1928), die Fagus-Werke in Alfeld. Hinzu kommt nun das Aschrott-Altersheim in Kassel (1931/32), das jetzt 60 Jahre nach seiner Erstellung und 13 Jahre nach Eintragung in die Denkmalliste kontinuierlich und so weitgehend wie möglich in den Originalzustand versetzt werden soll.
Nachdem die Moderne in der Forschung und in Publikationen überwiegend aus formaler und funktionaler Sicht behandelt wurde, kommt dem Aschrott-Heim von Otto Haesler und Karl Völker in mehrfacher Hinsicht über das bauliche Denkmal hinaus eine wichtige Rolle zu:
- das Altersheim, ein sozialer Beitrag der Moderne zum Thema Wohnen;
- die funktionale und die bauphysikalische Grundriß- und Raumbildung;
- das konstruktive Konzept in bezug zu Form und Funktion, die Entwicklung des mehrgeschossigen Stahl-Montage-Baus.

Besonders die beiden letztgenannten Punkte Bauphysik und Konstruktion bedienen noch vertiefende Untersuchungen. In kaum einer anderen Epoche wurden derart viele Entwicklungen und Experimente im Bauen unternommen. Daß das Experiment mit einem Prototyp auch ein höheres Risiko von Bauschäden in sich bergen kann, liegt in der Natur der Sache. Die Architekten der Moderne anhand aufgetretener Schäden als schlechte Konstrukteure und damit die Moderne zu disqualifizieren, ist eine immer wieder geäußerte, aber oberflächliche Haltung.
Die Aufklärung dieser Sachverhalte tut schon deshalb not, um die tatsächlichen, nicht nur die vermeintlichen Einflüsse der Moderne auf die Architektur der 50er Jahre festzustellen.

Zur Entstehungs- und Baugeschichte des Aschrott-Heimes

Die Behebung der Wohnungsnot in Verbindung mit der Verbesserung der Wohnqualität auf sozialer, ökonomischer und technischer Basis war ein zentrales Anliegen der Architekten der Moderne. Ergänzend zum reinen Siedlungs- und Wohnungsbau entstanden in den 20er und 30er Jahren mit Wohnheimen, Schulen und Sportstätten charakteristische Gebäudetypen der internationalen Architekturentwicklung.
Arbeiterklubs, Kinder-, Jugend- und Studentenheime, Erholungsheime und Sanatorien, Kurhäuser und Altersheime wurden in ganz Europa zu sichtbaren Zeichen

1 Sanatorium ‚Bergluft' in Mazesta von A. und W. Wesnin, 1928–1931

reformierten Sozialbewußtseins. Zu Beginn der 30er Jahre erreichte die Zahl ihrer Neubauten einen Höhepunkt. Das Sanatorium der Brüder Wesnin in Mazesta (UdSSR 1928–30), Corbusiers „Maison Suisse" in Paris (1930), Aaltos Tuberkuloseheim in Paimio (1933) oder Scharouns Ledigenheim in Breslau (1928) wurden die bekanntesten Beispiele für Wohn- und Erholungsheime.

Zu den weniger spektakulären Beispielen zählen etwa van de Veldes „Altersheim für Damen" in Hannover (1929), das Kaufmannserholungsheim „Haus auf der Alb" in Urach von Adolf Schneck (1928–30) oder das „Haus für Alleinstehende Damen" in Basel von Paul Artaria und Hans Schmidt (1929). Unter ihnen tritt das Kasseler Altersheim von Otto Haesler und Karl Völker in seiner typologischen Klarheit, seiner konstruktiven Einfachheit, seiner Gestaltung und seiner bautechnischen und bauphysikalischen Ökonomie besonders hervor.

Im Jahre 1927 verstarb in Berlin der Landgerichtsrat Dr. Felix Aschrott, Sohn des jüdischen Textilfabrikanten Sigmund Aschrott aus Kassel. Seiner Heimatstadt hinterließ er etwa zwei Drittel seines Vermögens, eine „Millionenstiftung", testamentarisch gebunden an die Errichtung eines Wohlfahrtshauses und eines Altersheimes für alleinstehende Damen. Letzteres sollte namentlich seiner verstorbenen Schwester gewidmet werden. Die Verwaltung der daraufhin gegründeten Stiftung schrieb im August 1929 zwei parallel laufende Wettbewerbe unter Kassels Architekten aus. Überregionale Bedeutung verlieh sie dem Vorhaben allerdings, indem sie einen großen Teil der damaligen deutschen Architektenprominenz zusätzlich zur Teilnahme aufforderte. Einladungen ergingen an folgende Büros: Bestelmeyer, München; Caesar, Karlsruhe; Gropius, Berlin; Haesler, Celle; Hilberseimer, Berlin; Hummel, Darmstadt; Poelzig, Berlin; Roeckle, Frankfurt/M.; Schmitthenner, Stuttgart; Tessenow, Berlin; Tiedje, Köln. Die Namen verdeutlichen die Aufgeschlossenheit, mit der man seinerzeit in Kassel, etwas abseits der großen Zentren wie Berlin, der modernen Architektur der 20er Jahre begegnete. Seit 1929 baute Otto Haesler hier bereits die Großsiedlung Rothenberg.

Gegen 1930 errichtete Heinrich Tessenow die heutige Heinrich Schütz-Schule an der Wilhelmshöher Allee. Hinzu kamen zahlreiche Bauten von jüngeren Kasseler Architekten wie etwa Baecker und Sirreberg, Catta und Groth oder Gerhard und Schäfer. Die Namen dokumentieren gleichfalls die hohen qualitativen Erwartungen der Stiftung in die Entwürfe der geplanten Sozialeinrichtungen, die sie durch großzügige Vielfalt der Raumprogramme unterstrich.

Am 19. Dezember 1929 tagte das Preisgericht in folgender Zusammensetzung: Bonatz, Stuttgart (vertreten durch Döcker, Stuttgart); Häring, Berlin; Roth, Darmstadt; Bruno Taut, Berlin; Jobst, Kassel; Oberbürgermeister Dr. Stadler, Kassel (Vorsitz).

Den 1. Preis mit der Empfehlung zur Ausführung erhielten Otto Haesler und Karl Völker aus Celle. In der Begründung stellte das Preisgericht nüchtern fest: „Systematisch außerordentlich gut überlegter

2 Marie von Boschan-Aschrott-Altersheim in Kassel von Otto Haesler und Karl Völker, 1929–1932. Foto 1932

Entwurf, der allen Anforderungen entspricht und eine vorzügliche Durcharbeitung der Gemeinschaftsräume zeigt."
Der 2. und 3. Preis gingen an Walter Gropius und Heinrich Tessenow, beide aus Berlin.
Beim Wettbewerb für das geplante Wohlfahrtshaus erhielten Haesler und Völker nach der Kasseler Architektengruppe Siehel und Leers lediglich den 2. Rang.
Langwierige Grundstücksverhandlungen und eine Überarbeitungsphase durch die ersten beiden Preisträger verzögerten das Bauvorhaben des Wohlfahrtshauses. Bis zur Machtübernahme der Nationalsozialisten 1933 und dem damit verbundenen jähen Ende für die Moderne kam es nicht über das Wettbewerbsstadium hinaus.
Weitaus zügiger verlief dagegen die Planung des Altersheims, das am westlichen Stadtrand in unmittelbarer Nähe des Aschrott-Parkes etwa auf halber Länge zwischen dem Stadtzentrum und dem Schloß Wilhelmshöhe in den Jahren 1931 und 1932 entstand.

Zum Entwurf des Altersheims

Weitgehend unabhängig von der angrenzenden Bebauung und den umgebenden Straßen erstrecken sich zwei dominierende Wohnflügel von ca. 63 m Länge parallel in west-östlicher Richtung. Die einzelnen Zimmer, ausnahmslos nach Süden gerichtet, sind in jeweils vier Geschossen untergebracht und ruhen auf einem niedrigeren Sockelgeschoß. Die großflächig verglasten Südfronten mit ihren horizontal durchlaufenden Sonnenbalkonen kontrastieren mit den geschlossenen Nordfassaden, deren regelmäßige horizontale Fensterbänder die dahinterliegenden Erschließungsflure belichten. Dieser Aufbau von der geschlossenen Nordseite zur offenen Südfassade, vom niedriger temperierten Flur zum Sonnenbalkon entspricht

dem durchdachten bauphysikalischen und klimatischen Konzept Otto Haeslers. An den westlichen Enden eines jeden Flures befinden sich verandaartige Gemeinschaftsräume, während an der Ostseite ein zweigeschossiger, niedrigerer Gebäuderiegel gleichsam als Rückgrat Gemeinschaftsräume wie Speisesaal, Bibliothek, Musikzimmer, Sonnendeck, gedeckten Wandelgang und die Großküche aufnimmt. In südlicher Richtung, leicht vorgeschoben, bildet der Riegel den Haupteingang mit flankierenden Büros und darüberliegendem Leseraum.
Die U-förmige Gesamtanlage erhält nach Norden einen Anbau für Heizung sowie von Osten belichtete Räume für Praktikantinnen und Kranke. Markante Schornsteine aus drei mächtigen freigestellten Stahlröhren bilden den nördlichen Abschluß. Die Anlage öffnet sich nach Westen zum nahegelegenen Aschrott-Park und gliedert das Grundstück in vier unterschiedlich gestaltete Grünzonen: einen südlichen Vorgarten am Eingang, einen nördlichen Park mit organisch angelegten Wegen, einen östlichen Anlieferungsbereich und schließlich als Mittelpunkt den ruhigen Innenhof, dessen orthogonale Gestaltung sich aus dem Grundraster der Wohnflügel herleitet.
Größte Bedeutung kam nach Haesler der Gestaltung der 100 Einzimmerwohnungen zu, deren Größe mit 22 m² heutigen Maßstäben durchaus standhält, wenn auch nicht in der sanitären Ausstattung. Gleichwohl kamen ihm die Erfahrungen beim Bau von Wohnungen für das Existenzminimum zugute. So wie die Gesamtanlage in eine Vielzahl unterschiedlicher Funktionsbereiche gegliedert ist, unterliegt auch die Gestaltung der Wohnungen funktional klarer Aufteilung. Im charakteristischen Einbundsystem der 20er Jahre erreicht man die Wohnungen über einen langgestreckten gemeinsamen Erschließungsflur und betritt zunächst einen Vorflur mit Garderoben. Von hier aus gelangt man in den eigentlichen Wohnraum. Seitlich durch einen Vorhang

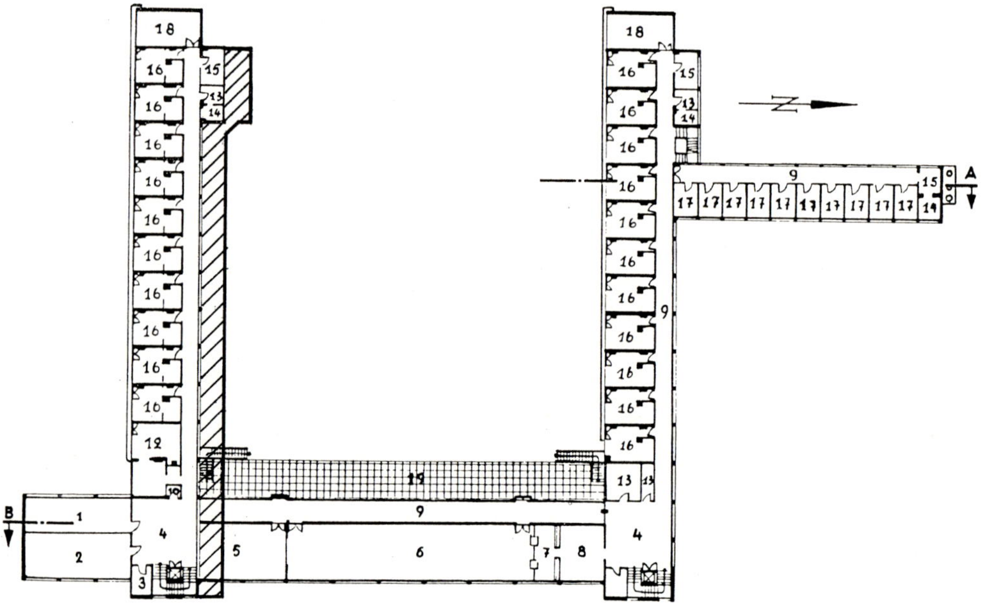

3 *Grundriß des Obergeschosses mit den nach Nord bzw. Süd orientierten Wohnflügeln*

abgeteilt und zweckmäßig möbliert, liegt, der Tiefe des Vorflures entsprechend, die Schlafnische. Eine gestalterische und zugleich baukonstruktive Besonderheit bildet die südliche Außenwandverglasung mit Blumenfenster und Doppeltür zum anschließenden Balkon. Sie nimmt die gesamte Breite und Höhe des Raumes ein. Das ca. 60 cm tiefe Blumenfenster unterstreicht die optische Integration der grünen Außenwelt und gibt jeder Bewohnerin einen eigenen Rahmen individueller Gestaltung als Kontrast zur Sachlichkeit der Glasarchitektur. Die „doppelte Glaswand", wie sie etwa von Paul Scheerbart und Bruno Taut propagiert wurde, kommt hier zur praktischen Anwendung.

4 Innenraum eines Einzelzimmers mit Blumenfenster und Ausgang zum Balkon. Zustand um 1932

Zur Konstruktion

Aus dem Ordnungsprinzip der Aneinanderreihung der Wohnungen folgt das äußere Erscheinungsbild der Gesamtanlage als Skelettbau. Im Abstand von 4 m sind fünfgeschossige Binderrahmen errichtet, von denen jeder dritte biegesteif ausgebildet wurde. Deckenträger verlaufen in Längsrichtung des Gebäudes und sind feldweise durch Diagonalverbände aus Flacheisen ausgesteift. Eine Verbundkonstruktion aus Strohfaserplatten (Solomithplatten) und einem darüberliegenden Zementestrich überspannt mit 75 cm den Abstand der Deckenträger und bildet zusammen mit einer darauf angeordneten Asphaltschicht mit Linoleumbelag einen ca. 10 cm dicken leichtgewichtigen Fußbodenaufbau. An der Unterseite der Träger ist ein Putz auf Rohrgewebe aufgebracht.

Die Außenwände wurden in zweischaliger Bauweise (außen mit Hohlziegeln und innen mit Tektonplatten) erstellt. Alle Stahlprofile sind in der für die Zeit üblichen Verbundbauweise ausgemauert und mit den Mauerwerksfeldern unter Verwendung von Ziegeldrahtgeweben zu einheitlichen Putzflächen zusammengefaßt.

Die Innenwände bestehen aus Schwemmsteinmauerwerk, das im Bereich von Windverbandausfachungen 12 cm, im Normalfall 10 cm dick ist. Alle Fenster wurden entgegen ursprünglichen Absichten nicht in Eisen, sondern in Holz gefertigt, mit Ausnahme der inneren Blumenfensterverglasung, die aus schmalen Eisenwinkel-

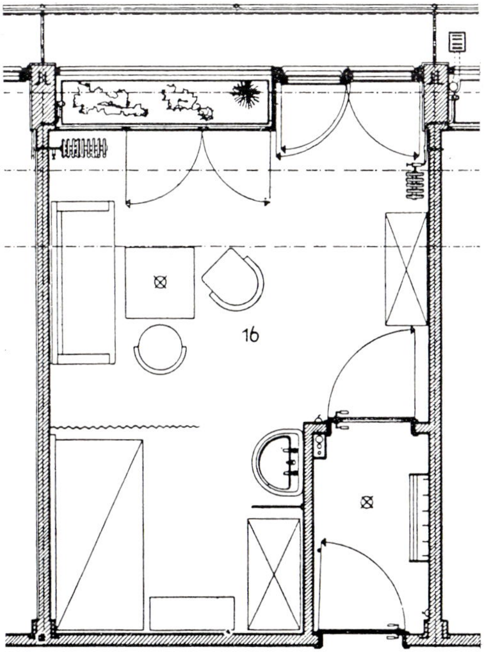

5 Grundriß eines Einzelzimmers

profilen besteht. Es gibt noch einige andere Hinweise auf Details, wie z.B. die unverständliche Teilunterkellerung, die auf Einsparungen infolge einer schwierigen Baufinanzierung hinweisen. Erst kürzlich gefundene Ausschreibungsunterlagen lassen hoffen, Klärung über einige fragliche architektonische und konstruktive Details zu erhalten.

Veränderungen und Wiederherstellung

Es ist ein Glücksfall für die Geschichte der modernen Architektur, daß dieser Bau sich bis heute in seiner ursprünglichen Nutzung als Altersheim erhalten hat, unverändert betreut durch die Aschrottsche Stiftung in Kassel. Eine Unterbrechung gab es in den Kriegswirren. Eine Abteilung der Stadtverwaltung zog in das Haus, in der Nachkriegszeit betrieb die amerikanische Besatzungsmacht ein Waldorf Astoria-Hotel im Aschrott-Heim.
In den nahezu 60 Jahren seines Bestehens mußte das Gebäude eine Reihe z.T. gra-

6 Montage des Stahlskeletts 1931

7 Ausmauerung der Stahlskelette. Zustand 1990

vierender Veränderungen an der Gestalt, an der Konstruktion und am Ausbau hinnehmen. Manche auch dann noch, als der Bau längst unter Denkmalschutz gestellt war.
In einer ausführlichen Dokumentation wurde 1988/90 das Original mit dem heutigen Zustand verglichen. Diese Dokumentation ist Teil einer Forschungsarbeit zu Tragwerken und konstruktiven Entwicklungen der Moderne am Institut für Tragwerksplanung der TU Braunschweig.
In Kassel, einer der am meisten kriegszerstörten Städte, gingen nahezu sämtliche Bauunterlagen des Aschrott-Heims verloren.

9 Stirnseiten der Wohnflügel. Zustand ca. 1932

Beispiele für die Sanierung des Aschrott-Altersheims in Kassel

Beispiel 1: Erweiterung durch Anbauten

Rentabilität, Platzbedarf aus Nachfrage und Veränderung der Ansprüche führen häufig zu An- und Umbauten. Die Aschrottsche Stiftung konnte durch Zukauf eines naheliegenden Gebäudes ihren Raumbedarf verbessern. Trotzdem entstanden Umbauten am Hauptgebäude. Für diese Umbauten wurde die aufgelockerte Gliederung einzelner Baukörper genutzt, z.B.
- durch Umwandlung der Dachterrasse in Wohnraum,
- durch Ausbau der ‚freischwebenden' Stirnseite der Wohnflügel für Pflegeräume, Garagen etc. im Erdgeschoßbereich,
- durch Umnutzung der Gemeinschaftsräume in Einzelzimmer an den Stirnseiten der Wohnflügel.

Da bei diesen Maßnahmen die Gebäudekanten eingehalten, die gegliederten Baukörper „ergänzt" wurden, werden dem heutigen Betrachter diese gravierenden Eingriffe nur im Vergleich mit dem Original deutlich. Besonders an den Wohnflügeln wird Haeslers Entwurf der transparenten Gebäudeecke deutlich. Bautechnisch stellt die Rückführung in den Originalzustand kein Problem dar. Die Wiederherstellung der originalen Räume und Fassaden ist zweifellos mit einer Reduktion der heutigen Nutzungsflächen verbunden.

8 Veränderungen an der Stirnseite eines Wohnflügels durch Ausbau des Erdgeschosses

10 Nordflügel mit Heizungs-/Personaltrakt. Zustand ca. 1932

Konstruktion und Fassade

Wie bei den meisten Stahlskelettbauten der Moderne ist das Tragsystem außer in der Rasterung nicht ablesbar. Das ausgefachte, ausgemauerte und verputzte Stahlskelett läßt eine durchgängig geschlossene, eine durch Fenster durchbrochene wie auch eine vollständig offene, verglaste Fassade zu.

Am Aschrottheim finden wir heute großflächig geflieste Fassadenflächen vor, die vermutlich in den 60er Jahren angebracht wurden. Abgesehen von zeitbedingten Fassadenverkleidungen, die mit Geschmack und Dauerhaftigkeit begründet wurden, wird hier auch ein konstruktives Problem angesprochen. Mit den Fliesen wurde versucht, die Risse in der Außenfassade zu vermeiden, vielmehr zu überdecken. Tatsächlich ist das primär durch Auskreuzun-

11 Heutige großflächige Verfliesung der Außenfassaden, heller Anstrich der Stahlfensterrahmen anstelle des ursprünglichen, dunklen Anstrichs. Zustand 1989

12 Nordflügel mit Gemeinschaftsräumen. Zustand ca. 1932

gen ausgesteifte Stahlskelett eine relativ „weiche“ Konstruktion. Die vollflächige Ausmauerung ergibt keinen Verbund, wie wir ihn bei heutigen Stahlverbundkonstruktionen zugrunde legen. Dehnungen aus Temperaturunterschieden können als weitere Ursachen der Rißbildung im Mauerwerk, am Innen- und Außenputz angenommen werden.

Bei der Sanierung ist die gleichartige und durchgängige Putzfläche das optische Ziel der Wiederherstellung. Baukonstruktiv kann eine Sanierung nur über einen Aufbau nach heutiger Technologie erfolgen, z.B. mit „dehnbarem“ Putz auf Gewebe. Die gleichzeitige Anbringung einer zusätzlichen Wärmeisolierung wird geprüft, wobei nicht nur die heute geforderten Durchgangswerte, sondern die dadurch zwangsläufig eintretende Änderung der Wand-

13 Veränderungen durch Einbau zusätzlicher Wohnräume im Bereich der Gemeinschaftsräume und der Dachterrasse. Zustand 1989

und Fenstermaße Entscheidungskriterien sind.

Beispiel 2: Südfassaden der Wohntrakte

Fenster und vor allem die Fensterrahmen zählen wie die anderen Elemente der Außenhaut (Putz und Flachdacheindeckungen) zu den wartungsintensivsten Bauteilen. Bei einer notwendigen Totalerneuerung muß bei ursprünglich bautechnisch einwandfreier Konstruktion auf diese zurückgegriffen werden, selbst wenn der heutige Markt andere Systeme bevorzugt.
In mehreren Geschossen der Wohnflügel wurden in den vergangenen Jahren die originalen Holzfenster mit den dahinterliegenden 60 cm tiefen Blumenfenstern aus dünnen Stahlprofilen entfernt. Gründe waren die Schadhaftigkeit durch Alterung und die Umnutzung der Wohnräume in 2-Bett-Zimmer einer Pflegestation. Die neu eingebauten Isolierglaselemente aus kunststoffbeschichteten Aluminiumprofilen können den Anforderungen des Denkmalschutzes nicht genügen, ebenso verändern sie das von Haesler konzipierte Klimakonzept. Die Markisen, heute durch vertikale Lamellenjalousien ersetzt, ermöglichen eine individuell regulierbare Öffnung zum Außenraum, das Blumenfenster bildet den Übergang zum Wohnraum. Der Flur, über den eine Querlüftung erfolgen kann, schließt mit einer massiven Außenwand das Gebäude nach Norden ab.
Ob die teilweise Einfachverglasung und die erst nachträglich angebrachten Markisen auf eine Unsicherheit oder Fehleinschätzung der Temperaturentwicklung durch Haesler beruhen oder die bereits erwähnten Finanzierungsprobleme zu Einsparungen zwangen, muß noch geklärt werden. Ähnliche offene Fragen ergeben sich aus einer wenig verständlichen Teilunterkellerung der Hauptgebäude und die Gründung einiger Stahlstützen ohne Korrosionsschutz. Besonders bei Otto Haesler muß mit einer Beurteilung von Bauschäden aus Gründen von Konstruktions- bzw. Planungsfehlern, Alterung, mangelnder Wartung oder Herstellungsfehlern besonders differenziert umgegangen werden. Otto Haesler hat durch zahlreiche Bauten und durch qualifizierte Publikationen sein Wissen und sein Interesse für das baukonstruktive Detail im Zusammenspiel mit der Nutzung und den bauphysikalischen Anforderungen wie kaum ein anderer Architekt der Moderne unter Beweis gestellt. Bei einer Sanierung der Wohngebäude ohne Nutzungsänderung kann das Haeslersche Klimakonzept beibehalten werden. Es gilt ohnehin als ein hervorragendes Beispiel einer differenzierten

14 Ausbau der Dachterrasse auf dem Heizungs-/Personaltrakt in Wohnraum. Vollständige Verfliesung der Außenfassade. Foto 1988

15 Südfassade des vorderen Wohntraktes mit originalen Fenstern und Markisen wie auch veränderten Elementen, Foto 1988

16 Nordansicht der Gesamtanlage. Die freistehenden Schornsteine prägen und gliedern die Baukörper. Foto ca. 1932

natürlichen Klimatisierung unter den Aspekten des Wohlbefindens wie auch der Bauphysik, selbst wenn nach unseren heutigen Vorstellungen der Wärmeschutz nicht ausreichend ist.
Die Verbesserung der Handhabung von Markisen durch Erneuerung und Umstellung des Handbetriebs auf eine elektrische Steuerung ist technisch kein Problem.
Durch Einbau zusätzlicher Sanitärausstattungen sowie durch neue und „dichte" Fenster wird der Feuchtigkeitshaushalt geändert. Auswirkungen auf die nur durch Mörtel geschützte Stahlkonstruktion sind nicht auszuschließen.
Korrosionsschäden am Haupttragwerk sind bisher vor allem dort festgestellt worden, wo Feuchtigkeit von außen (Dach, Fenster) in das Gebäude eindringen konnte.

Beispiel 3: Schornsteine

Im nördlichen Bereich der Gesamtanlage mit dem Wohnflügel und dem daran anschließenden Heizungstrakt bilden die drei Außenschornsteine als Abschluß ein wesentliches architektonisches Element. Sie gliedern mit dem Heizungstrakt die lange Front des Wohnflügels und bilden in den West- und Ostansichten einen deutlichen Abschluß des Heizungstraktes, und sie stellen sich damit dem höheren Wohnflügel und dem dort befindlichen vertikalen verglasten Treppenhaus gegenüber.
Die Proportionen der drei Schornsteine, ihre Abstände zueinander, ihre Querschnitte und Bauhöhen auf dem gemauerten Sockel sind auf die übrigen Gebäudeteile bezogen und passen sich als Teil in die Gebäudegruppe ein.
Haesler nutzte ein technisches Element mit zur Gestaltung. Ohne Frage ist diese Architektur u.a. von dem Grundsatz geprägt, technische Funktionen und Einrichtungen erkennbar und folgerichtig zu gestalten. So sind hier die Schornsteine nicht gemauert, auch nicht in das Gebäude eingemauert, sondern als Stahlrohre frei aufgestellt.
Eine Beziehung zur technischen Gestaltung von Dampfern (Schiffsarchitektur) ist unverkennbar. Bei anderen bedeutenden Architekten der Moderne, wie z.B. bei Scharoun oder Mendelsohn werden Bezüge zur Schiffsarchitektur im wesent-

17 Schornsteinanlage aus drei Stahlrohren auf einem gemauerten Sockel (Original bis 1989 mit Ausnahme der dunklen Fliesen am Sockel)

lichen nur durch runde Ecken und Fenster, abgerundete Gebäudeteile und die entsprechende Stockwerksgliederung hergestellt. Hier dagegen erscheint die Schornsteinanlage mit dem Heizungstrakt als ein bemerkenswertes und einzigartiges Beispiel des Umgangs mit technischen Funktionen in der Architektur der Moderne. Darüber hinaus trägt der Heizungstrakt im Gegensatz zu den Wohn-, Aufenthalts- und Verwaltungsgebäuden die Sprache einer funktionalen Industriearchitektur, ohne den Zusammenhang der Gesamtanlage zu stören. Bei der Größe der Anlage des Altersheimes schien den Architekten diese Form und das Hervorheben der Technik, nicht das sonst übliche Verstecken im Untergeschoß, angemessen.

Bemerkenswert ist, daß zur Bauzeit des Aschrott-Altersheimes gerade die freistehenden Außenschornsteine in der Öffentlichkeit wie in der Fachwelt heftig und kontrovers diskutiert wurden, viel mehr als der Bau insgesamt, der in der Formensprache der Moderne zudem noch für ein Altersheim fremd wirken mußte.

Das gesamte Altersheim wird von einer zentralen Heizungsanlage mit Heizungswärme und Warmwasser versorgt.

Die mehrfachen Veränderungen und Umstellungen der Heizanlage und der damit zusammenhängenden Gebrauchsfähigkeit und dem Zustand der drei Außenschornsteine sind von Architekt A. Engel, Kassel wie folgt beschrieben (12. September 1988):

„Die noch originalen, i.J. 1930 ursprünglich auf Koks-Heizung ausgelegten Drillings-Stahl-Schornsteine zeigen nach Umrüstung i.J. 1960 auf ölbetriebene Heizkessel starke Korrosionsschäden an den Stahlmänteln und Kondensschäden, durchsetzt mit Schwefel, an den Innen- und Außenwänden.

Die seitdem als überdimensioniert geltenden ungedämmten Schornsteine der Anlage, außen 0,84 - 0,86 m, haben im oberen Stahlrohr und unterem Massivbereich unterschiedliche Querschnitte, oben i.L. ø 0,62 m, unten 0,65 / 0,70 m, und müssen reduziert werden.

Beim Umbau der Heizanlage und Einbau neuer Heizkessel in den Jahren 1987 / 88 bestätigt sich die Erkenntnis, sämtliche Schornsteine erneuern zu müssen.

18 Verbindungsdetail der Schornsteinrohre mit Nieten und Schrauben (Foto 1988). 1989 erneuert

Die aufgetretenen Zerstörungen, Aufrostung des Außenmantels, abgesprengte Verschraubungen an den Flanschen, und die mit Schwefel durchsetzte 12 cm starke Schamottausmauerung, lassen eine Instandsetzung im Spezialverfahren nicht mehr zu."

Aufgrund der Bedeutung des Denkmals, hier im besonderen der Außenschornsteine als Gebäudeteil und technischer Einrichtung, wurde unabhängig von der vorgehenden Beurteilung ein Sanierungskonzept entwickelt, das ohne Demontage auskommen sollte und vor allem den originalen Erhalt der Stahlschornsteine mit Windaussteifung und Wartungsbrücke vorsah. Eine vorsorgliche Blechdickenmessung mit Ultraschall zeigte jedoch einen unerwartet hohen Abtrag durch Korrosion, so daß tatsächlich ein Erhalt der originalen Schornsteine, mit Ausnahme der Wartungsbrücke, nicht realisiert werden konnte.

Die 11 m hohen Stahlschornsteine bestehen aus jeweils sieben Einzelschüssen aus 20 mm dickem geschweißten Stahlblech und stehen auf einem gemauerten Sockel. Sockel und Schornsteine ragen insgesamt 18 m über das Gelände und 5 m über den Heizungstrakt.

Höhe und differenzierte Querschnitte der drei Schornsteine ergaben sich aus der Bemessung und Funktion (im Wettbewerbsentwurf waren noch vier Züge vorgesehen). Der Aufbau und die Gliederung in Teilstücke ermöglichten das Ausmauern mit Schamotte in diesen Querschnitten Zug um Zug mit der Montage der Rohre.

Die zur damaligen Zeit üblichen und bewährten Verbindungsmittel waren Niete werkseits und Schrauben bauseits.

Im Herbst 1989 erfolgte die Demontage der Schornsteine oberhalb des Sockels. Der Heizungsbetrieb konnte durch Notschornsteine während der Bauzeit aufrechterhalten werden.

Beim Aufheben der einzelnen Schüsse verhinderte ein praller Luftschlauch das Herausfallen der Ausmauerung nach einem Vorschlag der ausführenden Firma Schiegries aus Ilsede.

Die originale Wiederherstellung bezog sich nur auf den Ersatz der drei Außenmäntel der Schornsteine sowie die Reparatur bzw. Teilerneuerung der Verankerungen, der Wartungsbrücke, der Windkreuze und der Blechabdeckungen.

Die Schornsteine aus 6 mm geschweißtem Stahlblech erhielten die originalen Außendurchmesser. Auf die Einteilung in Einzelschüsse wurde vor allem aus finanziellen Gründen verzichtet. Ringe sind nur dort angebracht, wo sie zur Befestigung der Windauskreuzungen und der Wartungsbrücke notwendig sind.

Die Anpassung an die erforderlichen Abgasquerschnitte wurde durch eine entsprechende Dimensionierung der frei eingestellten Innenrohre erreicht.

Spätestens für die komplette Erneuerung war es erforderlich, einen statischen Nachweis für die Anlage aufzustellen, da durch die Kriegszerstörungen auch diese Unterlagen gänzlich verlorengingen. So formgetreu auch die äußere Erscheinung hergestellt werden konnte, so gravierend änderten sich die konstruktiven Bedingungen. Durch die entfallene Ausmauerung (die Rauchgasrohre stehen in den Mantelhüllen frei) und durch die wesentlich geringere Wandstärke (6 anstatt 20 mm) reduziert sich das vertikal wirkende Gesamtgewicht erheblich. Das führt im Zusammenwirken bei gleichem Ansatz der Windlast zu einem höheren Einspannmoment am gemauerten Sockel. Weiter wurde die ursprüngliche Horizontalverankerung am Stahlskelett an der oberen Gebäudekante des Heiztrakts rechnerisch und faktisch nicht mehr in Ansatz gebracht. Es sollte angesichts der ohnehin auftretenden Rissebildung vermieden werden, erneut Horizontalkräfte in die Konstruktion einzuleiten.

Diese neuen Bedingungen hatten allerdings zur Folge, daß die Einspannung der drei Schornsteine nun nicht mehr allein durch den Sockel, sondern durch in den

Heizraum hineinragende Stahlböcke konstruktiv gelöst werden mußte.
Ursprünglich waren die Stahlteile der Schornsteinanlage silberweiß gestrichen. Die neue Konstruktion ist zunächst mit einer Feuerverzinkung versehen. Nach einer 1- bis 2jährigen Reaktionszeit kommt ein Anstrich hinzu. Der Hinweis auf einen Anstrich mit „Aluminat" fand sich in einem erst kürzlich gefundenen Schreiben Otto Haeslers.

Gesamtkonzeption der Denkmalsanierung

Mit diesen drei Beispielen sind die auch konstruktiv wichtigsten Sanierungsbereiche erwähnt. In einem von den Verfassern erstellten Gutachten sind ausnahmslos alle Veränderungen des Originals und der Bauschäden festgehalten. Diese Dokumentation reicht von den Innenausbauten, verbunden mit Fragen der Betriebssicherheit, bis zu den ebenfalls veränderten Außenanlagen.
Leider können die erforderlichen Bau- und Sanierungsmaßnahmen nicht in einem schlüssigen und zeitlichen Zusammenhang erfolgen, wie z.B. vergleichbare Sanierungen der Bauten der Weißenhofsiedlung in Stuttgart, zu der erhebliche Mittel der öffentlichen Hand zur Verfügung gestellt wurden. Sämtliche Kosten werden von der Eigentümerin, der Aschrottschen Stiftung, über den Betrieb des Hauses erwirtschaftet. Dadurch bestimmen die notwendig werdenden Reparaturen, Modernisierungen oder die Erfüllung von Sicherheitsvorschriften die Geschwindigkeit und Abfolge der denkmalgerechten Wiederherstellung.
Zunächst steht die sorgfältige Abdichtung des Daches und der Fassaden im Vordergrund, da bei Schäden an der Konstruktion sich nahezu irreparable Schäden ergeben können. Im Zusammenhang mit der Sanierung der Massivfassaden könnten diese auch wieder von der großflächigen Verfliesung befreit werden.
Trotz dieses möglicherweise langandauernden Prozesses, nicht zuletzt bedingt durch die ständige uneingeschränkte Nutzung und die begrenzten Möglichkeiten der Stiftung, ist jetzt eine komplexe Beurteilung und Planung für den Zeitpunkt der Einzelmaßnahme unumgänglich.
Es stellt sich gerade bei diesem Objekt internationalen Ranges aus der Moderne die grundsätzliche Frage, ob die öffentliche Hand sich nicht über die ideelle Unterstützung an der Erhaltung beteiligen müßte, bevor die große Zahl der übrigen eingangs erwähnten Nachkriegsbauten entsprechende Mittel und Kräfte bindet.

Besitzer und Betreiber des Altersheims: Marie von Boschan-Aschrott-Stiftung Kassel
Geschäftsführer: Leitender Magistratsdirektor Richard Walper
Architekt der Stifung: Dipl.-Ing. August Engel, freier Architekt, Kassel
Gutachter im Auftrag des Landesamts für Denkmalpflege, Marburg: Prof. Berthold Burkhardt und Dipl.-Ing. Roland Dorn, Braunschweig

Abbildungsnachweis

Alle Abbildungen: Institut für Tragwerksplanung der TU Braunschweig

Literatur

HAESLER, OTTO: Mein Lebenswerk als Architekt. Berlin 1957
VÖLCKERS, OTTO: Altersheim der Marie-von-Boschan-Aschrott-Stiftung in Kassel, in: Moderne Bauformen, Jg. 31, 1932, S. 133–155
CHAN-MAGOMEDOW, SELIM O.: Pioniere der sowjetischen Architektur. Dresden 1983
VOTTELER, ARNO: Adolf G. Schneck, 1983 bis 1971. Stuttgart 1983
BURKHARDT, BERTHOLD: Konstruktion als Denkmal gewertet, in: Arbeitshefte zur Denkmalpflege in Niedersachsen Hannover 1988, Heft 7, S. 68–73

Stefan Sinos

Über die Prinzipien der Konservierung und Restaurierung von historischen Denkmälern und der sog. »Charta von Venedig«*

Seit einigen Jahrzehnten wird erneut im gesamten europäischen Raum intensiv an den historischen Denkmälern gearbeitet, sei es zur Konservierung und Restaurierung einer beschädigten und gefährdeten Bausubstanz, oder in Form einer mehr oder weniger ausgedehnten Rekonstruktion und Ergänzung von fehlenden Bauteilen. Die dabei entstehenden Eingriffe wurden in Fachkreisen oft, und zum Teil auch heftig diskutiert, ohne daß man dabei aber zu allgemeingültigen Schlüssen gelangt wäre, oder wenigstens einige der in früheren Zeiten ausgesprochenen Thesen hätte bestätigen können. So wird prinzipiell noch immer zwischen der romantischen Anschauung einer Ruine, wie sie von J. Ruskin am nachhaltigsten formuliert wurde, und der historisch-didaktischen eines E. Viollet-le-Duc unterschieden, in der Praxis jedoch je nach der vorhandenen Bausubstanz, den historischen und kulturellen, aber auch ökonomischen Faktoren und nicht zuletzt nach der persönlichen Auffassung der Restaurierenden gehandelt. In beiden Fällen wird meist in Hinblick auf eine zeitgemäße Nutzung der historischen Denkmäler gearbeitet. Man sichert also, so weit man kann, eine Ruine und gestaltet sie so, daß sie den gesellschaftlichen und touristischen Erfordernissen gerecht wird und einer breiten Bevölkerungsschicht zusagt, und benutzt die derart hergerichtete Bausubstanz entweder als Kulisse für Veranstaltungen, oder man ergänzt und rekonstruiert – je nach der historischen und künstlerischen Bedeutung, aber auch der Form, Größe und ursprünglichen Funktion – zumindest Teile der fehlenden Bauelemente und nutzt die Innenräume des Baues wieder. Es ist also erkennbar, daß man dabei nicht länger von einer rein romantischen oder auch historisch-didaktischen Anschauung der Restaurierungsobjekte im Sinne des vorigen Jahrhunderts ausgeht, sondern daß in allen Fällen jeweils ein Ergebnis unserer Konsumgesellschaft produziert wird.

Über die möglichen Prinzipien, die bei einer Restaurierung befolgt werden sollten, ist in den letzten zwei Jahrhunderten eine relativ große Anzahl thoretischer Abhandlungen verfaßt worden. Es ist nicht Ziel dieser Schrift, diese Literatur zu besprechen; ein solches Vorhaben wäre sicherlich nicht im Rahmen eines kurzen Aufsatzes möglich. Jedoch soll im folgenden

* Die französische Originalfassung der „Charta von Venedig“ ist hauptsächlich als Grundlage für diesen Aufsatz verwendet worden. Zu Rate gezogen wurde auch die deutsche Übersetzung der Vereinigung der Landesdenkmalpfleger in der Bundesrepublik Deutschland vom 14. April 1989. Die in der folgenden Besprechung vorhandenen Abweichungen vom Ausdruck dieser Übersetzung entsprechen dem Wunsch des Verfassers, so nah wie möglich am Originaltext zu bleiben, um dessen Charakter nicht zu verändern.

versucht werden, mit knappen Worten diejenigen Prinzipien zur Konservierung und Restaurierung zu analysieren und diskutieren, die nach dem Zweiten Weltkrieg wohl am besten und in komprimierter Form in der sogenannten „Charta von Venedig“ vom 29. Mai 1964 formuliert worden sind.

Gemäß der Einleitung der „Charta von Venedig“ ist die Menschheit verantwortlich für die Erhaltung der historischen Denkmäler der Völker und darüber hinaus verpflichtet, diese im ganzen Reichtum ihrer Authentizität den zukünftigen Generationen weiterzugeben. Gegen den allgemeinen ideologischen Inhalt dieses Satzes kann man sicherlich nichts einwenden. An der Klarheit des Begriffes der Authentizität hinsichtlich seiner Übertragbarkeit auf ein einzelnes Denkmal sind jedoch Zweifel angebracht, denn welchen Zustand der geschichtlichen Entwicklung eines Bauwerks sollte man als authentisch betrachten und den zukünftigen Generationen weitergeben und welchen nicht? Ist nur die ursprüngliche Gestalt unmittelbar nach Abschluß der Bauarbeiten authentisch zu nennen, oder ist der heutige Zustand eines Bauwerks, so wie es sich bis zu unserer Generation erhalten hat, der gültige – womöglich in beschädigter oder gar ruinöser Form, so wie etwa viele Kirchen, öffentliche Bauten und Häuser nach dem Zweiten Weltkrieg? Es ist klar, daß in beiden Fällen der historische Kontext des Werks nicht angesprochen wird. Im einen Fall wird seine Geschichte und Entwicklung bis zur Gegenwart, im anderen sein weiteres Leben in der Zukunft außer Acht gelassen, als ob unsere Zeit prädestiniert wäre, abschließend über die Denkmäler der Menschheit zu bestimmen und ihre weitere Entwicklung dadurch festzulegen, daß ihre heutige Gestalt den letzten möglichen authentischen Zustand darstellen soll. Die Schwierigkeiten, die bei der Verwendung von sehr allgemeinen und dadurch – im vorliegenden Zusammenhang – sehr vagen Begriffen wie desjenigen der Authentizität auftauchen können, werden hier bereits spürbar. Angesichts dieser Unklarheiten sollte dieser Begriff heute nur in begrenztem Umfang, vorzugsweise zur Bezeichnung bestimmter Bauelemente und -konstruktionen, verwendet werden. Mit diesen Ausführungen mag deutlich werden, welche Rolle in dieser Problematik eine gemeinsame, unmißverständliche und praxisbezogene Sprache spielt und wie wichtig ein weithin akzeptierter Konsens über die verwendeten Begriffe ist.

Im weiteren wird in der „Charta von Venedig“ zwischen Konservierung und Restaurierung unterschieden. Im Kapitel, welches die Konservierung von historischen Denkmälern betrifft, wird die untrennbare Beziehung des Denkmals zu seiner traditionellen Umgebung (es wird von dem seinem Maßstab entsprechenden Rahmen gesprochen und damit deutlich auf die gebaute Umwelt eingegrenzt) behandelt, und festgestellt, daß eine solche, falls vorhanden, auch konserviert werden muß. Der Begriff des Konservierens wird hier sowohl im Sinne des Schutzes durch die Gesellschaft, der Bewahrung im allgemeinen, als auch des Instandsetzens oder Haltbarmachens, angewandt. Diese beiden Vorgänge werden nicht deutlich voneinander unterschieden, wie es sicherlich notwendig wäre. In der deutschen Übersetzung der „Charta von Venedig“, die 1989 von den Präsidenten der ICOMOS-Nationalkomitees der Staaten des deutschen Sprachraums vorgelegt wurde, wird speziell in diesem Kapitel der Begriff der „Konservierung“ durch den Begriff „Erhaltung“ ersetzt, was auch nur zum Teil richtig ist.

Im gleichen Kapitel wird auf die Innenraumausstattung detaillierter eingegangen. So wird erwähnt, daß die Elemente der Bildhauerei, der Malerei und der Dekoration, die zu den integralen Bestandteilen des jeweiligen Denkmals gehören, nicht von diesem getrennt werden sollten, es sei denn, daß ihre Konservierung nur auf diese Weise gewährleistet werden kann. Wichtiger noch ist die Äußerung, daß die Konservierung eines Denkmals immer begünstigt wird, wenn dadurch eine für die Gesellschaft nützliche Funktion erreicht wird. Eine solche Verwendung dürfe jedoch nicht zu einer Änderung der Anordnung und des Dekors der betreffenden Gebäude führen. Nur innerhalb dieser Grenzen sollen neue Einrichtungen, die durch die Weiterentwicklung der Nutzungen und der Sitten notwendig geworden sind, erlaubt sein. Diese im Prinzip sinnvolle Einschränkung ließ sich in der Praxis nicht immer leicht befolgen. Es fehlten hier nähere Angaben über den Umfang des Schutzes für ein Gebäude, denn sicherlich ist es z.B. nicht möglich, alle alten Bauten, die etwa nur zur Umgebung eines Denkmals im oben ausgeführten Sinne gehören, unbedingt in ihrer Gesamtheit zu erhalten. Auch fehlt eine Stellungnahme zur Ausdehnung der noch vorhandenen ursprünglichen Anordnung und des Dekors. Denn die meisten Probleme tauchen dann auf, wenn sich nur ein Teil der alten Anordnung erhalten hat bzw. der ursprüngliche Dekor nur bruchstückhaft überliefert ist. Darüber ist im Kapitel zur Restaurierung einiges zu lesen, wir sehen jedoch schon hier, daß eine klare Trennung zwischen den Tätigkeiten des Konservierens und Restaurierens schwer formuliert werden kann und daß beide eng miteinander verknüpft sind.

Als neuer Begriff im Zusammenhang mit den bereits erwähnten Elementen der Bildhauerei, der Malerei und der Dekoration werden in der Charta von Venedig die „integralen Bestandteile" eines Denkmals eingeführt. Gegen die gewählte und in diesem Zusammenhang sinnvolle Formulierung „integraler Bestandteil" ist im Grunde nichts einzuwenden. Wie wir im folgenden jedoch sehen werden, bringt der weitergehende, in letzter Zeit immer häufiger verwendete Begriff der „Integrität" eines historischen Denkmalbereichs oder Denkmals in den meisten Fällen dagegen nur Unklarheiten und sollte deshalb vermieden werden.

Im Gegensatz zu den Widersprüchen, die wir im Kapitel über die Konservierung bemerkt haben, ist im folgenden Kapitel über die Restaurierung von historischen Denkmälern der Aufgabenbereich knapp und übersichtlich besprochen. Der Rahmen für die notwendigen Maßnahmen, die bei einer Restaurierung zu treffen sind, ist klar umrissen. Es handelt sich um einen Rahmen, welcher die allgemeinen Richtlinien gibt und die Entscheidung über die Ausdehnung der Restaurierung und ihrer Detailausführung zwar einengt, jedoch erlaubt, daß sie nach einer intensiven Auseinandersetzung mit dem jeweiligen Bauwerk, gemäß seinen Eigentümlichkeiten und seiner spezifischen Problematik, getroffen werden kann.

Der erste Artikel über die Restaurierung der Denkmäler (Artikel 9) stellt im ganzen, sowohl theoretisch wie praktisch, eine der wichtigsten Äußerungen dar, die über das Thema je gemacht worden sind. Nach diesem Artikel ist die Restaurierung von historischen Denkmälern ein Eingriff, der Ausnahmecharakter behalten sollte und zum Ziel hat, den ästhetischen und historischen Wert des Denkmals zu konservieren und zu enthüllen. Damit ist das Ziel der Aufgabe eindeutig und in sehr poetischer Weise umrissen und beschrieben. Denn niemand kann ernsthaft bestreiten, daß der Vorgang einer Restaurierung Ausnahmecharakter besitzt und daß sie diesen Charakter nicht verlieren dürfe, sei es durch unzureichende Planung und schnelle Ausführung im Tempo unserer Gesellschaft und auf der Suche nach Profit, oder durch Gleichgültigkeit und Mutlosigkeit der Gesellschaft selbst und ihrer Vertreter gegenüber den jeweiligen Aufgaben. Von großer Bedeutung ist auch die Forderung, sich dabei nicht nur mit dem historischen, sondern auch mit dem ästhetischen Wert des Denkmals auseinanderzusetzen und diese nicht nur zu sichern, sondern auch zu enthüllen und dem breiten Publikum verständlich und zugänglich zu machen.

Im gleichen Artikel wird noch weiter präzisiert, daß die Restaurierung dort ihre Grenze habe, wo die Hypothese beginnt, und daß jede als notwendig erwiesene Ergänzung auf die architektonische Komposition bezogen sein muß und den Stempel unserer Zeit tragen soll. Diese letzte Bemerkung läßt natürlich an die Architekturtheorie der sechziger Jahre zurückdenken, in deren Namen oft großer Schaden an zahlreichen Denkmälern von Rang angerichtet wurde, und die auch viele unschöne Zutaten an unserer historischen Bausubstanz hinterlassen hat. Im Prinzip ist sie jedoch richtig, wenn man sie nicht nur stilistisch versteht, sondern auch in der Hinsicht, daß solche notwendigen Ergänzungen sich klar von den originalen Teilen zu unterscheiden haben und somit als Beitrag unserer Zeit erscheinen sollen, ohne dabei die bestehende Komposition ästhetisch zu beeinträchtigen. Dieses Thema wird weiterhin im Artikel 12 ausführlich besprochen. Hier nämlich wird ausdrücklich erwähnt, daß die Elemente, die bestimmt sind, fehlende Teile zu ersetzen, sich dem Ganzen harmonisch einfügen und zugleich von den originalen Teilen unterscheidbar sein müßten, damit die Restaurierung das Kunst- und Geschichtsdokument nicht verfälscht.

Diese beiden Artikel werden inhaltlich weiterhin ergänzt durch den Artikel 13, in dem bestimmt wird, daß Hinzufügungen nur geduldet werden können, soweit sie alle interessanten Teile des Gebäudes, seinen überlieferten Rahmen, die Ausgewogenheit seiner Komposition und sein Verhältnis zu seinem umgebenden Rahmen respektieren. Wir sehen also, daß die Artikel 9, 12 und 13 sich in einer sehr klaren Weise ergänzen und daß sie zusammengenommen die Problematik der Restaurierung knapp und dennoch auch für unsere Zeit ausreichend umfassen.

Ausführlich wird im Artikel 11 über die Behandlung späterer Umbauten aus verschiedenen historischen Epochen gesprochen. Gleich zu Beginn wird festgestellt, daß solche Bauteile grundsätzlich respektiert werden müssen und daß die Einheit des Stils nicht Ziel der Restaurierung sein darf. Auch bei verschiedenen sich überlagernden Zuständen ist eine Aufdeckung verdeckter Zustände nur dann gerechtfertigt, wenn das zu Entfernende von geringer Bedeutung ist, wenn der aufzudeckende Bestand von hervorragendem historischem, archäologischem oder ästhetischem Wert ist und wenn sein Erhaltungszustand die Maßnahme rechtfertigt. Darüber soll von mehreren Personen und nicht nur vom Projektleiter allein entschieden werden.

In einem weiteren Artikel (Artikel 10) ist schließlich von Konstruktionstechniken bei Restaurierungsarbeiten die Rede. Es wird darin bestimmt, daß, falls die traditionellen Konstruktionsmethoden für die Sicherung eines Denkmals nicht ausreichen, moderne Techniken der Konservierung und Konstruktion angewandt werden können, deren Wirksamkeit wissenschaftlich nachgewiesen und durch praktische Erfahrung erprobt ist.

Wenn man nun die Artikel über die Restaurierung historischer Denkmäler insgesamt betrachtet, dann kann festgestellt werden, daß der allgemeine Rahmen, innerhalb dessen sich jedes Restaurierungsziel und jeder Eingriff bewegen sollte, wohl klar beschrieben und gültig formuliert ist. Sowohl die Definition zu den notwendigen Arbeiten als auch über deren Ziele und Grenzen sind in knapper Weise angegeben und die wichtigsten Probleme der möglichen Eingriffe in die alte Bausubstanz angesprochen. So finden sich nach der Definition und den Angaben über das Ziel und die Grenzen der Arbeiten (Artikel 9) nähere Hinweise über die Möglichkeiten bei der Ergänzung fehlender Bauteile und der Hinzufügung neuer (Artikel 12 und 13). Die Restaurierung der verschiedenen Bauphasen eines Denkmals und die Möglichkeit der Freilegung einer älteren Bauphase durch das Entfernen einer daraufliegenden, späteren Schicht, werden ausführlich besprochen (Artikel 11) und schließlich werden die Konstruktionstechniken erwähnt, die bei einer Restaurierung angewandt werden können (Artikel 10). Obwohl das Wesentliche über das Thema gesagt wird, läßt sich jedoch die Kontinuität des Gedankengangs nicht unmittelbar erkennen, worunter die Klarheit des Ganzen leidet. Den sparsam verwendeten Begriffen selbst fehlt es – bis auf die wenigen erwähnten Ausnahmen – durchaus nicht an Klarheit, so daß kein wirklicher Anlaß besteht, neue hinzuzufügen. Erfahrungsgemäß würde dadurch das Ganze eher an Übersicht verlieren. Es liegt also nicht etwa am Fehlen wichtiger Begriffe und Bestimmungen, oder daran, daß überaltete ersetzt oder ergänzt werden müssen, sondern an der Gliederung des Ganzen und der Strukturierung der einzelnen Bestimmungen, welche die Anwendung der „Charta" in der Praxis manchmal erschweren.

Von besonderem Interesse ist ein weiteres Kapitel, das nur aus einem Artikel besteht. Es handelt sich um das Kapitel über die Denkmalbereiche (sites monumentaux), also um weiträumige geographische und kulturelle Einheiten, mit oder auch ohne zusammenhängende Baukomplexe, die unter Denkmalschutz stehen. Für diese wird im Artikel 14 bestimmt, daß sie Gegenstand besonderer Sorge sein sollten, um ihre Integrität zu bewahren und um ihre Sanierung, ihre Einrichtung und Aufwertung zu sichern. Die Prinzipien, die in den allgemeinen Artikeln zur Konservierung und Restaurierung aufgeführt sind, sollten ‚sinngemäß' auch die Arbeiten in den Denkmalbereichen inspirieren.

Schwierig wird es hier mit dem in letzter Zeit häufig verwendeten Begriff der „Integrität", den wir im Kapitel über die Konservierung als Attribut (integrale Bestandteile der Dekoration usw.) angetroffen haben. Wie wir bereit bezüglich des Begriffs der „Authentizität" bemerkt haben, handelt es sich auch hier um einen sehr allgemeinen Terminus, den man nur begrenzt verwenden kann. Es mag deswegen kein Zufall sein, daß dieser Begriff im Kapitel über die Restaurierung von Denkmälern in keiner der beiden vorhin genannten Varianten erscheint und daß der Begriff der „Integrität" nur in Bezug auf Denkmalbereiche verwendet wird. In den meisten Fällen aber umfassen solche Denkmalbereiche auch Bauwerke, für deren Konservierung und Restaurierung die sonstigen in den entsprechenden Kapiteln erwähnten Prinzipien gelten. Auf die einzelnen Bauwerke bezogen ist der Begriff der Integrität meist unklar und bedeutungsarm. Denn wohl kann man bei einem vollständig im originalen Zustand erhaltenen Bauwerk für dessen Integrität, also für seine weitere unversehrte Bewahrung sorgen; bei einem nur zum Teil erhaltenen Bau allerdings, an dem gerade für seine Bewahrung Eingriffe, manchmal auch Ergänzungen, notwendig sind, oder auch bei später veränderten Bauten mit Zutaten ohne besonderen Eigenwert, die den eigentlichen Charakter eines Denkmals verfälschen und daher zumindest teilweise beseitigt werden müssen, sollten die Kriterien für mögliche Eingriffe nicht auf diesem Begriff basieren. Auch leidet die Präzision der angewandten Begriffe daran, daß zwischen „integrieren" – also eingliedern, ergänzen – und „Integrität" – Unversehrtheit – ein erheblicher Unterschied in der Bedeutung besteht. So kann in diesem Sinn der originale Zustand, auch wenn er nicht vollständig erhalten ist, als der am meisten „integre" Zustand des ganzen Denkmals angesehen werden. Auch hat es Zeiten gegeben, in denen keinesfalls deutlich gewesen ist, welche in der Geschichte des Bauwerks hinzugekommenen Bestandteile zu den „integralen" gehören und welche nicht.

Zurecht hat man nach dem Zweiten Weltkrieg in ganz Europa die erheblich beschädigten Kathedralen und öffentlichen Bauten nach dem ursprünglichen Zustand rekonstruiert. Die Denkmäler haben dadurch nichts von ihrer „Integrität" verloren, ja ihr Fortbestand ist dadurch überhaupt erst gesichert worden. Denn sie wurden weniger in ihrem ruinösen Zustand als vielmehr in ihrer geschlossenen Gesamterscheinung als erhaltenswerte Denkmäler angesehen. Was bei diesen Restaurierungen oft störend wirkt, sind die neuen Zutaten ‚im Stil der Zeit', die man durchaus als ‚integrierbare' Bausubstanz aufgefaßt hat, vor allem, wenn sie ihre Armut, die gelegentlich auch ‚Einfachheit' oder ‚Klarheit' genannt wurde, nicht verbergen können. Manche dieser Zutaten, wie auch ähnliche aus früheren Zeiten, werden sicherlich in der Zukunft beseitigt und ersetzt werden müssen. Nur in den Fällen, bei welchen ein späterer Eingriff aus bestimmten historischen oder ästhetischen Gründen, und immer im Zusammenhang mit der entsprechenden Wertung der ursprünglichen Bausubstanz, zum Denkmal selbst erklärt werden mag, sollte dieser als integraler Bestandteil des gesamten Denkmals angesehen und als solcher behandelt werden. Wir sehen also, daß weder der Begriff der „Authentizität" noch derjenige der „Integrität" als Basis für die Formulierung allgemeingültiger Regeln benutzt werden kann und daß die Anwendungsmöglichkeiten der beiden Begriffe bei der Konservierung und Restaurierung historischer Denkmäler nur begrenzt sind.

Zusätzlich zum Begriff der Integrität werden, wenn auch nicht in gedanklich sinnvoller Abfolge, in Artikel 14 drei neue Begriffe verwendet, mit denen auch Eingriffe in Denkmalbereiche beschrieben sind. So wird über die Notwendigkeit der Erhaltung der Gesamtanlage im weitesten Sinne gesprochen wie auch über die Anwendung von Maßnahmen, die zu einer Sanierung und einer Aufwertung des Ganzen führen sollen. Wir sehen also, daß hier rigoros verfahren und eindeutig für die Erhaltung der Gesamtanlage plädiert wird, im Gegensatz zu den Bestimmungen, die die einzelnen Denkmäler betreffen und nach denen die Konservierung ihrer Gesamtanlage, in bezug auf die Weiterentwicklung der Nutzungen und der Sitten, von Fall zu Fall entschieden werden sollte. Dies dürfe jedoch keinesfalls die Anwendung von Methoden und Maßnahmen beeinträchtigen, welche zu einer Sanierung und Aufwertung des Ganzen führen sollen. Es wird sogar ausdrücklich betont, daß die Option solcher Maßnahmen gesichert sein müsse. In diesem Zusammenhang muß man auch den Gebrauch des Begriffs der Bewahrung der Integrität des Ganzen im weitestmöglichen Sinn aufgefaßt sehen, wonach nicht nur der von Restaurierungen unserer Zeit unangetastete Zustand, sondern der gesamte historische, formale und konstruktive Kontext des Denkmals angesprochen und berücksichtigt ist; denn nur unter dieser Voraussetzung lassen sich die vorhin erwähnten Maßnahmen anwenden.

In einem gesonderten Kapitel wird die Konservierung und Restaurierung von Ausgrabungsstätten behandelt (Artikel 10). Zunächst wird hier in einem Satz festgehalten, daß alles getan werden müsse, um das Verständnis für das Denkmal und seine Freilegung zu erleichtern, ohne dessen Aussagewert zu verfälschen. In einem weiteren Satz wird jede Rekonstruktionsarbeit ausgeschlossen und nur die Anastelose erlaubt, d.h. der Wiederaufbau vorhandener Originalteile. Die zur Vervollständigung eines Wiederaufbaus notwendigen neuen Bauelemente sollen erkennbar sein und dürfen nur ein Minimum an neuer Bausubstanz darstellen, das unbedingt notwendig ist zur erforderlichen Konservierung und zur Wiederherstellung der Formenkontinuität.

Man sieht also, daß die Verfasser der „Charta von Venedig" in ihrem Bemühen, allen Fällen der Konservierung und Restaurierung gerecht zu werden, erkannt haben, daß die Behandlung von Ausgrabungsruinen einen Sonderfall darstellt, der sich vom Umgang mit sonstigen Bauruinen wesentlich unterscheidet. Auch umgekehrt darf man natürlich nicht das in diesem Kapitel Gesagte uneingeschränkt für alle Bauruinen gelten lassen, wie es gelegentlich geschieht, da diese meist ganz andere historische, bautechnische und ästhetische Voraussetzungen haben. Sicherlich muß man heute das allgemeine Verbot weitgehender Rekonstruktion an archäologischen Ausgrabungsstätten aus dem Geist der sechziger Jahre heraus verstehen, als eine Reihe solcher Rekonstruktionen schon durchgeführt und auf heftige Kritik gestoßen waren. Man darf jedoch die durchaus gegebene Möglichkeit nicht übersehen, daß auch bei einer Ausgrabungsruine so viele Originalteile erhalten sein können, daß fast der gesamte Bau wiedererrichtet werden kann und somit zwischen einer Anastelose und einer Rekonstruktion des Ganzen kaum zu unterscheiden wäre. Das Problem scheint also einen starken quantitativen Aspekt zu besitzen, je nachdem, wie viele Originalteile des ursprünglichen Bauzustands erhalten sind und wie niedrig ihr Anteil am wiederaufgebauten Denkmal sein darf. Es ist klar, daß dazu keine allgemeingültige Antwort gegeben werden kann, und daß der jeweilige Entschluß von anderen Faktoren beeinflußt wird, von denen die wichtigsten, nämlich die notwendigen Maßnahmen zur dauernden Konservierung, zum Verständnis für das Denkmal und zur Wiederherstellung der Formenkontinuität, in dem besprochenen Artikel zitiert sind.

Eine wichtige Schlußbemerkung erhält das letzte Kapitel der „Charta von Venedig", wo gefordert wird (Artikel 16), daß die Konservierungs- und Restaurierungsarbeiten in allen ihren Phasen gut dokumentiert werden müssen – mit analytischen und kritischen Berichten, Plänen und Photographien. Diese Dokumentation solle in öffentlichen Archiven deponiert und zukünftigen Forschern zugänglich sein. Leider ist gerade diese Empfehlung nicht immer eingehalten, ja in manchen Fällen vielleicht am wenigsten berücksichtigt worden, wodurch tatsächlich wertvolle Informationen über manch alte Bausubstanz endgültig verloren gegangen sind.

Betrachtet man nun zusammenfassend das Ganze, dann kann nach den voranstehenden Ausführungen festgestellt werden, daß die „Charta von Venedig" eine europäische Leistung darstellt, die ihre Gültigkeit bewahrt hat und nach wie vor anwendbar ist. In ihrer knappen Form stellt sie das Beste dar, was über die Konservierung und Restaurierung historischer Denkmäler bisher verfaßt wurde. Sie entspricht den Anforderungen an eine Rahmenrichtlinie, die einerseits die Aufgabe eingrenzt, andererseits aber Möglichkeiten aufzeigt, innerhalb dieser Grenzen nach den jeweiligen Gegebenheiten eine Vielfalt von Lösungen zu ermöglichen. Wohl hätte man, wie schon bemerkt wurde, eine präzisere Definition und Abgrenzung der Konservierungs- und Restaurierungsarbeiten gewünscht. Dies aber ist eine Forderung, die mehr die theoretische Auseinandersetzung mit dem Problem betrifft, weniger die Praxis, denn in den meisten Fällen ist beides untrennbar miteinander verbunden. So kann in der Praxis die Frage „konservieren oder restaurieren" kaum aufkommen, denn nur selten kann man ausschließlich konservieren ohne zu restaurieren, wie sich auch umgekehrt eine Restaurierung kaum auf das Konservieren der alten Substanz beschränken könnte. Der G. Dehio zugeschriebene Ausspruch *„konservieren, nicht restaurieren“* kann ernsthaft auch kaum den Sinn gehabt haben, daß man sich bei allen historischen Monumenten dauernd damit befassen müßte, den momentanen Zustand der Bausubstanz, so wie sie vorgefunden worden ist, festzuschreiben; abgesehen davon, daß meist auch dazu Maßnahmen getroffen werden müßten, die weit über die Grenzen eines Konservierungsvorgangs hinaus reichen würden. Eher sollte man in dieser Aussage den Versuch sehen, weitreichenden, frei empfundenen Rekonstruktionen und baulichen Veränderungen im Sinne des 19. Jahrhunderts Grenzen zu setzen. Bezogen auf das 20. Jahrhundert ist dies auch der Sinn der „Charta von Venedig“, wobei hier eine Beschränkung auf knapp formulierte Richtlinien vermieden und stattdessen der Versuch unternommen worden ist, der tatsächlichen Problematik bei der Restaurierung von Denkmälern auch im einzelnen näher zu kommen.

Daß eine klarere Gliederung der einzelnen Bestimmungen über die Restaurierung manches erleichtern würde, ist schon erwähnt worden. Dennoch ist das Gesagte ausreichend und vorsichtig im Umgang mit Begriffen, die nicht präzise genug sind. Eine eventuelle neue Bearbeitung der Charta würde sichtlich die Gefahr der Einführung neuer, unpräziser, das allgemeine Verständnis nur erschwerender und demnach meist unbrauchbarer Begriffe mit sich bringen. Solche Begriffe sind etwa die der „Authentizität“ und „Integrität“, die schon besprochen wurden und die in letzter Zeit oft unüberlegt, als Zeichen des modernen, nach allgemein akzeptablen Kompromissen suchenden Denkens der achtziger Jahre, gebraucht werden. Ein weiterer solcher Begriff ist derjenige der „Reversibilität“ neuer Maßnahmen bei einer Konservierung oder Restaurierung. Natürlich wäre es schön, wenn die Möglichkeit bestünde, alle notwendigen neuen Zutaten wenn nötig in späterer Zeit entfernen zu können, ohne die alte Bausubstanz anzutasten. Worauf Fritz Wenzel allerdings in seinem Beitrag „The Civil Engineer in Monument Preservation“ zum Internationalen Kolloquium über die Steinbaukonservierung, das im Herbst 1989 in Athen stattfand, zu Recht hingewiesen hat, ist eine Reversibilität der notwendigen Eingriffe in diesem Sinne nicht immer zu erreichen, wenn man ein historisches Denkmal ausreichend sichern will. Stattdessen sei, wenn es nicht anders geht, *“... the necessary minimum ... to be inserted as a durable addition of our time”*. Die Feststellung, daß Reversibilität nur in ganz seltenen Fällen zu verwirklichen sei, entspräche weit eher den Tatsachen. Denn allein das Ausfugen einer Mauer mit neuem Zementmörtel ist im Grunde eine irreversible Maßnahme, die nicht wieder wegnehmbar ist – zumindest nicht zum jetzigen Zeitpunkt –, ohne Schäden auf der alten Mauersubstanz zu hinterlassen. Reversibel kann außerdem nicht eine Konstruktion heißen, die nur entfernt werden kann, indem man hierfür in großem Umfang Teile der alten Substanz mit abbauen muß. Die Arbeiten an antiken und mittelalterlichen Bauten der letzten Jahrzehnte haben gezeigt, wie oft bei solchen Ab- und Wiederaufbauvorgängen erhebliche Zerstörungen auftreten können. Daß neue Konstruktionen so sparsam wie möglich und für das alte Gefüge so schonend wie möglich angewandt werden müssen, ist einleuchtend und geht auf jeden Fall deutlich aus der „Charta von Venedig“ hervor. Genauso sparsam sollte man jedoch mit dem Begriff der Reversibilität umgehen, der auf keinen Fall zum Vokabular von Rahmenbestimmungen gehören kann.

Es sind natürlich nicht nur diese Begriffe, die in der neueren Literatur immer wieder auftauchen, während sie in der „Charta von Venedig" entweder gar nicht enthalten sind oder in entsprechendem Zusammenhang nicht benutzt werden. Die gerade erwähnten Begriffe jedoch sind diejenigen, welche die meiste Verwirrung stiften. Es ist deshalb auch kein Zufall, daß gerade in letzter Zeit nach neuen Begriffen gesucht worden ist. Dieses Phänomen geht wohl auf den Wunsch nach präziseren Bestimmungen zurück, mit denen die Grenzen möglicher Eingriffe genauer gefaßt werden sollen. Kann so etwas aber überhaupt erreicht werden? Können noch präzisere Regeln auf die Fragen, wie und wieweit man restaurieren sollte, als die in der „Charta von Venedig" enthaltenen verfaßt werden und für Denkmäler aller Epochen mit ihren sehr unterschiedlichen Bautypen, Bauformen und Konstruktionen wie auch Erhaltungszuständen gleichermaßen ihre Gültigkeit bewahren?

Beim Versuch, diese Fragen zu beantworten, vergißt man oft die Tatsache, daß eine Restaurierung immer ein architektonischer Vorgang war und bleiben wird. Dabei befaßt man sich mit Architekturen verschiedener Qualitäten, und auch das Endprodukt unterscheidet sich als architektonische Leistung meist von dem unrestaurierten bzw. ursprünglichen Zustand und kann – seiner Planung und Ausführung entsprechend – konstruktiv, funktional und ästhetisch-formal gut oder auch weniger gut gelingen. Hierbei ist nicht nur an weitreichende Restaurierungen gedacht. Die Art etwa einer neuen Mauerausfugung oder der Ton einer neuen Färbung können allein maßgebend für das architektonische Ergebnis sein. Die Suche nach Regeln in der Architektur selbst ist an sich nicht neu. Sie taucht periodisch immer wieder auf, vor allem in Zeiten formaler Krisen, und zuletzt kam sie deutlich zum Vorschein in den späten sechziger und zu Beginn der siebziger Jahre mit der Suche nach einer neuen Architekturtheorie. Daß es dabei nie zu allgemein anerkannten, detaillierten Rezepten kam, trotz mancher Versuche seit der Antike, solche innerhalb einer Universaltheorie vorzuschreiben, liegt sicherlich im Wesen der Architektur als Kunst begründet, im freien Prozeß des architektonischen Schaffens. Die Architekturregeln konnten also bisher nur einen Rahmen bestimmen, und solange der Mensch noch schöpferisch tätig ist, wird es – entgegen mancher Skepsis unter Nicht-Architekten – auch in der Zukunft so bleiben. Ähnlich wird es mit allen Arbeiten an Werken der Architektur gehen, und sicherlich auch mit der Restaurierung von Baudenkmälern.

Zur Frage, wie und wie weitgehend man restaurieren sollte, werden also auch weiterhin mehrere und verschiedene Antworten möglich sein, die den unterschiedlichen Aufgaben ebenso entsprechen wie auch den jeweiligen architektonischen Konzeptionen. Es werden meist mehrere Lösungen anwendbar sein, die sowohl technisch-konstruktiv als auch formal zu verschiedenen Ergebnissen führen werden, und die Lösung der Frage nach dem Umfang von Eingriffen wird vor allem von den Eigenheiten der einzelnen Aufgabe abhängen. So soll eine ausführliche und fundierte bauhistorische, formale und baukonstruktive Analyse jeweils Grundlage für die Planung einer Restaurierung sein. Diese, wie die Praxis gezeigt hat, nicht selbstverständliche Forderung ist leider in der „Charta von Venedig" nicht deutlich genug enthalten. Deren Richtlinien jedoch, soweit sie die weitere Restaurierungsplanung betreffen und deren Ergebnis, wie bei allen architektonischen Planungen, nicht nur vom Umfang und der Qualität der Analyse abhängt, können als ausgereift und hinreichend für die bauliche Auseinandersetzung mit den historischen Denkmälern unserer Zivilisation angesehen werden. Demzufolge wird es sich auch in der Zukunft darum handeln, unter Verwendung eines Minimums an neuen Konstruktionen, die den Stempel unserer Zeit tragen sollen, die Sicherung, Erschließung und Aufwertung der ästhetischen und historischen Werte unserer Denkmäler und die Wiederherstellung ihrer Formenkontinuität zu gewährleisten, so daß ihre Erhaltung für die nächsten Generationen gesichert erscheint.

Markus Weis, Susanne Böning-Weis

Franz Ignaz Michael von Neumann: Architekt – Ingenieur – Denkmalpfleger?

Bei der Ausarbeitung der Konzeption für die Sicherung der Vierungskuppel der Klosterkirche Neresheim stießen Klaus Pieper und Fritz Wenzel 1966 unerwartet auf einen „Kollegen“, der sich bereits vor mehr als 200 Jahren vor eine Aufgabe gestellt sah, die der ihren sehr verwandt war: Franz Ignaz Michael von Neumann.[1]

Wer war dieser „Ahnherr“ des modernen Bauingenieurs und wie kam er dazu, in der Mitte des 18. Jahrhunderts eine Lösung zu erdenken, die der heutigen so verblüffend verwandt erscheint?[2] Wir wollen uns mit dieser Fragestellung beschäftigen und versuchen, die Stellung Franz Ignaz Michael von Neumanns innerhalb der Entwicklung hin zur Herausbildung eines selbständigen Arbeitsbereichs des Bauingenieurs näher zu bestimmen, ohne uns aber von den unübersehbaren Parallelen dazu verleiten zu lassen, Heutiges in die Vergangenheit und Historisches in die Gegenwart zu projizieren.[3]

Zunächst sollen einige biographische Hinweise dazu beitragen, die Lebensumstände Franz Ignaz Michael von Neumanns zu

1 Als die beiden Ingenieure ihren Plan zur Sicherung des Vierungsgewölbes im Kloster Neresheim vorstellten, brachte der damalige *inspector aedium* und heutige Abt, Norbert Stoffels O.S.B., den Riß zur Gewölbekonstruktion der Abteikirche, den Franz Ignaz Michael von Neumann 1755 gezeichnet hatte, und meinte: *„Da gab es schon einmal einen, der so einen Plan gezeichnet hat.“* Fritz Wenzel, Die Kuppeln der Abteikirche Neresheim – Entwurf, Ausführung, Sanierung. In: Geschichte des Konstruierens II, Konzepte des SFB 230, Heft 15, Stuttgart 1986, S. 90

2 Zur Konzeption der statischen Sicherung der Klosterkirche Neresheim vgl.: Fritz Wenzel, Die Sicherungsarbeiten an den hölzernen Dach- und Kuppelkonstruktionen der Abteikirche Neresheim, in: Deutsche Kunst und Denkmalpflege 27 (1969) S. 165–171. Am Beispiel des Neresheimer Risses Franz Ignaz Michael von Neumanns hat Fritz Wenzel selbst zentrale Fragen nach Dauer und Wandel im Aufgabenbereich des Ingenieurs thematisiert: Fritz Wenzel, Der Bauingenieur in der Denkmalpflege: Kontinuität und Wandel der Aufgaben. Zum 75. Geburtstag von Klaus Pieper am 27. Mai 1988, in: Erhalten historisch bedeutsamer Bauwerke, Jahrbuch 1987 des SFB 315, Berlin 1988, S. 3–20, hier besonders S. 11 ff. und S. 14 Abb. 4a, 4b.

3 Um einem Mißverständnis vorzubeugen, muß hier gleichwohl darauf hingewiesen werden, daß es nicht darum geht, eine in unsere Situation hineinprojizierte Geisteshaltung der Vergangenheit als methodisches Modell für eine krampfhaft nach Orientierung suchende Wissenschaft zu empfehlen; eine Tendenz, wie sie bei Reinhard Liess, Goethe vor dem Straßburger Münster, Zum Wissenschaftsbild der Kunst, Leipzig 1985, festzustellen ist.

erhellen.[4] Franz Ignaz Michael, als sechstes von acht Kindern des fränkischen Baumeisters Balthasar Neumann 1733 in Würzburg geboren, trat als einziger Nachkomme in die Fußstapfen des genialen Vaters und schlug die Laufbahn des Architekten ein. Er erhielt seine Ausbildung von Anfang an bei seinem Vater, der ihn in Theorie und Baupraxis schulte.
Wenn auch bisher umfassende Untersuchungen zur Arbeitsorganisation im Baubüro Balthasar Neumanns fehlen, läßt sich doch auf dem Wege der Stilkritik aus dem umfangreichen Planbestand des Büros[5] eine Mitarbeit Franz Ignaz Michaels schon als Heranwachsender[6] wahrscheinlich machen. Beim Tod Balthasar Neumanns war Franz Ignaz Michael gerade zwanzigjährig. Ignaz Neumann bemühte sich zunächst darum, die Leitung der wichtigsten in Bau befindlichen Werke seines Vaters zu übernehmen. In Neresheim trat der junge Neumann direkt mit seiner Bewerbung um die Nachfolge an den Bauherrn heran; für Vierzehnheiligen zeichnete er zumindest 1753 und 1754 zwei Risse,[7] die die Fortführung des Baues zum Gegenstand hatten. Die Bautätigkeit an beiden Großbauten aus den späten Schaffensjahren des Vaters war aufgrund konstruktiver Schwierigkeiten, insbesondere hinsichtlich der Frage der Einwölbung, ins Stocken geraten. Mit einem Schreiben vom 25. August 1753 empfahl sich Neumann dem Neresheimer Abt „... *kraft dessen ich mein Fortkommen in der Welt suchend diesen so meisterhaften Bau zu meinen ersteren meisterstück ... willig und bereit annehmen werde*“.[8] Die Unerfahrenheit des Bewerbers machte es dem Kirchenfürsten leicht, dem Kandidaten den guten Ratschlag zu geben, sich „*zimbliche Weyhl*“ damit zu lassen, sich „*durchgehends und dergestalten zutraulich* (zu) *perfectionieren*“ und „*jene orth- und Landte, alwo die wahre Pflanzschule vollkominster Architectur in vöstisten* (=festesten) *Baukunstgründen florieren ... zu suechen*“ und zu bereisen.[9] Franz Ignaz Michael von Neumanns erster Riß für Vierzehnheiligen[10] basiert auf einem älteren Grundriß der Wallfahrtskirche aus dem Büro seines Vaters, den er als Ausgangspunkt für seine Konzeption der Gewölbe und Dachkonstruktion nahm. Er zielt auf Lösung der konstruktiven Probleme, die zum großen Teil aus der wechselhaften Baugeschichte der Kirche resultierten.[11] „*Die vollkommene Exaktheit, das Aufspüren und die Hingabe an jede technische und architektonische Einzelheit machen diese zwei Blätter zu großartigen Zeugnissen Neumannscher Baukunst.*“[12] Die Mittel, die Neumann in seinem ersten Vierzehnheiligenprojekt einsetzt, sind jedoch – im Vergleich mit seinem zwei Jahre später entstandenen Neresheimriß – konventionell. Der Plan wurde wohl aus eigenem Antrieb gezeichnet, eine Bewerbung des jungen Neumann um die Fortführung des Baues in Vierzehnheiligen ist aus den Quellen nicht bekannt.

Sein bereits genannter Konstruktionsriß für Neresheim datiert vom 1. August 1755 (Abb. 1).[13] Abt Benedikt Maria Angehrn, der Nachfolger des inzwischen resignierten Abtes Aurelius Braisch, hatte Franz Ignaz Michael von Neumann schließlich doch nach Neresheim bemüht, als die seit dem Tod Balthasar Neumanns kontrovers diskutierte Frage, ob der ausgeführte Bau eine massive, steinerne Wölbung vertragen könne, endgültig zur Entscheidung anstand.
Der bereits vielfach diskutierte Riß Neumanns für Neresheim soll hier zum Ausgangspunkt, nicht aber zum zentralen Gegenstand unserer Überlegungen gemacht werden.[14] Es ist festzuhalten, daß sich Franz Ignaz von Neumann bei diesem ersten Versuch, einen großen Auftrag zu ergattern, gänzlich auf einen Riß stützte, den man – mit Hans Reuther zu sprechen – als bautechnischen Riß,[15] oder als Armierungs- und Bewehrungsplan[16] bezeichnen könnte.

Im Vergleich zur modernen Sanierungslösung verweist Fritz Wenzel auf die unterschiedlichen technischen Mittel, *„die Verwendung von Stahl statt Schmiedeeisen und die moderne Bohr- und Injektionstechnik verhalfen unseren Hilfskonstruktionen ... zu einer Wirksamkeit, wie sie zu Neumanns Zeiten noch nicht möglich war"*.[17]

Neumann fehlte die Bohrtechnik, fehlte der Stahl, fehlte der Beton. Früheren Behauptungen, die Kuppel in Neresheim sollte nicht aus steinmetzmäßig behauenen Natursteinen oder aus Ziegelmauerwerk errichtet werden, sondern aus einem Konglomerat aus Tuffsteinbrocken oder -quadern und Kalkmörtel, einem dem Beton ähnlichen Baustoff[18] haben Klaus Dierks[19] und zuletzt Johannes Erichsen[20] widersprochen; wobei die Wahl des einen oder anderen Baustoffes von untergeordneter Bedeutung ist, weil beide Baustoffe im Vergleich zu ihrer Druckfestigkeit nur eine geringe Zugfestigkeit haben und deshalb denselben konstruktiven Bedingungen unterliegen, auch die Gewichte sind annähernd gleich. Ganz unabhängig vom Baustoff zeugt der Plan SE 129 von der

4 Clemens Weiler, Franz Ignaz Michael von Neumann, in: Mainzer Zeitschrift 32 (1937) S. 1–45. Peter van Treeck, Franz Ignaz Michael von Neumann, Würzburg 1973 (Mainfränkische Studien, Band 6), S. 3–17.

5 Aus Balthasar Neumanns Baubüro. Pläne der Sammlung Eckert zu Bauten des großen Barockarchitekten, Ausstellungskatalog Würzburg 1987; Hanswernfried Muth, Elisabeth Sperzel, Hans-Peter Trenschel, Sammlung Eckert. Plansammlung aus dem Nachlaß Balthasar Neumanns im Mainfränkischen Museum Würzburg, Würzburg 1987.

6 Der erste von Ignaz Michael gezeichnete Riß, der Entwurf eines Pumpwerks (!) ist 1750 datiert und signiert: *„Fr: Ignat: M: de Neumann inven: et del: 1750 als ein ersteres probstück seiner Invention in Mechanicis"*. van Treeck (wie Anm. 4) S. 3, Anm. 3. Archivalisch gesichert ist auch seine Beteiligung an der Planung und Bauleitung in Maria Limbach.

7 Die beiden Risse des jungen Neumann sind ebenfalls in der Sammlung Eckert enthalten: SE 91, 92. Muth, Sperzel, Trenschel (wie Anm. 5)

8 Paulus Weissenberger O.S.B., Baugeschichte der Abtei Neresheim, Stuttgart 1934, S. 203 f.; Quellenauszug Nr. 16. F.I.M. v. Neumann berief sich ausdrücklich darauf, daß er von seinem Vater *„gute gründlichste Anweisung ... in Zeigung seiner Vesthaltungen in Gewöllmen* (= Gewölben)" erhalten habe.

9 van Treeck (wie Anm. 4) S. 22

10 Richard Teufel, Vierzehnheiligen, Lichtenfels 1957², S. 110; van Treeck (wie Anm. 4) S. 19; Muth, Sperzel, Trenschel (wie Anm. 5)

11 Johannes Erichsen, Beobachtungen zur Wölbung von Vierzehnheiligen, in: Jahrbuch der Bayerischen Denkmalpflege 40 (1986), München 1989, S. 243–265

12 Richard Teufel (wie Anm. 10) S. 110

13 SE 129, Mainfränkisches Museum Würzburg. Signiert und datiert unten rechts: *„Neresheim, dem 1. August 1755. Ignat. Franc. Mich. v. Neumann Wircebg."* 102×71,5 cm; schwarze Feder, laviert in grau, rot, rosa, gelb, olivgrün, vgl. hierzu: Muth, Sperzel, Trenschel (wie Anm. 5)

14 Zur Stellung des Risses vgl. Hans Reuther, F. I. M. Neumanns Konstruktionsriß für Neresheim, in: Zeitschrift für Kunstgeschichte 11 (1958) S. 40–49. Analyse der Tragkonstruktion bei: Klaus Dierks, Die technisch-konstruktiven Probleme beim Konstruktionsriß für die Abteikirche zu Neresheim (SE 129), in: Hans Reuther, Balthasar Neumann. Der Mainfränkische Barockbaumeister, München 1983, S. 240 bis 243

15 Reuther 1958 (wie Anm. 14), S. 41

16 Van Treeck (wie Anm. 4) S. 23

17 Wenzel 1988 (wie Anm. 2) S. 13

18 So bei Reuther 1958 (wie Anm. 14) S. 40–49

19 Dierks (wie Anm. 14) S. 241

20 Erichsen (wie Anm. 11) S. 243–265

genauen Kenntnis der damals bekannten Regeln und neuesten Erfahrungen über die notwendigen konstruktiven Maßnahmen zur dauerhaften Sicherung von Kuppeln.[21]

Insgesamt gesehen, stellt der Plan SE 129 einen Markstein für die Konstruktionsmethoden im 18. Jahrhundert und ihre zeichnerische Wiedergabe dar und gewinnt über seinen baugeschichtlichen Wert hinaus Bedeutung für die Entwicklung der Bauingenieurkunst, die im 18. Jahrhundert noch ein Zweig der Architektur war.[22]

Bereits zu diesem frühen Zeitpunkt interessierte sich Franz Ignaz Neumann in erster Linie für das technisch Machbare und weniger für das, was der Neresheimer Abt dem Herkommen nach mit „Baukunst" gleichsetzte. Es zeigt sich hier eine Diskrepanz im Architekturverständnis zwischen Auftraggeber und Architekt, die sich im späteren Werk Ignaz Neumanns ohne Zweifel bis zu einem gewissen tragischen Element steigern sollte. Es ist vor allem dieses Interesse am Technischen, das Franz Ignaz Neumann an der Architektur fesselte; und so ist es auch nicht verwunderlich, wenn er sich auf seiner anschließenden Studienreise, die er – ganz den Traditionen (und dem Rat des Neresheimer Abtes) folgend – absolvierte, vorwiegend um eine Vertiefung seiner Kenntnisse auf dem Gebiet der Bautechnik bemühte. Die Reiseroute führte Neumann im Jahr 1757 über Hannover zunächst nach Holland und dann nach Frankreich. Dort kam Neumann in Kontakt mit Professoren der Pariser Akademie, darunter wohl auch Julien-David Le Roy, einem der bedeutendsten „Architekturhistoriker" des 18. Jahrhunderts.[23] Über Lyon reiste er nach Italien, wo er sich möglicherweise bis 1760 aufhielt. Einzelheiten über den Studienaufenthalt Neumanns sind nicht bekannt, nur aus seinen späteren Schreiben lassen sich einige Hinweise auf das Umfeld entnehmen, in dem sich Neumann während dieser Zeit bewegte.[24] *„Die Studienfahrt bedeutet für Ignaz Neumann die Trennung von der traditionellen Architektur und ist als Grundlage für die Ziele seiner späteren Laufbahn anzusehen."*[25]

In der Karriere des Architekten existiert eine auffällige Lücke zwischen dem Abschluß der Studienreise und seiner späteren beruflichen Tätigkeit. Bis in die Mitte der sechziger Jahre sind keine Werke überliefert. Danach folgte eine Phase der Konsolidierung. 1767 heiratet Franz Ignaz Michael von Neumann eine Bamberger

21 Dierks (wie Anm. 14) S. 241

22 Jörg Gamer, Die Benediktinerabteikirche Neresheim, in: Balthasar Neumann in Baden-Württemberg, Ausstellungskatalog, Stuttgart 1975, S. 112, Abb. 28

23 Über den Kontakt Neumanns mit Le Roy: Hans Reuther, Franz Ignaz von Neumanns Entwürfe für die Westfassade des Speyerer Domes, in: Bonner Jahrbücher 171 (1971) S. 442–451, hier S. 444. Veröffentlichungen von Julien-David Le Roy: „Les Ruines des plus beaux monuments de la Grèce" (Paris 1758); „Histoire de la disposition et des formes différentes que les chrétiens ont données à leur temples, depuis le règne de Constantin le Grand jusqu'à nous" (Paris 1764, deutsch: Leipzig 1768, zusammengebunden mit der deutschen Ausgabe von Abbé Laugier: „Observations sur l'architecture" in Neumanns Nachlaß; vgl. Verlassenschaftsverzeichnis Nr. 807); „Des observations sur les édifices des anciens peuples" (Paris 1767); vgl. hierzu: Antoine Picon, Architectes et Ingénieurs au siècle des lumières, Marseille 1988, S. 50

24 van Treeck (wie Anm. 4) S. 4, Anm. 7

25 van Treeck (wie Anm. 4) S. 4

1 Franz Ignaz Michael von Neumann, Entwurf für die Einwölbung der Abteikirche Neresheim, 1755

Bürgerstochter[26] und erhielt im gleichen Jahr eine Anstellung beim Fränkischen Kreis.

Franz Ignaz Michael von Neumann hatte durch seine Tätigkeiten in den Fürstbistümern Würzburg und Bamberg und für den Fränkischen Kreis die ersten Stufen auf der Karriereleiter eines Offiziersarchitekten[27] – einem durchaus traditionellen Wege – zurückgelegt, als er am 27. Dezember 1767 zum „Ingenieur-Major“ ernannt wurde.[28] Der Titel eines „Ingenieurs“ verweist, auch nach heutigem Sprachgebrauch, auf die vorwiegend technische Ausrichtung der Tätigkeit Neumanns, während der Titel als „Major“ den militärischen Rang beim Fränkischen Kreis bezeichnet. Später brachte es Franz Ignaz von Neumann sogar bis zum Obristen, einem militärischen Rang, den auch sein Vater schon innehatte. Zunächst standen technische Aufgaben, wie etwa der Brückenbau bei Kitzingen, im Vordergrund.[29]

Neue Herausforderungen erwuchsen Neumann seit 1769. Das Mainzer Domkapitel berief ihn zur Restaurierung und konstruktiven Sicherung des Mainzer Domes,[30] der durch Blitzschlag und Feuer 1769 schwer beschädigt worden war. Neumanns Konzeption, die eine Rekonstruktion des Westturmes und eine Sicherung des Querhauses in gänzlicher Steinkonstruktion vorsah, stieß auf Skepsis der Auftraggeber. Andere Architekten wurden hinzugezogen, Gutachten und Gegengutachten erstellt und schließlich sogar die Pariser Académie Royale d’Architecture mit einer Stellungnahme bemüht. Obwohl Neumanns erstes Projekt kritisiert worden war, entschloß sich das Mainzer Domkapitel schließlich doch, seinem Entwurf zu folgen, der dann bis 1777 auch verwirklicht wurde.

Seit 1771 war Neumann dann auch entscheidend an der Wiederherstellung des seit 1689 teilzerstörten Speyerer Domes beteiligt.[31] Neumann setzte sich mit seinem Westbauprojekt gegen seine Konkurrenten durch, doch die Realisierung erfolgte nur mit Schwierigkeiten nach einem veränderten, reduzierten Entwurf Neumanns von 1776 (Abb. 2). Mit diesen Hauptwerken erweist sich Neumann als Spezialist auf dem Gebiet der Sicherung mittelalterlicher Großbauten mit Hilfe von ingenieurmäßigen Methoden. Dieser Teil seines Werkes begründete seinen Rang in der Architekturgeschichte.

Nach diesem Höhepunkt schlossen sich noch einige spätere Werke im Bereich des Profanbaus an, zum Beispiel die Klostergebäude in Amorbach,[32] aber auch Sicherungsaufträge, etwa am Bamberger Dom.[33] Im sakralen Bereich sind neben früheren Idealprojekten, einigen unausgeführten Plänen,[34] die Würzburger Jesuitenkirche[35] und schließlich Projekte für die Nürnberger Deutschordenskirche[36] hervorzuheben.

1785 ist Neumann erst zweiundfünfzigjährig gestorben. Aus seinem Nachlaß wurde 1804 die schon auf seinen Vater zurückgehende Sammlung von Architekturbüchern versteigert,[37] die, wie das Werk Franz Ignaz Michael von Neumanns, das Interesse am Technischen dokumentiert.

An einem Beispiel soll im folgenden gezeigt werden, wie sich die Ingenieurkunst Franz Ignaz Michael von Neumanns in seinem Werk dokumentiert. Nachdem sich Neumann mit seinem Entwurf[38] für die Wiederherstellung des Speyerer Domes 1772 gegen die Konkurrenz anderer Architekten durchgesetzt hatte, ging er daran, in Detailplänen die Wiederaufbaumaßnahmen zu konzipieren. Aus dieser Phase seiner Speyerer Arbeit stammt ein Blatt,[39] das Neumanns erstes Projekt für die Ausführung einer Rekonstruktion von Gewölbe und Dach für die zerstörten Seitenschiffe des mittelalterlichen Domes wiedergibt (Abb. 3). In diesen Entwurf, den Neumann am 8. Februar 1773 in Bruchsal zeichnete, legte er sein ganzes „ingenium“. Äußerlich die Form des mit-

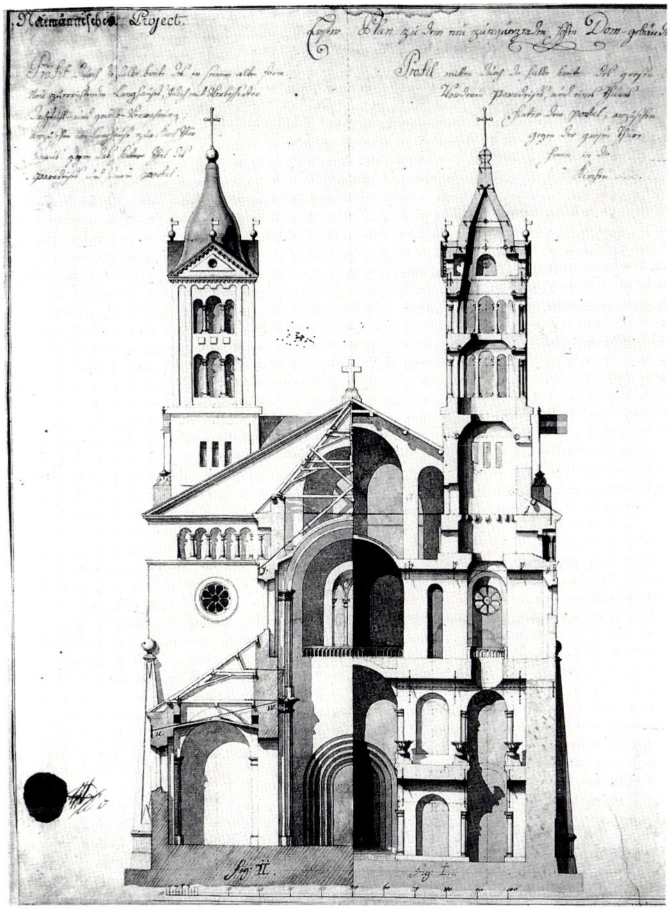

2 *Franz Ignaz Michael von Neumann, Westbauprojekt für den Speyerer Dom, Schnitt, 1772*

26 WEILER, S. 2 und Anm. 5, sowie S. 45 (8 Kinder!)

27 KARL LOHMEYER, Die Baumeister des rheinisch-fränkischen Barocks, Augsburg 1931. EBERHARD HEMPEL, Artikel „Baumeister“ in: Reallexikon zur deutschen Kunstgeschichte, Bd. II, 1948, S. 50 ff., hier: S. 94 (Verbindung von Offiziers- und Architektenlaufbahn)

28 VAN TREECK (wie Anm. 4) S. 7 Anm. 29

29 VAN TREECK (wie Anm. 4) S. 7

30 VAN TREECK (wie Anm. 4) S. 119 ff. Zur Chronologie der Baumaßnahmen in Mainz zuletzt: JOHANNES SPENGLER, Der Kurmainzer Architekt Johann Valentin Thoman, 1695–1777, München 1987, S. 95 ff.

31 VAN TREECK (wie Anm. 4) S. 149 ff.; REUTHER 1971 (wie Anm. 23) S. 442–451

32 ADOLF GEHBAUER, Die Bautätigkeit des ehemaligen Benediktinerklosters zu Amorbach im letzten Drittel des XVIII. Jahrhunderts und der innere Ausbau der Abtei, Diss. Darmstadt 1931

33 VAN TREECK (wie Anm. 4) S. 181 f.

34 MARKUS WEIS, Franz Ignaz Michael von Neumanns Entwurf zur Pfarrkirche von Odenheim „in forme eines ganz oval-Dome gebaues“, in: Jahrbuch der Staatlichen Kunstsammlungen Baden-Württemberg 21 (1984) S. 97–107

35 VAN TREECK (wie Anm. 4) S. 27 ff.

36 GABRIELE DISCHINGER, St. Elisabeth in Nürnberg, ehem. Deutschordenskommende mit Kirche, in: Klassizismus in Bayern, Schwaben und Franken, München 1980, S. 367–374; VAN TREECK (Anm. 4) S. 54 ff.

telalterlichen Daches nachahmend, überwölbt er die Seitenschiffe mit einem paraboloiden Schwanenhalsgewölbe,[40] das jegliche hölzerne Dachwerkskonstruktion entbehrlich macht. Das eigentliche Seitenschiffgewölbe will er in einer dünnen Mauerwerkskonstruktion ausführen, die nur dazu dient, im Inneren den ursprünglichen Raumabschluß durch ein Kreuzgratgewölbe zu evozieren. Diese filigrane Konstruktion hat nur Schauwert; sie muß nicht mehr als sich selbst tragen. Das Hauptgewölbe ist an die Außenhaut verlegt. Es folgt der Kontur einer ‚normalen' Dachschrägen, ist aber eine reine Mauerwerkskonstruktion mit einem in paraboloider Bogenform geführten Gewölbe im Innern. Die Zwickelflächen sind massiv ausgefüllt. Die konstruktive Qualität liegt jedoch nicht nur in der Form dieser Gewölbekonstruktion, die ihre Vorbilder im Bereich der ‚Steinschnittarchitektur'[41] und insbesondere im Treppenbau - dort allerdings in entsprechend kleinerem Maßstab - hat, sondern in der Verbindung von Gewölbebau mit eisernen Zuggliedern. Im Hohlraum der zweischaligen Gewölbekonstruktion kreuzen sich die Zugspangen, die durch die Mittelschiffswand hindurchgeführt werden und mit eisernen Platten in der vordersten Wandschicht der Vorlagen verankert sind. Die Anordnung der eisernen Zugglieder erinnert an gekreuzte, diagonal verlaufende Schwertstreben, wie sie in barocken Dachwerken gang und gäbe waren.[42] Die konstruktive Verwendung des Eisens als Zugglied hat eine lange Tradition;[43] sie geht über die auch schon im 18. Jahrhundert landläufig gebräuchliche „Verschlauderung" hinaus. In der Verbindung dieser genannten Elemente liegt die Innovation des Neumannschen Projekts. Der Einsatz der konstruktiven Mittel ist höheren Zielen untergeordnet. Zuerst und vor allem geht es Neumann um die Unbrennbarkeit des Bauwerks. Hans Reuther sieht darin eine wesentliche konstruktive Grundlage für Neumanns gesamte Entwurfstätigkeit so-

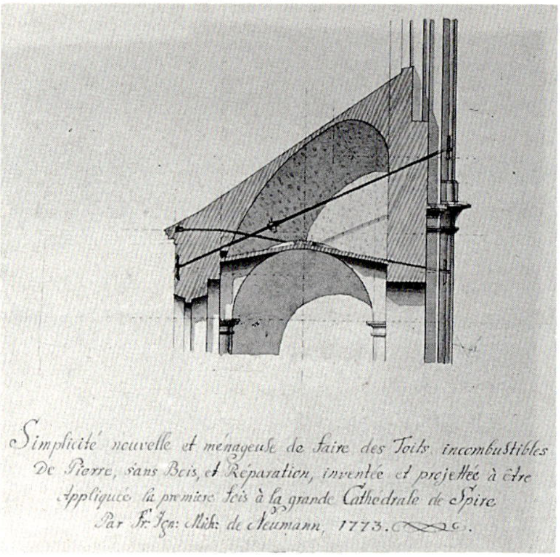

3 Franz Ignaz Michael von Neumann, Entwurf für steinerne Seitenschiffdächer des Speyerer Domes, 1773

wohl im profanen als auch im sakralen Bereich.[44] Die Anwendung der reinen Steinbauweise beherzigt eine Ingenieurtugend: den sparsamen Umgang mit dem Material.[45] Dies bedingt die reine Mauerwerkskonstruktion und den Verzicht auf Holz.[46] Ein zweites Ziel der Konstruktion Neumanns ist die Beibehaltung der äußeren Form, die durch die Dachschräge des mittelalterlichen Seitenschiffdachs vorgegeben war. Daraus resultieren Anforderungen an die Formfindung. Neumanns eigenhändige Legende zu dem Projekt erhellt den Zusammenhang: „*Simplicité nouvelle et ménageuse de faire des Toits incombustibles de Pierre, sans Bois, et Réparation inventée et projettée à etre Appliqué la première fois à la grande Cathédrale de Spire Par Fr. Ign. Mich. de Neumann 1773.*"

Bezeichnend für die Ambitionen, mit denen Neumann seinen Entwurf für die steinernen Dächer verband, ist die Tatsache, daß er sich in der unmittelbar unter die Zeichnung gesetzten Legende der französischen Sprache bedient. Darin ist mehr als bloßes modisches Französisch, das gleichwohl bei Hofe üblich gewesen sein mag, zu sehen. Die französische Sprache zeigt auch unmittelbar an, daß sich Neumann der neuesten und fortschrittlichsten Entwicklung auf dem Sektor des Bauwesens, nämlich den bahnbrechenden Neuerungen, die in der zweiten Hälfte des 18. Jahrhunderts aus Frankreich kamen, verpflichtet weiß.

Die Behauptung Neumanns, es handele sich um eine prinzipielle Neuerfindung, kann nicht aufrecht erhalten werden. Neumann hatte selbst bei seinen Arbeiten am Mainzer Dom schon sehr ähnliche Gewölbe geplant und auch realisiert.[47]

Selbst im profanen Bereich hat Franz Ignaz Michael von Neumann unbrennbare Dach-Gewölbe-Konstruktionen projektiert und – im Fall der sogenannten Paradieshäuser[48] in unmittelbarer Nachbarschaft des Mainzer Domes – auch realisiert, allerdings erst vier Jahre nach dem Speyerer Entwurf im Zeitraum von 1777 bis 1779. Die wichtigsten Anregungen verdankt Neumann zweifellos der zeitgenössischen französischen Architektur, die er vor allem aus den Werken der Architekturtheorie,[49] aber vielleicht auch durch persönliche Kontakte während seines Studienaufenthalts kennengelernt hatte. Ohne die Kenntnis der französischen Theoretiker wäre das Werk Neumanns nicht möglich gewesen. Allerdings sind in seinen Entwürfen nie direkte Übernahmen aus fremden Vorlagen festzustellen; stets verarbeitet er die Vorbilder und entwickelt sie weiter. Seine Denkweise ist jedoch geschult an einem bahnbrechend neuen Architekturverständnis, das im 18. Jahrhundert in Deutschland keine Entsprechung findet.

Der Boden für eine neue, auch naturwissenschaftlich fundierte Betrachtung der Architektur wurde in der französischen Aufklärung gelegt. 1729 erschien in Paris

37 Verzeichnis der Bücher, Kupferstiche und Handzeichnungen aus der Verlassenschaft des Franz Michael Ignaz von Neumann, Würzburg 1804. Das gedruckte Verzeichnis ist nur in einem Exemplar der Würzburger Universitätsbibliothek überliefert.

38 Reuther 1971 (wie Anm. 23)

39 Landesarchiv Speyer, D2, 580 6b, fol. 4; vgl. Reuther 1971 (wie Anm. 23) S. 448 ff.

40 In seiner Erläuterung bezeichnet F.I.M. v. Neumann das Gewölbe selbst anschaulich als *„Schwanen oder Gäns-hals-gewölb“*. Landesarchiv Speyer, D2, 580, fol. 6

41 Jean-Marie Perouse de Montclos, L'architecture à la française, XVIe, XVIIe, XVIIIe siècles, Paris 1982

42 J. J. Schübler, Nützliche Anweisung Zur Unentbehrlichen Zimmermanns-Kunst ..., Nürnberg 1731. Schübler widmete den ersten Teil seines Werkes Balthasar Neumann. Hans Reuther, J. J. Schübler und Balthasar Neumann, in: Mainfränkisches Jahrbuch für Geschichte und Kunst 7 (1955) S. 345–352

43 Walter Haas, Hölzerne und eiserne Anker an mittelalterlichen Kirchenbauten, in: architectura 13 (1983) S. 136–151; ders., Eisen in der Architektur vor dem Aufkommen der Eisenarchitektur, in: ICOMOS, Kolloquium über die Rolle des Eisens in der historischen Architektur, Hannover 1979, S. 167 ff.

44 Reuther 1971 (wie Anm. 23) S. 444

45 Vgl. etwa: J.C. Huberti, Abhandlung von dem allgemeinen Holzmangel und von den Mitteln solchem Mangel zu steuren, Frankfurt und Leipzig 1765

46 Daß sich Eisen bei Hitzeeinwirkung verbiegt, scheint in Neumanns Überlegungen keine Rolle gespielt zu haben.

47 van Treeck (wie Anm. 4) S. 163. Mit der Formulierung *„erfunden und projektiert, um das erste Mal an der großen Kathedrale von Speyer angewandt zu werden“* hat Neumann wohl versucht, seine Auftraggeber zu beeindrucken! Es ist aber richtig, daß die Lösung ganz auf die Verhältnisse in Speyer hin abgestimmt ist.

48 van Treeck (wie Anm. 4) S. 200 f.

49 Emil Kaufmann, Architecture in the Age of Reason, Cambridge 1955

Bernard Forest de Bélidor, „La Science des Ingénieurs dans la conduite des travaux de fortification et l'architecture civile".[50] Bélidor behandelte zum ersten Mal systematisch *„cette Architecture qui appartient principalement à l'ingénieur"*.
Für steinerne Dächer gab es direkte Vorbilder im Bereich der französischen Architektur- und Ingenieurliteratur. Amédée-François Fréziers grundlegendes Werk „La théorie et la pratique de la coupe des pierres"[51], das möglicherweise auch schon für den Gewölbebau Balthasar Neumanns wichtige Anregungen lieferte, enthält bereits erste Ansätze zur statischen Berechnung. So stellt Frézier beispielsweise grundsätzliche Überlegungen zur Gewölbetheoric an, die auf einer Tafel seines Steinschnittwerks anschaulich illustriert werden (Abb. 4).[52] Eines der Werke, in dem die ausschließliche Steinbauweise propagiert wurde, die Schrift des Grafen D'Espie von 1754,[53] befand sich nachweislich in der Bibliothek Neumanns. Insbesondere mit der in Frankreich weit verbreiteten Spezialliteratur zum Steinschnitt war Franz Ignaz Michael von Neumann gut vertraut. Ein zentrales Element für das konstruktive Werk Franz Ignaz Michael von Neumanns stellt die Anwendung von Eisenarmierungen, zugleich ein Kennzeichen des Ingenieurbaues schlechthin, dar.
Die Verwendung von Eisenarmierungen im Gewölbebau spielte ebenfalls in der französischen Architektur eine besondere Rolle. Etwa zur gleichen Zeit als Neumann seine großen Restaurierungsaufgaben anging, publizierte Pierre Patte (1723–1814) seine „Mémoires sur les objets les plus importants de l'architecture",[54] in denen ausführlich die Methoden der Eisenarmierung im Gewölbebau und die Anwendung von Eisen beim Bau scheitrechter Bogen von Architraven erläutert wird. Schon Balthasar Neumann hatte häufig eiserne Schlaudern bei seinen Gewölbebauten verwendet.
In Frankreich wurde mit der Kirche Ste-Geneviève in Paris[55] die Eisenarmierung in den monumentalen Kirchenbau eingeführt.
Erst kürzlich wurde von Robin Middleton auf ein Manuskript einer bisher unpublizierten Abhandlung über die Eisenarmierung „Essai en Forme de traité sur la construction" hingewiesen,[56] das beweist, daß Patte nicht der einzige französische Architekturtheoretiker war, der sich eingehend mit der Eisenarmierung befaßte (Abb. 5). Nach Middleton rührt dieses Manuskript sehr wahrscheinlich von dem französischen Architekten Nicolas Marie Potain (1713–1793) her, der 1767 einen „Traité des ordres d'architecture" veröffentlichte und dessen Abhandlung über die „construction" 1762 vor der Académie vorgetragen wurde.[57] Das Projekt für ein steinernes Seitenschiffdach in dem französischen Architekturtraktat rekurriert möglicherweise auf die Idee von gotischen Strebebögen. Ob Neumann das französische Vorbild kannte, ist ungewiß, sicherlich wird er aber auch durch die Kenntnis

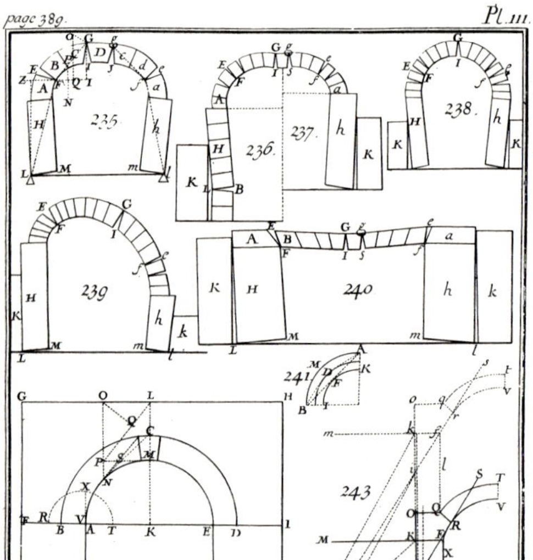

4 Amédée-François Frézier, Schematische Skizze zur Darstellung des Gewölbeschubs

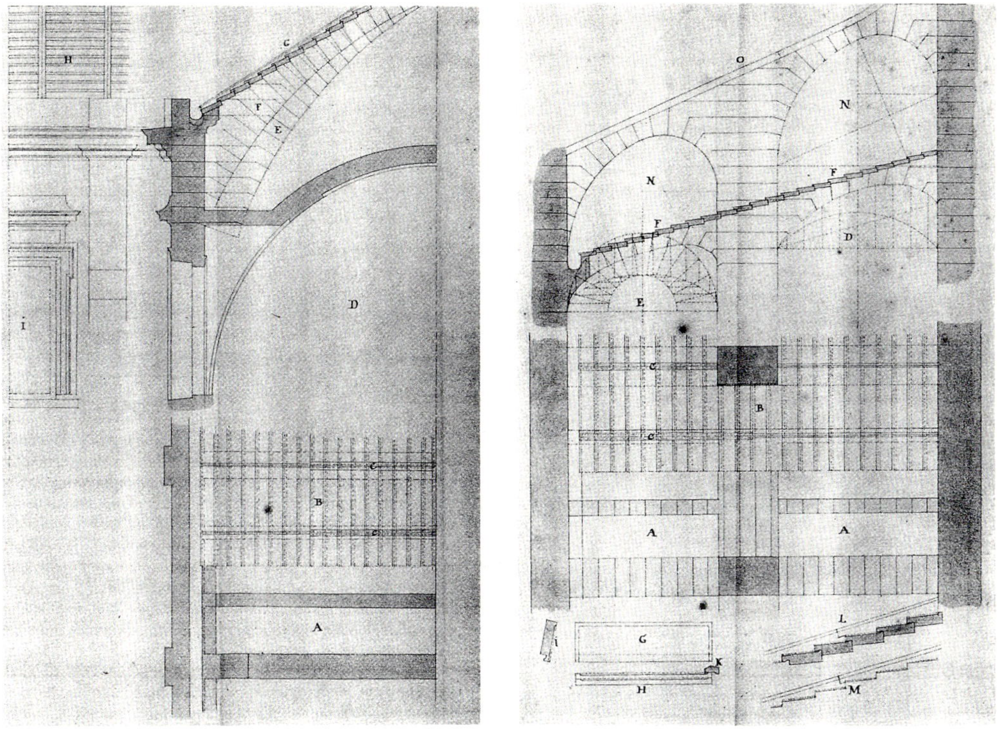

5 Nicolas Marie Potain(?), Schnitte durch Gewölbe und steinernes Dachwerk der Seitenschiffe einer Kirche

50 Zweite Auflage Paris 1734; deutsch: Ingenieur-Wissenschaft bey aufzuführenden Vestungswerken und bürgerlichen Gebäuden, Nürnberg 1757/58

51 Amédée-François Frézier, La théorie et la pratique de la coupe des pierres et des bois, pour la construction des voûtes (1737-1739)

52 Ebd.: „De la poussée des voûtes"

53 La Maniere de rendre toutes sortes d'edifices incombustibles ou Traité de la construction des Voûtes faites avec des briques et du plastre, dites voûtes plates, Paris 1754 (Deutsche Übersetzungen erschienen 1760 und 1774 unter dem Titel: „Abhandlung von unverbrennlichen Gebäuden ...") in Neumanns Bibliothek (Verlassenschaftsverz. Nr. 800). Der Hinweis auf Conte d'Espie bereits bei Weiler (wie Anm. 4) S. 7.
Auch Julien-David Le Roy geht in seiner „Histoire", die 1768 in einer deutschen Ausgabe „Geschichte der Einrichtung und Gestalt der christlichen Kirchen ..." als Beiband zur Übersetzung von Marc-Antoine Laugiers „Observations" erschien, auf die Frage der Unbrennbarkeit von steinernen Konstruktionen ein. (vgl. Neumann-Verlassenschaftsverz. Nr. 807)

54 Pierre Patte, Mémoires sur les Objets les plus importants de l'Architecture, Paris 1769. Zu Patte: Antoine Picon (wie Anm. 23)

55 Michael Petzet, Soufflots Sainte-Geneviève und der französische Kirchenbau des 18. Jahrhunderts (= Neue Münchener Beiträge zur Kunstgeschichte, Bd. 2) Berlin 1961

56 Robin D. Middleton, Architects as Engineers, the Iron Reinforcement of Entablatures in Eighteenth-Century France, in: AA files (= Annals of the Architectural Association School of Architecture) no. 9 (1985) S. 54-64

57 Middleton (wie Anm. 56) S. 63

der historischen Architektur zu seinen steinernen Seitenschiffdächern in Speyer angeregt worden sein.

Das Werk Franz Ignaz Michael von Neumanns steht an einem kritischen Punkt innerhalb der Entwicklung des Architektenberufs, es spiegelt den *„Zustand des architektonischen Vermögens am Beginn der Industrialisierung des Bauwesens“*.[58] Technik und Architektur beginnen sich zu trennen. Es konstituieren sich die eigenständigen Berufsfelder von Architekt und Ingenieur.[59] Bestimmte technische Leistungen werden nur noch vom Ingenieur erbracht. *„Es lag in der Geistesrichtung des Aufklärungszeitalters, auch das statische Verhalten von Bauwerken, die bis dahin nur nach dem architektonischen Gefühl entworfen worden waren, der Kontrolle des prüfen Verstandes zu unterstellen und die Tragwerke nach den Regeln der im Jahrhundert von Galilei bis Newton als Wissenschaft begründeten Mechanik zu bemessen.“*[60] Es entstehen neue Bauaufgaben, die eine zunehmende Spezialisierung erforderlich machen. Besondere Bedeutung erhält dabei das Wasserbauwesen, vor allem der Brückenbau. Auch unter Neumanns ersten Bauwerken finden sich reine Ingenieurbauten auf dem Gebiet des Wasserbaues, wie z. B. der Kranen in Würzburg, die Mainbrücke in Kitzingen und Wasserbauwerke im Fürstbistum Bamberg. Insbesondere aus seinem Nachlaß wird deutlich, welche Rolle Lehrbücher, Stichfolgen und Schriften zum technischen – und zum naturwissenschaftlichen – Sektor gegenüber solchen zur Bau- und sonstigen Kunst spielten. Es finden sich Abhandlungen zum Wasserbau mit Pump-, Mühlen- und Hebewerken, zum Festungswesen, ferner mathematische zu Meßkunst, Geometrie und Konstruktion. Die Bedeutung dieser Gebiete für Ignaz Neumann erhellen eigene Versuche, die das Nachlaßverzeichnis überliefert, so ein Traktat zum Galeerenbau und eine 1756 erfolgte Übersetzung von Ch. Genovinis „L'Art de composer des feux d'artifice“ (Maastricht 1748) mit dem Titel „Romanischer Feuerwerker“.[61]
Trotz der neuen Anforderungen, denen sich Neumann stellte, steht sein Werk letztlich doch noch in der Tradition eines seit Jahrhunderten fest geprägten Berufsbilds des Architekten. Noch heute wird oft die gute alte Zeit beschworen, in der der „Baumeister“ und reine Empirie maßgeblich waren, eine Zeit, in der keine Kluft zwischen den heute arbeitsteilig funktionierenden Disziplinen bestand.[62] Je stärker die Architektur noch dieser Tradition verpflichtet ist, desto deutlicher ist sie von ganzheitlichen Konzeptionen geprägt.
Der Bedeutungswandel des Begriffs „Ingenieur“ unterstreicht die Herausbildung eines eigenständigen Tätigkeitsbereichs und die damit verbundene Aufwertung des Berufsfeldes.
Ursprünglich wurde mit der Berufsbezeichnung „Ingenieur“ eigentlich ein im Kriegswesen Tätiger gemeint, zu dessen Aufgabe es gehörte, Kriegsmaschinen zu erfinden, aber auch Befestigungsanlagen zu entwerfen. Dieser Arbeitsbereich war dafür verantwortlich, daß man mit dem Wort „Ingenieur“ seit dem 17. Jahrhundert den „Kriegsbaumeister“ im Gegensatz zu dem im Civilbauwesen tätigen Architekten bezeichnete.[63] Ein Architektenbuch des 17. Jahrhunderts definiert den Begriff folgendermaßen: *„Ein Ingenieur ist kein gemeiner: sondern ein Bevöstigungs* (= Befestigungs-) *vnd Kriegs Bawmeister, der ein Scharpff Ingenium hat …“*.[64] Im späteren 18. Jahrhundert geben die maßgeblichen Nachschlagewerke ähnliche Begriffsbestimmungen.
Johann Heinrich Zedler unterscheidet in seinem 1732 bis 1754 erschienenen Universal-Lexicon den „Architectus“ vom „Ingenieur“ (= architectus militaris).[65] Danach ist der *„Architectus, Bau-Meister … eine Person, welche die Civil-Bau-Kunst übet, und also nicht allein ein Gebäude nach denen Architectonischen Regeln anzugeben vermögend ist, sondern auch*

einen Bau würcklich anzuordnen und aufzuführen weiß." Weiterhin sei es erforderlich, daß er die mathematischen Fächer, besonders Arithmetik, Geometrie, Perspektive und Mechanik „*wohl verstehe, in dem Studio historico, sonderlich der Antiquité nicht unerfahren sei, die Kunst zu zeichnen und zu mahlen hinlänglich begriffen habe, und auf Reisen durch Betrachtung derer vornehmste Gebäude in der Architectur immer mehr und mehr perfectioniret worden sei.*"[66] Dagegen wird der Begriff ‚Ingenieur' folgendermaßen definiert: „*Ingenieur, Teutsch ein Kriegs-Bau-Meister, ist eine solche Person, welcher die Fortification oder die Kriegs-Bau-Kunst ausübet. Er muß also dahero alles dasjenige wohl verstehen, was in der Fortification abgehandelt wird, und also nicht nur eine Festung geschickt anzugeben und zu erbauen wissen, ... muß auch in dem Stande seyn, dasjenige auszuführen, was zur Erhaltung einer Festung erfordert wird, wenn sie der Feind angreiffet; ...*" Kenntnisse der Arithmetik und Geometrie sind für den Ingenieur unentbehrlich, und weiterhin, „*da er Magazine, Arsenale, Baraquen u.d.g. in einer Festung anzugeben verbunden ist, die Principia aber zu solchen Gebäuden in der Civil-Bau-Kunst enthalten sind, so ist auch diese ihm unentbehrlich. ...Die Zeichen-Kunst muß er wohl inne haben, damit er seine Projecte denen Werckleuten durch Risse vor Augen legen könne, wobei öfters die Perspectiv mit zu Hülffe genommen werden muß; ... endlich ... muß er auch eine Kenntnis von der Geographie haben, ... Ist er dieser Hülffs-Disciplinen mächtig; so ist er auch in dem Stande, sich bey jeder vorfallender Gelegenheit selbst zu rathen, und er hat nicht nöthig, sich bey andern erst Raths zu erhohlen, als in welchem Falle sein Respect mercklich periclitiret; zugleich aber darff er nicht befürchten, durch solchen Mangel*

58 Walter Jürgen Hofmann, Rezension von Peter van Treeck, Franz Ignaz Michael von Neumann, Diss. Würzburg 1968 (= Mainfränkische Studien Bd. 6) Würzburg 1973, in: Zeitschrift für Bayerische Landesgeschichte 37 (1974) S. 280–284

59 Hans Straub, Die Geschichte der Bauingenieurkunst, Basel 1949, 4. Aufl. 1992

60 Hans Straub, Brauch und Kunst im Ingenieurbau des achtzehnten Jahrhunderts, in: Hans Straub, Ausgewählte Aufsätze, Zürich 1969, S. 105–117, hier S. 105

61 van Treeck (wie Anm. 4) S. 12 f.

62 Klaus Pieper, Wie sind die Kirchen der Gotik entworfen worden?, in: Deutsche Bauzeitung (1984) Heft 11, S. 41–48

63 Ulrich Schütte, Architekt und Ingenieur, in: Architekt und Ingenieur. Baumeister in Krieg und Frieden, Ausstellungskatalog, Wolfenbüttel 1984, S. 18–27. Zur Begriffsgeschichte im besonderen: Hans Schimanek, Das Wort „Ingenieur". Abkunft und Begriffswandel, in: Zeitschrift des Vereins Deutscher Ingenieure 83 (1939), S. 325–331

64 Johann Faulhaber, Anderer Theil Der Ingenieurs Schul, Ulm 1633, S. 3 f.

65 Johann Heinrich Zedler, Grosses vollständiges Universal-Lexicon aller Wissenschafften und Künste, welche bißhero durch menschlichen Verstand und Witz erfunden und verbessert worden, Bd. 1–64 u. 4 Supplement-Bde., Halle und Leipzig 1732–1754, Nachdruck Graz 1961

66 Zedler (wie Anm. 65) Band 2, Sp. 1235 ff. und 1240. Es folgen Erörterungen über die Zivilbaukunst und über architekturtheoretische Schriften, vor allem der verschiedenen kommentierten Ausgaben des Vitruv, dem er in der französischen Übersetzung des Perrault den Vorzug gibt, „*nicht allein wegen derer vortrefflicher Kupfer, damit das Werck gezieret, sondern hauptsächlich, weil dieselbe verständlicher ist, als der lateinische Text des Vitruvii, und mit vielen nützlichen Anmerckungen erläutert, auch mit einem vollständigen Register versehen wodurch der Unordnung, welche, ... bey dem Vitruvio anzutreffen, abgeholfen wird.*"

genugsamer Erkenntniß derer dazu erforderten Wissenschaften, bey Unternehmung wichtiger Dinge seinem Herrn Schaden, sich selbst aber Verantwortung zu zu zühen“.[67] Die hier genannten Anforderungen an den Ingenieur treten zunehmend in den Vordergrund. Dagegen verliert der herkömmliche militärische Aufgabenbereich an Bedeutung. Auch hierin ist Frankreich Vorreiter der Entwicklung, wie sich in der differenzierten Beschreibung des Ingenieurs in der „Encyclopédie“ zeigt.[68] Dort werden für den im Bauwesen beschäftigten Ingenieur – neben dem Militär- und Marineingenieur – Qualifikationen verlangt, die gerade F. I. M. von Neumann auszeichnen.[69] Die Entwicklung zum Bauingenieur führte über den unabhängigen Ingenieur-Architekten zum Spezialisten für konstruktive Aufgaben.

Das Historische bei Franz Ignaz Michael von Neumann hat besonderen Stellenwert. So wurde beispielsweise von Walter J. Hofmann festgestellt, daß seiner Architektur vielfach *„der Charakter des ‚Denkmals‘“* eignet.[70] Im Zusammenhang von Neumanns Speyerer Westbauplanung spricht Erich Hubala von einer *„Tat geschichtsbewußter Denkmalpflege“.*[71] Mit einer solchen Wiederherstellung nach historischem Vorbild hört im Grunde die barocke Art, Altes *„fortzuführen“* auf. Hier endet die gestaltende Kraft der Ordnungen, es beginnt die kopierende Denkmalerneuerung.[72]

„Das grose so schöne paradeys ab zu brechen wäre Ewig schad ...“ schreibt Neumann, auf seine Haltung zum Speyerer Westbau befragt.[73] Darin manifestiert sich eine Wertschätzung des alten historischen Baues. Die Grenzen einer im modernen

67 Zedler (wie Anm. 65) Band 14, Sp. 693 ff.

68 Encyclopédie ou Dictionnaire Raisonné des Sciences, des Arts et des Métiers, par une Société de Gens et de Lettres, 1751–1780, hier: Band 8, Neufchastel 1765, Stichwort „Ingénieur“, S. 741–743

69 *„L'emploi d'ingénieur exige beaucoup d'étude, de talens, de capacité et de génie. Les sciences fondamentales de cet état sont l'Arithmétique, la Géométrie, la Méchanique et l'Hydraulique. In ingénieur doit avoir quelqu'usage du dessin. La physique lui est nécessaire por juger de la nature des matériaux qu'on emploie dans les bâtimens, ...“* Weiterhin werden in der Encyclopédie auch für den Militäringenieur Kenntnisse der Zivilarchitektur und insbesondere des Steinschnitts verlangt, (wie Anm. 68) S. 742

70 Hofmann (wie Anm. 58)

71 Erich Hubala, Balthasar Neumann, Seine Kunst zu Bauen, Ausstellungskatalog, Wendlingen a. N. 1987, S. 117

72 Ebd.

73 Landesarchiv Speyer D2, 580, 3a, fol. 18

74 Landesarchiv Speyer D2, 580, 3a, fol. 18 verso. – Die Formulierung *„... ist alles respective alte beybehalten“* verkörpert nur scheinbar eine der Hauptforderungen heutiger Denkmalpflege, den Ruf nach Substanzerhalt, denn Neumann traut sich zu, den Bau noch zu verbessern! Welcher Denkmalpfleger würde das heute guten Gewissens von seiner Maßnahme behaupten wollen?

75 Hofmann (wie Anm. 58) S. 444

76 Erwin Panofsky, Das erste Blatt aus dem Libro Giogio Vasaris. Eine Studie über die Beurteilung der Gotik in der italienischen Renaissance. Mit einem Exkurs über zwei Fassadenprojekte Domenico Beccafumis, in: Städel-Jahrbuch 6 (1930) S. 25–72 (wieder abgedruckt in: Erwin Panofsky, Sinn und Deutung in der Bildenden Kunst, Köln 1975, S. 192–273)

77 Georg Dehio: *„Der Historismus des 19. Jahrhunderts hat aber außer seiner echten Tochter, der Denkmalpflege, auch ein illegitimes Kind gezeugt, das Restaurationswesen. Sie werden oft miteinander verwechselt und sind doch Antipoden.“*, in: Denkmalschutz und Denkmalpflege im neunzehnten Jahrhundert (1905), abgedruckt in: Norbert Huse (Hrsg.), Denkmalpflege. Deutsche Texte aus drei Jahrhunderten, München 1984, S. 141

Sinne historischen Bewertung werden allerdings sichtbar in der Formulierung, daß durch den Entwurf Neumanns *„die schöne in Deutschland ungemeine ausserliche Fassade … noch mehr verschönert, verherrlicht* (werde) *und doch ist alles rspte* (= respective) *alte beybehalten“*.[74] Gewesenes wird durch Gegenwärtiges aktualisiert. Dadurch wird ein Alterswert erzeugt, *„den weder das ursprüngliche Gebäude noch die Hinzufügung Neumanns für sich besitzen“*.[75]

Auf diesen Aspekt zielt Erwin Panofsky, wenn er Neumanns Projekt für den Mainzer Westbau als Beispiel einer *„nunmehr schon ausgesprochen retrospektiven, aber immer zu einer unhistorischen Verschmelzung zwischen Altem und Neuem geneigten und befähigten Baugesinnung“* charakterisiert.[76]

In der Tat kann Neumann nicht einen Standpunkt der modernen Denkmalpflege einnehmen, die – mit Dehio zu sprechen – erst eine Tochter des Historismus ist.[77] Insofern muß sich unsere Eingangsfrage doch als eine rhetorische erweisen. Aus dem Ingenieurarchitekten Franz Ignaz Michael von Neumann wollen wir nicht auch noch einen „Denkmalpfleger“ machen. Aber einen – im doppelten Sinne des Wortes – konstruktiven Vordenker und maßgeblichen Wegbereiter der Denkmalpflege dürfen wir ihn mit gutem Recht nennen.

Abbildungsnachweis

1 Mainfränkisches Museum Würzburg, Sammlung Eckert 129 (Photo: Mainfränkisches Museum Würzburg)

2 Historisches Museum Speyer, BS. 3041, Ausschnitt (Photo: Historisches Museum Speyer)

3 Landesarchiv Speyer, D2, 580, 7b 8 (Photo: Landesarchiv Speyer)

4 Amédée-François Frézier, La Théorie et la pratique de la coupe des pierres, 3. Bd., Straßburg 1737, S. 389, Tafel 111 (Photo: Bayerische Staatsbibliothek München)

5 Manuskript „Essay en forme de traité sur la construction“ von Nicolas Potain (1713–1796), Taf. 30 u. 31, nach: Robin D. Middleton, Architects as Engineers. The Iron Reinforcement of Entablatures in Eighteenth-Century France, in: AA files (= Annals of the Architectural Association School of Architecture) no. 9 (1985) S. 63 Abb. 10

Mauerwerk, Stahlbeton

1 Wölbkonstruktion über dem Haupttreppenhaus der Staatlichen Kunsthalle Karlsruhe, Untersicht (Photo D. Altenkirch, 1987)

HERBERT WIPPEL

Über die Sicherheit gemauerter Gewölbe

Das Rippengewölbe über dem Haupttreppenhaus der Staatlichen Kunsthalle Karlsruhe

Die Zielsetzungen einer Schadensanalyse

Die Aufgabe der Pflege denkmalwürdiger Bausubstanz liegt auch darin, aus den Beobachtungen eines Bauwerkes, aus seinen Veränderungen und Schäden Gefahren für das Tragwerk rechtzeitig zu erkennen und sowohl baukonstruktive als auch baustatische Untersuchungen zur Auffindung einer den jeweiligen Umständen angemessenen Maßnahme zur Schadensbegrenzung einzuleiten. Die einer baustatischen Berechnung voranzustellende Analyse der Baukonstruktion und ihres Schadensbildes, die sich damit ergebende Arbeitsabfolge hat KLAUS PIEPER ausführlich beschrieben [1]. Der Einblick in die Mechanik eines Tragwerkes aufgrund der baukonstruktiven Untersuchungen soll es ermöglichen, die vielfach komplexen Strukturen durch einfachere, überschaubare, den Schadensbildern angepaßte Systeme zu ersetzen.

Wesentlicher Bestandteil historischer Bauwerke sind raumüberspannende gemauerte Wölbungen. Rißbildungen fordern eine Aufklärung ihrer Ursachen und der Auswirkungen auf die Standsicherheit der Baukonstruktion. Hinsichtlich aller baustatischen Überlegungen muß darüber Klarheit bestehen, daß grundsätzlich ein

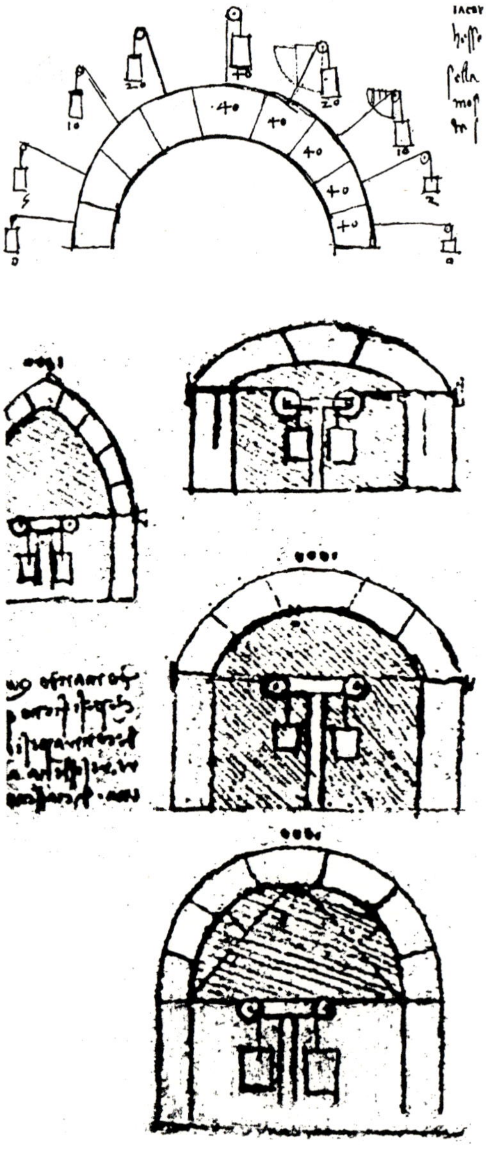

2 Versuche zur Klärung des Tragverhaltens von Gewölben, Leonardo da Vinci, Codex Madrid I [12], Codex Forster II (oben) [13]

Unterschied zu machen ist zwischen der Formfindung einer Wölbkonstruktion und der Sicherheitsanalyse einer vorgegebenen Wölbung: im einen Fall handelt es sich um einen Entwurfsprozeß mit der Integration der baukonstruktiven Notwendigkeiten in die baukünstlerische Vorstellung, im anderen ist zu klären, welche Umstände unter den gegebenen Voraussetzungen für die Standsicherheit kritisch werden können. Ausgehend von einer geschädigten Wölbung hat die baustatische Untersuchung der Konstruktion in zwei Stufen zu erfolgen: die übergeordnete Forderung ist die Erfüllung der Gleichgewichtsbedingungen, für den weiteren Bestand ist der Abstand zur Traglast zu klären.
Der aktuelle Zustand eines Tragwerks bestätigt seine augenblickliche Standsicherheit; daher muß sich eine Struktur finden lassen, die den Gleichgewichtsbedingungen genügt. Es ist jedoch nicht auszuschließen, daß nach einem Teilversagen der Primärstruktur der Bestand durch Bauelemente gesichert wird, die hierfür nicht vorgesehen waren und nur helfend als Stützung wirksam werden. Dieser Fehlbedarf der Konstruktion an Tragelementen zur Sicherstellung des Kräftegleichgewichts ist aufzudecken, die Auswirkungen von Verstärkungs- oder Entlastungsmaßnahmen auf die Verträglichkeit mit dem Gesamttragwerk sind zu bewerten.
Ist jedoch die Grundvoraussetzung über die Einhaltung des Gleichgewichts gegeben, so ist zu beurteilen, inwieweit Sicherungsmaßnahmen, die immer einen Eingriff in die Bausubstanz und den über einen längeren Zeitraum gefestigten Zustand darstellen, zwingend notwendig werden. Die dadurch ausgelöste Fragestellung zielt auf den Sicherheitsabstand zum Tragwerkskollaps und ob dieser durch eine Veränderung der äußeren und inneren Verhältnisse in einer möglichen Bandbreite ausgelöst werden könnte. Wie noch im einzelnen dargelegt wird, ist eine darauf ausgerichtete Untersuchung wirklich-

keitsnah nur durch die Bestimmung der Traglast möglich. Materialgesetz, eine Variation der Parameter zur Bewertung der einzelnen Einflüsse, ihre Wichtung durch Teilsicherheitsbeiwerte sind hierzu Voraussetzung.
Zur Beurteilung der Schadensereignisse ist es für das Verständnis historischer Baukonstruktionen hilfreich, die Entwicklung der Formfindungsmethoden raumüberspannender Wölbungen zu verfolgen.

Zur Formfindung von Wölbungen

Eine in den verschiedenen Hochkulturen sich immer wieder aufs Neue entwickelnde Baukultur, Überlieferung und ein auf hohem Niveau stehendes handwerkliches Können führten in den unterschiedlichen Techniken zu gewölbten Bauformen aus Stein [2]:

- Kragkuppeln, nach der heutigen Definition der Lastabtragung von Wölbungen sogenannte unechte Gewölbe:
  Mesopotamien: Bienenkorbhäuser als früheste Zeugnisse steinerner Wölbformen, Durchmesser bis 10 m, um 4000 v. Chr.,
  Kreta: Bienenkorbhäuser, Durchmesser bis 13 m, um 2000 v. Chr.,
  mykenische Zeit: Kuppelgräber, Schatzhaus des Atreus in Mykene, Durchmesser 14,5 m, um 1300 v. Chr.,
- Tonnengewölbe aus schräggestellten Gewölberingen:
  Ägypten, Neues Reich: Magazine des Ramesseums in Theben (Ramses II.), um 1300 v. Chr.,
  Persien, Palasthalle der Sassaniden in Ktesiphon, Spannweite 25,8 m, 3. Jh. n. Chr.,
- Tonnengewölbe aus radialen Ziegelschichten:
  Babylon, Terrassengarten des Nebukadnezar, Spannweite 3 m, um 600 v. Chr.,
- Tonnengewölbe in sorgfältiger Keilsteintechnik:
  Etrusker, Mitte des. 1. Jts. v. Chr.,
- im Römischen Reich Hochblüte der

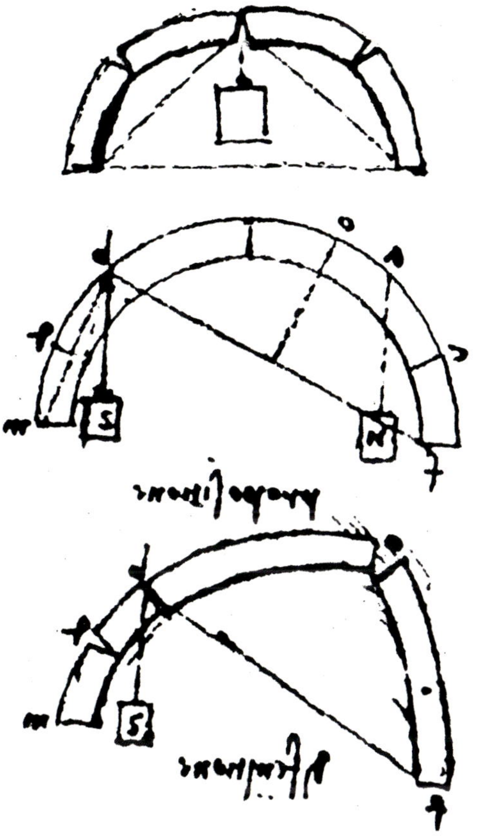

3 Bruchfiguren von Gewölben, Leonardo da Vinci, Codex Madrid I [12]

  Wölbtechnik: Bogen und Bogenreihen, Tonnengewölbe und Kuppeln in allen Techniken, 3. Jh. v. Chr. bis 4. Jh. n. Chr., [3–6], Kuppel des Pantheon, Rom, Durchmesser 43,3 m, 2. Jh. n. Chr. [7; 8],
- im oströmischen Reich (Byzanz): Kuppeln und Mehrfachkuppeln;
  Hagia Sophia, Konstantinopel, Durchmesser 31 m, 6. Jh. n. Chr.,
- in der Romanik Rundbogen und Tonnengewölbe: Kaiserdome; 11. Jh. n. Chr.,
- schließlich in der Gotik Spitzbogen und Kreuzrippengewölbe, aufgelöste Rippengewölbe [9], Strebebogen: Kathedralen; 12./13. Jh. n. Chr.

Herausragende geometrische Bauform sind über alle Zeiten bei den bogenförmi-

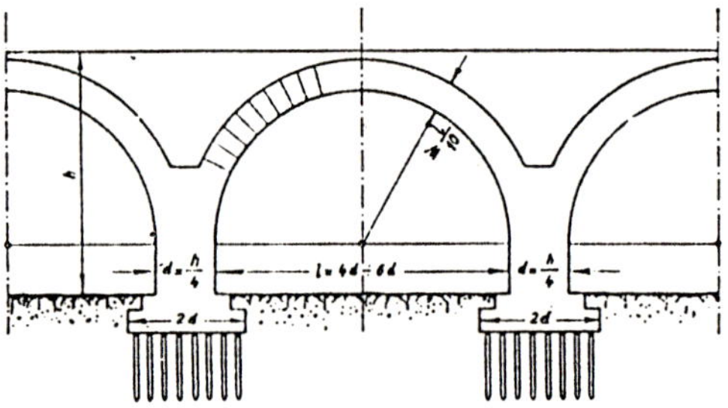

4 Entwurfsregeln für eine Bogenbrücke nach L. B. Alberti, aus [10]

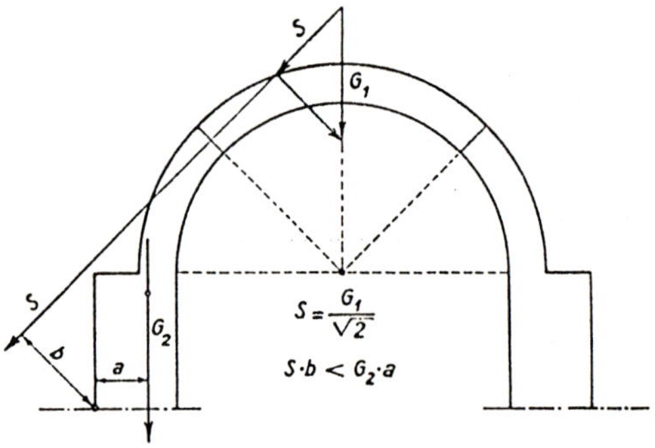

5 Entwurfsregeln für eine Kuppel nach C. Fontana, aus [10]

gen Wölbungen der Halbkreis, bei der Kuppel die Halbkugel, später auch die Kugelkalotte.

Die Wölbformen, die Verteilung der Baumassen, die Ausnutzung der Baustoffe sind bei vielen Bauwerken der jüngeren Hochkulturen so optimiert, daß man den Zeitgenossen Kenntnisse der Mechanik und der Bemessung zuschrieb [11]. Ein baustatisches Wissen ließ sich bisher jedoch nicht nachweisen [10, S. 108].

Erstmals finden sich bei Leonardo da Vinci (1452-1519) Ansätze zur Bestimmung der Gewölbedruckkräfte [12] und experimentelle Überlegungen zur Ermittlung des Bogenschubes (Abb. 2), ebenso zu möglichen Bruchmechanismen der Gewölbe [13] (Abb. 3). Eine Umsetzung dieser Erkenntnisse in die Baukonstruktion fand nicht statt.

Mit der Wiedererweckung der antiken Formenwelt und dem auch damit verbundenen Aufschwung der Bautechnik in der Renaissance ergaben sich aus den Erfahrungen beim Bau gewölbter Brücken und Kuppeln geometrische Konstruktionsregeln (Leon Battista Alberti (1404-1472) [14] (Abb. 4), Andrea Palladio (1508-1580) [15], Carlo Fontana (1634-1714) [16] (Abb. 5)).

Mit der sich im 17. Jahrhundert nördlich der Alpen entwickelnden Geisteshaltung, die schließlich zur Aufklärung führte, wurden auch grundsätzliche theoretische Überlegungen von Mathematikern und Physikern zur Mechanik und Festigkeitslehre angestellt. Zu dem Problem der Wölbformen wird von Robert Hooke (1635-1703) erstmals 1670 darauf hingewiesen, daß die Gewölbeachse nach einer umgekehrten Kettenlinie geformt sein sollte [17]. Die Stützlinie als Umkehrung der Kettenlinienform soll erstmals durch Christopher Wren (1632-1723) beim Bau der St. Paul's Cathedral in London zur Formfindung der tragenden Kuppel herangezogen worden sein [18]. Die mathematische Behandlung der Form der gemeinen Kettenlinie gelangen 1691 Johann Bernoulli (1667-1748), Gottfried Wilhelm Leibniz (1646-1716) und Christiaan Huygens (1629-1695). David Gregory (1661-1708) erkannte wie Robert Hooke, daß die Stützlinie der umgekehrten Seillinie entspricht, beschrieb die geometrischen Eigenschaften der Kettenlinie [19] und stellte fest, daß ein Gewölbe dann standsicher sei, wenn die Stützlinie innerhalb der Bogendicke eines Gewölbes verlaufen würde. Das Gewölbe muß demnach nicht der Idealform der Kettenlinie folgen. Hierauf wird auch von Amédée-François Frézier (1682-1773) hingewiesen [20].

Versuche, über Gleichgewichtsbedingungen den Kräfteverlauf in Halbkreisgewölben zu klären (Keiltheorie), unternahmen Philippe de La Hire (1640-1718) [21]

und Antoine Parent (1666–1716). Die Erkenntnisse von de La Hire fordern unter der Annahme reibungsfreier Kräfteübertragung in den Fugen der Wölbsteine eines Halbkreisgewölbes, daß die einen herausgelösten Keil stützenden Kräfte immer senkrecht auf die Fugen drücken müßten (Abb. 6).
Aufbauend auf dem Gedankenmodell reibungsfreier kugelförmiger Gewölbesteine (1717) von James Stirling (1692–1770) konstruierte Giovanni Poleni (1685 bis 1761) mit Hilfe des Satzes vom Kräfteparallelogramm (1687, Isaac Newton (1643 bis 1727)) die Drucklinie und ermittelte so die Größe der in den Kontaktpunkten der Kugeln auftretenden Stützkräfte (Abb. 8). Im Zusammenhang mit dem Gutachten von 1748 zu den Schäden an der Kuppel von St. Peter in Rom bestimmte er die Seillinie experimentell, indem er das Seil mit den den einzelnen Abschnitten entsprechenden ungleichen Gewichten belastete. Die sich einstellende Seilkurve ist in ihrer Umkehrung identisch mit der Stützlinie (Abb. 7). Poleni fordert für die Standsicherheit des Gewölbes, daß diese Linie innerhalb der Querschnitte verlaufen muß [22]. Obwohl diese Untersuchungen lange in Vergessenheit gerieten, waren mit diesen Erkenntnissen die grundsätzlichen Überlegungen zur Formfindung gewölbter Baukonstruktionen abgeschlossen.
Die mathematisch-bautechnische Behandlung der Stützlinie als umgekehrtes Seilpolygon wurde für verschiedene Lastfunktionen besonders durch Franz Joseph v. Gerstner (1756–1832) erschlossen und in [23] ausführlich in Regeln für eine Umsetzung in die Ausführung zusammengefaßt [24].
Es wurde von v. Gerstner noch beklagt [23], daß trotz der Erkenntnisse über die ideale Bogenform nach der umgekehrten Kettenlinie dem halbkreisförmigen Gewölbe aus ästhetischen Gründen der Vorzug gegeben würde. Man hatte daher schon früh versucht, die Tragfähigkeit dieser Bogenform aufgrund von angenommenen Bruchfiguren zu klären, wobei von Gelenkbildungen in einer der äußeren Fasern wahrscheinlicher Bruchquerschnitte bis zur Entstehung einer kinematischen Kette ausgegangen wurde (Kantungstheorie: Couplet (1730), Coulomb (1773), Schulz (1808), Lamé/Clapeyron (1823), u.a. [25; 26]).
Die Einhaltung zulässiger Spannungen in den gefährdeten Querschnitten forderte Charles-Louis-Marie-Henri Navier (1785–1836) [27].
Neben der Form des Gewölbes wurde bereits bei den frühesten Überlegungen die Dimensionierung der Widerlager als besonders wichtig angesehen, da Horizontalverschiebungen der Kämpfer als ebenfalls maßgebend für die Schäden und den Einsturz von Gewölben erkannt wurde. Sowohl die Gleichgewichtsuntersuchungen in der Bodenfuge nach de La Hire [21] (Abb. 6) als auch die von Bernard

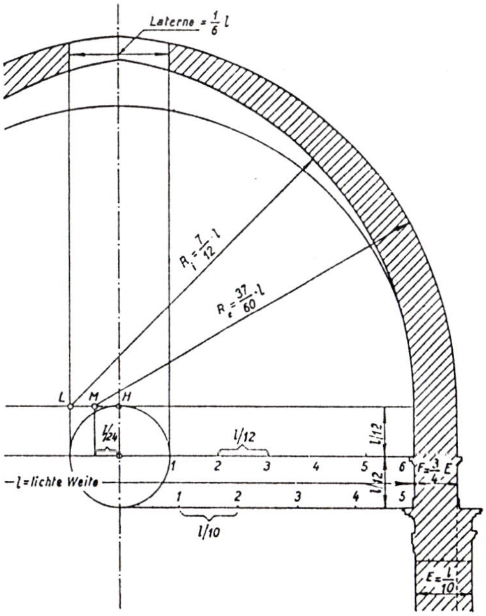

6 Untersuchung eines Halbkreisgewölbes und Ermittlung der Kippsicherheit des Widerlagers nach Ph. de La Hire, aus [10]

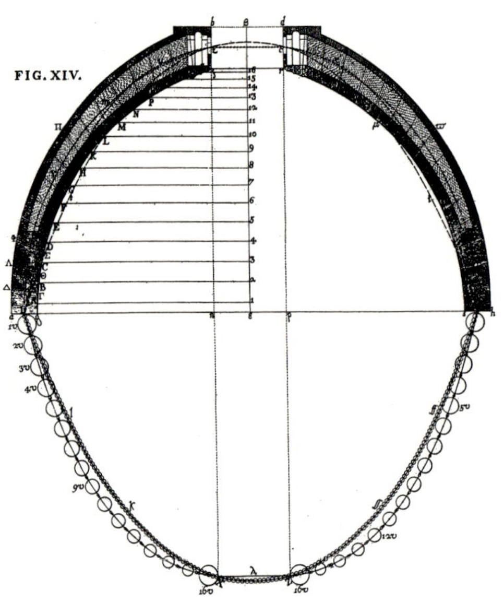

7 Querschnitt durch die Kuppel von St. Peter in Rom, Seillinie aus dem Eigengewicht der Kuppel, als Stützlinie eingetragen in den Kuppelquerschnitt, G. Poleni [22]

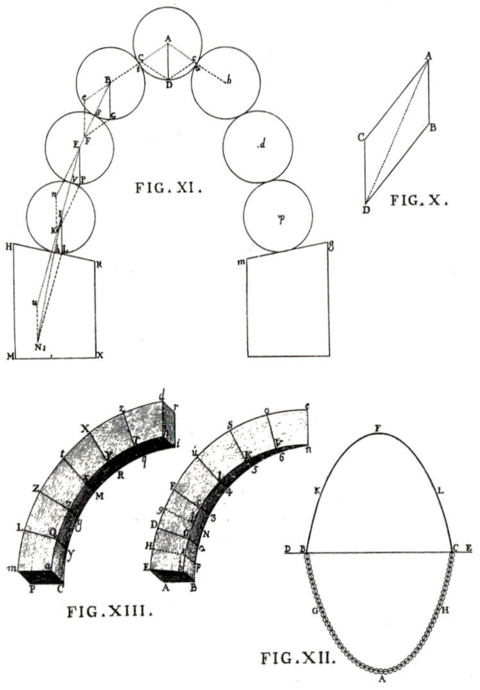

8 Ermittlung der Stützlinie am Modell eines Kugelgewölbes von G. Poleni [22]

Forest de Bélidor (1697–1761) angegebene Blondel'sche Regel entspringen dieser Erkenntnis [28].

Die anschauliche Methode der experimentellen Bestimmung von Wölbformen mit Hilfe von Hängemodellen verwendete Heinrich Hübsch (1795–1863) zum Entwurf mehrerer Kirchen und Wölbkonstruktionen. Hierbei beschränkte sich Hübsch nicht nur auf die eigentliche Wölbung, sondern erweiterte die Untersuchungen mit seinen Schnurhängemodellen auf Pfeiler und Strebebögen [18; 29–31] (Abb. 9).

Nachdem Antoni Gaudí (1852–1926) ein räumliches Hängemodell zur Klärung der Lastabtragung verwandte [31; 32], hat sich in neuerer Zeit insbesondere Frei Otto um die experimentelle Formfindung komplexer räumlicher Strukturen verdient gemacht [33].

Die Orientierung an den Vorbildern der Antike und die Umsetzung in die Gestaltungsideale der Zeit erlaubten es nicht, die Bogenachse nach der sich aus den naturwissenschaftlichen Erkenntnissen ergebenden Ideallinie zu formen (Anmerkungen hierzu z. B. von Frézier, v. Gerstner, Hübsch). Hatte man bei den Kuppelbauten der Antike aus Erfahrung und Intuition das Tragverhalten durch eine günstige Massenverteilung beeinflußt (Pantheon [8], weitere Kuppelbauten [6; 10, S. 36]), so erlaubte nunmehr der Einblick in das Tragverhalten von Wölbungen, durch eine Verlagerung der Massen die Stützlinie bzw. das Seilpolygon so zu verändern, daß die Drucklinie innerhalb der gewünschten Bogenform verlief (Hübsch).

Bei der Untersuchung historischer Wölbformen wird man daher nicht erwarten können, eine „Form gleicher Festigkeit" vorzufinden. Es werden Querschnittsbereiche vorhanden sein, bei denen die Drucklinie nahe der Bogenberandung verläuft. Diese Bereiche werden für die kritische Traglast eines Gewölbes mitbestimmend sein.

Zur Stützlinienmethode

Die Untersuchung bestehender Bögen und Gewölbe erfolgt i.d.R. nach der Stützlinienmethode, deren Anwendung zur Sicherung historischer Bauten KLAUS PIEPER umfassend dargelegt hat [1]. Da in einem einfachen Bogen mit endlicher Dicke für eine vorgegebene Belastung mehrere Stützlinienlagen möglich sind, werden wegen seiner dreifachen statischen Unbestimmtheit drei Vorgaben als Durchgangspunkte einer Stützlinie notwendig, damit diese geometrisch festgelegt ist. Untersuchungen vor Ort liefern hierzu die Voraussetzungen: In Gewölbeabschnitten mit Rißbildungen werden die druckübertragenden Querschnittsflächen so stark reduziert, daß sich die Lage der resultierenden Bogendruckkraft unter der Annahme einer linear veränderlichen Spannungsverteilung im gedrückten Restquerschnitt definieren läßt. Dieser Zustand wird durch die Einführung eines Gelenkes abstrahiert (Abb. 10). Der dadurch bedingte Aussageverlust in diesem kritischen Tragwerksbereich wird an anderer Stelle diskutiert. Bei Rundbogengewölben sind Rißbildungen i.d.R. an den Kämpfern und im Scheitel zu beobachten,

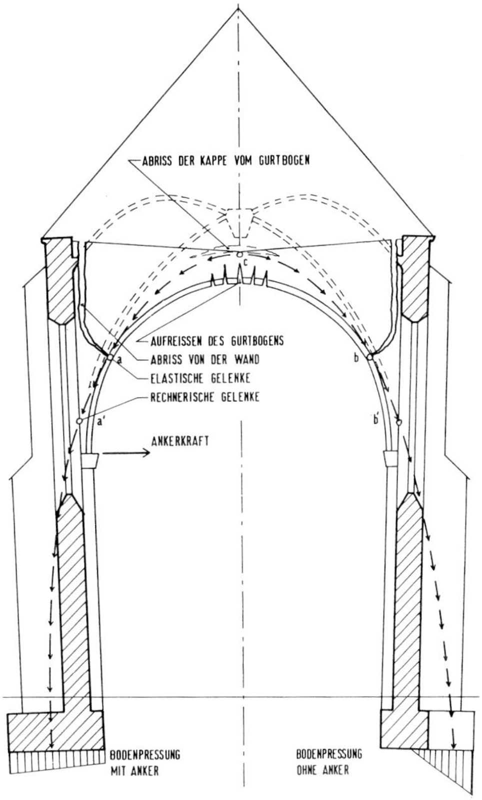

10 Risse bestimmen über die gedrückte Restfläche des Bogenquerschnitts die Lage der Gelenkpunkte a, b, c und dadurch die Stützlinie. Linke Bildhälfte: der Einfluß einer in ihrer Größe definierten Ankerkraft auf die Pfeiler und auf die Verteilung der Bodenpressung, aus [1]

so daß damit drei Gelenke zur Bestimmung der Stützlinie festgelegt sind.

Für den Dreigelenkbogen gibt es für eine definierte Lastverteilung nur eine Stützlinie. Bei einer Variation der äußeren Belastung stellt sich eine andere Stützlinie ein, wobei nur die Gelenke als Durchgangspunkte jeder Stützlinie erhalten bleiben. Es folgt aus der Festlegung der Gelenkpunkte und der Abhängigkeit von der Lastverteilung, daß die Stützlinie nicht mit der Systemlinie zusammenfallen kann. Die Stützlinienmethode hat zu den verschiedenen Problemstellungen in ihrer

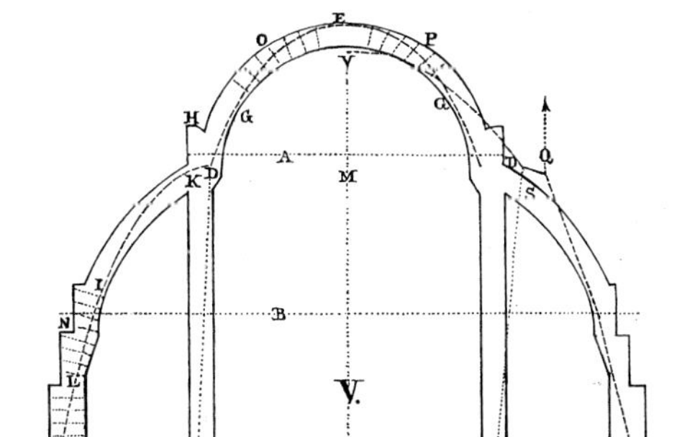

9 Schnurhängemodell für die Kirche in Karlsruhe-Bulach, um 180° gedreht, H. Hübsch [29; 30]

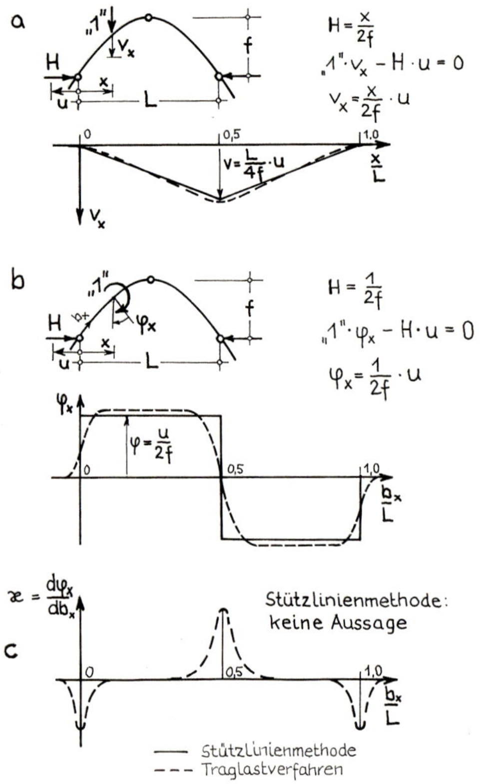

11 *Verformungen eines Bogentragwerks infolge ständiger Lasten und Auflagerverschiebung* u *nach der Stützlinienmethode und nach dem Traglastverhalten*
a. Vertikalkomponenten der Biegelinie
b. Verlauf der Verdrehungen der Querschnitte gegenüber ihrer ursprünglichen Lage
c. Krümmungen

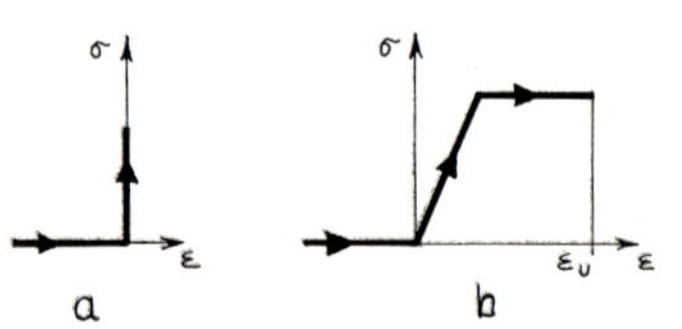

12 *Spannungs-Dehnungs-Charakteristik*
a. Baustoff ohne Zugfestigkeit, im Druckbereich unverformbar [34]
b. trilineares Spannungs-Dehnungs-Gesetz: Baustoff ohne Zugfestigkeit, im Druckbereich elastisch-plastisches Verhalten bis zu einer definierten Bruchdehnung

Aussagefähigkeit eine unterschiedliche Qualität.

1. Die Methode ist sehr anschaulich und die Untersuchung ist ohne großen Aufwand durchzuführen. Sie gestattet auch die Untersuchung komplizierterer Tragstrukturen bei geeigneter Systemwahl.
2. Man erhält unmittelbar die Bogendruckkräfte und in zutreffender Größe die vertikalen und horizontalen Auflagerreaktionen.
3. Die Stützlinie muß innerhalb des Querschnitts verlaufen, gegebenenfalls kann das Gelenksystem so verändert werden, daß diese Forderung eingehalten ist. Es lassen sich die gefährdeten Stellen sofort erkennen: sie liegen i.d.R. dort, wo die Stützlinie randnah an den Bogenbegrenzungen verläuft.
4. Ein Fehlbedarf an Tragfähigkeit einzelner Tragelemente zur Erfüllung des Gleichgewichts ist leicht zu überprüfen und zu erkennen (erstmals bei [22]). Die Auswirkungen zusätzlicher Maßnahmen zur Anhebung der Standsicherheit lassen sich anschaulich verfolgen (Abb. 10, linker Teil) und gewähren einen Einblick in das mechanische Verhalten der Struktur.
5. Eine geringfügige Lageveränderung des angenommenen Gelenkpunktes im Querschnitt beeinflußt die Stützliniendruckkraft nur geringfügig, die gedrückte Fläche ändert sich jedoch überproportional, damit auch die Spannung in diesem Querschnitt.

Insofern liefert die Stützlinienmethode zwar die Schnittkräfte mit befriedigender Genauigkeit, jedoch ist der Nachweis der Spannungen im Rahmen der Annahme über die Größe der gedrückten Restfläche manipulierbar.

6. Die Auswirkungen von horizontalen Auflagerverschiebungen, die besonders flache Bögen gefährden können, lassen sich nicht verfolgen. Für den statisch bestimmten Dreigelenkbogen erfolgen die Bogenverformungen und die Veränderung der Öffnungswinkel an den Gelenken zwängungsfrei (Abb. 11). Gerade im Be-

reich der Rißbildung, die zu der Annahme eines Gelenkes geführt hat, wird aufgrund der erheblichen Reduzierung der Querschnittssteifigkeit die erzwungene Winkeländerung bevorzugt durch eine starke Krümmung ausgeglichen. Dadurch kann die Grenze der Querschnitts-Rotationsfähigkeit erreicht und ein Bruchmechanismus ausgelöst werden.

Traglastverfahren und Sicherheitskonzept

Die Stützlinienmethode eignet sich somit zur Bestimmung der Schnittkräfte, ist jedoch nicht qualifiziert, Aussagen über die Auswirkung von Zwangsverschiebungen auf das Spannungs- und Dehnungsverhalten in den Querschnitten und damit über den Grenzzustand des Tragverhaltens zu liefern. Bei einem bestehenden Bogentragwerk läßt allein der Vergleich von ermittelten mit zulässigen Spannungen im Gebrauchszustand eine Beurteilung des tatsächlichen Sicherheitsabstandes bis zum Versagen unter Last- und gleichzeitiger Zwangseinwirkungen infolge horizontaler Auflagerverschiebungen nicht zu: Maßgebend für das Versagen ist nicht das Erreichen einer kritischen Spannung, sondern darüber hinaus das Erreichen einer kritischen Randdehnung im maximal beanspruchten Querschnitt. Die Einhaltung der Gleichgewichtsbedingungen ist nicht ausreichend, es müssen auch die Verträglichkeitsbedingungen erfüllt sein. In die Tragwerksuntersuchung ist das elastisch-plastische Materialverhalten des inhomogenen Baustoffs Mauerwerk miteinzubeziehen. Hierbei genügt es nicht, die Aufnahme von Zugspannungen im Querschnitt auszuschließen und im Druckbereich aufgrund der Annahme geringer Spannungen die Druckspannung stauchungsfrei unbegrenzt anwachsen zu lassen [34]: Eine Analyse des Tragwerkverhaltens im kritischen Zustand ist nur mit einem trilinearen Materialgesetz möglich (Abb. 12).

Bei einer Traglastuntersuchung haben die einzelnen Parameter, z. B.

- geometrische Größen: Bogenform, Abmessungen der sich an der Tragwirkung beteiligenden Querschnitte;
- Lasten und Lastverteilung aus Eigengewicht, ggf. Verkehr;
- Materialkennwerte: Druckfestigkeit der Mauerwerksteine und des Mörtels und damit Mauerwerksfestigkeit nach [35] bzw. [36], weitere Kennwerte nach z. B. [35],

unterschiedlich große Auswirkungen auf den Versagensfall. Den einzelnen Einflüssen sind realitätsbezogene, d.h. an der Bandbreite einer abgeschätzten Unsicherheit orientierte Teilsicherheitsbeiwerte zuzuordnen. Einen Anhalt können in Richtlinien festgelegte Werte geben.

Alle bisherigen Untersuchungen zeigen, daß bereits kleinste Auflagerverschiebungen, insbesondere bei flachen Bögen, zu einer wesentlichen Veränderung des Spannungszustandes in den kritischen Querschnitten führen. Die erzwungenen Verdrehungen, im Dreigelenkbogensystem nach der Stützlinienmethode in den Gelenken eliminiert (Abb. 11b), beschränken sich im kontinuierlichen Tragwerk infolge der Rißbildung auf diese Bereiche erheblich reduzierter Querschnittssteifigkeit und führen dort zu starken Krümmungen (Abb. 11c). Die Festlegungen über das elastisch-plastische Verhalten von Mauerwerk sind für diese Bereiche, damit aber auch für die Tragsicherheit, von herausragender Bedeutung.

Systematische Untersuchungen über das spannungsabhängige Verformungsverhalten historischen Mauerwerks wurden noch nicht durchgeführt. Aus Versuchsergebnissen für verschiedene Mauerwerksgüten [37] (Abb. 13) läßt sich das grundsätzliche Verhalten ableiten. Es ist zu erwarten, daß nach Erreichen der charakteristischen Druckfestigkeit f_k des Mauerwerks die Bruchdehnung umso größer wird, je geringer die Mauerwerksfestigkeit ist.

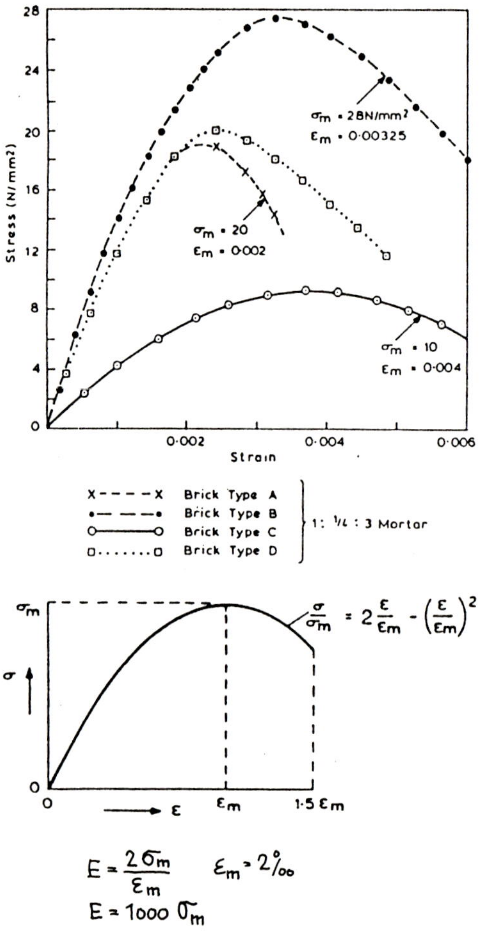

13 Spannungs-Dehnungs-Beziehungen für Mauerwerk [37]

In [35] ist für den Nachweis der Tragfähigkeit im Grenzzustand eine idealisierte Spannungsdehnungslinie vorgesehen, bei der die Bruchdehnung mit einem festen Wert von 3,5‰ vorgegeben ist (Abb. 14).

Im Grenzzustand werden die Tragfähigkeiten über den elastischen Bereich hinaus bis zur rechnerischen Bruchdehnung ausgenutzt. Sowohl die charakteristische Mauerwerksfestigkeit f_k – und damit auch die als Bemessungswert bezeichnete Spannungsgröße f_d – werden sich ebenso wie die Bruchdehnung ε_u nur mit Unsicherheit festlegen lassen. Der Bemessungswert f_d sollte daher mit einem angemessenen Teilsicherheitsbeiwert reduziert, die rechnerische Bruchdehnung mit einem geringeren Wert als nach [35] in Ansatz gebracht werden. Für das Verformungsverhalten unter Zwang haben diese Teilsicherheitsbeiwerte zur Folge, daß die ertragbare rechnerische Krümmung in den gefährdeten Bereichen erheblich reduziert wird (Abb. 15) und das Sicherheitskonzept damit an der richtigen Stelle greift: Die Abdeckung einer Unsicherheit wird nicht in einer Reduzierung der ertragbaren Zwangsverschiebung gesehen, sondern durch eine Verringerung der zumutbaren Verformungsfähigkeit des Systems erreicht.

Geht man von einem trilinearen Gesetz aus, so folgt für einen Rechteckquerschnitt aus der Gleichheit der aufnehmbaren Normalkraft der rechnerische Steigungsmodul $E' = 750\, f_d$ (Abb. 16).

Da die mitwirkenden Querschnittsbereiche und die Formänderungen über das gebrochene Materialgesetz gekoppelt sind, ist die Lösung für eine Bogenkonstruktion nur iterativ möglich. Der zu untersuchenden Tragstruktur sind die tatsächlichen

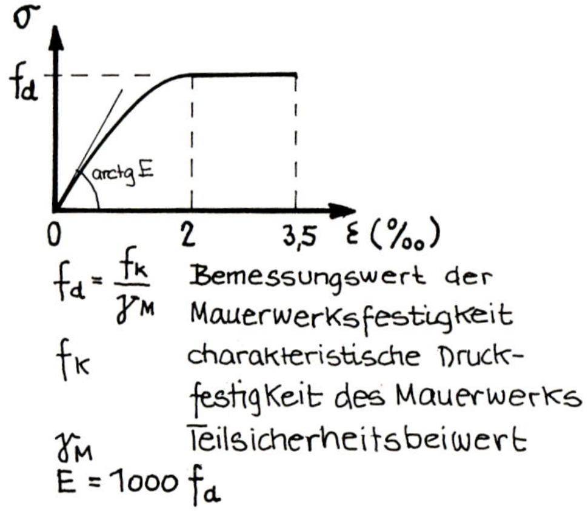

14 Spannungs-Dehnungs-Beziehung für Mauerwerk nach [35]

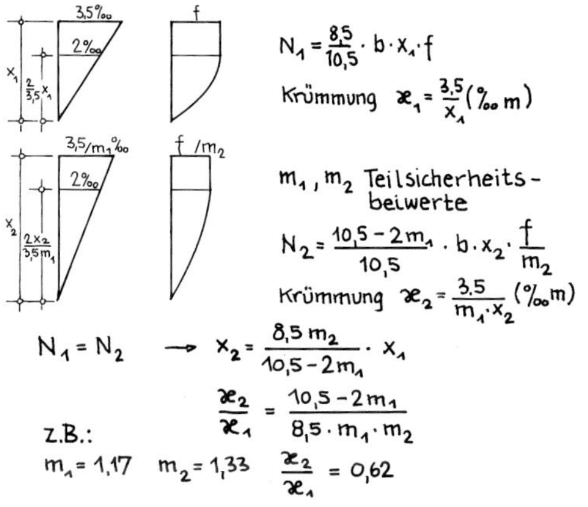

15 Der Einfluß von Teilsicherheitsbeiwerten für die Randdehnung und den Bemessungswert der Festigkeit auf die Reduzierung der Krümmung bei gleichbleibender Normalkraft

Randbedingungen des unbelasteten und damit spannungsfreien Tragwerks zugrunde zu legen: in aller Regel wird es der beidseitig eingespannte Bogen sein.

Diese Berechnungsmethode wurde mit umfangreichen Parameterstudien zur Beurteilung der Standsicherheit eines bedeutenden Bau- und Kunstdenkmals angewandt [38]. Die Ergebnisse geben einen Einblick in die Systematik des Tragverhaltens eines Bogentragwerks.

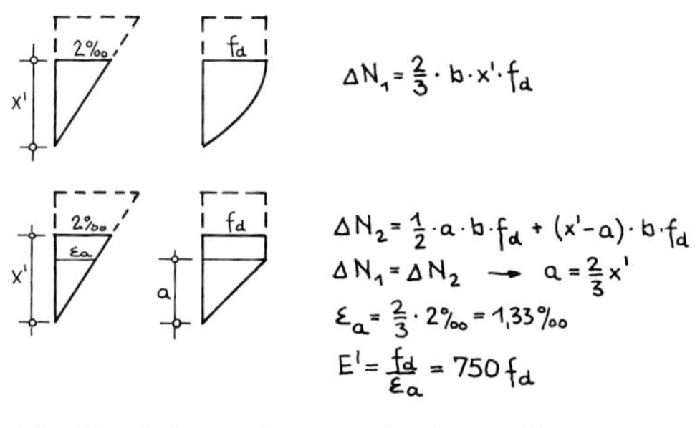

16 Ermittlung eines äquivalenten linearen Spannungs-Dehnungs-Gesetzes zu der gekrümmten Spannungs-Dehnungs-Linie nach [35] bei gleichbleibender Normalkraft

Das Rippengewölbe über dem Haupttreppenhaus der Staatlichen Kunsthalle Karlsruhe

Bei dem Bau der Staatlichen Kunsthalle Karlsruhe (1837–1846) hat ihr Baumeister HEINRICH HÜBSCH die Räume mit unterschiedlichen Rippentragwerken überwölbt. Die Entwurfs- und Baugeschichte der Kunsthalle ist ausführlich in [39] beschrieben.

Das Haupttreppenhaus und seine Eingangshalle werden von zwei Rippenrostgewölben mit in Querrichtung unterschiedlichen Spannweiten überspannt [40a; 40b]. Die Tragstruktur baut sich in Querrichtung auf und wird beim Hauptgewölbe von in Stichkappen einlaufende, hohl gemauerte, flache Korbbogenrippen gebildet (Abb. 18). Die zu den Schmalseiten ebenfalls gewölbten Längsrippen können nur die den Schmalseiten benachbarten Hauptrippen stützen. Mit den gemauerten Kappen zwischen den Gurten erweckt der Rippenrost den Eindruck einer gewölbten Kassettendecke (Abb. 1 und 19). Haupt- und Nebengewölbe sind an ihrer Nahtstelle durch vier schlanke Säulen gestützt.

Es ist zu vermuten, daß HÜBSCH zur Formfindung des wegen seiner flachen Formgebung kühnen Tonnengewölbes mit den minimierten, auf Gewichtsersparnis ausgelegten Querschnitten seine Methode der Schnurhängemodelle anwandte. Entsprechende Aufzeichnungen ließen sich jedoch bisher nicht nachweisen [40b].

Sichtbare vertikale Verformungsdifferenzen der mittleren Rippen des Hauptgewölbes zu den durch die Längsgurte gestützten seitlichen Rippen (Abb. 18), Risse insbesondere im Scheitelbereich unten (Abb. 21) und oberseitig Abrisse der voutenförmigen Verdickungen im Bereich der Auflagerwandteile (Abb. 20) veranlaßten die staatliche Bauverwaltung, die Standsicherheit des Gewölbes, das nur sein Eigengewicht zu tragen hat, prüfen zu lassen. Im Rahmen des Sonderforschungs-

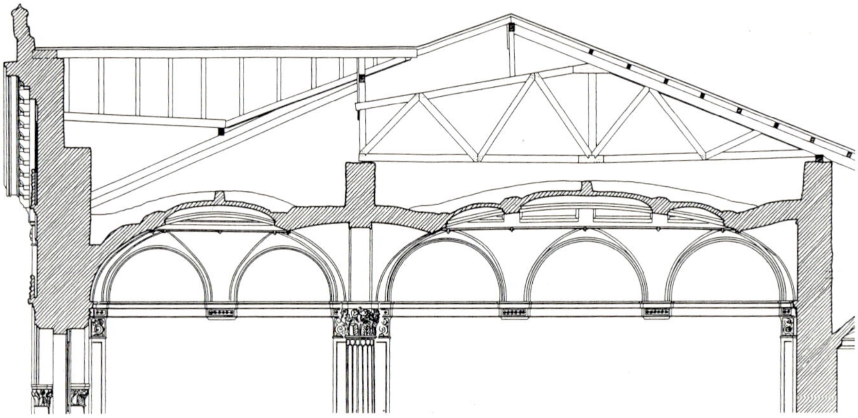

17 Wölbkonstruktion über dem Haupttreppenhaus der Staatlichen Kunsthalle Karlsruhe, Querschnitt, lichte Abmessungen des Hauptgewölbes 8,3 m–15,9 m (Aufmaß 1987, G. Hell, F. Hölzl, N. Hab)

bereiches 315 „Erhalten historisch bedeutsamer Bauwerke“ wurden umfangreiche Voruntersuchungen über die Geschichte und Geometrie [40a], den baukonstruktiven Aufbau [40b], den Bauzustand und die Materialbeschaffenheit [40c; 41] durchgeführt. Ein Nachweis der die Bogenrippen stützenden Bauteile und eine Untersuchung der Hohlrippen nach der Stützlinienmethode ist in [41] enthalten.

Wesentliches Ergebnis einer Traglastuntersuchung [38] mußte sein, den Sicherheitsabstand der vorhandenen Struktur zu einer für die Standsicherheit kritischen Situation abzuschätzen. Hierzu war es erforderlich, die für diesen Zustand maßgebenden Kriterien zu erkennen und die sicherheitsrelevanten Randbedingungen zu formulieren.

Im Zusammenhang mit dem Aufmaß der Decke [39; 40a; 41] wurden hauptsächlich an den Säulenschaftenden Horizontalverschiebungen aus Lotabweichungen festgestellt. Die größte gegenseitige Verschiebung in Höhe der Systemachse der

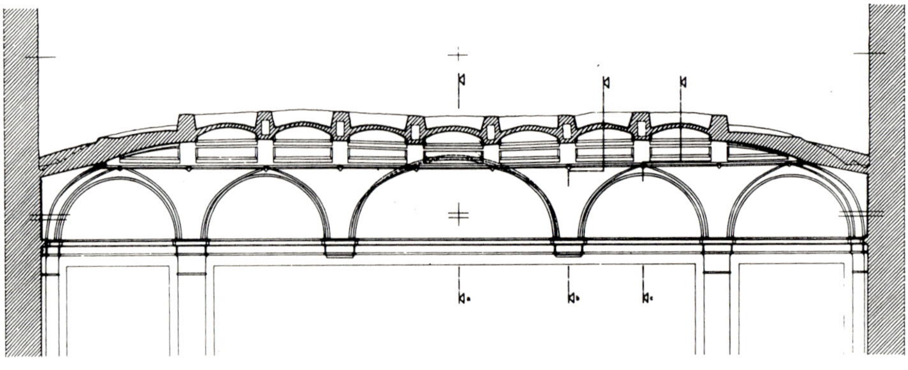

18 Wölbkonstruktion über dem Haupttreppenhaus der Staatlichen Kunsthalle Karlsruhe, Längsschnitt (Aufmaß 1987, G. Hell, F. Hölzl, N. Hab)

19 Staatliche Kunsthalle Karlsruhe, Treppenhalle, Blick vom Podest im 1. Obergeschoß auf das Hauptgewölbe. Darunter das Wandgemälde „Die Einweihung des Freiburger Münsters" von Moritz v. Schwind (Photo D. Altenkirch, 1987)

Bogenrippen betrug 4 cm (Abb. 21). Nach Voruntersuchungen wurde erkannt, daß gegenüber allen übrigen äußeren Parametern ein horizontales Ausweichen der Auflager das durchschlagende Kriterium für die Traglast darstellte.

Damit stellten sich folgende Fragen:

1. Wie verhält sich der Bogen bei unverschieblichen Auflagern?
2. Wie verhält sich der Bogen unter gleichbleibender lotrechter Belastung bei zunehmender Horizontalverschiebung der Auflager?
3. Welche Scheitelsenkungen treten in den einzelnen Zuständen auf?
4. Wie groß ist die kritische Horizontalverschiebung des Bogens?

Die Grundlagen einer Traglastberechnung wurden bereits erörtert. Für diesen Fall war der beidseits eingespannte, gelenklose, symmetrische Bogen das Eingangssystem für die Untersuchung. Die Wirksam-

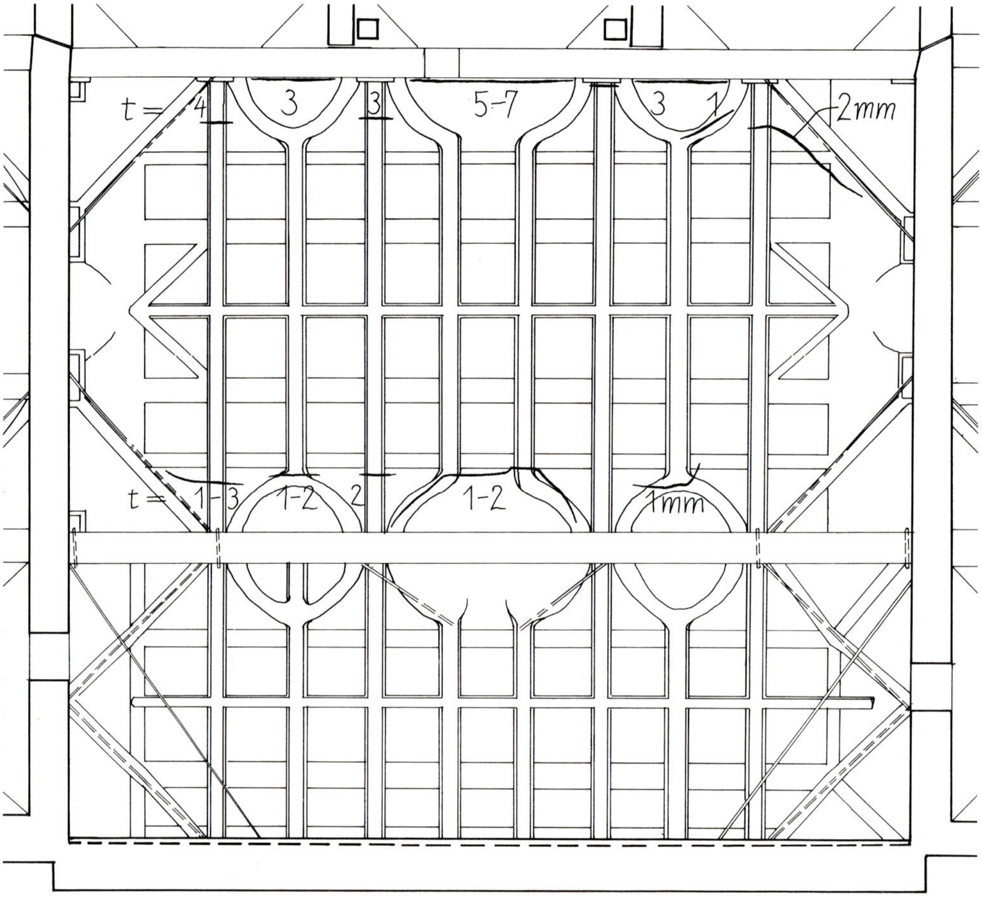

20 Staatliche Kunsthalle Karlsruhe, Oberseite des Treppenhausgewölbes (Aufnahme: F. Hölzl, N. Hab) mit Eintrag des Rißbildes über dem Hauptgewölbe (F. Berger, 1987), nach [40c]

keit von Stahlschlaudern oberhalb des Rippengewölbes [40b; 40c; 41] ist anzuzweifeln; sie blieben daher bei der Untersuchung außer Ansatz. Die Systemlinie der Bogenrippe bestimmte sich aus der Schwerachse der aufgemessenen Bogenform, diese für die gemessene Horizontalverschiebung von 4 cm zurückgerechnet auf die unbelastete Ursprungslage. Die Differenzwerte der Systemlinien hätten sich genau genug nach der Beziehung in Abb. 11a bestimmen lassen. In dem iterativen Rechenprozeß wurden die unter der Einwirkung der äußeren Lasten und der vorgegebenen, gegenseitigen horizontalen Verschiebung u der Auflager aus den Verträglichkeitsbedingungen im Querschnitt und im System sich ergebenden Bereiche mit Zugdehnungen eliminiert. Die Untersuchung wurde für verschiedene Horizontalverschiebungen durchgeführt.

Die Lasten wurden aus [41] übernommen

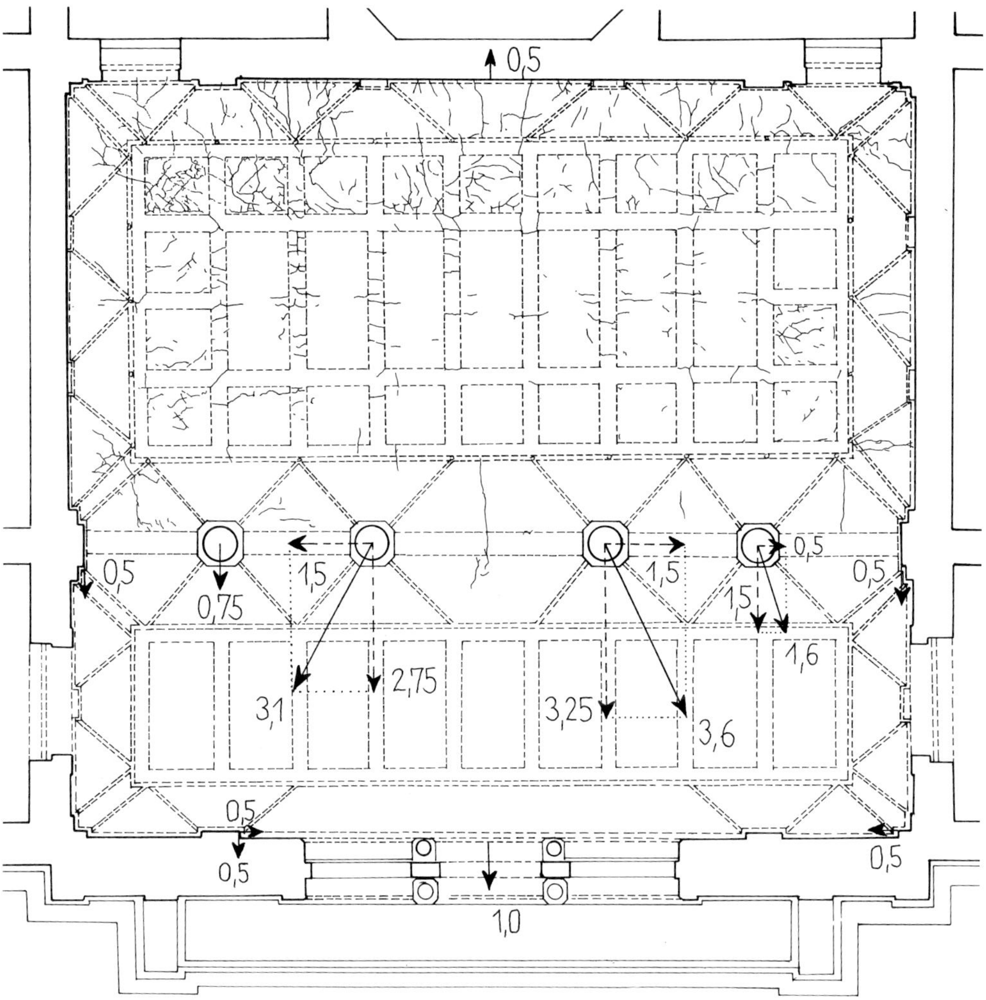

21 Obergeschoßgrundriß des Treppenhauses (Aufnahme F. Hölzl, N. Hab, M. Lenz, 1987). Rißbild der Unterseite des Hauptgewölbes (photogrammetrische Aufnahme G. Hell) und horizontale Lotabweichungen im Bereich der Säulenköpfe (Aufmaß F. Hölzl), nach [40c; 41]

und mit einem Teilsicherheitsbeiwert von 1,15 belegt, der aufgrund des bezogen auf die Bauteilabmessungen außergewöhnlich genauen Aufmaßes und der sorgfältigen Raumgewichtsbestimmungen als ausreichend angesehen wurde (Abb. 22).

Die Hohlquerschnitte der Bogenrippe wurden vereinfachend durch Rechteckquerschnitte mit denselben Außenabmessungen ersetzt. Differenzierte Querschnittsformen hätten den Rechenaufwand zusätzlich erheblich gesteigert, ohne die Ergebnisse hinsichtlich des kritischen Zustandes zu beeinflussen. Im Traglastzustand reißt der kritische Querschnitt so weit auf, daß als gedrückte Restfläche ein Rechteckquerschnitt übrigbleibt (Abb. 23).

Darüber hinaus haben Parameterstudien gezeigt, daß das Verformungsverhalten durch die unterschiedlichen Steifigkeitswerte des Rechteck- bzw. Hohlquer-

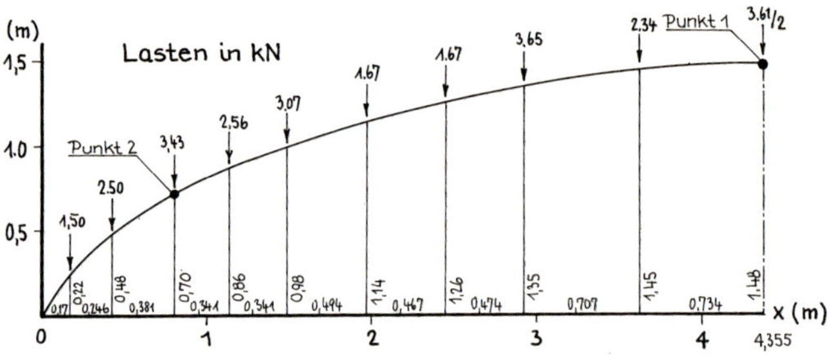

22 Systemlinie der Bogenrippe in der Ursprungslage; 1,0 fache Lasten aus [41]

schnitts in den ungerissenen Bereichen nicht beeinflußt wird.

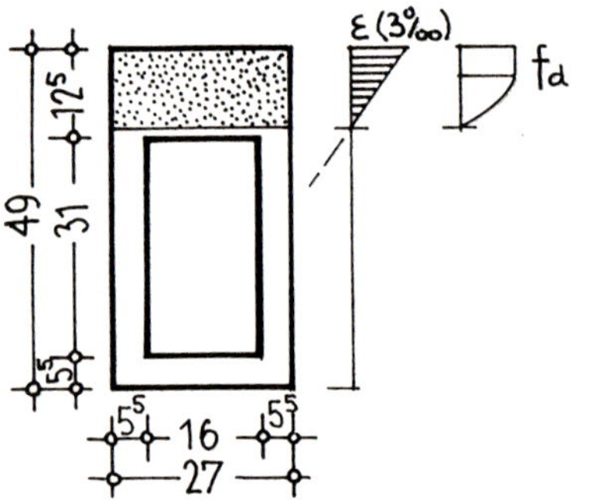

23 Rechnerischer Hohlrippenquerschnitt im Scheitel der Bogenrippe, gedrückte Restfläche im Traglastzustand

Die charakteristische Druckfestigkeit f_k des Mauerwerks wurde nach [35] und [36] in guter Übereinstimmung mit f_k = 4,2 N/mm² berechnet. Abweichend von [35] wurde der Bemessungswert der Mauerwerksfestigkeit f_d mit geteilten Sicherheitsbeiwerten ermittelt.

$$f_d = \alpha_D \cdot \alpha_N \cdot \frac{1}{\gamma} \cdot f_k \approx 2{,}25 \text{ N/mm}^2$$

$\alpha_D = 0{,}85$ Dauerstandsbeiwert
$\alpha_N = 0{,}85$ Abminderung des Mittelwertes zur Nennfestigkeit
$\gamma = 1{,}33$ Teilsicherheitsbeiwert

Diese Abminderung entspricht einem Gesamt-Teilsicherheitsbeiwert von 1,87.

Form a: bilineare Spannungs-Dehnungs-Linie für $\varepsilon \leq 0$; $\sigma = 0$ für $\varepsilon > 0$; $\sigma = \varepsilon \cdot E$	Formen a und b: E/f_d = 500; = 750; = 1250; = 2000
Form b: trilineare Spannungs-Dehnungs-Linie für $\varepsilon \leq 0$; $\sigma = 0$ für $0 < \varepsilon \leq f_d/E$; $\sigma = \varepsilon \cdot E$ für $\varepsilon > f_d/E$; $\sigma = f_d$	
Form c: gekrümmte Spannungs-Dehnungs-Linie für $\varepsilon \leq 0$; $\sigma = 0$ für $\varepsilon > 0$; σ parabelförmig; Scheitelwert f_d	Form c: E/f_d = 1000

Tabelle Parameter der Untersuchungen zur Charakteristik der Spannungs-Dehnungs-Linie und der Größe des Elastizitätsmoduls

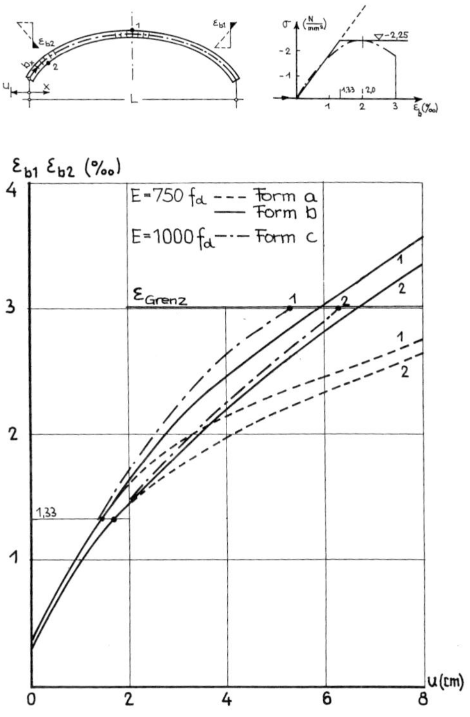

24 Größte Randstauchungen in den kritischen Querschnitten in Abhängigkeit unterschiedlicher Spannungs-Dehnungs-Linien; 1,15 fache Lasten, Horizontalverschiebung u

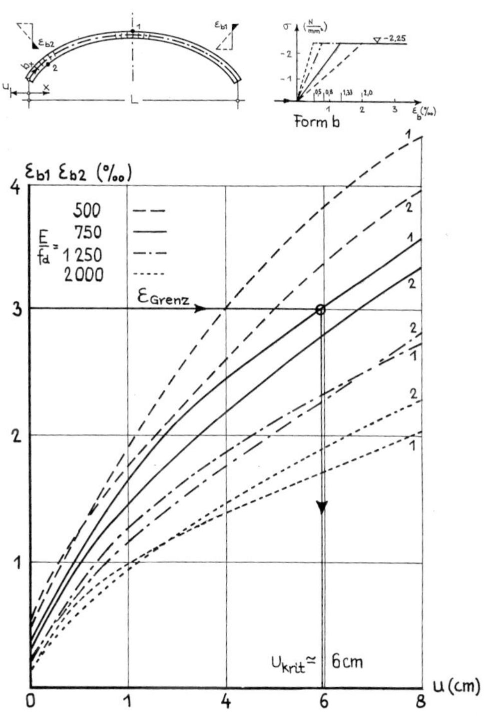

25 Größte Randstauchungen in den kritischen Querschnitten für eine trilineare Spannungs-Dehnungs-Linie in Abhängigkeit unterschiedlicher Elastizitätsmoduln; 1,15 fache Lasten, Horizontalverschiebung u

Hinsichtlich der Charakteristik der Spannungs-Dehnungslinie und der Größe des Elastizitätsmoduls wurden umfangreiche Parameterstudien durchgeführt (vgl. Tabelle)

Ergebnisse dieser Untersuchungen zeigen für die Randstauchungen in den kritischen Querschnitten beispielhaft die Abbildungen 24 und 25. Als Erkenntnis ist abzulesen, daß ein bilineares Gesetz (Abb. 24, Form a) oder/und ein großes Elastizitätsmaß (Abb. 25, $E = 2000\ f_d$) im Vergleich zu einer realitätsbezogenen Spannungs-Dehnungs-Beziehung (Abb. 24, Formen b und c) zu erheblich kleineren Randstauchungen führt und damit eine größere Sicherheit vortäuscht (vgl. hierzu Abb. 12a und [34]).

Zu einer Beurteilung wurden die Ergebnisse der Untersuchung auf der Grundlage der Form b mit $E = 750\ f_d$ herangezogen. Diese Voraussetzung entspricht [35] mit Abbildung 16.

Bei einer Begrenzung der Randstauchung auf 3‰ – das entspricht einem Teilsicherheitsbeiwert von 1,17 (Abb. 13) – folgt nach Abbildung 25 die kritische Horizontalverschiebung zu rd. 6 cm. Da bereits 4 cm gegenseitige Verschiebung der Kämpferpunkte aufgetreten sind, könnte demnach bei einem zusätzlichen Ausweichen der Auflager von 2 cm ein kritischer Traglastzustand für den Scheitelquerschnitt (Punkt 1) auftreten, während im Bereich des Punktes 2 wegen der größeren mitwirkenden Breite des Stichkappen-

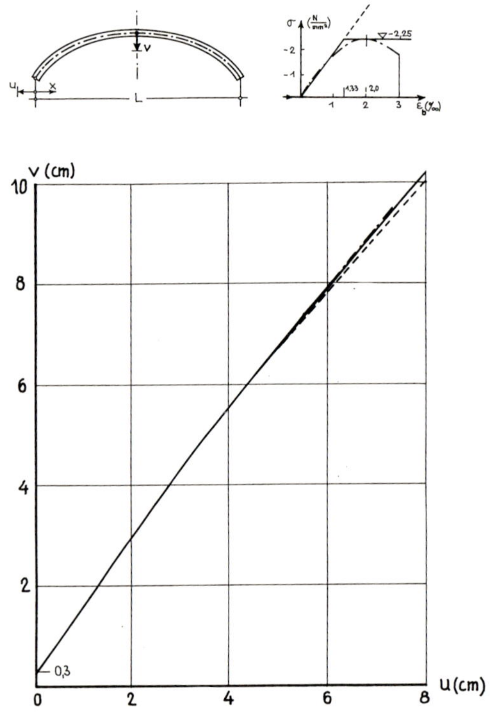

26 Scheitelsenkung in Abhängigkeit unterschiedlicher Spannungs-Dehnungs-Linien; 1,15 fache Lasten, Horizontalverschiebung u

mauerwerks geringere Stauchungen als ausgewiesen zu erwarten wären.
Die Verformungsgrößen, in Abhängigkeit von der Auflagerverschiebung dargestellt, liefern allgemeingültige Erkenntnisse über das Verhalten gemauerter Bogenrippen.
Es besteht eine nahezu lineare Abhängigkeit zwischen Verschiebung und Scheitelsenkung (Abb. 26), bei einer Analyse nach der Stützlinienmethode und geeigneter Wahl der Gelenke decken sich die Ergebnisse mit den Werten nach der in Abbildung 11a angegebenen Beziehung. Die Scheitelsenkung infolge der Normalkraftverformungen des Bogens ist sehr gering (Abb. 26, $u = 0$), selbst für den Zustand reduzierter Steifigkeitswerte in den Bereichen der Rißbildung ist dieser Anteil der Bogenverformungen an der Gesamtverformung unbedeutend. Das wird auch deutlich durch den Verlauf der Vertikalkomponenten der Biegelinie (Abb. 27): Die Biegelinie wird nahezu ausschließlich bestimmt durch die Verformungen im Bereich der Kämpfer und des Scheitels im Sinne plastischer Gelenke. Die Materialkenngrößen und die Charakteristik der Spannungs-Dehnungsbeziehung haben damit keinen relevanten Einfluß auf das Verformungsverhalten des Systems.
Aus diesen Rechenergebnissen folgt für die Bogenrippe des Treppenhausgewölbes, daß selbst bei Berücksichtigung plastischer Verformungen infolge Kriechens und der Achsverkürzung infolge Schwindens hauptsächlich des Mauerwerkmörtels diese Verformungsanteile gering bleiben. Die Gesamtscheitelsenkung beträgt höchstens 6 bis 9 cm und ist damit wesentlich geringer als in [40b] vermutet. Die berechneten Scheitelsenkungsdifferenzen stimmten sehr gut mit den gemessenen Werten überein [38].
Wie bereits aufgrund des bereichsweise geradlinigen Verlaufs der Vertikalkomponenten der Biegelinie (Abb. 27) zu erwarten war, sind die Verdrehungen der Querschnitte gegenüber ihrer Ursprungslage in diesem Bereich nahezu konstant

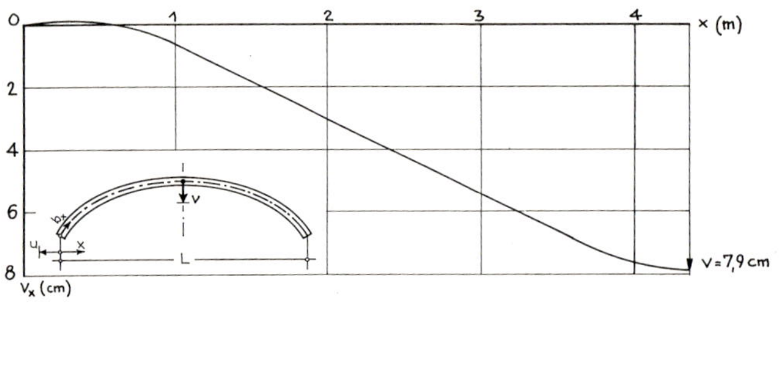

27 Vertikalkomponenten der Biegelinie; 1,15 fache Lasten, Horizontalverschiebung u = *6,0 cm*

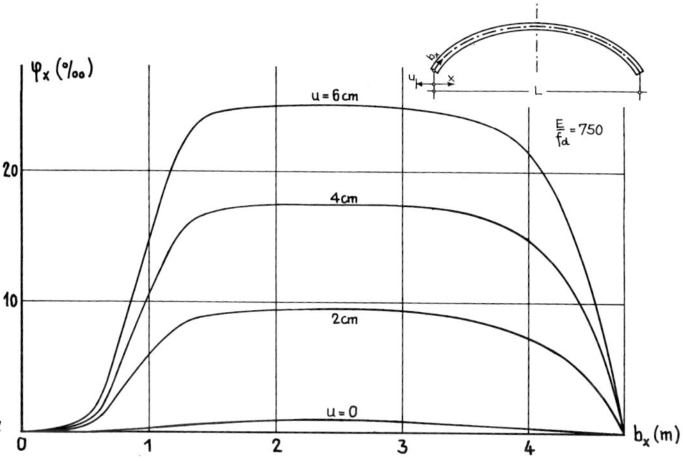

28 Verdrehungen der Querschnitte gegenüber ihrer Ursprungslage; 1,15 fache Lasten

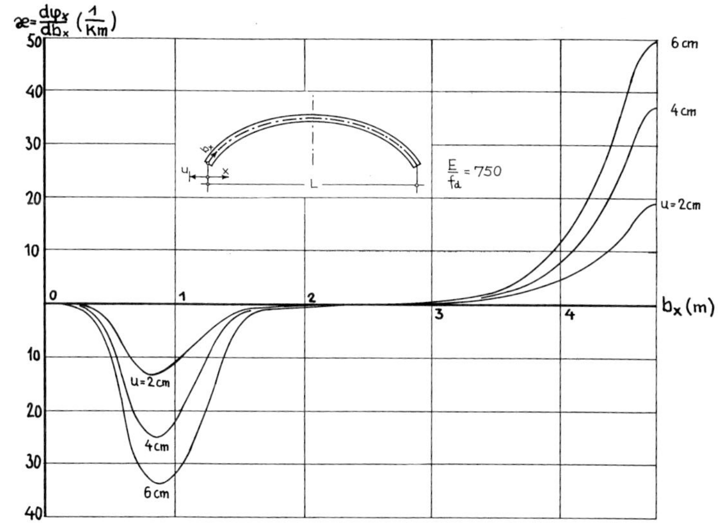

29 Krümmungen; 1,15 fache Lasten

(Abb. 28). Die Verdrehungen wachsen von der Einspannstelle auf diesen Wert, um in der Scheitelzone bis zur Symmetrieachse wieder auf Null abzunehmen. Da für die Scheitelsenkung

$$v = \int_0^{\frac{b_x}{2}} \varphi_x \, db_x$$

gilt, ergibt sich nach der Beziehung in Abbildung 11b für den Dreigelenkbogen der Stützlinienmethode wegen der fülligeren Fläche ein etwas kleinerer Wert für die Verdrehung φ_{max}.

Nach dieser Charakteristik des Verdrehungsverlaufs sind die Krümmungen $\kappa = d\varphi_x / db_x$ auf die Bereiche starker Veränderungen der Verdrehungen φ_x beschränkt (Abb. 29). Werden die Randstauchungen an der oberen und unteren Bogenbegrenzung über die Bogenlänge aufgetragen (Abb. 33), so ist zu erkennen, daß diese Randstauchungen überproportional und sehr stark im Krümmungsbereich gegen-

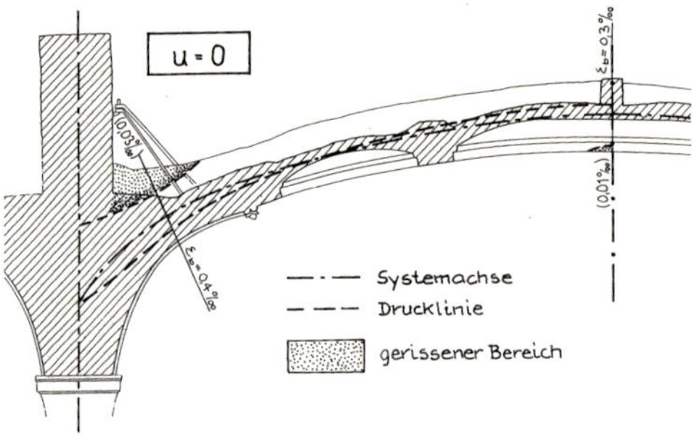

30 Längsschnitt durch die Bogenrippe; 1,15 fache Lasten, unverschiebliche Auflager

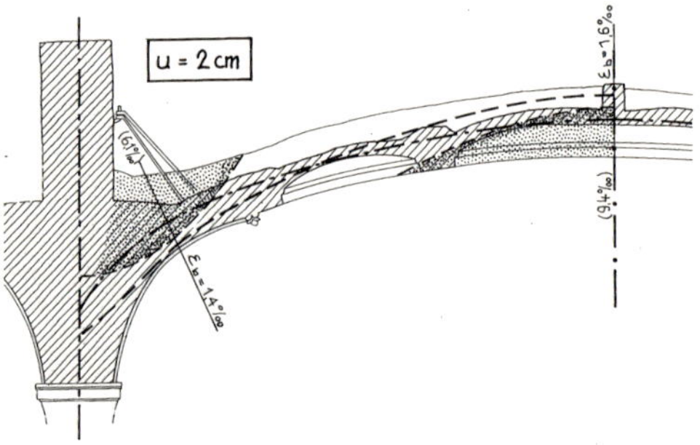

31 Längsschnitt durch die Bogenrippe; 1,15 fache Lasten, gegenseitige Verschiebung der Auflager u = *2 cm*

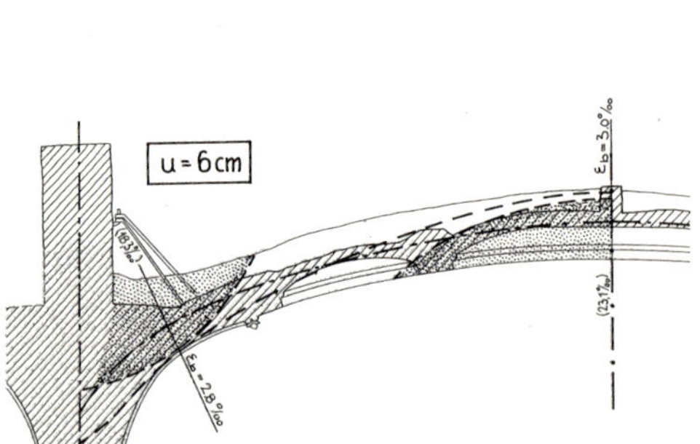

32 Längsschnitt durch die Bogenrippe; 1,15 fache Lasten, gegenseitige Verschiebung der Auflager u = *6 cm*

über den relativ geringen Stauchungen des Bogens ohne Auflagerverschiebung (u = 0) anwachsen. Die Entwicklung der Randstauchung an den beiden kritischen Stellen über die Horizontalverschiebung in Abhängigkeit unterschiedlicher Spannungs-Dehnungslinien - die nun bei einer Betrachtung des Querschnitts von Bedeutung werden - ist in den Abbildungen 24 und 25 dargestellt und bereits an anderer Stelle besprochen.

Systemlinie, Lage der resultierenden Bogendruckkraft und gerissene Bereiche mit den Dehnungen in den Querschnitten der größten Randstauchungen sind für ausgewählte Horizontalverschiebungen in den Längsschnitt durch die Bogenrippe eingetragen (Abb. 30, 31 und 32). Für den Fall der unverschieblichen Auflager (Abb. 30) sind nur unbedeutende Rißzonen vorhanden, die Drucklinie, die annähernd dem umgekehrten Seilpolygon entspricht, verläuft optimal im Bogenquerschnitt. Dieses Ergebnis scheint zu bestätigen, daß HÜBSCH zumindest die Ausführbarkeit der gewählten Bogenform mit Hilfe eines Schnurmodells überprüft hatte.

Bereits bei geringen Auflagerverschiebungen reißen die Randzonen auf größere Längen auf (Abb. 31), wachsen jedoch bei einer Zunahme der Verschiebung nicht mehr wesentlich an (Abb. 32), sondern werden nur tiefer und führen zu immer kleineren Druckzonen. Daß sich die gerissenen Bereiche in ihrer Längsausdehnung nicht mehr verändern, zeigt auch Abb. 33: Die Nulldurchgänge der Stauchung sowohl für die obere als auch für die untere Randfaser liegen jeweils ab $u = 2$ cm an derselben Stelle. Das bedeutet, daß sich die zu beobachtenden Rißbereiche bei einer Zunahme der gegenseitigen Horizontalverschiebung der Auflager nicht vergrößern, sondern daß die Rißlängen und Rißbreiten zunehmen werden.

Die Abhängigkeit der Bogendruckkraft (Abb. 34) und des Bogenschubes (Abb. 35) von der Zwangsverschiebung ist in Übereinstimmung mit den Beobachtungen

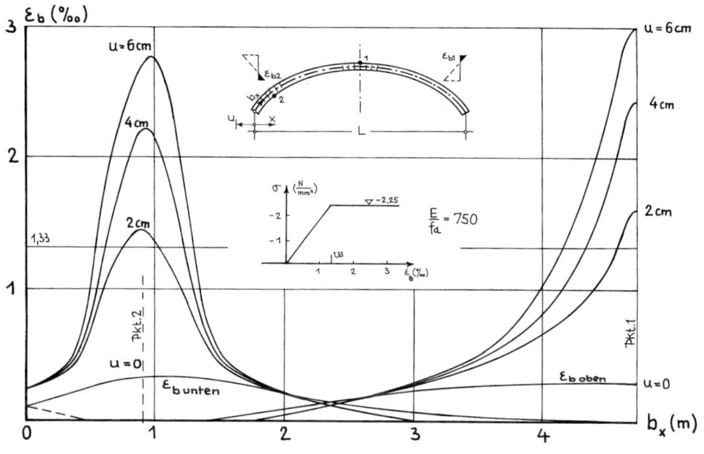

33 *Verlauf der Stauchungen der oberen und unteren Randfaser der Bogenrippe; 1,15 fache Lasten*

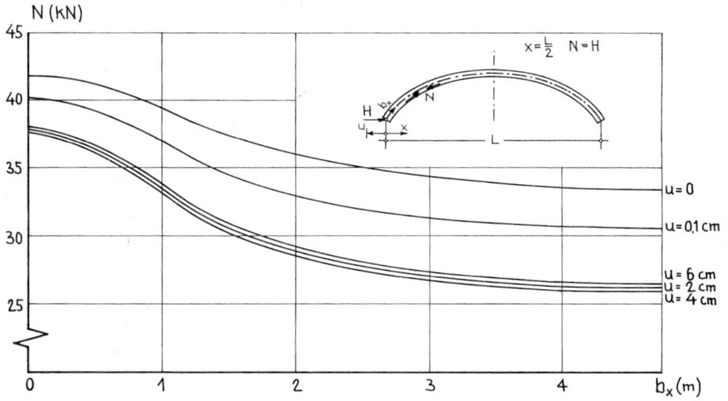

34 *Verlauf der Bogendruckkraft; 1,15 fache Lasten, gegenseitige Auflagerverschiebung* u

des Verformungsverhaltens. Bereits geringe Verschiebungen verursachen wegen der angewachsenen Pfeilhöhe der Drucklinie einen Abfall von Bogenschub und Bogendruckkraft, um sich dann nur noch wenig zu verändern.

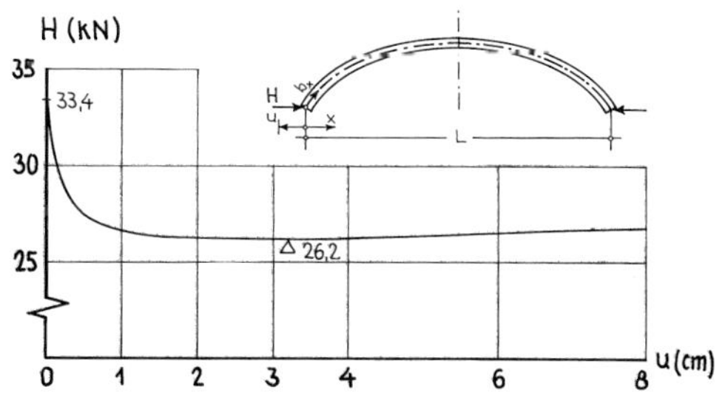

35 *Horizontale Auflagerkraftkomponente; 1,15 fache Lasten (die Abhängigkeit von der Charakteristik der Spannungs-Dehnungs-Linie und der Größe des Elastizitätsmoduls ist unbedeutend)*

Zusammenfassung

Bei Bogentragwerken aus Mauerwerk kann ein Ausweichen der Auflager zu einer Gefährdung der Standsicherheit führen. Während die Stützlinienmethode eine Analyse der Tragstruktur ermöglicht, ist darüber hinaus eine Abschätzung der Tragsicherheit nur über eine Traglastberechnung unter Zugrundelegung eines wirklichkeitsnahen Materialgesetzes möglich. Es wäre zu wünschen, daß die Kenntnisse über die Materialkennwerte historischen Mauerwerks durch Versuche vertieft würden.

Literatur

[1] Pieper, K.: Sicherung historischer Bauten, Berlin / München: Wilhelm Ernst & Sohn, 1983

[2] dtv-Atlas zur Baukunst, Bd. 1, 8. Aufl. 1990; Band 2, 6. Aufl. 1989, Deutscher Taschenbuch Verlag, München

[3] Heinrich, B.: Brücken. Vom Balken zum Bogen, Rowohlt Taschenbuch Verlag, 1983

[4] Die Wasserversorgung im antiken Rom, Hrsg.: Frontinus-Gesellschaft e.V., R. Oldenbourg Verlag, München, 3. Aufl. 1986

[5] Die Wasserversorgung antiker Städte, Hrsg.: Frontinus-Gesellschaft e.V., Verlag Philipp von Zabern, Mainz, 1987

[6] Rasch, J.J.: Die Kuppel in der römischen Architektur - Entwicklung, Formgebung, Konstruktion. In: R. Graefe (Hrsg.), Zur Geschichte des Konstruierens, Deutsche Verlags-Anstalt, Stuttgart, 1989, S. 17

[7] Mack, R.: Modellstudien zum Tragverhalten der Kuppel des Pantheons. In: R. Graefe (Hrsg.), Zur Geschichte des Konstruierens, Deutsche Verlags-Anstalt, Stuttgart, 1989, S. 38

[8] Lamprecht, H.-O.: Opus caementitium. Bautechnik der Römer, Beton-Verlag, Düsseldorf, 2. Aufl. 1985

[9] Nussbaum, N.: Schirmgewölbe in der gotischen Architektur Englands und Mitteleuropas. In: R. Graefe (Hrsg.), Zur Geschichte des Konstruierens, Deutsche Verlags-Anstalt, Stuttgart, 1989, S. 70

[10] Straub, H.: Die Geschichte der Bauingenieurkunst. Ein Überblick von der Antike bis in die Neuzeit, Birkhäuser Verlag, Basel / Boston / Berlin, 4. Aufl. 1992

[11] Hertwig, A.: Aus der Geschichte der Gewölbe - ein Beitrag zur Kulturgeschichte. In: Technikgeschichte, 1934, S. 86; s. hierzu: Kurrer, K.-E.: Das Verhältnis von Bautechnik und Statik. In: Die Bautechnik 62 (1985), S. 1

[12] Leonardo da Vinci, Codex Madrid I, Faksimile-Ausgabe, S. Fischer Verlag, 1974; s. auch: Reti, L. (Hrsg.): Leonardo - Künstler, Forscher, Magier, Frankfurt, S. Fischer Verlag, 1974, S. 210

[13] Leonardo da Vinci, Codex Forster II; Codex Arundel; Codex Madrid I; s. auch: Reti, L. (Hrsg.): Leonardo - Künstler, Forscher, Magier, Frankfurt, S. Fischer Verlag, 1974, S. 212 f.

[14] Alberti, L.B.: De re aedificatoria, Florenz, 1485. - Zehn Bücher über die Baukunst. Dt. Übers. v. M. Theuer, Wien/Leipzig 1912. Reprint Darmstadt 1975 [10, S. 130]

[15] Palladio, A.: I quattro libri dell'architettura, Venedig, 1570. - Die vier Bücher zur Architektur. Dt. Übers. v. A. Beyer u. U. Schütte, Verlag für Architektur Artemis, Zürich / München, 1983

[16] Fontana, C.: Templum Vaticanum, et ipsius origo, Rom, 1694 [10, S. 131]

[17] Hooke, R.: Helioscopes and some other instruments, 1676

[18] GRAEFE, R.: Kettenlinie und Stützlinie. In: Baukultur 1983, S. 4 (s. auch [31])

[19] GREGORY, D.: On the properties of the catenaria. In: Philosophical Transactions of the Royal Society, 1697, S. 87 [10, S. 191]

[20] FRÉZIER, A.-F.: La théorie et la pratique de la coupe des pierres et des bois pour la construction des voûtes et autres parties des bâtimens civils et militaires, Straßburg/Paris 1737-39, 2. Aufl. Paris/Straßburg 1738-54, 3. Aufl. Paris 1754-69 [10, S. 192]

[21] LA HIRE, PH. DE: Traité de mécanique, 1695; Schriften der Akademie der Wissenschaften, Paris, 1712 [25; 10, S. 191]

[22] POLENI, G.: Memorie istoriche della Gran Cupola del Tempio Vaticano, Padua, 1748 [10, S. 192]

[23] v. GERSTNER, F.J.: Einleitung in die statische Baukunst. Schriften der k.k. Normalschul-Buchdruckerei, Prag, 1789

[24] KURRER, K.-E.: 200 Jahre „Einleitung in die statische Baukunst". In: Bauingenieur 65 (1990), S. 3

[25] KURRER, K.-E.: Entwicklung der Gewölbetheorie vom 19. Jh. bis zum heutigen Stand der Wissenschaft am Beispiel der Berechnung einer Bogenbrücke. Diplomarbeit am Fachgebiet Statik der Baukonstruktionen der TU Berlin, 1981, unveröffentlicht.

[26] WINKLER, E.: Lage der Stützlinie im Gewölbe, Deutsche Bauzeitung, 1879, S. 117 u. 127; 1880, S. 58

[27] NAVIER, CH.-L.-M.-H.: Résumé des leçons données à l'École Royale des ponts et chaussées, sur l'application de la mécanique à l'etablissement des constructions et des machines, Paris, 1826. Dt. Übers.: WESTPHAL, G. u. FÖPPL, A.: Mechanik der Baukunst, 2. Aufl., Helwing'sche Verlags-Buchhandlung, Hannover, 1878 [25, S. 83]

[28] BÉLIDOR, B.F. DE: La Science des Ingénieurs dans la conduite des travaux de fortification et d'architecture civile, Paris, 1729. Dt. Übers.: Ingenieur-Wissenschaft bey aufzuführenden Vestungs-Werken und bürgerlichen Gebäuden, Verlag Christoph Weigels, Nürnberg, 1757-58, 2. Auflage Wien 1764 [10, S. 166f.]

[29] HÜBSCH, H.: Bau-Werke, Textband, 2. Heft, Karlsruhe/Baden-Baden o.J. (1838?)

[30] GRAEFE, R.: Heinrich Hübsch als Konstrukteur, in: Heinrich Hübsch, Der große badische Baumeister der Romantik, Verlag C.F. Müller, Karlsruhe, 1983, S. 184

[31] GRAEFE, R.: Zur Formgebung von Bögen und Gewölben. In: architectura, Zeitschrift für Geschichte der Baukunst, Deutscher Kunstverlag, München/Berlin, 16, 1986, S. 50

[32] TOMLOW, J.: Das Modell. Antoni Gaudís Hängemodell und seine Rekonstruktion – Neue Erkenntnisse zum Entwurf für die Kirche Colonia Güell, Mitteilungen des Instituts für leichte Flächentragwerke, Band 34, Stuttgart, 1989

[33] OTTO, F.: Natürliche Konstruktionen, Deutsche Verlags-Anstalt, Stuttgart, 1982

[34] HEYMAN, J.: Poleni's problem. In: Proc. Inst. Civ. Eng., Part 1, 1988, 84, Aug., S. 737. Kurzfassung: Anwendung des Traglastverfahrens zur Beurteilung historischer Bogenkonstruktionen, Kreuzgewölbe und Kuppeln. In: Bauingenieur 64 (1989), S. 163

[35] Eurocode 6, Gemeinsame einheitliche Regeln für Mauerwerksbauten, Kommission der Europäischen Gemeinschaften, Entwurf

[36] METJE, W.-R.: Zur Feststellung der Tragfähigkeit von ausgeführtem Mauerwerk; Untersuchungsmethoden, Beurteilungen. In: Bautenschutz-Bausanierung, 11. Jhg., 1988, S. 18

[37] SAWKO, F., ROUF, M.A.: A Numerical Model for Masonry, in: Proceedings of the 7th International Brick Masonry Conference, Melbourne, Australia, 17.-20.2.1985, S. 519

[38] WIPPEL, H., STEIDLE, P.: Das Hauptgewölbe über dem Treppenhaus des Hübsch-Flügels der Staatl. Kunsthalle Karlsruhe; Untersuchung und Stellungnahme zur Standsicherheit, 1988, Ingenieurgruppe Bauen Karlsruhe; unveröffentlicht

[39] HASSLER, U.: Die Kunsthalle in Karlsruhe. Baugeschichte und Restaurierung. In: architectura, Zeitschrift für Geschichte der Baukunst, Deutscher Kunstverlag München/Berlin, 19, 1989, S. 166

[40] Bauuntersuchung gemauerter Gewölbe. Staatliche Kunsthalle Karlsruhe, in: Bauaufnahme. Befunderhebung und Schadensanalyse an historischen Bauwerken. 13. Kolloquim des SFB 315 vom 23.-24 Oktober 1987, Arbeitshefte des Sonderforschungsbereiches 315, Universität Karlsruhe, Heft 8/1988

[40a] HASSLER, U.: Zur Baugeschichte der Wölbkonstruktionen, ebd., S. 59

[40b] GRAEFE, R.: Die Konstruktion der Gewölbe, ebd., S. 71

[40c] BERGER, F.: Das Tragverhalten der Wölbkonstruktion, ebd., S. 76

[41] BERGER, F.: Die gemauerten Gewölbe über dem Haupttreppenhaus der Staatl. Kunsthalle Karlsruhe, statisch-konstruktive Untersuchung und Beurteilung der Standsicherheit, 1987, SFB 315, Universität Karlsruhe, unveröffentlicht

Abbildungsnachweis

Alle Abbildungen, wenn nicht anders vermerkt, vom Verfasser

Klaus Pieper, Werner Seim

Statische Überlegungen zur Sicherheit der Marienkirche zu Lübeck

1 Einleitung

Bei den Sicherungs- und Wiederherstellungsarbeiten an der Brandruine der Marienkirche Lübeck war 1946 aufgefallen, daß auf der Außenseite einiger Hochschiffpfeiler die vorspringenden Dienste von der Basis bis zum Kapitell des Seitenschiffes hin durch Risse vom Kern der Pfeiler getrennt waren (Abb. 1).
Die fast 15 m hohen, nur 20 cm breiten Mauerwerkssäulen waren dem Klang beim Anschlagen nach noch in Spannung. Der Kirchenbaumeister Dr. Fendrich mußte in dieser Situation eine Gefahr für seine Mannschaft sehen. Er hat daher an einer Säule erprobt, wie leicht das überschlanke Druckglied abstürzen würde. Er hat also bewußt einen Standsicherheitsversuch daran unternommen.
Der Ablauf dieses Versuches ist sogar im Film festgehalten worden. Der Film war aber bis zum Beginn des Jahres 1987 verschwunden. Dann wurde er in einem Bericht des NDR-Fernsehens unter dem Titel „Die Glocken von St. Marien zu Lübeck“ zusammen mit anderen Fotodokumenten veröffentlicht.
Die diesem Film entstammende Serie (Abb. 2) regte eine genaue Untersuchung der statischen Verhältnisse an, die zu diesem Ablauf der Schäden geführt haben. Damit sollten auch die Aussagen des statischen Gutachtens geprüft werden, das dem Wiederaufbau der Kirche zugrunde lag [1].

2 Ermittlung der Pfeilerlasten

Um das Abplatzen der Dienste vom Pfeilerkern zu verstehen, muß man sich zunächst den Kraftverlauf ansehen. Abb. 4 zeigt den Querschnitt durch das Hochschiff mit den einzelnen Kräften, die an den Pfeilern angreifen. Dargestellt ist der Zustand vor der Zerstörung.
Es handelt sich zumeist um Lasten, die aus den Abmessungen und den Raumgewichten einfach zu errechnen sind. Die Lage ihrer Wirkungslinien wird durch die Neigung der Hochschiffpfeiler nach außen beeinflußt, die vor der Zerstörung bereits vorhanden war. Die Horizontallast am Gesims ist die aus der Vertikallast des Daches mögliche Reibungslast, die bei der Verschiebung des Gesimses nach außen entstanden sein muß. Die Kräfte aus den Gewölben und Gurtbogen kann man recht genau unter der Voraussetzung ermitteln, daß die Horizontallasten wegen der bereits erfolgten Bewegungen ein Minimum annehmen müssen. Außerdem bilden die durch Risse angezeigten plastischen Gelenke Festpunkte für die Stützlinien. Frei variabel erscheinen eigentlich nur die Kräfte, die aus dem Strebebogen auf das Hochschiff übertragen werden (Abb. 5). Die strichpunktierte Linie ist die mit der größten Horizontalkomponente. Sie würde die resultierende Kraft in der Basis des Hochschiffpfeilers auf die Innenseite drücken. Das widerspricht der Beobachtung, daß die Dienste außen abgeplatzt sind. Das gleiche gilt auch noch

für die gestrichelt gezeichnete Stützlinie, die eine waagerechte Kraft auf das Hochschiff übertragen würde.
Die ausgezogene Stützlinie wurde unter der Voraussetzung ermittelt, daß sie am Anschluß an das Hochschiff und in der Mitte des Strebebogens gerade noch einen ausreichenden Abstand vom Rand hat. Sie ist am Pfeiler steil abwärts geneigt und erzeugt eine minimale Horizontalkomponente.
Einige der alten Strebebogen schließen mit einer Ausrundung an das Hochschiff an. Diese würde die punktierte, noch etwas steilere Stützlinie mit noch kleinerem Horizontalschub erlauben. Da diese Form aber nur an wenigen Stellen vorhanden ist, kann mit ihr nicht gerechnet werden. Sowohl im Hochschiffpfeiler wie im Strebpfeiler liegen mit dieser Wirkung des Strebebogens die Resultierenden nun nach außen verschoben. Wenn man mit diesen Kräften weiterrechnet, entstehen in den Fundamenten beider Pfeiler etwa die gleichen Randspannungen. Das ist eine weitere Bestätigung für die Lastannahme, denn stark unterschiedliche Bodenpressungen würden sich durch unterschiedliche Verdrehungen der Fundamente ausgleichen und entsprechende Rückwirkung auf die Lastverteilung haben.
Über der Basis des Hochschiffpfeilers ergibt sich nach Abb. 4 eine Last von 3958 kN bei einer Exzentrizität von 40 cm gegenüber dem Pfeilerschwerpunkt.

3 Spannungsermittlung

Aus der Fläche und dem Widerstandsmoment des Pfeilerquerschnitts nach Abb. 3 kann man die Randspannungen errechnen. Vergleicht man die so gewonnenen Werte in den Spannungslinien 1 und 2 vor und nach dem Abplatzen der Dienste, so überrascht es, daß die Randspannungen in dem kleiner gewordenen Querschnitt nicht größer, sondern etwas kleiner geworden sind als im ursprünglichen Querschnitt. Das entsteht dadurch, daß im ursprünglichen Querschnitt am äußeren Rand nur eine Spitze lag, während nach der Verkleinerung der Rand 35 cm breit ist. Man kann in dem Vorgang also eine „Schlauheit des Materials“ sehen, das einen überlasteten Teil abstößt, um die Last mit geringerer Anstrengung tragen zu können.
Nun zeigen die Spannungslinien 1 und 2 aber auch noch, daß auf der entlasteten Seite Zugspannungen in der Größenordnung von 2300 kN/m^2 entstehen. Diese können in den Lagerfugen keinesfalls aufgenommen werden. Wir müssen daher annehmen, daß der Querschnitt auf der gezogenen Seite infolge des Versagens der Zugzone reißt. Die Spannungsberechnung „von Hand“ wird dadurch recht kompliziert. Deshalb wurde für die weiteren Untersuchungen ein Rechenprogramm [2] herangezogen. Führt man eine Spannungsberechnung für verschiedene Ex-

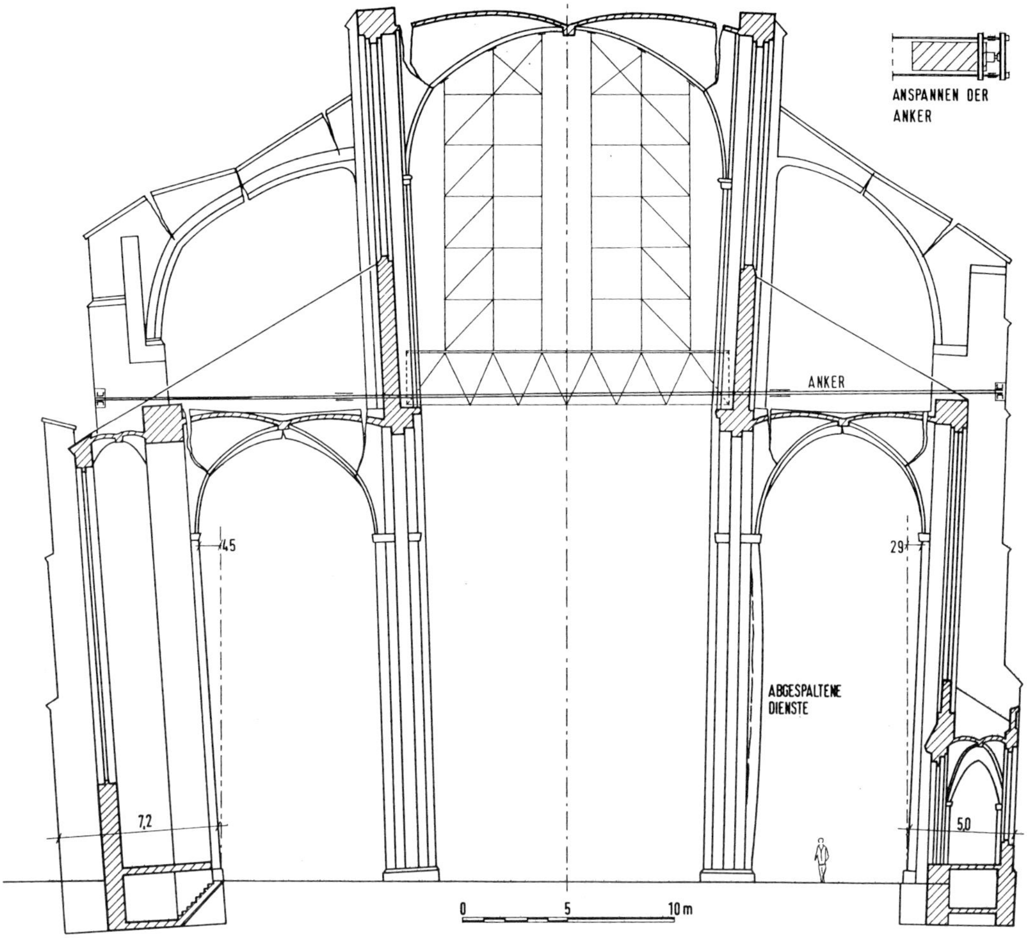

1 *Übertrieben verformt gezeichneter Querschnitt mit abgespaltenen Diensten der Hochschiffpfeiler (nach [4])*

2a–d *Das Abplatzen der Dienste aus dem Film „Die Glocken von St. Marien zu Lübeck" des Norddeutschen Rundfunks*

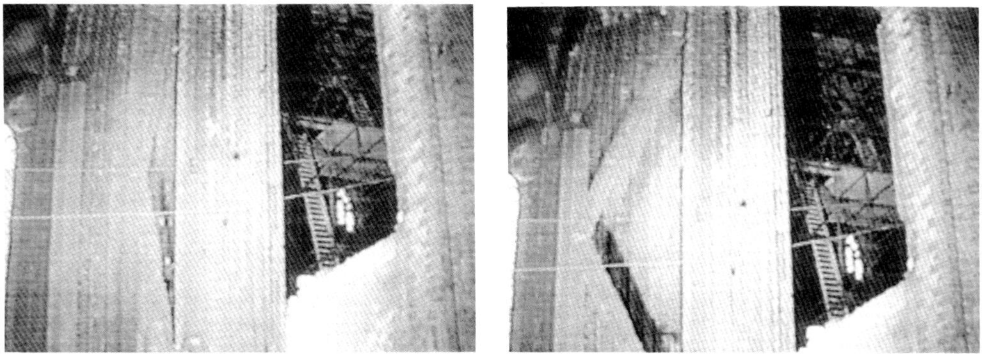

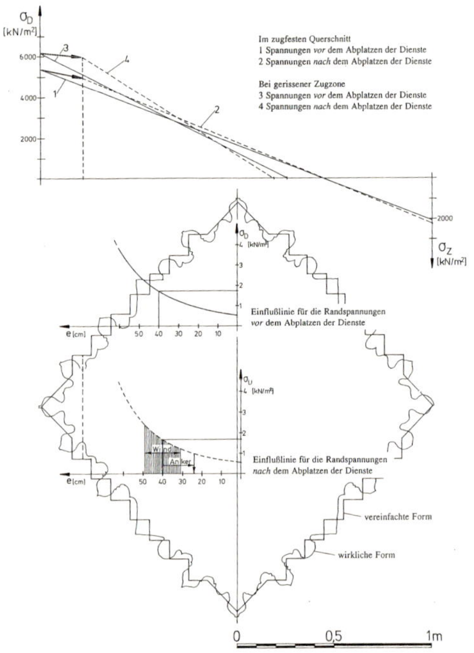

3 Pfeilerquerschnitt mit Spannungslinien und Einflußlinien für die Randspannungen bei wachsender Exzentrizität der Last

zentrizitäten durch, so ergibt sich die Einflußlinie, die in Abb. 3 dargestellt ist. Ihr rechter Endpunkt entspricht der Spannung aus der Last 1kN im Schwerpunkt der rund 2 m² großen Querschnittsfläche mit 0,5 kN / m².

Aus dem gleichen Grund, aus dem sich beim zugfesten Querschnitt durch das Abplatzen der Dienste ein zwar abmindernder, aber nur geringer Einfluß auf die Randspannungen ergab, sind auch die Einflußlinien vor und nach dem Abplatzen weitgehend gleich. Nur bei der Annäherung an den gedrückten Rand müssen die beiden Linien auseinanderlaufen, da sie sich ja verschiedenen Asymptoten nähern. Diese Bereiche spielen aber in der Praxis keine Rolle mehr, da die Spannungen bei so starker Annäherung der Last an den Rand viel zu groß werden.

In der untersuchten Säule ergibt sich für die früher ermittelte Exzentrizität der Last von 40 cm eine Randspannung von σ_D = 6150 kN / m².

Die dunkel angelegte Fläche in Abb. 3 zeigt angenähert den Einfluß der Windlast. Der Winddruck ist ungefährlich, er verschiebt die Last zum Schwerpunkt hin. Der Windsog bewirkt eine Vergrößerung der Exzentrizität von 40 cm auf 49 cm, also um 9 cm. Dadurch erhöhen sich die Randspannungen noch einmal um 35 % auf 8300 kN / m².

Durch die zur Sicherung des Bauwerkes nach Abb. 1 eingebrachte Ankerlast von 150 kN, von der entsprechend der Steifigkeit 1 / 5 auf den Hochschiffpfeiler wirkt, wird die Resultierende um 16 cm nach innen verschoben. Die Einflußlinie zeigt, daß sich dadurch die Randspannung halbiert. Es ist also heute eine etwa zweifache relative Sicherheit vorhanden.

4 Wertung der rechnerischen Ergebnisse und Rückschluß auf die beobachteten Phänomene

Zur Einordnung der Randspannungen von 6150 kN / m² in die Mauerwerksvorschriften muß berücksichtigt werden, daß bei so starker Exzentrizität der Last nach der Dissertation von Lind [3] die rechnerische Bruchspannung um etwa 50 % höher liegt als bei zentrischer Belastung. Die mit der Norm zu vergleichende Spannung würde also 4100 kN / m² sein.

Die handgestrichenen, im Feldbrand hergestellten Ziegel werden bestenfalls der Ziegelfestigkeitsklasse 15 entsprechen. Der recht gut erhaltene Gipsmörtel kann der Mörtelklasse II zugerechnet werden. Damit ergibt sich die zulässige Druckspannung zu 1200 kN / m².

Sie wird also im Bau um das 3,5-fache überschritten. Das stimmt mit dem durch das Abplatzen der Dienste angezeigten beginnenden Bruch überein, wenn man berücksichtigt, daß in der Mauerwerksnorm mit etwa vierfacher Sicherheit gerechnet wird.

Warum aber wird hier der Bruch, wie

übrigens bei allen spröden Baustoffen, so früh durch das Auftreten von Rissen in Richtung der Druckspannungen eingeleitet?

Aus der Festigkeitslehre ist bekannt, daß senkrecht zu jeder Zusammendrückung nach Abb. 6 Dehnungen entstehen. Der bauchige Verlauf der Dehnungslinie wird durch die Behinderung der Dehnung infolge der Reibung an den Auflagern bestimmt. Den Dehnungen entsprechen Zugspannungen, die über die Querdehnungszahl μ aus den Druckspannungen errechnet werden können.

Diese Querdehnungszahl streut bei Mauerwerk verhältnismäßig stark. Sie liegt zwischen 0,15 und 0,35. Nimmt man nur den Mindestwert von 0,15 an, so ergibt sich für den Zustand vor dem Absprengen der Dienste im gerissenen Querschnitt bei einer Druckspannung von 6150 kN/m² eine Zugspannung von rund 1000 kN/m². Berücksichtigt man, daß an der Stelle, an der die Dienste abgeplatzt sind, im Mauerverband etwa die Hälfte des Querschnittes gestoßen ist und daß in der Stoßfuge keine Zugkraft aufgenommen werden kann, so verdoppelt sich diese Zugspannung im Restquerschnitt noch, und das ist dann ein Wert, den kein Ziegel mehr aufnehmen kann. Der auf Querzug

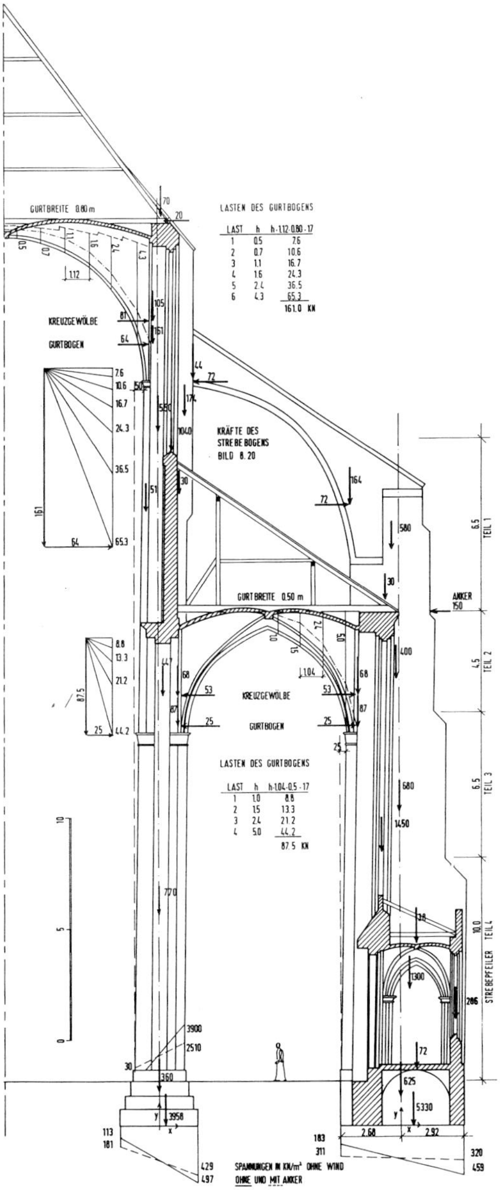

4 Querschnitt durch das Hochschiff mit den Kräften, die an den Pfeilern angreifen (nach [4])

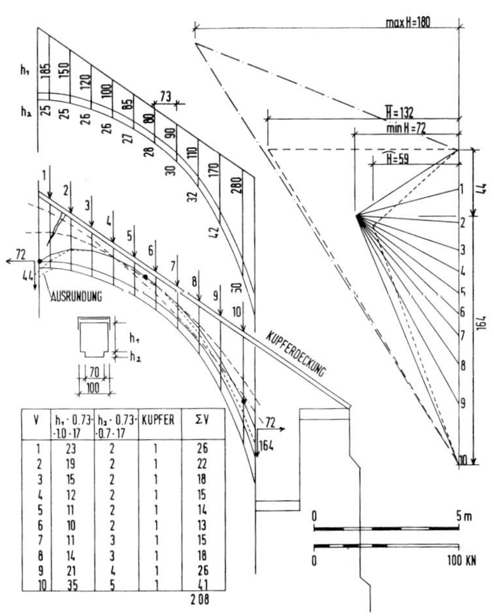

V	$h_1 \cdot 0.73 \cdot 1.0 \cdot 17$	$h_2 \cdot 0.73 \cdot 0.7 \cdot 17$	KUPFER	ΣV
1	23	2	1	26
2	19	2	1	22
3	15	2	1	18
4	12	2	1	15
5	11	2	1	14
6	10	2	1	13
7	11	3	1	15
8	14	3	1	18
9	21	4	1	26
10	35	5	1	41
				208

5 Der Strebebogen mit den dort möglichen Stützlinien und Auflagerkräften

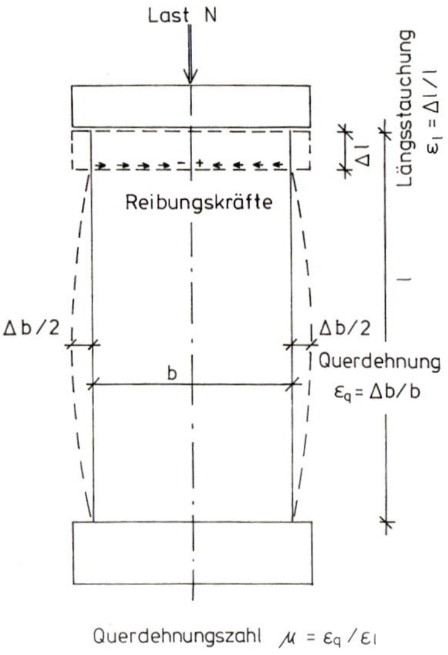

6 *Die Formänderung des Pfeilers bei Druckbelastung*

wirksame Querschnitt des Pfeilers weist also an der Rißstelle ein Minimum, eine Kerbe, auf. Er vergrößert sich aber im verbleibenden Querschnitt sprunghaft. Daher kann sogar nach dem Abplatzen des Dienstes noch eine gewisse Sicherheit bis zum Auftreten der nächsten Abplatzung angenommen werden. Mit diesem nächsten Riß würde dann aber wohl der fortschreitende Bruch eingeleitet werden. Diese Restsicherheit ist allerdings zahlenmäßig kaum zu erfassen. Sie ist bestimmt sehr klein im Vergleich zu den gewohnten Größen im Mauerwerksbau.

Nun stellt sich aber noch die Frage, warum der überschlanke, abgetrennte, aber immer noch hoch belastete Stab nicht sofort ausgeknickt ist, sondern erst durch eine kleine Abtriebskraft zum Knicken veranlaßt werden mußte. Seine nach der Eulerformel errechnete Knickspannung ist nur 1/6 der errechneten Spannung. Es ist dies nach Abb. 7 zu erklären. Das Auftreten des Risses hat die Belastung des Stabes nicht verändert. Unter dieser ungleichmäßigen Last hat der Stab die Tendenz, sich in der Mitte nach dem Pfeilerkern hin zu verformen. Da das nicht geht, legt er sich dort an. Das Knicken, das auch in dieser Richtung erfolgen müßte, wird verhindert. Erst wenn durch eine kleine Kraft eine winzige Verformung nach außen hin erreicht ist, kann der Knickbruch in dieser Richtung erfolgen.

(P.)

5 Zusätzliche rechnerische Untersuchungen

Im folgenden werden die Einflüsse von Pfeilerform und Stärke der Abplatzung auf das beobachtete Phänomen der Spannungsreduktion infolge Querschnittsschwächung untersucht. Als Grundlage für die Spannungsermittlung dient weiterhin die Elastizitätstheorie. Dies erscheint, da ja Versagenszustände betrachtet werden, zuerst einmal fragwürdig, läßt sich aber wegen ungenügender Erkenntnisse über das nichtlineare dreiachsige Verhalten von Mauerwerk zum einen und über die entsprechenden Materialkennwerte zum anderen, für diese prinzipiellen Überlegungen durchaus rechtfertigen.

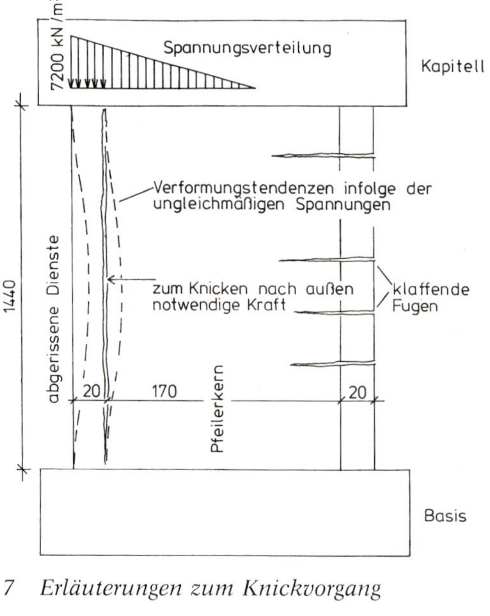

7 *Erläuterungen zum Knickvorgang*

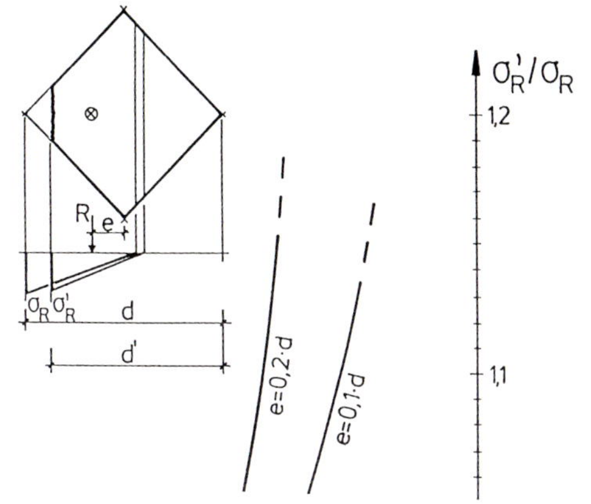

Querschnittsform untersucht wird. Beim überdrückten oder zugfesten Querschnitt ergeben sich die maximalen Druckspannungen wiederum zu

$$\sigma = \frac{N}{A} + \frac{M}{W}$$

Die Abspaltung einer Ecke führt hier zwar zu einer kleineren Fläche, es läßt sich aber zeigen, daß – in Abhängigkeit der Dicke dieser Abspaltung – das Widerstandsmoment wegen dem nur wenig geringer werdenden Schwerpunktabstand des gedrückten Randes größer werden kann,
igeren Randspannungen
ht-zugfesten Querschnitt
gsermittlung komplizier-
ingen für das Beispiel in
en aber, daß gerade in
elativ große Spannungs-
h ist, was die durchge-
n Untersuchungen recht-

Stärke der Abplatzung
tischen, diagonal bela-
-zugfesten Querschnitt

ß unterliegt die Querzugs-
Mauerwerks einer sehr
g. Wesentliche Gründe
näßige und unplanmäßige
n innerhalb eines Pfei-
Wand, wie sie einerseits
anderereits durch Mate-
lokale Spannungsspitzen,
gegeben sind. Aus einer
Druckspannung läßt sich
cke einer möglichen Ab-
ehr grob ermitteln. Umso
den Einfluß dieser Dicke
ler Spannungen nach dem
agen des Querschnitts und
esttragfähigkeit zu kennen.
nal exzentrisch belasteten,
Quadratquerschnitt wur-
reits erwähnten Programm
nterschiedliche Exzentrizi-
ngsberechnungen durchge-

führt. Variiert wurde dabei jeweils die Stärke der Abplatzung, wobei vereinfachend dem abgeplatzten Querschnittsteil keine Restspannungen mehr zugewiesen wurden.

Es zeigt sich (siehe Abb. 8), daß sowohl die Spannungsreduktion σ'_R/σ_R als auch der kritische Abstand d_{crit} der Rißebene vom unbelasteten Rand, bei dessen Erreichen das rechnerische Versagen des Pfeilers eintritt, von der Exzentrizität in nicht sofort erkennbarer Weise abhängen.

In weiteren iterativen Berechnungen wurde diese Abhängigkeit näher untersucht. Das Ergebnis der Parameterstudie ist in Abb. 9 dargestellt. Für die Pfeiler der Marienkirche zeigt sich, daß die Abplatzung dem kritischen Abstand schon bedenklich nahe kam. (S.)

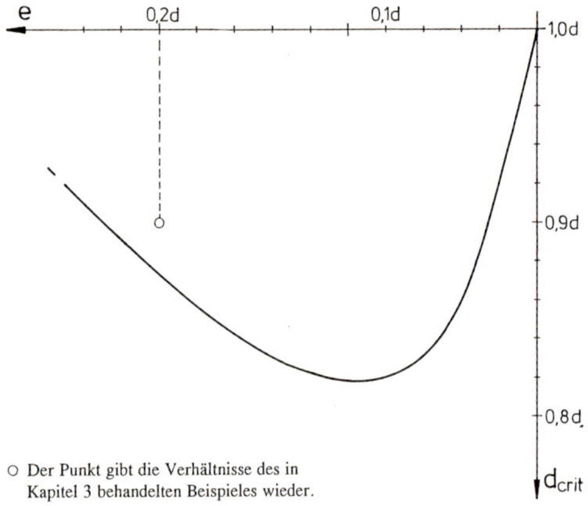

9 *Einfluß der Exzentrizität* e *auf* d_{crit}

6 Zusammenfassung

1. Die Beanspruchung des Mauerwerks in den Pfeilern der Lübecker Marienkirche war sehr hoch. Sie ist auch heute noch etwa doppelt so hoch, wie es nach den Normen zulässig wäre.
2. Im Moment des Abplatzens der Dienste ist die Sicherheit des Bauwerkes nicht wesentlich verändert worden.
3. Die Stabilität des Bauwerkes ist durch die nachgewiesene relative Sicherheit gegenüber dem Zustand vor der Sicherung durch die Anker in ausreichendem Maße gewährleistet. Die Zuganker, die seinerzeit in bezug auf die Bodenpressung dimensioniert wurden, gewährleisten auch in den Pfeilern eine relative Sicherheit in der Größenordnung von 2,0.
4. Durch die Anker werden weitere Verformungen, die zum Wiederansteigen der Spannungen führen könnten, zuverlässig verhindert.
5. Die abgetrennten Dienste sind nicht knickgefährdet. Es hat daher genügt, sie durch leichte Vernadelung mit dem Pfeilerkern zu verbinden.
6. Die ganze Untersuchung zeigt, daß zwar nicht die Normen, aber doch die Grundlagen der Festigkeitslehre durchaus geeignet sind, die Maßnahmen zur Rettung und Sicherung so wertvoller Bauwerke wie der Marienkirche befriedigend zu begründen. (P.)

Literatur

[1] Baumeister 1950; Heft 9
[2] Ermittlung von Querschnittswerten mit klaffender Fuge. Programm des Ingenieurbüros Friedrich und Lochner
[3] V. Lind, Beiträge zur Aussteifung von Wänden mit Stahlträgern und zur Kantenfestigkeit von Mauerwerk, Braunschweig 1984
[4] K. Pieper, Sicherung historischer Bauten. Verlag Ernst und Sohn. Berlin 1983

Abbildungsnachweis

1, 4, 5 Lit. [4] Abb. 18.18; 8.43; 8.20
2 Norddeutscher Rundfunk, Studio Hamburg/Archiv Verfasser
3, 6–9 Verfasser

Klaus Nohlen

Kunst-Stein Stein-Kunst

Kunststein bei den Restaurierungsarbeiten am Traianeum in Pergamon und an Bauten von Raimondo D'Aronco

Bei der Restaurierung des Traians-Heiligtums auf der höchsten Kuppe des pergamenischen Burgbergs wird zum Ergänzen beschädigter oder zum Ersetzen verlorengegangener Bauteile Kunststein verwendet: ein Beton mit Weißzement als Bindemittel und Marmor in verschiedenen Körnungen als Zuschlag.

Die Entscheidung für dieses Material geht auf eine Vorgabe aus dem Jahr 1976 zurück, als sich nach einigen Vorarbeiten eine Baukommission konstituierte, um den Rahmen des Projekts verantwortlich abzustecken.[1] Für diese Materialauswahl waren denkmalpflegerische Aspekte ausschlaggebend. Der Unterschied zwischen überkommener Bausubstanz und moderner Hinzufügung sollte deutlich ablesbar sein, ohne daß durch zu starken Kontrast die optische Kontinuität des Bauwerks zerstört würde (Abb. 1).[2] Auch der Kostenfaktor wird bei der Entscheidung eine Rolle gespielt haben; schließlich sollte die teilweise Wiederaufrichtung zwar eine ansehnliche Anlage ergeben, andererseits aber doch nicht allzu kostspielig werden. Diesen Gesichtspunkten glaubte man mit der Lösung in Kunststein gerecht werden zu können.

Beton herzustellen, so die *communis opinio*, bietet keine wesentlichen Schwierigkeiten. An den Beton zur Ergänzung antiker Teile waren aber besondere Bedingungen zu stellen:

– Die Ergänzungen sollten homogen gefertigt sein, also keinen Unterschied zwischen tragendem Kern und verkleidender Außenschale – und damit auch keine Spannungen – aufweisen. Das Material mußte einerseits die konstruktiven Anforderungen (z.B. Druckfestigkeit) erfüllen, sollte andererseits aber keine „Überraschungen" bieten, falls die Ergänzungen zum Anpassen an Bruchflächen der Originale fragmentiert werden mußten, d.h. abgeschlagen ein Stück ihres Innenlebens frei gaben.

– Die Oberfläche des Kunststeins sollte nicht von der sterilen Glätte der Zement-

1 Zur Geschichte der Restaurierung allgemein s. K. Nohlen, Die Wiederaufrichtung des Traian-Heiligtums in Pergamon, in: Mannheimer Forum 82/83, Hrsg. von Boehringer Mannheim GmbH, 1983, S. 163 bis 230;
K. Nohlen, Restaurierungen am Traianeum in Pergamon, in: architectura 15, 1985, München 1986, S. 140–168
Die Baukommission trat zum ersten Mal im Oktober 1976 in Pergamon zusammen. Seither trifft sie sich jährlich (wenn auch in inzwischen veränderter Besetzung) zur Entscheidung über den Fortgang der Arbeiten.

2 Die Deutlichkeit der Unterscheidung von „alt" und „neu" ist bei italienischen Restaurierungsbeispielen exemplarisch weit getrieben: mit Formziegeln großer handwerklicher Vollendung sind Fehlstellen der Marmorarchitektur etwa in Pompeii oder in Aquileia ergänzt. Die Deutlichkeit läßt nichts zu wünschen übrig, doch ist dem Auge die Ergänzung zur vollkommenen Form erschwert.

milch geprägt sein, sondern handwerklich überarbeitet werden, damit das angeschlagene Marmorkorn mit seinem Glanz den optischen Eindruck bestimmte (Abb. 2): Dies setzt eine gute Bindung der Marmorkörner im Beton voraus, damit sie beim Überarbeiten nicht herausgelöst, sondern angebrochen werden.

– Die Größe der Zuschlagskörner wurde bewußt auf 8 mm Durchmesser begrenzt. Damit sollte einem „Terrazzo-Effekt" (wie er durch unterschiedliche Verfärbung von Zuschlag und Zement beim Altern auftreten kann) vorgebeugt werden, auch wenn dadurch eine „schlechte" Betonqualität in Kauf genommen werden mußte.

– Der Kunststein mußte beim Einbringen so gut verformbar sein, also „fließen", daß er sich auch an schwer zugänglichen Stellen vollflächig und ohne „Nester" mit der Bruchfläche des zu ergänzenden Marmorfragments verbinden konnte.

Bei kleinvolumigen Ergänzungen des antiken Materials, wie sie zu Beginn der Arbeiten für Werkstücke der Nordhalle nötig waren bot der nach Rezepturen der Steinmetze gestampfte Kunststein keine Probleme.[3]

Erst bei der teilweisen Aufrichtung der Osthallenarchitektur wurden größere Kunststeinvolumina notwendig, sei es bei der Herstellung neuer Stufen oder Basenschäfte,[4] sei es für „Plomben" in den nicht Bruch an Bruch, sondern mit Abstand anpassenden Fragmenten der Säulenschäfte (Abb. 4). Jetzt änderte sich das Bild. Weil die Schalungen komplizierter und die Bruchflächen zum Anbetonieren schlechter zugänglich wurden, mußte der Beton zum problemlosen Einbringen einen größeren Wasseranteil erhalten. Hinzu kamen Schwierigkeiten mit der Qualität des im Land erhältlichen Weißzements, die dadurch augenfällig wurden, daß selbst bei gleicher Lieferung das Abbindeverhalten äußerst unterschiedlich war. Zum Teil erfolgte das Erstarren derartig rasch (was gerade bei unwiederbringlichen Arbeitsvorgängen an antiken Fragmenten äußerst unerwünscht ist ...), daß wir uns gezwungen sahen, für den Inhalt eines jeden Sackes vorweg die Erstarrungsprobe durchzuführen.

Der Versuch, bei Neuanfertigungen durch drastische Reduzierung der Wasserzugabe zu befriedigenden Ergebnissen zu kommen,[5] brachte nicht den gewünschten Erfolg. Vielmehr führte der zu niedrige Wasseranteil dazu, daß sich die nacheinander

1 Die Osthalle des Traianeums in Pergamon mit Kunststein-Ergänzungen am Stufenbau (im Hintergrund), an den Säulen und am Gebälk

3 Die im Laufe der Arbeiten erprobte Rezeptur wurde von F. Hotz festgeschrieben, s. Tab. 2.

4 Keines der Bauglieder soll in einer anderen als seiner originalen Höhenlage wieder aufgerichtet werden, es sei denn, die Zusammenstellung etwa von Giebelteilen auf dem Boden ist deutlich als „Architekturprobe" erkenntlich. Das bedingt den Ersatz auch ganzer fehlender unterer Werkstücke, um höher liegende Originalteile in ihre Lage am Bauwerk zu versetzen. Das Fehlen gerade der tiefer gelegenen Bauglieder am Tempel selbst, beginnend mit den Verkleidungsplatten des Podiums über Stylobate, Basen bis zum unteren Ablauf der Cella und zu unteren Säulentrommeln ist auffallend. Zur Erklärung des Phänomens mag man sich vorstellen, daß bei der Zerstörung des Tempels die höher gelegenen Bauteile auf das Tempelfeld stürzten, wo sie ein schwer durchdringliches Durcheinander bildeten. Die aufrecht gebliebenen unteren Bauglieder waren leichter zugänglich und damit der Zerstörung durch Kalkbrenner und dem Verschleppen durch Steinräuber über die Jahrhunderte hinweg ausgesetzt.
Zu den Basenschäften s. K. Nohlen, Planung und Planänderung am Bau, in: Diskussionen zur archäologischen Bauforschung, Bd. 4, Berlin [1984] S. 238–249

5 Von Marcial Lopez initiiert und an Teilen der Nordhallenbrüstungen durchgeführt.

2 *Handwerkliches Überarbeiten der Oberfläche einer Ergänzung aus Weißzement und Marmorsplitt*

eingebrachten Lagen des Betons auch durch intensives Stampfen nicht mehr fest haftend verbinden ließen. Nach dem Ausschalen zeigte sich ein blätterteigartiges Auseinanderfallen der Schichten, das den Namen „Papierherstellung mit Hilfe von Kunststein" erhielt ...
Die Zugabe einer auf Akrylbasis entwickelten, zur „inneren Haftungs-Verbesserung" gedachten Flüssigkeit,[6] blieb nur Zwischenspiel, weil Wirkungen, Nebenwirkungen und Langzeiteffekte unkalkulierbare Risiken in sich bargen, aber auch weil Kosten und zu transportierende Menge außerhalb unserer Möglichkeiten lagen.
1985 wurden Probewürfel mit unterschiedlichen Körnungen der Zuschläge hergestellt, aufgeschlagen und wegen der „Optik" auch überarbeitet. Dies vor allem, um zu sehen, welche größte von P. Mutsch lebhaft geforderte Korngröße noch vertretbar sei (Abb. 3). Außerdem wurden sie in Karlsruhe auf Druckfestigkeit geprüft.[7]
Bei den früher hergestellten Stücken, besonders bei den Ergänzungen der Osthallen-Säulen, zeigten sich weiterhin Probleme der Rißbildung! Merkwürdigerweise verstärkte diese sich erst nach einiger Zeit, im Durchschnitt im Lauf von zwei Jahren.[8] Es muß vielleicht hinzugefügt werden, daß gerade die Kunststeinpartien der Osthalle unter Zeitdruck überarbeitet wurden, sie so gut wie keine Nachbehandlung erfuhren, sondern unmittelbar nach

6 Auf Vorschlag der Steinmetzmeisterin M. Thews wurden 20% des Anmachwassers durch das Plexiglas-Derivat Plexilith 850 der Firma Röhm GmbH ersetzt.

7 Bericht Nr. 14/86 862565 0077 des Instituts für Massivbau und Baustofftechnologie, Prof. Dr.-Ing. H.K. Hilsdorf, Dr.-Ing. J. Kropp vom 21.3.1986

8 s. F. Wenzel, P. Mutsch, Zwischenbericht zum Wiederaufrichten und Ergänzen von Bauteilen des Trajaneums in Pergamon. Stand und Zustand Ende Mai 1986, 11.6. 1986, 10 Seiten, unveröffentlicht.
Das späte Auftreten von Schwindrissen zeigte sich in extremer Verzögerung bei der 1982 von F. Hoffmann hergestellten Kunststein-Kopie einer 1981 gefundenen marmornen Panzerstatue. Nach langer Lagerung im Restauratorenraum, während der in dem fast mörtelartigen Beton keine Risse festzustellen waren, wurde die Kopie im Frühjahr 1989 von G. Frehner in der Apsis

3a, b Aufgeschlagene und überzahnte Probewürfel mit Marmor-Zuschlag unterschiedlicher Körnung (1985)

einem für das Festhalten des Marmorkorns im Beton hinreichenden Aushärten, in der Regel nach einer Woche, mit dem Zahneisen bearbeitet wurden.
Der Vermittlung von F. Wenzel ist der Kontakt sowohl zu K.-P. Breuckmann von der Firma Heidelberger Zement AG, Addimentwerke, als auch zur Materialprüfungsanstalt Karlsruhe, Prof. H.K. Hilsdorf und Dr.-Ing. J. Kropp, zu verdanken. Herr Breuckmann wiederum stellte die Verbindung zur Dyckerhoff AG her, wo Herr Blobner eine Rezeptur „aus dem Handgelenk schüttelte"; die Materialprüfungsanstalt schlug in einem Gutachten die Herstellung eines Kunststeins mit erheblich geringeren Wasser- und Zementanteilen vor.[9]
Versuche in der Kampagne 1986, vor allem mit der von der Materialprüfungs-Anstalt vorgeschlagenen Rezeptur, die sich als schwer verarbeitbar erwies, führten zur allmählichen Verzweiflung der Steinmetzen; sie drückte sich auch in der Bezeichnung „Betonpsychologe" für den angstvoll erwarteten und ebenfalls auf Vermittlung von Prof. Wenzel entsandten Mitarbeiter des Instituts für Massivbau und Baustofftechnologie, Dipl.-Ing G. Böcker, aus.

4 Basen-Schafstück mit radialem Riß (1985)

des Ostkopfbaus aufgestellt. Bereits nach kurzer Zeit der Aufstellung im Freien, nach einem frostfreien Winter, wies die Statue im Mai 1990 erhebliche Risse auf (die jedoch im Vergleich zu den unvermeidlichen Graffiti Einheimischer unauffällig bleiben ...).

9 Grundsätzlich wegen der Handhabung auf der Baustelle Angabe in Raumteilen. Beratungen bei Addimentwerk, Heidelberger Zement AG im Oktober 1985, bei Dyckerhoff AG im Januar 1986.

Rotationsbrecherfraktur aus Marmorbrocken (≈ faustgroß)

0,25	0,5	1,0	2	4	8	16 mm	
3530	2380	2970	3720	3980	3050	230	
17,65	11,9	14,85	18,6	19,9	15,25	1,15	Anteile in %
17,65	29,55	44,4	63	82,9	98,15	99,3	Durchgang in %

Backenbrecherfraktur aus Grobsplitt (wie 1) Stufe 4

0,25	0,5	1,0	2	4	8	16 mm	
1350	640	750	1080	1820	4330	9950	
6,75	3,2	3,75	5,4	9,1	21,65	49,75	Anteile in %
6,75	9,95	13,7	19,1	28,2	49,85	99,6	Durchgang in %

Ermittlung der Sieblinie für Zuschlagmischungen aus Rotations- und Backenbrecher zu gleichen Raumteilen

0,25	0,5	1,0	2	4	8	16 mm	Durchgang in % für:
17,65	29,55	44,4	63	82,9	98,15	99,3	Rotationsbrecher
6,75	9,95	13,7	19,1	28,2	49,85	99,6	Backenbrecher
24,4	39,5	58,1	82,1	111,1	148	198,9	Addition
12,2	19,75	29,05	41,05	55,55	74	99,45	÷2 = Sieblinie

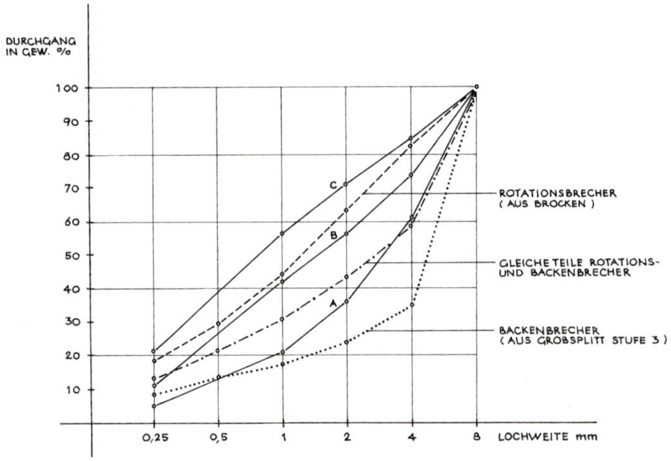

Tabelle 1 Sieblinie von Backenbrecher und Rotationsbrecher, sowie von der Mischung der Frakturen zu gleichen Raumteilen

5 Zerkleinern von Marmor zu Brocken einer Größe, die mit dem Rotationsbrecher (im Hintergrund links) verarbeitet werden kann (1988)

6 Zugabe von Frakturen aus Backenbrecher (linke Mulden) und aus Rotationsbrecher (rechte Mulden) zu gleichen Raumteilen. Links Schattendach und Erdschüttung über frisch betoniertem Werkstück (1986)

Nach einer denkwürdigen Anreise, zunächst von einem fremden Firmenfahrer in Richtung Süden entführt (!), entwickelte G. Böcker während seines dreitägigen Aufenthalts im Juni 1986 eine praktikable Betontechnologie, die durch ihre Einfachheit auch die skeptischsten Mitarbeiter überzeugte:

- Der Marmorzuschlag setzt sich zusammen aus einer Mischung der Frakturen aus Backen- und Rotationsbrecher zu gleichen Teilen (siehe Sieblinien Tab. 1, Abb. 5 und 6);
- die Rezeptur ergibt einen gut verarbeitbaren Beton (Tab. 2);
- der Wasseranteil kann dank Fließmittel Addiment BVF niedrig gehalten werden (als Spende der Heidelberger Zement AG);
- durch Betonieren sehr früh am Morgen wird die von der Nacht her niedrige Temperatur des Zuschlags ausgenutzt, das Anmachwasser wird gleichbleibend kühl einer antiken Zisterne entnommen, ein Dach über Gerüstteilen bietet Schatten bei der Verarbeitung (Abb. 7 und 8);

- bei großvolumigen Stücken werden in der Mitte der Schalung faustgroße, gewaschene Marmorbrocken als „Kühlinseln" eingebracht;
- die Frage von Herrn Böcker, „können Sie nicht ein Loch graben und die neuen Stücke versenken?" mußten wir wegen des Felsuntergrundes verneinen - aber Erde haben wir genug von den Grabungen: also werden durchaus zur archäologischen Stätte passende „tumuli" aufgeschüttet (Abb. 9), mit folgenden günstigen Eigenschaften:
  - Abfangen der Hydratationswärme durch Erdschüttung nach Erstarren;
  - Nachbehandlung durch Belassen unter den Tumuli während ca. vier Wochen; dort feucht gehalten, ohne Tag-Nacht-Temperaturschwankungen, ohne Windaustrocknung; sobald das Überarbeiten wegen Zeitablauf notwendig wurde, Verpacken in Folien gegen Austrocknen durch Wind (Abb. 9), Bedecken mit feuchten Tüchern etc.

Außerdem konnten Qualitätsverbesserungen erreicht werden:
- durch Lieferung von Weißzement aus Deutschland als Spende der Dyckerhoff AG;
- durch Weglassen des Sandanteils am Zuschlag, dessen quellfähiger, ungefähr ein Viertel betragender Glimmeranteil zu verstärkter Rißbildung beigetragen haben könnte.[10]

Ungelöst blieb zunächst noch die Frage des zügigen Einbringens des Frischbetons in die Schalungen. Während des Aufenthalts von Herrn Böcker wurde mit zwei kleinen Lescha-Mischern gearbeitet, deren umschichtiges Füllen die Kontrolle er-

7 G. Böcker beim Einbringen des Frischbetons unter dem Schattendach in die Stahlschalung für eine Tempelbasis

		pro Mischung	Verhältnis
Hotz			
	Zement		100
	Wasser		65
	Zuschlag		202
Mutsch			
	Zement		100
	Wasser		62
	Zuschlag		225
Dyckerhoff (Blobner)			
232 l	Zement	26 l	100
160 l	Wasser	18 l	69
906 l	Zuschlag	101 l	390
MPA Karlsruhe (Kropp)			
230 l	Zement	26 l	100
173 l	Wasser	19 l	72
1334 l	Zuschlag	148 l	585
Böcker (19. 6. 1986)			
233 l	Zement	26 l	100
180 l	Wasser	20 l	77
1015 l	Zuschlag	113 l	436

Tabelle 2 Liste der Rezepturen Hotz, Mutsch, Blobner, MPA, Böcker

8 Betonieren der Ergänzung eines Tempel-Eckarchitravs im Morgenlicht mit dem von der Stadt Böblingen gespendeten Mischer (1988)

schwerte und eine gewisse Hektik in den Arbeitsablauf brachte. Ein vorhandener größerer Mischer einheimischer Bauart mußte jedoch wegen der Gefährdung von Leib und Leben ausgeschieden werden: der Beschicker („Hund“) konnte beim unvorhersehbaren Verhaspeln der Seile unvermutet herabsausen ... Als Helfer auch aus dieser Not erwies sich wiederum Prof. Wenzel! Der Mischer – und seine Odyssee ...: das könnte ein eigenes Kapitel werden! Soviel sei nur angedeutet: Dipl.-Ing. M. Mohr, Assistent am Karlsruher Institut für Tragkonstruktionen, machte einen in Leonberg abgestellten, gebrauchten Mischer ausfindig. Die Stadt Böblingen kaufte dieses Gerät und ließ es durch den Leiter ihres Bauhof, Herrn V. Erdmann, instandsetzen. Durch seine freundschaftlichen Verbindungen zum Kommandierenden General des Luftwaffenunterstützungskommandos, Hertel, gelang es Herrn Wenzel, den Transport von Böblingen über Nordenham/Bremerhaven und von dort mit einem Schiff der Luftwaffe zum türkischen Hafen Derince zu organisieren, von wo das Gerät durch Vermittlung des Militärattachés an der Deutschen Botschaft via Ankara im Mai 1987 in Bergama eintraf. Der Mischer wurde von Herrn Erdmann vor Ort betriebsbereit gemacht – und dient uns seither in hervorragender Weise zur Her-

10 Mündliche Mitteilung von Dr. Karotke (Mineralog. Inst., Univ. Karlsruhe) vom 27.5. 1986 an Prof. Dr.-Ing. F. Wenzel.

stellung homogener Kunststein-Chargen (Abb. 8). Wir wissen uns allen Beteiligten zu großem Dank verpflichtet.
Ein weiterer problematischer Punkt war die Bewehrung des Kunststeins. Unumgänglich notwendig für auf Biegezug belastete Bauteile, wie z. B. ergänzte Architrave (Abb. 8), wurde sie mit Stäben und Rödeldrähten aus titanstabilisiertem Chromnickelstahl hergestellt. Bei lediglich auf Druck beanspruchten Baugliedern des Tempels, wie in erster Linie den zum Ersatz fehlender Trommeln hergestellten Säulenstücken, traten die negativen Begleiterscheinungen der Bewehrung stärker in den Vordergrund. Bereits das Einbringen des Frischbetons in die Schalung ist durch Bewehrungskörbe behindert, d.h. die Arbeitsgeschwindigkeit ist reduziert, was sich auf die Qualität des Betons wiederum nachteilig auswirken kann. Aber auch Faktoren wie Rost (auch nichtrostender Stahl rostet! ...) und unterschiedliche Wärmeausdehnungskoeffizienten zwischen Metall und Beton treten dann nicht auf, wenn auf die Bewehrung verzichtet wird. So sind wir sehr froh darüber, daß F. Wenzel der Nachweis – auch auf Grund der Qualitätssteigerungen des Betons – gelang, die Werkstücke aus Kunststein seien auch ohne Bewehrung in ihren statisch-konstruktiven Gegebenheiten denen aus Marmor gleichzusetzen. Diese Lösung ist besonders deshalb für uns so günstig und begrüßenswert, weil damit keine Furcht vor heraustretender Bewehrung beim „Fragmentieren" auftritt, d.h. in den Fällen, wo der Kunststein durch Abschlagen scharfer Ecken und Kanten optisch an Originalfragmente angeglichen wird. Auch bei ungewollten Beschädigungen der Stücke etwa durch Erdbeben ist nun nicht zu befürchten, daß Bewehrungen freigelegt werden. Auch wenn in einem solchen Fall keine weitere eigentliche Beschädigung des Bauwerks aufträte, würde man doch hinnehmen müssen, daß zumindest die aus dem Beton herausragende Bewehrung unangenehm auffiele: Der ästhetische Eindruck wäre durch eine an die Oberfläche tretende Bewehrung auf das Empfindlichste gestört, ein solches Stück wäre unannehmbar, würde nicht als gealtert, sondern als „zerstört" empfunden werden.
Die bisherigen Ausführungen zeigen deutlich, welchen Aufwand an Überlegungen und Arbeiten man durch die Entscheidung zu Kunststein als Ergänzungsmaterial zu treiben gezwungen war. Nun ist es ja durchaus legitim, während der Arbeit an einem Projekt Erfahrungen zu machen, auch wenn diese aus der grundsätzlichen Überlegung, den Betrachter nicht durch verschiedene Methoden bei der Restaurierung zu verwirren, nicht in die laufende Unternehmung einfließen können. Von handwerklichen Gesichtspunkten gibt es ebenso wie von denkmalpflegerischen Überlegungen her gewichtige positive Argumente für die Verwendung von Naturstein, in unserem Fall Marmor, bei Ergänzungen:
- Marmor ist ein homogenes Material, bei dem Bewehrung auch bei auf Biegezug belasteten Stücken eingespart werden kann. Damit entfällt die Gefahr des Heraustretens von Metall an die Oberfläche, entfallen aber auch die Kosten für Beschaffung und Transport der zu importierenden speziellen Legierungen;
- Marmor ist angenehmer steinmetzmäßig zu bearbeiten, läßt das Ausarbeiten auch feiner bildhauerischer Details (falls gewünscht) zu und bietet eine optisch angenehme, „lebendige" Struktur des Werkstoffs.
- Marmor ist billiger als Kunststein (Tab. 3), da Kosten für Mischer, Rüttler, Schalungsbau etc. entfallen. Auch der Transport von Marmorblöcken ist kostengünstiger als der von Marmorbruchstücken, selbst wenn diese als „Abfälle" im Steinbruch verfügbar sind. Der in Pergamon am Traianeum verwendete Marmor stammt von der Prokonnesos (Marmara-Insel), und dort stehen Verladegeräte ausschließlich für Blöcke zur Verfügung.

9 Erdschüttung („tumulus") über betonierter Tempelbasis. Im Hintergrund mit Plastikbahnen gegen schnelles Austrocknen geschützte Säulentrommeln (1986)

Schüttgut wirtschaftlich zu transportieren und abzuladen ist unmöglich.
Deshalb wurden von uns kleinere, verworfene Blöcke gekauft und kleingeschlagen ...
Die Aufbereitung des Marmorzuschlags mit unterschiedlichen Brechern entsprechend der gewünschten Sieblinie entfällt beim Verwenden von Marmor ebenso wie Schalungsbau und Betonieraufwand.
Bleibt die Frage, wie denn bei der Verwendung von Marmor die Bedingungen erfüllt werden können, deretwegen der Kunststein bei diesem Projekt vorgesehen wurde: Die kraftschlüssige Ergänzung von Fragmenten und das deutliche Kennzeichnen moderner Zutaten.
- Die kraftschlüssige Lastübertragung ist bei Anformung an Fragmente durch den z. B. auf der Athener Akropolis benutzten „Pantograph" möglich, der die Bruchfläche abtastet und durch Bohren auf das anzupassende Ergänzungsstück überträgt.[11]

11 Freundliche Vorführung und Kostenangabe durch M. Korres.

- Die Kennzeichnung von Marmor als neue Zutat kann durch unterschiedliche Oberflächenstruktur, z. B. Überzahnen, erfolgen.
Natürlich gilt der Kostenvergleich zu Gunsten des Natursteins nicht allgemein, sondern für den Fall zum einen prokonnesischen Marmors, der ein preisgünstiges Material ist, zum anderen aufwendiger Technologie bei Kunststein und hohen Transportkosten für zu importierende Materialien.

Importiert worden ist die Technik des Kunststeins schon sehr früh in die Türkei. Er wurde als zeitgemäßes und formbares Material für baukünstlerischen Ausdruck angesehen.
Es war die Bewehrung, d. h. die herausstehende Bewehrung, die an dem durch Luftverschmutzung im Detail gar nicht genau erkennbaren Brunnen in Karaköy erkennen ließ, daß es sich nicht um ein Monument aus Werkstein, sondern aus Beton handelt (Abb. 10). Das machte mich neugierig, Und da es langweilig ist, Ihnen, Herr Wenzel, sozusagen Ihr eigenes Ar-

Für **80 m³ Kunststein-Fertigbeton** werden benötigt:

Materialien

- 24 t Weißzement à 200,- DM				4 800,- DM
- 160 t Marmor zur Zuschlagherstellung				48 000,- DM
- 480 l Betonverflüssiger (Addiment)				1 560,- DM
				54 360,- DM

Transport- und Betriebskosten

- Transport Weißzement aus Deutschland				32 000,- DM
- Transport innerhalb der Türkei				1 600,- DM
- Betriebsstoff Generator 560 Tage (für Steinbrecher, Mischer, Rüttler etc.)				5 600,- DM
				39 200,- DM

Maschinen und Geräte

- Rotationsbrecher				11 500,- DM
- Backenbrecher				7 000,- DM
- Rüttelflaschen und Umformer				6 800,- DM
- Mischer, gebraucht				9 000,- DM
- Generator (Zusatzleistung)				8 000,- DM
- Kompressor (anteilig)				3 500,- DM
				45 800,- DM

Schalung				ca. 3 000,- DM

Lohnkosten

- Zerkleinern Marmor	320	Tage à	15,- DM	4 800,- DM
- Rotationsbrecher	100	Tage à	15,- DM	1 500,- DM
- Backenbrecher	480	Tage à	15,- DM	7 200,- DM
- Lagern, Sortieren Zuschlag	40	Tage à	15,- DM	600,- DM
- Schalungsbau	120	Tage à	32,- DM	3 840,- DM
- Betonieren	24	Tage à	200,- DM	4 800,- DM
	72	Tage à	32,- DM	2 300,- DM
	96	Tage à	15,- DM	1 440,- DM
- Materialkontrolle	24	Tage à	200,- DM	4 800,- DM
- Nachbehandlung (Erdschüttung, Ausschalen, „Verpacken“)	96	Tage à	15,- DM	1 440,- DM
				57 470,- DM
Gesamtkosten für 80 m³ Kunststein				199 830,- DM

Tabelle 3 Zusammenstellung der vergleichenden Kosten Kunststein – Marmor

Für **80 m³ Marmor-Werkstücke in Bosse** werden benötigt:

Materialien

220 t prokonnesischer Marmor + 20% Blockgrößen-Zuschlag	264 t à 350,– DM	92 400,– DM

Gerät

Abtastgerät für Bruchflächen mit automatischer Bohrung der Gegenfläche („Pantograph")	12 000,– DM
Gesamtkosten 80 m³ Marmor	114 400,– DM

Kosten und Preise basieren auf Werten und Erfahrungen aus dem Jahr 1987 in Bergama/Türkei. Zur Vergleichbarkeit sind sämtliche Angaben als Umrechnung in DM gegeben.
Basis des Vergleichs ist eine Masse von 80 m³ Werkstoff, was ungefähr der benötigten Menge für die Ergänzung des Tempels entspricht.
Der Umfang der Werkstücke ist jeweils „in Bosse" mit ca. 5 cm Materialzugabe gegenüber dem fertigen Stück ringsum angenommen, für den Kunststein gilt das Schalungsmaß.
Das Material wird jeweils als homogen betrachtet, d.h. Marmor als Blöcke (nicht als Platten), Kunststein durchbetoniert (also kein Antrag über Betonkern).
In Betracht gezogen werden Ergänzungen fragmentierter Originale und Ersatz fehlender Stücke als Kopie.
Die Kosten für den Transport des Marmors vom Bruch zur Baustelle wurden jeweils vernachlässigt. Zwar werden für die Herstellung von Kunststein geringere Mengen benötigt, ihr Schiffstransport als Schüttgut ist jedoch teurer als der der Marmorblöcke.

Fazit: Bei Verwendung von Marmor entstehen geringere Kosten als bei Kunststein. Es können sich jedoch für Kunststein günstigere Bedingungen ergeben durch:
- Mitverwenden von Marmorbruch des Ruinenfelds,
- Spenden von Materialien und Transportkosten,
- Spenden von Baumaterialien und Geräten.

Die Lohnkosten, die als Minimalkosten berechnet sind, schlagen jedoch bei der Verarbeitung von Kunststein stärker zu Buch.

Bewehrungen sind in den Vergleich nicht miteinbezogen, da Anschlußbewehrungen bei beiden Verfahren in etwa gleichem Umfang notwendig sind; gleiches gilt für Kleber und Haftbrücken.

beitsgebiet als Geburtstagsgeschenk vorzubringen, möchte ich Ihnen zum Abschluß die kleine Gruppe von Bauten aus Kunststein vorstellen, die ich von dem als Architekt des Sultans in Konstantinopel wirkenden italienischen Baumeister Raimondo D'Aronco nicht nur am Bosporus gefunden habe.[12]

D'Aronco wird 1857 als Sohn eines Bauunternehmers bei Udine geboren – also noch als Österreicher, den Friaul gehörte ja bis 1866 zum nördlichen Nachbarland. Dorthin geht er mit 14 Jahren, genau: nach Graz, wo er drei Jahre als Maurer lernt und dann die Baukunstschule besucht. Nach Militärdienst bei Pioniertruppen absolviert er die Accademia di Venezia, die er 1880 mit dem Diplom verläßt. 1883 wird er Lehrer an der Akademie von Carrara, später lehrt er in Cuneo.

Seine Erfolge beim Wettbewerb um das Victor-Emanuel-Denkmal in Rom (1884), wo er eine Verdienstmedaille erhält, und auf dem Ausstellungssektor, besonders in Venedig bei der Kunstausstellung im Jahr 1887, führen zur Berufung in die Türkei. Er soll im Auftrag des Sultans Abdülhamid II. die Gebäude der osmanischen National-Ausstellung für Landwirtschaft und Industrie auf den Hügeln über Kağıthane errichten. Nach einem heftigen Erdbeben im Jahr 1894 wird das Vorhaben annulliert und auch später nicht verwirklicht, doch wird D'Aronco zum Staatsarchitekten ernannt, beauftragt mit dem Wiederaufbau der Hauptstadt des Reichs und der Erweiterung des Kaiserlichen Palasts von Yıldız. So beginnen für D'Aronco Jahre fruchtbarer Schaffenskraft voller Kontraste und Entwicklungen, die 1908 nach 15 Jahren durch den von den Jungtürken betriebenen Niedergang der absolutistischen Macht des Sultans ihr Ende finden sollten. Doch gibt er während der ganzen Zeit den Kontakt mit der Heimat nicht auf. So nimmt er an wichtigen Wettbewerben mit zum Teil wagemutigen Entwürfen teil.[13] Aber er *baut* auch in Italien während seines Aufenthalts in der Türkei, sei es für die Familie: das Grabmal für die Familie seiner Frau in Cuneo (1897),[14] das Familiengrab in Udine, das uns hier noch beschäftigen soll (1898), oder – 1903, er lebt und arbeitet in der Türkei! – sein eigenes Haus in Turin. Der große Durchbruch für ihn ist jedoch sein Wettbewerbserfolg für die internationale Ausstellung der bildenden Künste im Jahr 1902.[15] Dieses Werk hat ihn berühmt gemacht; ausschließlich damit ist er im Lexikon der Architektur von Pevsner und in der Geschichte der Architektur im 19. und 20. Jahrhundert von Benevolo erwähnt!

Daß D'Aronco Kunststein, also Beton als Baumaterial verwendet hat, ist erstaunlich, weil er schließlich Sohn eines Marmorhändlers war. So wissen wir, daß er, wohl um dieses Geschäft anzukurbeln, eine Serie von kleinen stelenartigen Wandbrunnen für Istanbul entworfen hat.[16] Aber sein Vater hatte auch ein Baugeschäft, das von seinem Bruder weitergeführt wurde, und gemeinsam machten sie in Italien Versuche mit neuen Baustoffen, darunter diesem „cemento plastico“, den

12 zu Raimondo D'Aronco in erster Linie:
M. Nicoletti, D'Aronco e l'architettura liberty, Roma-Bari, 1982 (Nicoletti);
D'Aronco Architetto, Ausstellungskatalog Udine, Mailand 1982, (Kat.);
Atti del Congresso Internazionale di Studi su „Raimondo D'Aronco e il suo Tempo“, 1/3 Giugno 1981, Udine o.J. (Atti)

13 z.B. 1900 Wettbewerb Brücke über den Po in Turin mit Stahlbetonkonstruktion, Kat. 57; 1903 Wettbewerbe für den Friedhof in Mantua (Kat. 69) und für die Sardische Minenverwaltung (Kat. 70).

14 Nicoletti, S. 66; Kat. 46, im eklektizistischen Duktus dem Grabmal für die eigene Familie verwandt.

15 Nicoletti, S. 99-144; Kat. 65, S. 98-109.

16 Kat. 67, S. 111; „Petites fontaines dans le style du pays en marbre d'Italie de 6 centimètres d'epaisseur pour les eaux de Djendéré, Constantinople 1902“

er als eigene Erfindung benennt. Vielleicht reizte ihn an dem künstlichen Material, ähnlich wie früher die Stukkateure des Barock, unabhängig von den Zufälligkeiten der Natur und ihren Gegebenheiten etwas Neues schaffen zu können. Für diese Vermutung spricht die ungewöhnliche Farbgebung eines der Grabmale in Udine. Doch betrachten wir uns zuerst einmal den erwähnten Istanbuler Brunnen in Karaköy, Laleli Çeşme Sokak, genauer (Abb. 10). Zu beiden Seiten des Eckbrunnens treten rechteckige, flach ornamentierte Brunnenbecken aus einer zurückgesetzten Fläche heraus. Diese eingetieften Bahnen werden nach oben hin durch einen gestuften Giebel gefaßt zu einer Art Ädikula, die ihrerseits wieder von halbkreisförmigen, vorspringenden Überdachungen bekrönt werden. Das Bogenfeld ist geometrisch ornamentiert, die eingetiefte Stufengiebelfläche wird durch Stäbungen wechselnder Länge mit unteren Tropfen betont. Vom Scheitel der Vertiefung führt eine Ranke in Spiralen bis zum – heute verlorenen – Wasserauslaß.
Mit diesen eher strengen geometrischen Formen kontrastieren eine über Eck gesetzte bekrönende Kartusche und von ihr ausgehende lange Blattranken. Diese dem Osmanischen Barock entlehnt scheinende Ornamentik erinnert an frühere Werke des Architekten in Istanbul, z.B. den Tophane-Brunnen von 1896,[17] und mag ein Zugeständnis an den Geschmack des (unbekannten) Auftraggebers sein.
Das Bauwerk wirkt wie eine „Fingerübung" zu dem nur wenig später für den Scheich Zafir in Werkstein gebauten Komplex von Grabbau (Türbe), Bibliothek und Brunnen in Beşiktaş.[18] Daß der Brunnen in Karaköy aus Kunststein gefertigt wurde, ist ihm nicht unmittelbar anzusehen, ist aber auch in der ohnehin wenig umfangreichen Literatur unbekannt oder doch zumindest nicht erwähnt.[19] Dagegen ist bei früheren Bauten D'Aroncos dieses Material hervorgehoben. So bei dem 1898 entstandenen Grab der Familie D'Aronco

10 Istanbul-Karaköy. Brunnen an der Laleli Çeşme Sokak von Raimondo D'Aronco

17 Kat. 43, S. 74; heute nach Maçka versetzt.
18 Mehrere Abbildungen bei D. Gebhard, Raimondo D'Aronco e l'Art Nouveau in Turchia, in: L'Architettura. Cronache e storia, Nr. 136, 1967, S. 690–694; A. Batur, Yıldız Serencebey'de Şeyh Zafir Türbe, Kitaplık ve Çeşmesi, in: Anadolu Sanatı Araştırmaları, Istanbul 1968, S. 102–150; Nicoletti, S. 142, Abb. 210–217; Kat. 82, S. 146–148.
19 Kat. 79, S. 142. Dort wird der Brunnen als „aus Stein gebaut" angegeben – wogegen genauere Beobachtung spricht. Nur mit (gleicher) Abb. auch bei A. Batur, Les œuvres de Raimondo D'Aronco à Istanbul, in: Atti, S. 133.

auf dem Gemeindefriedhof in Udine[20] (Abb. 11). Es handelt sich um eine monumentale, eklektizistische Komposition, die übergroße, addierte Schmuckformen wie die wiederholt verwendeten Voluten und einige Orientalismen von Persien bis Ägypten versammelt. Das von ihm „cemento plastico" genannte Material verwendet der Architekt in einer dem Werkstein vollkommen identischen Auffassung. Die dekorative Überfülle des Monuments ist durch zarte rosa und grauviolette Tönungen farblich zusammengehalten.
Die Besichtigung des Grabbaus im Herbst 1989 zeigte, daß rostende Bewehrungen das Monument zu zerstören drohen; einige Schmuckglieder sind abgebrochen, und Platten sind durch Wurzeln auseinandergedrückt (Abb. 12–14). Doch ist für das gegebene Material die Lebensdauer von fast 100 Jahren seit der Entstehung ein respektabler Zeitraum.
In besserem Zustand befindet sich das sechs Jahre später auf dem gleichen Friedhof errichtete Grabmal für die Familie Camavitto[21] (Abb. 18). Dem vorerwähnten Monument ist es als anderer Endpunkt einer Sichtachse genau gegenüber gestellt. Die architektonische Auffassung ist weit von der zusammengesetzten Ornamentik des Grabbaus der eigenen Familie entfernt; der Entwurf steht in seiner beherrschten Komposition dem Karaköy-

12 Grabmal der Familie D'Aronco. Durch Wurzelsprengung auseinander getriebene Kunststeinplatten

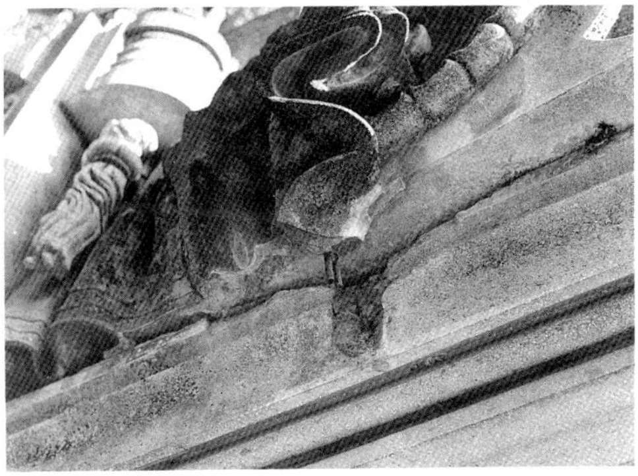

13 Grabmal der Familie D'Aronco. Durch Aufrosten abgesprengter Zipfel einer Drapierung aus Kunststein

14 Grabmal der Familie D'Aronco. Abplatzung am Sockel durch rostende Bewehrung

11 (linke Seite) Udine, Gemeindefriedhof. Grabmal der Familie D'Aronco

20 NICOLETTI, S. 66f.; Kat. 51, S. 82, mit Literatur. Ähnlich schon früher der Marmorpavillon für die Steinhandelsfirma seines Bruders (1894).

21 Kat. 78, S. 141; C. VANIER, D'Aronco in Friuli, in: Atti, S. 30. Der Kunststein dieses Grabmals ist grau, eine besondere Farbabsicht ist nicht zu erkennen, auch der erhaltene Plan ist nur eine uncolorierte Strichzeichnung. Dagegen weist der Wettbewerbsentwurf für die Kapelle B des Friedhofs in Mantua bei ähnlichen prismatischen Formen die erwähnten violetten Farbabstufungen auf (mit Aquarell angelegte Perspektive, Kat. 69, S. 122).

15 Grabmal der Familie Camavitto. Seitenansicht des Mittelteils

Brunnen und vor allem der Anlage für Scheich Zafir nicht nur zeitlich nahe. Klar teilt sich das Monument in einen blockhaften, kristallin gegliederten Unterbau über dem sich aus dichtem Rankenwerk heraus linear nach oben strebende Pfeilerbündel erheben. An ihrer Vorderseite tragen sie ein schlankes, von quadratischen Prismen umgebenes Kreuz. Im Zentrum zwischen Unterbau und Kreuz befindet sich das realistisch gegebene dornengekrönte Haupt Christi.

Ein kleines, in Bronze gegossenes Schild kündet stolz von der angewandten Bautechnik (Abb. 17). Der Stolz ist berechtigt: nur eine geringfügige Abplatzung durch Aufrosten der Bewehrung läßt das synthetische Material erkennen (Abb. 16). Dennoch, die Monumente sind nicht für die Ewigkeit gebaut – und das in den künstlichen Stein eingebrachte Metall birgt immer das Risiko, der Zerstörung eine erste Pforte zu öffnen. Die Leistung des hier Geehrten, beim Traianeum dieses Risiko

18 (rechte Seite) Udine, Gemeindefriedhof. Grabmal der Familie Camavitto von Raimondo D'Aronco

16 (links) Grabmal der Familie Camavitto. Absprengen des Kunststeins am Sockel (wie Abb. 15) durch rostende Bewehrung

17 Grabmal der Familie Camavitto. Bronzeschildchen mit Herstellerangaben der „Zementarbeiten"

FAMIGLIA
AMAVITTO

durch weitgehenden Verzicht auf Bewehrung in den ergänzten Teilen auf ein Minimum begrenzt zu haben, erfüllt den restaurierenden Architekten mit Dankbarkeit und Zuversicht.
Die Erbauer des Kaiserheiligtums auf dem Burgberg von Pergamon dachten sicher an den ewigen Ruhm des Kaiserhauses. Das Traianeum hat wie viele zu seiner Zeit gebaute Denkmäler den Niedergang des römischen Reichs nicht überlebt – und doch gibt es uns mit seinen eindrucksvollen Resten einen Eindruck von der Großartigkeit der imperialen Architektur. Wenn die Wiederaufrichtung dieser Ruine eine gewisse Widerstandskraft gegen die zerstörerischen Einflüsse der Zeit hat, so ist das nicht zuletzt Ihr Verdienst. *Fridericus Wenceslaus bene meritus de restitutione Traianei!*

Abbildungsnachweis

3, 4, 8, 9	Pergamon-Grabung des Deutschen Archäologischen Instituts, Abteilung Istanbul, E. Steiner
18	D'Aronco Architetto, Katalog Ausstellung Udine, Mailand 1982, S. 141

Alle übrigen Abbildungen vom Verfasser

GERHARD STIESCH

Gedanken zur Anwendung der Vorspanntechnik in historischem Mauerwerk

Die Verwendung von Zugankern im Mauerwerksbau ist aus allen Zeiten bekannt. Holzanker und Stahlanker werden als Konstruktionsglieder immer wieder vorgefunden. Die Lage dieser Anker in den verschiedensten Mauerwerkskonstruktionen wurde den Erfordernissen der Bauwerksstatik angepaßt.

Der nachträgliche Einbau von Zugankern in Bauwerke wurde immer dann vorgenommen, wenn Rißbildungen Schäden am Bauwerk erkennen ließen. Diese Schäden konnten vielerlei Ursachen haben. Die häufigsten waren nicht ausgeglichene Horizontalkräfte in der Konstruktion bzw. ungleiche Setzungen im Baugrund. Vielfach überlagerten sich beide Ursachen, oder ein Mangel löste den anderen aus, und durch die ausgelöste Wechselwirkung beschleunigte sich dann die Ausbildung der Schäden. Historische Bauwerke sind überdies meist nicht das Ergebnis eines vorgeplanten Gesamtkonzeptes, sondern sind über viele Jahrhunderte in verschiedenen Bauperioden gewachsen. Nachträgliche Um- und Ausbauten veränderten vielfach das ursprüngliche statische System, so daß dem Bauwerk für seinen Weiterbestand zusätzliche Hilfen gegeben werden mußten.

Die Hilfen wurden mit den Mitteln der Zeit dort gegeben, wo sie besonders sinnvoll und wirksam erschienen, oft ohne besondere Berücksichtigung von Ästhetik und Harmonie. So unterbricht in Kirchen zuweilen eine Schar horizontaler Anker an den Gewölbekämpfern der Hochschiffe die eindrucksvolle Wirkung der Höhe. Nachträglich errichtete massige Strebepfeiler überdecken die feingliedrige Fassadengestaltung früherer Bauepochen.

Die Fortentwicklung der Baumethoden und der Baustoffe hat stets Einfluß auf die Sanierungstechnik historischer Bauwerke gefunden. Aus einer Anzahl massiger Holzanker zur Aufnahme der Gewölbeschübe sind z. B. später schlanke Schmiedestahlanker und in der Neuzeit wenige hochwertige Spannstahlanker geworden. Aufwendige Endverankerungen aus Balken, Traversen oder Barren veränderten sich in punktuelle Auflager aus feingliedrigen hochwertigen Kompaktkonstruktionen. Anstelle nachträglicher Strebepfeiler leiten Bohrpfahlkonstruktionen verschiedenster Art Bauwerkslasten in den Untergrund ab. Die Einführung neuer Bautechniken und Baustoffe für die Sanierung und Erhaltung historischer Bauwerke erfordert aber auch Eingriffe in die Substanz dieser Bauwerke. Das Mauerwerk aus Natur- oder Kunststeinen wird in die Lage versetzt, über seine ursprünglichen Aufgaben hinaus Zugkräfte und Biegespannungen aufzunehmen. Die seit nun fast 100 Jahren gebräuchliche und stets fortentwickelte Bohr- und Injektionstechnik gestattet die „Armierung“ von Mauerwerk. Aber auch die im Rahmen des Stahlbetonbaues gewonnenen Erkenntnisse über vorgespannte Konstruktionen haben Eingang in die Sanierung historischen Mauerwerkes gefunden. Durch ins Mauerwerk eingeleitete Vorspannung in Verbindung mit der In-

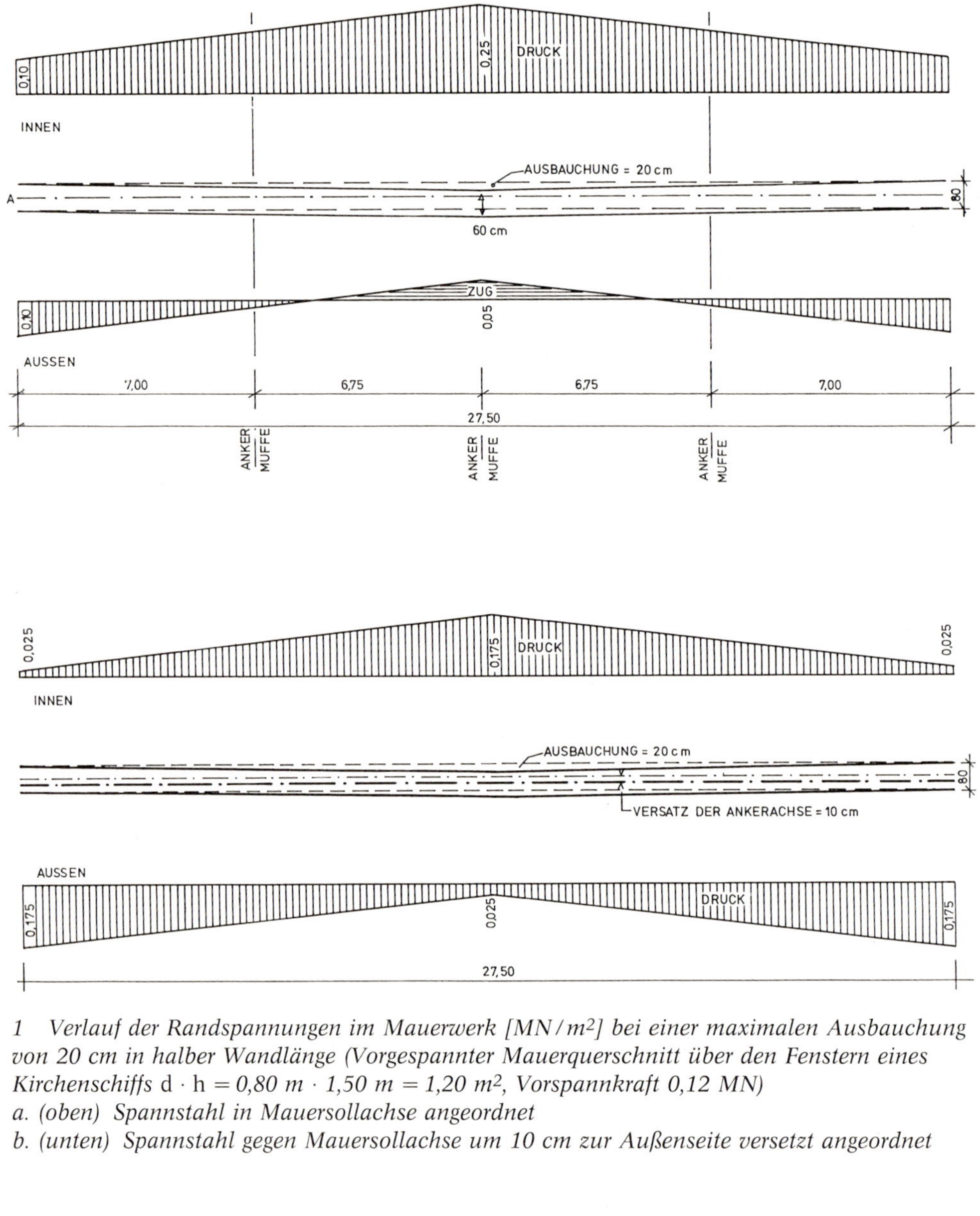

1 Verlauf der Randspannungen im Mauerwerk [MN/m²] bei einer maximalen Ausbauchung von 20 cm in halber Wandlänge (Vorgespannter Mauerquerschnitt über den Fenstern eines Kirchenschiffs d · h *= 0,80 m · 1,50 m = 1,20 m², Vorspannkraft 0,12 MN)*
a. (oben) Spannstahl in Mauersollachse angeordnet
b. (unten) Spannstahl gegen Mauersollachse um 10 cm zur Außenseite versetzt angeordnet

jektionstechnik lassen sich gerissene Wände zu durchgehenden Wandscheiben stabilisieren, lassen sich Kraftflüsse umlenken und z.B. bauwerksschädliche Horizontalkräfte neutralisieren. Diese nicht unerheblichen Veränderungen der statischen Systeme erfordern aber eine besonders sorgfältige Bauaufnahme und eine entsprechend maßgenaue Bauausführung. Diesen äußerst wichtigen Voraussetzungen wird leider oft nicht die genügende Beachtung geschenkt, so daß nach durchgeführter Sanierung und statischer Sicherung erneut Bauwerksschäden eintreten können, die die ursprünglichen Schäden noch übertreffen.

Im folgenden Beispiel sollte zur nachträglichen Einbringung eines Ringankersystems das gerissene Mauerwerk zwischen den großen Fensteröffnungen und der Traufe eines hohen Kirchenschiffes horizontal vorgespannt werden. Die Mauerstärke betrug 80 cm. Das Kirchenschiff hatte eine Länge von 27,50 m. Außer einer Rißaufnahme mit Fernglas wurde vor der Bauausführung keine detaillierte Bauwerksvermessung vorgenommen. Besondere Bauwerksdeformationen waren mit bloßem Auge vom Boden aus nicht zu erkennen. Der einzubauende Spannanker sollte auf ganze Kirchenschifflänge in ein Bohrloch in Mauerachse gelegt und so vorgespannt werden, daß eine horizontale Mauerwerkspressung von 0,1 N/mm² im geringsten Mauerquerschnitt oberhalb der Fensterscheitel (h = 1,50 m) erzielt wird.

Nach Gerüststellung wurde die Bohrmaschine exakt eingewinkelt und das Bohrloch geteuft. Aus einbautechnischen Gründen wurde der 27,50 m lange Anker in 4 Einzelstücke, davon 2 à 7,00 m und 2 à 6,75 m zerlegt und im Bohrloch gemufft. Vor Ausführung der Bohrarbeiten wurden an den vorgesehenen Muffstellen Öffnungen ins Mauerwerk gebrochen. Diese Mauerausbrüche sollten gleichzeitig den Bohrlochverlauf kontrollieren. Als im mittelsten Ausbruch von der Außenwandflucht bis zur Achse des Bohrgestänges ein Abstand von über 60 cm gemessen wurde, glaubte man zunächst an eine entsprechende Abweichung des Bohrloches von der Sollachse. Erst genaue Messungen wiesen dann eine Ausbauchung des Mauerwerks aus. Der Einbau des Spannankers in diese Bohrung und die Vorspannung mit der vorgesehenen Kraft von 120 kN hätten im Bereich der Maueraußenschale zusätzliche Zugspannungen von 0,05 N/mm² erzeugt, die mit Sicherheit weitere Bewegungen in den vorhandenen Rißflanken ausgelöst hätten (Abb. 1a). Durch Verpressen des Bohrloches und Herstellung eines neuen, um 10 cm zur Mauerauߟenflucht versetzten Bohrloches wurde erreicht, daß in keinem Teil des vorgespannten Mauerquerschnittes Zugspannungen auftraten. Die tatsächliche horizontale Mauerwerkspressung infolge Vorspannung lag jedoch nicht gleichmäßig bei den angestrebten 0,1 N/mm², sondern wechselte zwischen 0,025 N/mm² und 0,175 N/mm² (Abb. 1b).

In einem anderen, ähnlich gelagerten Fall, bei dem ebenfalls im Bereich der Mauerkrone eines Kirchenschiffes durch horizontale Mauerwerksvorspannung das gerissene Mauerwerk stabilisiert werden sollte, wurde vor Planungsbeginn durch detaillierte Bauaufnahme eine Mauerwerksausbauchung von fast 35 cm auf 25,00 m Wandlänge gemessen. Die Ausbauchung wuchs fast kontinuierlich von den Giebelseiten zur Wandmitte. Bei einer Spannankerführung in der Mauersollachse wären in Wandmitte erhebliche Zugspannungen ausgelöst worden, die mit größter Wahrscheinlichkeit zu zusätzlicher Rißbildung in diesem Bereich geführt hätten (Abb. 2a). Auf alle Fälle wäre aber das Gegenteil der angestrebten Bauwerksstabilisierung erreicht worden.

Eine Verschiebung der Ankerachse gegen die Mauervorderkante, ohne in den Ankerendbereichen gleichzeitig Zugspannungen im Mauerwerk zu erzeugen, wäre maximal nur bis zur halben Kernweite $1/2 \cdot 1/3 \cdot 80$ cm = 13,33 cm möglich gewesen. Bei der Verlegung der Ankerachse um dieses Maß wären trotzdem in Wandmitte, d.h. im Bereich der größten Ausbauchung, weiterhin Zugspannungen an der Mauervorderfront aufgetreten, da die Ankerachse hier immer noch 35,00 cm – $1/3 \cdot 80$ cm = 8,33 cm außerhalb der Kernweite lag.

Mit der Anordnung zweier sich übergreifender Anker mit Ansatz in der jeweils deformierten Mauerachse und halbierter Vorspannung je Anker war das Problem der Mauervorspannung ohne gleichzeitiges Wecken von Zugspannungen lösbar (Abb. 2b). Die Ankerendlager in der Mauervorderflucht mußten 8,00 m von den

Eckpunkten entfernt angeordnet werden. Bei dieser Entfernung von den Eckpunkten lag die Ankerachse an den Endlagern 15 cm hinter der Vorderkante der Mauerflucht, so daß noch ausreichend Auflagerfläche für den Einbau der Verankerungselemente vorhanden war.

So bestechend diese Lösung zunächst schien, wurde sie jedoch aus konstruktiven Gründen wieder verworfen. Die Abmessungen der Endverankerungselemente hätten bei der zur Außenwand sehr flach gewinkelten Krafteinleitung Größen angenommen, die außerordentliche Eingriffe in die Bauwerksfassade erfordert hätten. Schließlich wurde in diesem Fall auf die Vorspannung des Mauerwerks verzichtet und durch eine Diagonalvernadelung die Wand im Kronenbereich stabilisiert (Abb. 2c).

Beide Beispiele sind Grenzfälle aus einer großen Zahl von Verankerungsarbeiten, die in den letzten 20 Jahren unter Mitwirkung des Verfassers ausgeführt wurden. Es handelt sich zwar um Einzelfälle, diese zeigen aber deutlich, daß zu einer erfolgreichen Mauerwerksvorspannung auch eine vorlaufende, exakte und alle Deformationen berücksichtigende Bauaufnahme gehört.

Natürlich muß neben der Erfassung aller für die vorgesehene Ankerführung wichtigen Aufmaße auch eine gewissenhafte Bauausführung gewährleistet sein. Nur geringe Abweichungen der Spannankerachsen durch ungenaue Bohrlochführung können in Teilbereichen des vorzuspannenden Mauerwerks schädliche Zugspannungen auslösen (Abb. 3).

Überlagern sich Bauwerksdeformationen, die wegen ihrer Geringfügigkeit nicht erkannt bzw. beachtet werden, mit auch nur geringen Abweichungen der eingebauten Spannglieder von der Sollachse infolge ebenfalls nur geringer Bohrachsenabweichung, kann trotz umfangreicher Baumaßnahmen der erwartete Sanierungserfolg ausbleiben. Neben der genauen Bauaufnahme vor Baubeginn sind in der Ausschreibung der Sanierungsmaßnahme bereits das Limit der zulässigen Bohrlochabweichung für die Herstellung der Spannankerkanäle zu benennen (1% kann schon schädlich sein!) und eine genaue Vermessung der gebohrten Spannkanäle vor dem Einbau der Spannglieder zu fordern.

Die zielgenaue Herstellung der Ankerbohrungen ist wesentlich beeinflußt vom Zustand des zu durchbohrenden Mauerwerks. Kompaktes und monolithisches Mauerwerk läßt viel eher die Herstellung zielgerichteter Bohrungen zu als ein in seiner Festigkeit stark wechselndes, womöglich mit größeren Hohlräumen durchsetztes mehrschaliges Mischmauerwerk. Da eingeleitete Spannkräfte durch Kriecherscheinungen im Mauerwerk nicht abgebaut werden sollten, ergänzen sich Bohr- und Verpreßtechnik. Bohrkanäle für Spannanker sollten deshalb in hohlraumhaltigem oder mehrschaligem Mau-

2 Verlauf der Randspannungen im Mauerwerk [MN/m²] bei einer maximalen Ausbauchung von 35 cm in halber Wandlänge (Vorgespannter Mauerquerschnitt über den Fenstern eines Kirchenschiffs: $d \cdot h = 0{,}80\ m \cdot 1{,}50\ m = 1{,}20\ m^2$*)*
a. (oben) 1 Spannstahl in Mauersollachse angeordnet.
Vorspannkraft 0,12 MN
b. (Mitte) 2 Spannstähle, jeweils tangential zur Ausbauchung angeordnet mit Ansatz in der deformierten Mauerachse.
Vorspannkraft je Spannstahl 0,06 MN
c. (unten) Sicherung des ausgebauchten Wandmauerwerks ohne Vorspannung durch Einbau von zwei durchgehenden übereinander angeordneten Lagen von Nadelankern ∅ 12 mm, Winkel zur Wandachse 35°.

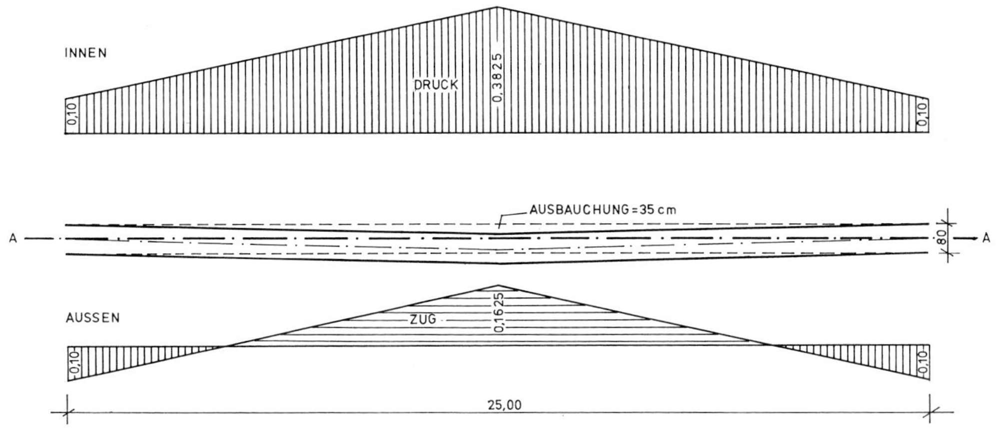
INNEN
DRUCK
0,3825
0,10
0,10
AUSBAUCHUNG = 35 cm
A
A
80
AUSSEN
ZUG
0,1625
0,10
0,10
25,00

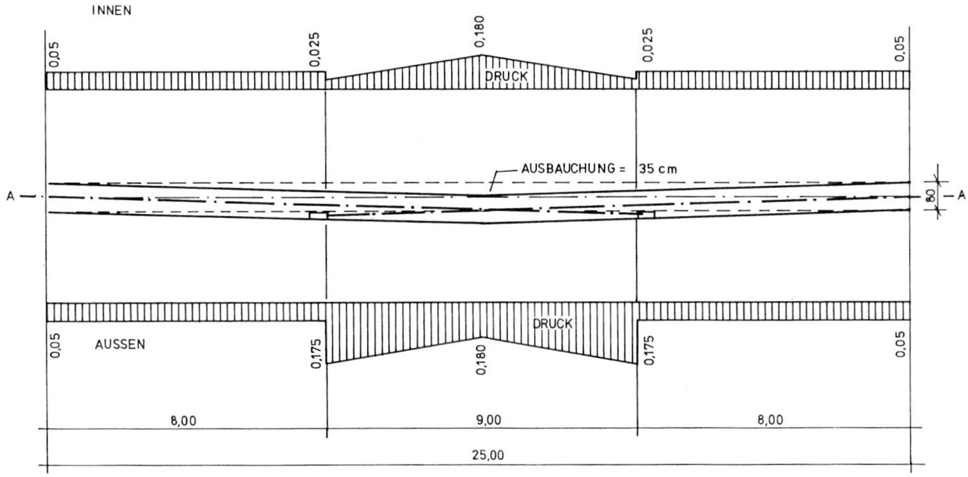
INNEN
0,05
0,025
0,180
0,025
0,05
DRUCK
AUSBAUCHUNG = 35 cm
A
A
80
DRUCK
0,05
AUSSEN
0,175
0,180
0,175
0,05
8,00
9,00
8,00
25,00

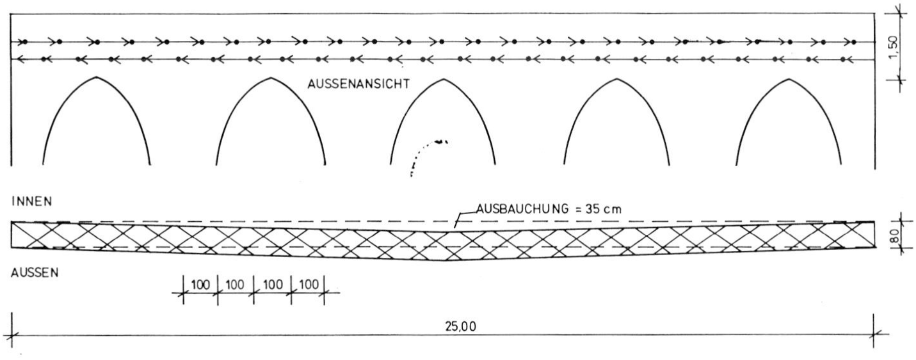
AUSSENANSICHT
1,50
INNEN
AUSBAUCHUNG = 35 cm
80
AUSSEN
100
100
100
100
25,00

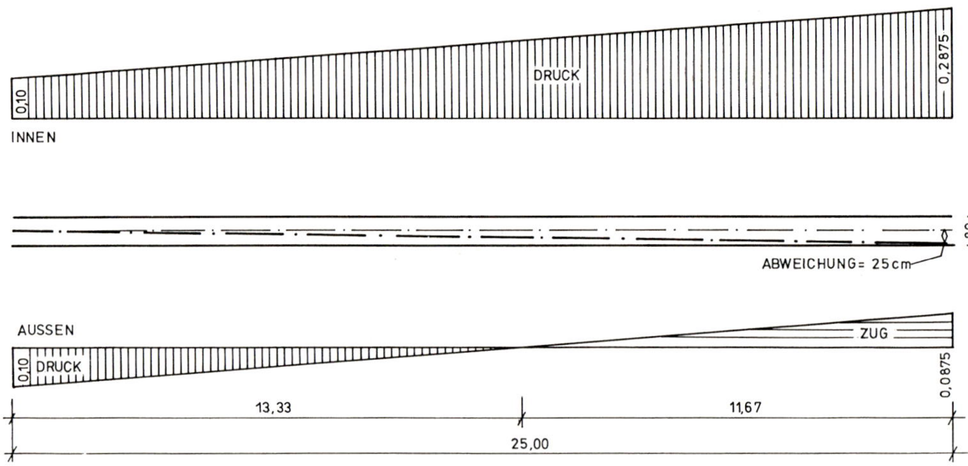

3 Verlauf der Randspannungen im fluchtgerechten Mauerwerk [MN/m²] bei einer Bohrlochabweichung von 1,0% von der Sollachse (Vorgespannter Mauerquerschnitt d · h = *0,80 m · 1,50 = 1,20 m², Vorspannkraft im Spannstahl 0,12 MN)*

erwerk – wenn irgend möglich – nur nach ausreichender Vorinjektion geteuft werden. In Fällen, in denen aus besonderen Gründen Injektionsmaßnahmen nicht durchgeführt werden können und „Vorspannung ohne Verbund" zur Anwendung kommt, hilft die bleibend einzubauende, aber sehr kostenaufwendige Verrohrung, um die Zielgenauigkeit der Bohrlöcher zu garantieren.

Die Kosten für Vorinjektionen in vorzuspannendem Mauerwerk bzw. für verrohrtes Bohren in unverpreßtem Mauerwerk sind nicht unerheblich. Sie sind aber an historisch bedeutsamen Bauwerken – bei Beachtung der zu erzielenden Erfolge und gleichzeitiger Ausschaltung aller Risikofaktoren zur Schaffung möglicher neuer Schadensquellen – immer zu rechtfertigen.

Abbildungsnachweis

Alle Abbildungen Verfasser

David Cook

Research into Improved Methods of Appraisal of In-Service Buildings prior to Repair

A preliminary report on Joint Research with the University of Karlsruhe (SFB 315)

Introduction

A recent award by the British Science and Engineering Research Council provides for a programme of joint research between the Department of Building Engineering, University of Bath, and the Institut für Tragkonstruktionen, Karlsruhe. The collaborative work sets out to improve the understanding of the deformation characteristics of in-service brick and blockwork walls, which have deteriorated due to their age. The problem is relevant to much of the stock of brick / masonry buildings in everyday use which form the core of our towns and cities.

The majority of these may be 70 to 120 years old although only a few might classify as historically important. However they exist in significant numbers and many have reached the point of requiring major overhaul, or being put to a change of use. Refurbishment is now seen to be the most cost effective way of conserving the building stock and character of an area. In England there has been a growing public awareness of a large back-log of maintenance which is seen by an increasing proportion of the total annual expenditure in construction, being devoted to maintenance work [1].

The aim of this research is to review and examine the current methods and procedures used by practising engineers when they assess a building prior to some form of repair or change of use. It is intended to confine the work initially to the condition of the brick / masonry fabric.

This paper provides a preliminary review only of the main items of English published literature on field observations of masonry damage compared against the measured structural deformation.

Cracking of Brick/Masonry

Brickwork being the oldest, most common and versatile of building materials, it has naturally received considerable attention from Research Workers for over half a century. Because of the variety of natural materials used to form bricks or masonry blocks and mortar, its engineering behaviour can be equally variable. Recent masonry research has tended to concentrate on improving the efficiency of new construction, for larger and more heavily loaded structures. In research and practice the thinking for new work follows a sequence of:

Design – construction – loading – initial deformation – ageing – crack development. In new construction a structure is analysed to predict what loads will cause cracking, and the design is made accordingly. When dealing with old buildings, the appraisal process must start with the structure in its cracked condition. Therefore some form of Back-Analysis must be evolved to trace what was the most probable chain of events which lead up to the crack situation.

The formation of cracks is the most common way in which brick/blockwork signals the fact that the masonry has deteriorated to the point of repair. It is the most frequent cause of masonry failure. Heavy cracking brings into question the structural safety of a building, but before that point is reached the question of serviceability has to be considered. Serviceability limits may be dictated by water penetration causing secondary defects, or simple visual appearance. The latter is often governed by building usage and the subjective attitude of the Owner or Occupier. People are more tolerant of cracks in a factory or storehouse, than in their own home or office.

Cracking can originate from a very wide variety of causes. Fundamentally however it is a result of tensile strain which may be induced by deformation in bending/shear, or volume changes of the component bricks, blocks, or mortar, arising from expansion or shrinkage, temperature change, corrosion or associated reactions. GRIMM (1988) [2] describes nine examples of cracking which originate from incompatibility between component materials and/or the surrounding steel or concrete frame. Faults arising from incompatibility of component materials are usually traceable to poor design and are more likely to become evident in the early life of the structure. Over a longer period of time however the more common cause of cracking is from differential foundation movement. The foundations under ordinary buildings of 100 years ago were inadequate by today's standards. Yet in contrast the old superstructure is heavier; the walls and roof were given more generous proportions.

The task of making settlement predictions and identifying the cause of foundation defects has been the responsibility of Geotechnical Engineers. For this reason much of the research into the mechanics of Soil/Structure interaction appears in the Soil Mechanics literature. There is something of a gap between traditional research into the strength and properties of masonry and the experience of the Geotechnical Engineer who attempts to match settlements with the limits of building tolerance.

Definitions of Settlement

KARL TERZAGHI first opened the debate on building settlements (1935) [3]. He stated: *"Differential settlement must be considered inevitable for every foundation unless the foundation is supported in solid rock. The effect of differential settlement on the building depends to a large extent on the type of construction. Consequently it is necessary to find out by careful inspection of buildings of known settlement records how much different types of construction can withstand without harm ..."*

Recognising that the usual methods of structural analysis can give only partial solution to the problem of predicting the onset of masonry cracking, engineers established the practice of making judgements on the basis of actual observation of buildings. The earlier recommendations were simple and easy to use. TERZAGHI AND PECK (1948) [4] differentiated between footings and rafts. For both types of foundation

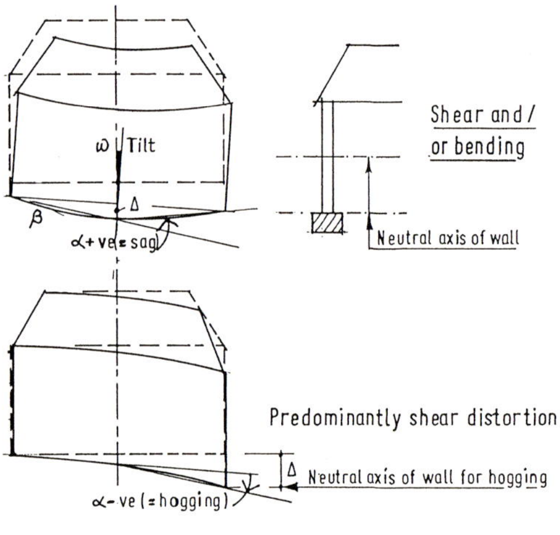

1 Differentiation between sagging and hogging

2a Settlement (total)

2b Differential settlement

2c Relative deflection

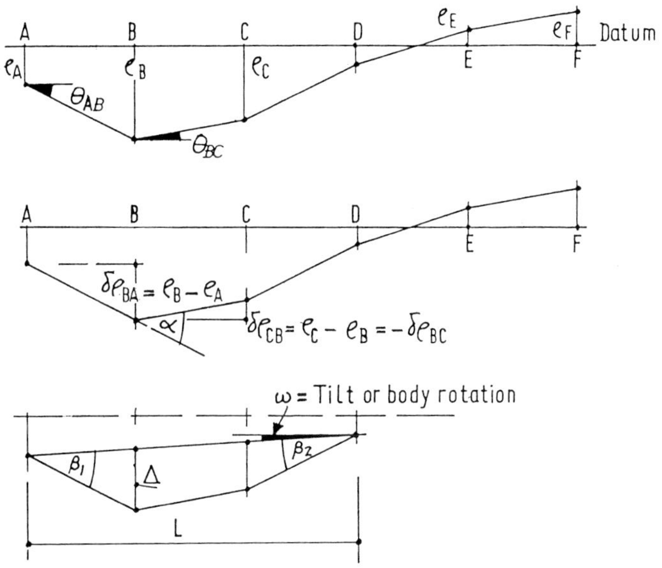

they suggested a differential settlement of 19 mm. For footings a total settlement of 25 mm was projected; and for raft foundations, 50 mm. No distinction was drawn between framed buildings and those constructed of load-bearing masonry. As field observations became more rigorous, so too did the definitions of structural movement. A set of definitions were brought together by BURLAND AND WROTH (1974) [5], and this list has been adopted by most workers since that date.

(i) The settlement of a point is defined as the vertical movement relative to its original position. It is given in Fig. 2a as, ρ_A, ρ_B, etc. Except in rare cases where structures are continuously monitored the absolute value of settlement is not known with accuracy. Downward movement is positive, upward movement (heave) is negative.

(ii) Rotation (Θ) is defined as the gradient or slope of the straight line joining two reference points. In Fig. 1a this would be, Θ_{AB}, Θ_{BC}, etc.

(iii) Differential or relative settlement is denoted by δ_ρ. In Fig. 2b the differential settlement of point B relative to A would be $\delta_{\rho BA}$, whereas that of C to B would be shown negative ($-\delta_{\rho CB}$). The maximum differential between all points in a structure is $\delta_{\rho max}$.

(iv) Angular strain is denoted by α. Observing the sign convention in (ii) above, then for point B ind Fig. 2b.

$$\alpha_B = \frac{\delta_{\rho BA}}{L_{AB}} - \frac{\delta_{\rho CB}}{L_{AB}}$$

In the above case the angular strain is positive as it indicates a sag or upward concavity.

(v) Tilt, is normally defined by ω, and gives the rigid body rotation of the major part of the structure. Difficulties arise with its determination unless the entire superstructure is surveyed, or at least the external walls checked for vertical. For instance, a wall which experienced pure shear would maintain vertical ends, yet level measurements only might infer a body rotation, (Fig. 2c).

(vi) Relative rotation β, is the rotation of the straight line joining two reference points relative to the tilt, (Fig. 2c). In earlier papers the term is referred to as Angular distortion (SKEMPTON 1956).

(vii) Relative deflection Δ, is the displacement of a point relative to a straight line

connecting two reference points A and D in Fig. 2c. It isolates the differential settlement, or heave, from the influences of total settlement and body rotation.
(viii) Deflection ratio is determined by the maximum value of Δ / L. From Fig. 2c it is worth noting that if lengths AB and BD are roughly equal then

$$\alpha_B = \frac{4\Delta}{L_{AD}}$$

for a circular arc.

Historical Background

MEYERHOF (1974) [6] interpreted the results of TERZAGHI's work by demonstrating a maximum deflection ratio of 1/1000 for his brickwork tests. He recommended use of a value of 1/2000 to provide a margin of safety. However he rejected the recommendation of 19 mm maximum differential settlement, stating that each structure must be analysed individually to determine its tolerance to movement. MEYERHOF also derived the maximum allowable angular distortion of frames as:
1/300, for open frames ... and 1/1000 for those with masonry infill.
SKEMPTON AND MACDONALD (1956) [7] were the first to make an analysis of a large number of buildings, with and without damage. From a survey of 98 structures, of which seven were simple load bearing masonry, they reckoned on limiting angular distortions of:
1/300 for cracks in walls or partitions ... and 1/150 to cause structural damage.
For a typical bay width of 6 m then an angular distortion of 1/300 represents a differential settlement of 20 mm which is in line with TERZAGHI's recommendations. Their findings were able to separate the varying response of the superstructure to construction over sands or clays, and whether there were isolated foundations or a raft. These are summarised in Table 1 below.
It is interesting to see the criteria for sands appears to be more stringent than clays. Settlement on sands however occurs rapidly whereas for clays there is the element of time dependancy. It is quite possible therefore that post-construction settlement observations on sands did not measure the immediate settlement. Experience also shows fewer problems of settlement on sands than on clays.
This comprehensive paper produced a surprising reaction from KARL TERZAGHI. He criticised it for being too sweeping in its recommendations; in the discussion of the paper he actually said ... "*On account of the facts set forth in the discussion, the audacity with which the authors had drawn their final conclusions had been a surprise to Professor Terzaghi. Instead of stimulating thought and observation in*

Criterion	Soil type	Isolated foundations	Rafts
Angular distortion or relative rotation		1/300	
Greatest differential settlement	Clays Sands	1.75 in (44 mm) 1.25 in (32 mm)	
Maximum settlement	Clays Sands	3 in (76 mm) 2 in (51 mm)	3 to 5 in (76–127 mm) 2 to 3 in (51–76 mm)

Table 1 Damage limits for load bearing walls or for the panels in traditional type frame buildings (Taken from [7], Table 8)

the difficult field of clay foundations the conclusions were likely to have the opposite effect. He hoped therefore that the tables representing the conclusions would not find their way into textbooks!"

This was despite the authors' insistence that their data was limited and in no way was to be regarded as a rigid set of rules. Perhaps it is fair to say that TERZAGHI's remarks, and the authors qualifications, came out of a greater realisation of the complications of the problem. Nevertheless the paper set a landmark in studies of allowable settlement, proved by the fact it has continued to be referred to in nearly all subsequent publications.

Within the field of British research, BURLAND AND WROTH (1974) [5] reviewed the problem of building settlement and associated damage; and pointed to an urgent need for a fundamental study of the relation between damage and actual building movement. Following work by POLSHIN AND TOKAR (1957) [8] they pursued the concept of crack damage related to a critical tensile strain. The concept was applied to a simple beam problem subject to shear and bending. It showed very simply how the material properties and length to height ratio of the panel affected the onset of cracking due to tensile strain induced by shear and/or bending. It made the point that the normal relationship between shear and elastic moduli (E/G) is invalidated in the case of a panel with openings because the panel as a unit is weak in shear. The paper further made the important point that a hogging mode of deformation was far more damaging than sagging. The argument considers the normal elastic analysis of a deep rectangular beam representing a wall panel. With a neutral axis at the centre the complete expression for the centre deflection due to a point load is given by

$$\frac{\Delta}{L} = \frac{P}{48}\frac{L^2}{EI}\left(1 + \frac{18\,EI}{L^2 G}\right) \qquad (1)$$

due to both bending and shear.

E can be related to G through the Poisson's Ratio, which Burland took at 0.3, giving the ratio E/G as 2.6. By ordinary beam theory it is then possible to write the deflection ratio in terms of the maximum strains in bending or shear.

$$\frac{\Delta}{L} = \left(0.167\frac{L}{H} + 0.65\frac{H}{L}\right) e_b\,(\max) \qquad (2a)$$

for bending,

$$\frac{\Delta}{L} = \left(0.25\frac{L^2}{H^2} + 1.0\right) e_d(\max) \qquad (2b)$$

for shear.

The above could be similarly written for a uniformly distributed load or other form. The expressions are only marginally different as is shown in Fig. 3. A more significant difference comes about if the neutral axis is moved from the centre line to the lower wall edge, that is to the foundation level. It is important, because in reality foundations will normally deform with the superstructure. So, provided the joint can sustain a horizontal shear they interact and therefore move the neutral axis downwards. For the neutral axis at the lower wall edge the expressions modify to:

$$\frac{\Delta}{L} = \left(0.083\frac{L}{H} + 1.3\frac{H}{L}\right) e_b(\max) \qquad (3a)$$

for bending,

$$\frac{\Delta}{L} = \left(0.064\frac{L^2}{H^2} + 1.0\right) e_d(\max) \qquad (3b)$$

for shear.

For a given value of maximum tensile strain, (2) and (3) show the limit of (Δ/L) will be determined by the wall shape (L/H). This can best be seen by the graph plots of all four expressions in (2a), (2b), (3a), (3b), in Figure 3. In both pairs of cases, strain from shear achieves a maximum first, when the walls are relatively short, that is in the range of L/H up to 0.75 to 1.5. For longer walls the maximum tensile strain is due to bending.

If the point of cracking is reached then e_{max} becomes the critical tensile strain. In maintenance work the presence of cracks is only recognised when they become visible to the naked eye. In BURLAND's examination of the research he found a concensus that cracks were evident between 0.05 to 0.10 per cent strain; and he nominated a figure of 0.075 per cent. Therefore, all the relationships for Δ/L versus L/H in Fig. 3 are calculated for this value of critical tensile strain. Consequently, within the limitations of the assumptions made the graphs will indicate the likely limits of relative deflection at the onset of cracking.

A further aspect of this approach is how the expressions vary with the ratio E/G. In the above it was given as 2.6, corresponding to a Poisson's Ratio of 0.3, for an isotropic wall. Whilst the presence of door or window openings may make a slight difference to the wall stiffness in bending, they could considerably reduce the stiffness in shear. Possible limits are included in Fig. 3, shown by the dotted lines for:

$E/G = 12.5$ very flexible in shear, neutral axis in the middle of wall,

$E/G = 0.5$ very stiff in shear, neutral axis at lower edge.

The assembly of graphs now provides a framework for some tentative predictions as to the growth of crack patterns, vis-a-vis the wall construction and mode of deformation.

(i) A hogging mode of deformation is given by the line for (3) and is the most sensitive case for damage. It happens when a building sinks at one corner, which can occur through a variety of common causes. This includes

Shrinkage of clay soils – subsidence due to mining, tunnels or deep excavations – ground water lowering – new construction alongside the old.

The criterion is the early onset of cracking below roof level through bending. Because so many brick buildings offer little if any tensile restraint at the roof, the damage focusses on one or two large tapered cracks propagating vertically for the full wall height. The situation is worse if the wall is very stiff in shear.

(ii) A sagging mode of settlement will follow (2a) or (3b). In cases where the foundation interacts with the wall and the neutral axis drops to the lower edge (3b), there is more tolerance. Damage will be seen through diagonal shear cracks. This also applies to many framed buildings with in-filling brick panels, because the framing suppresses the propagation of cracking.

(iii) However, in many domestic dwellings in England the damp proof material is a bitumen, and this allows the joint to slip. This will be reflected by a number of small cracks at the wall base, at lower deflection ratios (2a).

Research during the last 15 years has done little to add to BURLAND AND WROTH's basic thinking, although other studies have attempted extend the number of parameters. Work by ABU-EL-MAGD (1979) [9] and MACLEOD AND ABU-EL-MAGD (1980) [10] probably provides the most recent and up-to-date treatment of the deformation of brick walls due to settlement; and it is beyond the scope of this preliminary Review to include a full discussion of their work. They used a computer model of a brick façade with openings, to quantify the effects of varying the soil, foundation and structure stiffnesses, and L/H ratio. MACLEOD AND ABU-EL-MAGD offered a new range of angular distortions and deflection ratios dependant on the load distribution, uniformity of the sub-soil and the relative stiffness of the structure and its foundation.

BURLAND's work has also been applied to the problems of urban tunnelling and deep excavations. BOSCARDIN AND CORDING (1989) [11] modified (3a) and (3b) to determine principal strains when the ground movement included a direct horizontal extension. In England also attention has

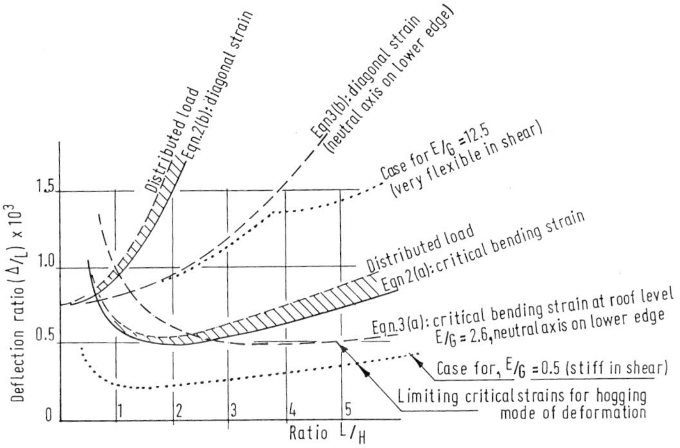

3 *Relation between Deflection Ratio* Δ/L *and* L/H *for deep rectangular Beams, for a limiting tensile strain of 0.075 per cent (Criterion for cracking)*

been focussed on the same problem, in planning a route for the Channel Tunnel rail link which will cut through the dense urban areas of south London.

Summary

The literature offers a wide variety of sometimes conflicting recommendations as to the nature and magnitude of movements that can be tolerated by brick / masonry building structures. The mechanics of movement, and how cracks are initiated, is fairly well established. The range of subjective opinions, as to what damage levels can be tolerated, is much more variable. It is recognised that some cracking must be accepted as normal, if heavy cost penalties are to be avoided. It is also recognised that the type of structure and its usage will influence the problem.

Table 2 therefore is presented as a conclusion to this preliminary report. It summarises the progression of published deformation parameters given during the last 40 years. It is clear that research in this field is not likely to offer tidy solutions. In fact there is good reason to believe new investigations may throw up as many new questions as it gives answers. The Writer sees no escape from this however the work is tackled.

	Angular Distorsion β				
	Isolated foundation	Rafts	Open frames	Infilled frames	Loadb. bricks
1948 TERZAGHI & PECK					
1956 MEYERHOF			1/250	1/500	1/1000
1956 SKEMPTON & MCDONALD	1/300	1/300			
1957 POLSHIN & TOKAR			clay 1/200 sand 1/200	clay 1/500 sand 1/500	
1963 BJERRUM	sensitive machinery safe limit for no cracking first cracking of panel walls considerable cracking danger of structural damage safe limit for flexible brick walls ($L/H > 4$)				1/750 1/500 1/300 1/150 1/150 1/150
1974 BURLAND & WROTH (for $E_{crit} = 0.075\%$)		1/500	1/500		
1974 GRANT, CHRISTIAN & VANMARCKE	1/300 but total B may exceed this without local damage				
1977 BURLAND, BROMS & DE MELLO					
1980 MACLEOD & ABU-EL-MAGD	 U.D.L. Homogeneous soil Inhomogeneous soil Concentrated load, homogeneous soil		 $L/H = 2$ $L/H = 5$ $L/H = 2$ $L/H = 2$ $L/H = 5$	sagging 1/830 to 1/250 1/580 to 1/220 1/3100 to 1/700 1/3120 to 1/600 1/2780 to 1/765	hogging – – 1/1670 1/2360 to 1/2000 1/2000 to 1/1200
1988 RANKIN	Risk:	negligible slight moderate high	< 1/500 1/500 to 1/200 1/200 to 1/50 > 1/50		

Table 2 Summary of Allowable deformation. Limits, according to various Authors (1948 to date)

Differential Settlement		Maximum Settlement		Deflexion Ratio Δ/L		
Isolated foundation	Rafts	Isolated foundation	Rafts	Sagging	Hogging	
20 mm	20 mm	25 mm	50 mm			Terzaghi & Peck
				Loadbearing brick 1/2000 to 1/2500		Meyerhof
clay 45 mm sand 30 mm		75 mm 50 mm	75 to 125 mm 50 to 75 mm			Skempton & McDonald
				$E_{crit} = 0.05\%$ Loadbearing masonry clay $L/H<3$, 1/2500 $L/H>5$, 1/1400 sand $L/H<3$, 1/3300 $L/H>5$, 1/2500		Polshin & Tokar
						Bjerrum
				$L/H = 1$ 1/2500 $L/H = 5$ 1/1250	$L/H = 1$ 1/5000 $L/H = 5$ 1/2500	Burland & Wroth
clay 56 mm sand 30 mm						Grant, Christian & Vanmarcke
on clay 75 mm	on clay 125 mm	on clay 200 mm	on clay 250 mm			Burland, Broms & De Mello
				1/3640 to 1/1050 1/5000 to 1/1500 1/10400 to 1/2400 1/6000 to 1/1500 1/10700 to 1/3630	– – 1/6920 to 1/4740 1/10000 to 1/7500 1/16670 to 1/5840	Macleod & Abu-el-Magd
		< 10 mm 10 to 50 mm 50 to 75 mm > 75 mm				Rankin

References

[1] National Economic Development Council (1985): "Investment in the public sector built infrastructure", Parts 1 and 2 (published by NEDO, Millbank, London)

[2] GRIMM, C.T. (1988): "Masonry cracks - A review of the literature". ASTM special Technical Publication No. 992

[3] TERZAGHI, K. (1935): "The actual Factor of Safety in Foundations". The Structural Engineer, Vol. 13, 126-160

[4] TERZAGHI, K. and R.B. PECK (1948): "Soil Mechanics in Engineering Practice". John Wiley, New York

[5] BURLAND, J.B. and C.P. WROTH (1974): "Settlement of buildings and associated damage". Proc. Conf. Settlement of Structures, Cambridge (Review Paper) 611-654. Pentech Press

[6] MEYERHOF, G.G. (1956): Discussion on paper by Skempton and Macdonald. Proc. Instn. Civil Ingnrs. Vol. 5, Part II, 774

[7] SKEMPTON, A.W. and D.H. MACDONALD, (1956) "The allowable Settlement of Buildings". Proc. Instn. Civil Engnrs. Vol. 5, Part II, 727-768

[8] POLSHIN, D.E. and R.A. TOKAR (1957): "Maximum allowable non-uniform settlement of Structures". Proc. 4th Int. Conf. Soil Mech. and Foundn. Engng. Vol. I, 402-405

[9] ABU-EL-MAGD, S.A. (1979): "Settlement of brick Buildings", Ph.D. Thesis, Paisley College of Technology

[10] MACLEOD, I.A. and S.A. ABU-EL-MAGD (1980): "The behaviour of brick walls under conditions of settlement", The Structural Engineer Vol. 58A, No. 9, 279-286

[11] BOSCARDIN, M.D. and E.J. CORDING (1989): "Building response to excavation induced settlement". Proc. Amer. Soc. Civil Engnrs. Journal of Geotech. Engng. Vol. 115, No. 1, 1-20

Illustration acknowledgments

All illustrations by the author

WOLFRAM HAUPT

Kosteneinflüsse bei der Preisermittlung und Ausführung von Bohr-, Verankerungs- und Verpreßarbeiten

Bedingt durch die jeweils unterschiedliche – und zu Beginn einer Planung selten vollständig abschätzbare – Situation im Altbaubestand hat es sich als sinnvoll erwiesen, die Kosten für Baumaßnahmen zur Erhaltung und Instandsetzung von historischem Mauerwerk für jeden Bau jeweils neu zu ermitteln. Aus einer Vielzahl von Teilleistungen lassen sich Gesamtbaukosten und aus diesen die auf eine Einheit – z.B. m^3 Mauerwerk – bezogenen Kosten immer nur auf ein Objekt hin ermitteln. Auch die Einheitspreise von Teilleistungen unterliegen erheblichen Abweichungen: Während zum Beispiel von Betonbohrfirmen in Abhängigkeit von Bohrdurchmesser, Bohrrichtung und Stahlanteil Listenpreise angegeben werden können, ist dies bei der Ausführung von Bohrungen im Mauerwerk – Ankerbohrungen meist in minderwertigem Füllmauerwerk des Kerns! – nicht möglich; Gesteinshärte, Zustand des Mauerwerks, Füllmauerwerk ausgemörtelt oder als loses Haufwerk u.a. beeinflussen sowohl die anzuwendende Bohrtechnik als auch die Leistung der Baustelle. Der kalkulative Unsicherheitsfaktor liegt ohnehin noch in der häufigen Unkenntnis des Mauerwerksinneren.

In diesem Zusammenhang sei noch auf die früher häufige, heute nur noch selten vorkommende Pauschalierung von Einheitspreisen in Ausschreibungen hingewiesen, so zum Beispiel „... m^2 Mauerwerk vollständig verpressen, einschließlich der erforderlichen Bohrungen; der Verpreßerfolg ist anhand von Kernbohrungen nachzuweisen; die Kosten sind in den Einheitspreis einzurechnen ...“; hier kann sich die Preisermittlung des anbietenden Unternehmens nur zwischen Kalkulation und Spekulation bewegen.

In aller Regel wird jedoch in Ausschreibungen die Gesamtleistung soweit in Teilleistungen zergliedert, daß der Anbietende die preisbeeinflussenden Umstände erkennen und berücksichtigen kann.

In der folgenden Tabelle sind die preisbeeinflussenden und kalkulierbaren Faktoren – ohne Anspruch auf Vollständigkeit – für das Gebiet der statisch-konstruktiven Mauerwerksinstandsetzung enthalten.

Eine dem Zweck entsprechende Vorplanung kann Mehrkosten, welche aufgrund von Unterbrechnung der Ausführung, Massenmehrung, Umplanung und eventuellen Folgekosten entstehen können, im Rahmen des Möglichen minimieren; mit Sicherheit ausschließen lassen sich Mehrkosten wohl nie; da man insbesondere bei historischen Bauwerken nie vor Überraschungen sicher ist, welche eine Umplanung zur Folge haben können. In diesem Zusammenhang erscheint auch eine bauseitige ingenieurmäßige Überwachung während der Ausführung sehr sinnvoll, da nur der mit dem Bauwerk vertraute Ingenieur eine schnelle und zweckentsprechende Entscheidung treffen kann.

In den abschließenden Beispielen (Abb.) wird die prozentuale Kostenaufteilung der Bauleistung bei der Sanierung eines Mauerwerksabschnittes dargestellt:

Teilleistungen	Kostenbeeinflussende Faktoren	Ergänzende Anmerkungen
Arbeitsgerüst	- Einrüsten der gesamten zu bearbeitenden Fläche (siehe Beispiel A) - Einrüsten wie vor, jedoch nur oberer Teil wird bearbeitet - Gerüstverbreiterung am Bohransatzpunkt bei langen Ankerbohrungen	Gerüstbreite B = 1,0 m Gruppe III/DIN 4420 hier Gerüstbreite 2 m
Fugen öffnen, säubern und auf erreichbare Tiefe ausmörteln	- Minderwertiges Fugenmaterial von Hand oder maschinell - Ausfugen von Hand oder maschinell - Im Fall B maschinell - Mauerwerk reinigen oder Lehmschlämme vorher aufbringen und nach maschinellem Ausfugen mit Hochdruckwasserstrahl abwaschen - Mörtelfestigkeit - Fugenbreite	mittlere Größe der Mauerwerkssteine d.h. lfdm Fugen/m² sowie Mauerwerk d.h. Quadermauerwerk/ Bruchsteinmauerwerk zusätzlich kostenbeeinflussend
Risse öffnen, säubern, auf erreichbare Tiefe ausmörteln	- wie bei „Fugen“ - Rißbreite: wenn größer, dann mit Steinmaterial auszwicken; bei Sichtmauerwerk evtl. Steine beidseitig der Rißufer ausbauen, neue Steine im Verband einsetzen	Risse häufig durchgehend, daher Bearbeitung innen und außen
Injektionsbohrungen ø ≤ 30 mm l ≤ 1,0 m	- Ausführung drehschlagend - Ausführung drehend - Festigkeit und Zustandsform von Mörtel/Stein	Luftspülung/Wasserspülung, Bohrmehlförderung mit Wendelbohrer, mit Luft oder Wasser nachspülen; Bohrmehlabsaugung
Verpreßstutzen	- Packer, nur bei glattwandiger Bohrung - Preßhähne, mit Holzkeilen festlegen und mit Werg abdichten - Injektionsschläuche, einmörteln	nach Verpressung ausbauen, Schläuche abschneiden, Bohröffnung ausmörteln, evtl. farbliche Angleichung
Nadelankerbohrungen ø ≤ 65 mm l ≤ 1,50 m	- Ausführung drehschlagen - Ausführung drehend - Luft- oder Wasserspülung - Einzellänge - Festigkeit und Zustandsform des Mauerwerks	Drehbohrung im Kernbohrverfahren: - Hartmetallkrone - Diamantbesetze oder Diamant imprägnierte Krone (bei Luftspülung hohe Kronenkosten/lfdm Bohrung!)

Nadelanker liefern und einbauen	- Abmessungen: ø und Länge
	- Material (Stahl und Stahlgüte):
	  - BSt 500 S
	  - Rostfreier Edelstahl (V4A, V2A)
	  - Feuerverzinkter Stahl
	  - Beschichteter Betonstahl
		Evtl. mit im Mauerwerk oder in der Bohrung versenkbaren Endplatten, wenn Verbundlänge nicht ausreichend
		
		muß vor Verzinkung oder Beschichtung auf Fixlänge geschnitten werden!

Tabelle Bauwerksbedingte und ausführungstechnische Kostenfaktoren

Teilleistungen	Kostenbeeinflussende Faktoren	Ergänzende Anmerkungen
Ankerbohrungen ø = 86 mm $l \geq 1{,}50$ m	- wie bei Nadelankerbohrungen - Einzellänge (Kosten für Einrichten und Einmessen der Bohrlafette auf lfdm-Bohrung umlegen) - Zustandsform des Füllmauerwerks: Verklemmung der Bohrgestänge infolge Nachfall; Abweichung von der Bohrachse; Ausbau der Bohrtour und Zwischenverpressung; Durchbohren von mauerwerksfremden Stoffen: alte Anker, Stahlteile	wie bei „Nadelankerbohrungen“
Anker/Spannanker $l \geq 1{,}50$ m	- Abmessungen: ø und Einzellänge/Gesamtlänge; Anzahl der Muffenstöße - Material, d.h. Stahl und Stahlgüte: - BSt 500 S als Gewindestahl - Spannstahl, z.B. 835/1030 als Gewindestahl - Rostfreie Edelstähle, glatt, Gewinde muß gesondert aufgeschnitten werden - Anker in Hüllrohren	
Endverankerung für Anker/Spannanker, im Mauerwerk versenkt	- Mauerwerk öffnen/schließen: z.B. Bruchsteinmauerwerk, Quadermauerwerk - Endverankerungsplatte auf Mörtelbett/Stahlbetonplatte; Plattenverankerung oder Glockenverankerung	
Vorspannung	- auf planmäßige Endlast vorspannen - stufenweise auf planmäßige Endlast - nachspannen zu einem späteren Zeitpunkt	Meßeinrichtungen anbringen, ablesen und protokollieren in größeren Zeitabständen
Verpreßgut in Risse/Mauerwerk/Bohrungen einpressen	- Aufnahme pro Verpreßstutzen - Wasser-Feststoff-Faktor - Material: z.B. Zemente; HS-Zement; hochhydraul. Kalke/Traßkalk; gipsresistente Spezialmörtel - injektionsfähiger Hohlraumanteil - zulässiger Verpreßdruck	evtl. zusätzlich kalfatern (abdichten); Beobachtung von verdecktem Mauerwerk: z.B. einbindende Holzbalkendecken, Verschalungen, Paneele; Abflußleitungen Verspätete Untersuchung des Altmörtels auf Sulfate/Salze. Eventuell: spätere Beseitigung von Ausblühungen, evtl. Putzerneuerung, Folgekosten (nicht kalkulierbar)

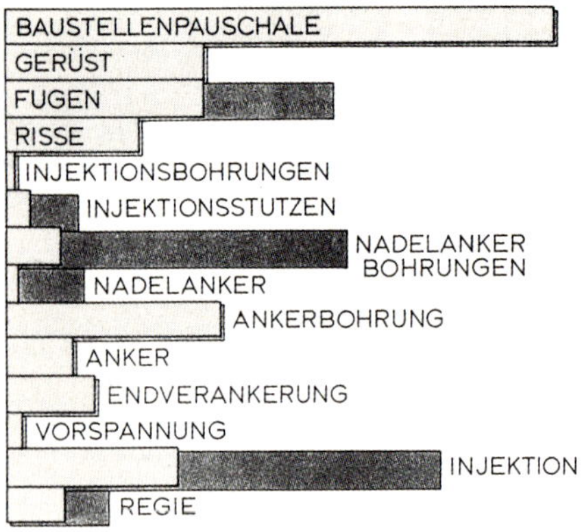

	A	B
Baustellenpauschale	10	16
Gerüst	16	16
Fugen	6	10
Risse	1	2
Injektionsbohrungen	3	2
Injektionsstutzen	16	4
Nadelanker Bohrungen	4	1
Nadelanker	10	17
Ankerbohrung	3	5
Anker	4	7
Endverankerung	1	1
Vorspannung	21	14
Injektion / Regie	5	5
	(100)	(100)

% DER BAULEISTUNG

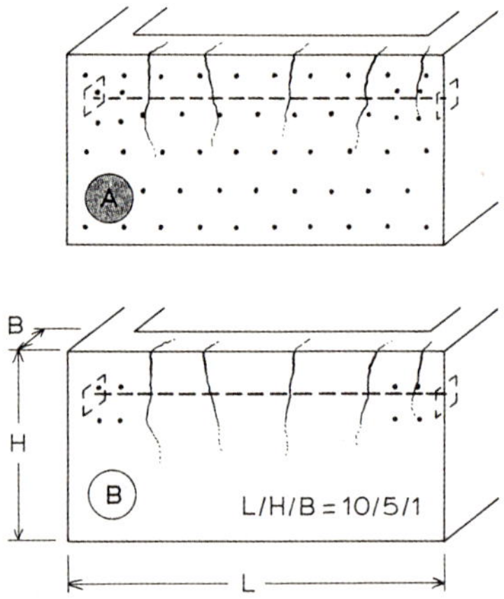

Kostenvergleich zweier Ausführungsvarianten zur Verpressung eines Mauerabschnittes.
Beispiel A: Zweischaliges Mauerwerk, Kern: loses Füllmaterial ohne Verbund, Verpressung mit W/F = 1,0. Fugensanierung über die gesamte Fläche.
Beispiel B: Zweischaliges Mauerwerk, im oberen Bereich loses Füllmaterial ohne Verbund, Verpressung mit W/F = 0,8. Fugensanierung im oberen Bereich.
Die Regiearbeiten sind mit 5% der Gesamtleistung (ohne Baustellenpauschale) angesetzt.
Gesamtbauleistung: B = 60% von A

- Beispiel A: Eine zweischalige Mauerwerksscheibe erfordert eine Quervernadelung über die gesamte Fläche sowie einen rißüberbrückenden Spannanker, Rißverpressung.
- Beispiel B: Zweischaliges Mauerwerk, nur im oberen Bereich Kernfüllung ohne Verbund, rißüberbrückende Verankerung wie vor; Rißverpressung.

Die %-Zahlen beziehen sich auf ein bestimmtes Objekt und zeigen den Anteil der Teilleistungen an der Gesamtbauleistung; mit der Änderung der bauwerksbedingten Voraussetzungen können sich sowohl die Einheitspreise als auch der Anteil der einzelnen Teilleistungen an der Gesamtbauleistung wesentlich verändern.
Wie bereits oben angedeutet, müssen noch häufig Änderungen gegenüber der Ausschreibung während der Ausführung berücksichtigt werden, welche erst nach Zugänglichkeit (Gerüststellung) des Bauwerks erkennbar werden: so bestimmen z.B. erst chemisch-mineralogische Untersuchungen die Auswahl des Injektionsgutes, die Mörtelzusammensetzung für Verfugungen sowie die Gesteinsart bei neuem Mauerwerk. Zudem sind die Oberflächenbearbeitung des Steinmaterials, die Art und Struktur der Verfugung entsprechend den Forderungen der Denkmalpflege auszuführen.
Aufgrund der Lohnintensität derartiger Arbeiten und der möglichen Änderung der kalkulierten Leitung sind daraus resultierende Kosteneinflüsse zusätzlich zu berücksichtigen.

Abbildungsnachweis

Abbildung Verfasser

1 Die Auguste Victoria-Kirche auf dem Sattel im Norden des Ölberges

HORST MOLDZIO, BERND FRESE

Zu den Planungs- und Bauarbeiten an der Evangelischen Himmelfahrtkirche auf dem Ölberg in Jerusalem

1 Einleitung

Die 1907–1910 erbaute evangelische Himmelfahrtkirche auf dem Ölberg in Jerusalem wurde im Jahre 1927 durch ein Erdbeben stark beschädigt. Schäden infolge Brand und eindringender Nässe kamen hinzu.

Im großen und ganzen blieb das Bauwerk mit seiner reichen Innenausstattung als ein wichtiges Bauzeugnis der letzten Epoche des deutschen Kaiserreiches erhalten.

Zukünftig soll die Kirche mit ihren Nebenräumen als Zentrum für Pilger und Touristen dienen. Die verminderte Standfestigkeit mußte dafür durch statisch-konstruktive Sicherungsmaßnahmen wiederhergestellt, der Innenraum umfassend restauriert werden.

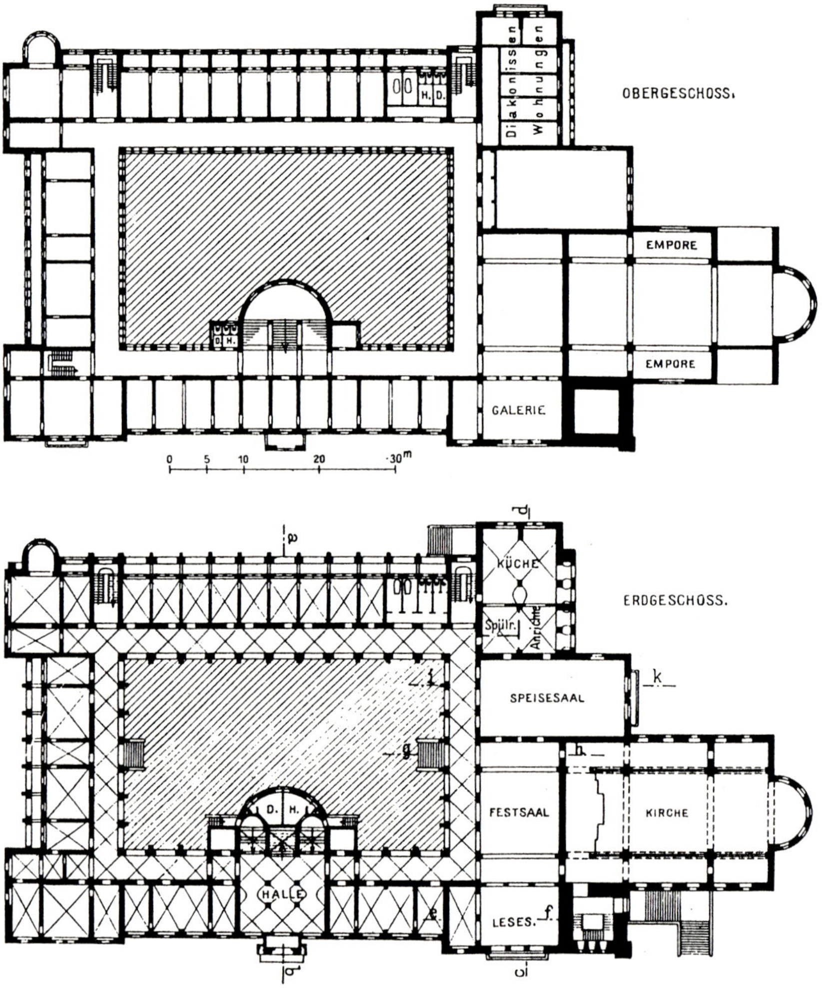

2 *Grundrisse*

2 Zustand und Schadenserkundung

2.1 Baugrund und Gründung

Der Baugrund unter dem Gebäudekomplex wurde durch mehrere Probebohrungen erkundet. Weitere Aufschlüsse über die Untergrundverhältnisse erbrachten Schürfen an den Außenwand- und Pfeilerfundamenten der Kirche. Im Nordwesten wurde vorwiegend Kreide angetroffen, im Südosten Feuerstein. Die Trennungslinie dieser Formationen verläuft annähernd diagonal unter der Kirche von Nordost nach Südwest, sie entspricht einer geologischen Verwerfung. Die Schürfen zeigten dicht gelagerten, standfesten Boden von der Qualität eines stark verwitterten Felses.

Die Gründungstiefe der Außenwandfundamente ist gering, sie beträgt unter der Ostwand im Minimum nur ca. 0,30 m. Die Innenpfeiler sind wesentlich tiefer gegründet, die Sohle des nach innen verbreiterten Turmfundamentes liegt ca. 2 m unter Niveau.

Rißschäden am aufgehenden Sockelmauerwerk, die auf unzureichende Gründungsverhältnisse hätten Hinweis geben können, wurden nicht festgestellt, auch gibt

es erkennbar keine unterschiedlichen Setzungen am gesamten Bauwerk.
Aufwölbungen oder Unebenheiten im Plattenbelag des Kirchenfußbodens als Anzeichen geringer Grundbruchsicherheit waren ebenfalls nicht festzustellen. Lediglich feine Rißbildungen in einigen Mörtelfugen des Plattenbelages deuteten auf die unterschiedlichen Untergrundverhältnisse hin.

2.2 Aufgehendes Mauerwerk

Die Außen- und Innenwände der Kirche bestehen aus ca. 1,00 m bzw. 0,80 m dickem mehrschaligem Mauerwerk. Die äußeren Schalen aus festem Jerusalemer Kalkstein sind ca. 15 bis 20 cm dick. Die innere Füllung ist von minderer Qualität, sie besteht aus Kalksteinbruch in Mörtel.
Von guter Qualität ist das Kalksteinquadermauerwerk der Vierungspfeiler und der Bögen über der Vierung sowie auch das Mauerwerk der übrigen tragenden Pfeiler und Bögen.
Die durch das Erdbeben von 1927 hervorgerufenen Rißschäden und Gefügestörungen im Mauerwerk nahmen in ihrer Häufigkeit und Schwere von unten nach oben zu. Im Erdgeschoß gab es nur wenige feine Risse im Bereich der Fenster- und Türöffnungen. Das Emporengeschoß war durch leichte Risse in den Außenwänden und stärkere, treppenförmig verlaufende Risse in den Querwänden gekennzeichnet. Schrägrisse verliefen durch das Kappenmauerwerk, leichtere Risse in den Fugen der massiven Brüstungen.
Breite Risse und Gefügestörungen fanden sich im Mauerwerk oberhalb der Bögen. Sämtliche Eckverzahnungen zwischen Längs- und Querwänden waren beim Erdbeben weit aufgerissen, die Risse wurden deutlich von unten nach oben breiter.
In den quer gespannten Vierungsbögen gab es in der Fuge zwischen der oberen und unteren Bogensteinreihe zum Teil kräftige Verschiebungen. Die Bogensteine selbst wurden nicht beschädigt. Schadensfrei sind auch die massiven, durchgemau-

3 Die Kirche ist durch Turm und Hospiz in West-Ost-Richtung ausgesteift und kragt nach Süden vor.

4 Die beiden übereinander liegenden Steinreihen der Vierungsbögen haben sich gegeneinander verschoben.

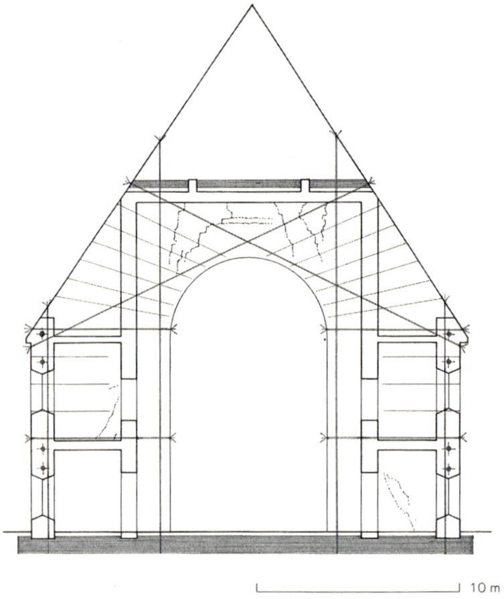

5 Ursprünglich geplante Erdbebensicherung der Kirche durch Ausbildung als „steifer Kasten“

erten Innenpfeiler geblieben. Im Mauerwerk der Apsis zeigten sich leichte Rißschäden, stärker in Mitleidenschaft gezogen wurden Mauerwerk und Bogen des Südgiebels.

3 Sicherungskonzept

3.1 Baugrund und Gründung

Wegen fehlender Schäden im Gründungs- und Sockelbereich wurde von konstruktiven Eingriffen und Fundamentverstärkungen gänzlich abgesehen. Die nach den Regeln für Neubauten in erdbebengefährdeten Gebieten für die Gründung empfohlenen Maßnahmen wie Streifenfundamente mit Längsbewehrung, Zerrbalken zwischen Einzelfundamenten oder eine durchgehende, kreuzweise bewehrte Fundamentplatte hätten hier, nachträglich ausgeführt, zu einem erheblichen Verlust an originaler Substanz, insbesondere des alten Plattenfußbodens, geführt. Ferner wären weitere Rißbildungen im aufgehenden Mauerwerk durch Nachgründungsarbeiten nicht auszuschließen gewesen.

3.2 Aufgehendes Mauerwerk

Auf der Suche nach dem vertretbaren Minimum an technischen Eingriffen in die historische Bausubstanz und den notwendigen konstruktiven Zufügungen wurden Lastabtrag und Lastfluß für Eigenlasten und Wind rechnerisch, genauer als dies bislang geschehen war, bis hinein in den Baugrund verfolgt. Für ständig wirkende Lasten und Wind konnte für eine schadensfreie Mauerwerkskonstruktion überall ausreichende Standsicherheit nachgewiesen werden. Durch Überlagerung der Beanspruchung aus Eigenlasten und Erdbeben ließen sich diejenigen Mauerwerksbereiche eingrenzen, in denen es numerisch zu großen Verformungen, großen Zugspannungen und nicht übertragbaren Schubspannungen kam.

Danach erwiesen sich folgende statisch-konstruktiven Maßnahmen als sinnvoll und angemessen:

- Verfüllen und Verpressen der Risse und Gefügestörungen in den Wänden und der Risse in den Fugen des Bogenmauerwerkes mit mineralischem Injektionsgut im statisch erforderlichen Umfang,
- Zusätzliches Zusammenbinden der im Gefüge stark geschädigten Mauerwerkspartien durch Nadelanker aus Rippenstahl,
- Anordnung von zug- und druckfesten sowie biegesteifen Stahlbetongurten auf den Mauerkronen im Dachraum und deren schubfeste Anbindung an das Mauerwerk über senkrechte und schräge Nadelanker bis in die jeweils erforderliche Tiefe, z.T. bin in die Bogensteine der Vierungsbögen,
- Aufhängen der Bogensteine des Apsisbogens mit Nadelankern in die aufgehende Wand,
- Auskreuzen der Deckenebene zwischen den Stahlbetongurten durch zugfeste Stahldiagonalen,

– Zusätzliche Sicherung des stark zerrissenen Südgiebels durch einen leicht vorgespannten horizontalen Zuganker.

4 Erdbebenberechnung

Grundlage für die Ermittlung der Erdbebenlasten war DIN 4149, Bauten in deutschen Erdbebengebieten, und der Israel Standard SI 413, Characteristic Loads in Buildings: Earthquakes.
In einem ersten Schritt wurden nach dem Näherungsverfahren der DIN 4149 die Erdbebenlasten getrennt für die Längsachsen, die Querachsen und den Turm ermittelt. Durch Variation der Randbedingungen, wie Einfluß des Untergrundes, Elastizitätsmodul des Mauerwerks, Fundamentflächen und Trägheitsmomente, konnten die Schwachstellen des bestehenden Konstruktionsgefüges aufgespürt und eingegrenzt werden. Der Einfluß von Verstärkungs- und Sicherungsmaßnahmen auf das Verhalten des Tragwerkes bei einem künftigen Beben ließ sich hierbei qualitativ und quantitativ abschätzen.
In weiteren Schritten wurden die Erdbebenlasten nach dem in DIN 4149 beschriebenen allgemeinen Verfahren ermittelt. Der Berechnung wurde das für Israel gültige normierte Antwortspektrum und die für Jerusalem geltende Erdbebenzone (Intensität VIII–IX der MM-Skala bzw. IX der MSK-Skala) zugrunde gelegt. Das Tragwerk wurde im ganzen durch ein räumliches Stabwerk idealisiert mit Schwerpunkt der Massen in den Knotenpunkten.
Als Rechenhilfe stand das Finite Element Programm ADINA am Rechenzentrum der Universität Karlsruhe zur Verfügung.
Das Gesamtverhalten des Tragwerks wurde für längs und quer zum Bauwerk einwirkende Erdbebenkräfte wiederum durch Variation der Parameter in mehreren Rechenläufen untersucht. Insbesondere wurde die Dehnsteifigkeit der in Abschnitt 3 beschriebenen Aussteifungsverbände in der Ebene der Dachdecke solange geändert, bis sich ein ausgewogenes Bild der Massenkräfte und Verformungen am Gesamtsystem ergab. Die Rechenergebnisse ließen sich erstaunlich gut mit den Schadensbildern und den am Bauwerk gemessenen Rißbreiten und Verformungen verknüpfen.

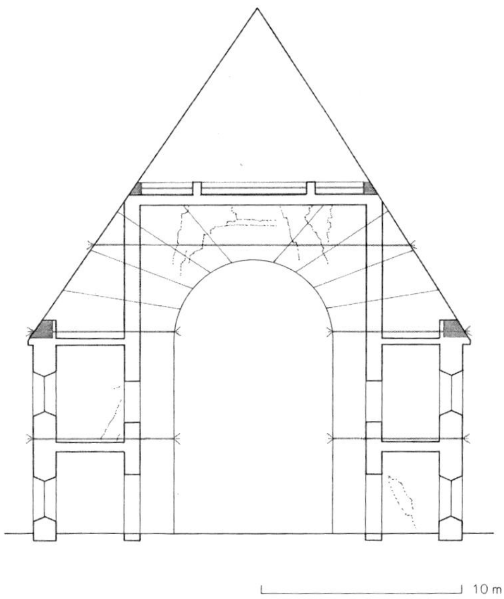

6 *Reduziertes Sicherungskonzept*

5 Bauausführung

Das detailliert ausgearbeitete Sicherungskonzept wurde an den mit der Ausführungsplanung beauftragten örtlichen Ingenieur Adam Feller aus Haifa übergeben und in enger Zusammenarbeit mit seinem Büro zur Ausführungsreife gebracht. Der Auftrag zur Ausführung der Sicherungsarbeiten wurde der Firma Grund- und Ingenieurbau aus Essen erteilt, einem namhaften Unternehmen auf dem Gebiet der konstruktiven Sicherung historischer Bauten. Die Bauzeit dauerte von Mai bis September 1989. Überraschende Vorkommnisse und außergewöhnliche Schwierigkeiten bautechnischer Art hat es nicht gegeben.

7, 8 Turm und Dachstuhl während der Bauarbeiten

In Absprache mit dem Mineralogischen Institut der Universität Karlsruhe wurden für die Wandsicherungsarbeiten folgende Mörtelzusammensetzungen gewählt: Zum Verpressen der Innenwände ein Injektionsmörtel mit 30% Kalkhydrat-, 20% Portlandzement- und 50% Traßanteil.

Dieser Mörtel entspricht in seinen Eigenschaften dem vorhandenen Mauermörtel hinsichtlich Zähigkeit und Festigkeit und genügt den statischen Erfordernissen in vollem Umfang. Da die Innenwände beständig trocken bleiben, ist auch der Korrosionsschutz für die in Wandmitte liegenden Stahlzuganker sichergestellt.

Das Verpressen der Außenwände erfolgte mit einem ähnlichen Mörtel, welcher 30% Portlandzement-, 20% Kalkhydrat- und 50% Traßanteil enthielt.

Dieser Mörtel besitzt etwas höhere Festigkeiten als das zuvor genannte Gemisch, bietet durch seinen höheren Zementanteil jedoch einen besseren Korrosionsschutz für diejenigen Zuganker, die in den dem Schlagregen ausgesetzten Außenwänden liegen. Beide Mörtel ließen sich einwandfrei verarbeiten.

Die Verpreßmörtel stammten aus deutscher Produktion, ebenso die Gewindestäbe ø 20 und ø 32 mm aus BSt 500 S für die bis zu 20 m langen Zuganker. Alle übrigen Baustoffe wurden in Israel beschafft.

5.1 Verfüllen und Verpressen der Risse im Mauerwerk

Die Injektionsarbeiten mußten mit besonderer Sorgfalt ausgeführt werden, um keine weiteren Schäden an den Wandmalereien und Mosaiken hervorzurufen.

Die Injektionslöcher wurden deshalb trocken gebohrt. Auf das sonst übliche Spülen der Bohrungen mit Wasser vor dem eigentlichen Verpressen wurde ebenfalls verzichtet.

Stattdessen wurden die Bohrlöcher und Rißufer mit einem „Sprühnebel", d.h. einem Preßluft-Wassergemisch, so intensiv gereinigt und schonend vorgenäßt, daß das Injektionsgut einwandfrei, aber ohne zu „verdursten" auch in die feinsten Risse gedrückt werden konnte. Verpreßt wurde durch Injektionslanzen, die im Zuge des Verpreßvorganges langsam gezogen wurden. Das gewählte Verfahren bewährte sich sehr gut. Nennenswerte Beeinträchtigungen der Malereien und Mosaiken durch austretendes Wasser oder Injektionsmörtel traten nicht auf.

5.2 Bohrarbeiten für horizontale und flach geneigte Zuganker

Das Herstellen der bis zu 20 m langen zielgerichteten Bohrungen für die Zuganker gestaltete sich zum Teil schwierig. We-

gen der relativ geringen Wanddicken von ca. 1,00 m durfte die seitliche Abweichung der Bohrung von der Sollachse 1% der Bohrlänge nicht überschreiten.
Das mehrschalige Mauerwerk der Wände ist zum größten Teil aus hartem Jerusalemer Kalkstein hergestellt. Die äußeren Schalen bestehen aus großformatigem regelmäßigem Quadermauerwerk, die innere Schale aus unregelmäßigem Bruchsteinmauerwerk. Im Kernmauerwerk wurde Feuerstein bis zu 40 cm Durchmesser mitvermauert. Diese Flintsteine werden auf der Härteskala mit 9 eingestuft, sind mithin härter als Granit. Der Zeitaufwand für das Durchbohren dieser Steine war deshalb außerordentlich hoch, desgleichen der Verschleiß an Diamantbohrkronen.
Mit einem optischen Hohlkörperprüfgerät wurden die Bohrungen regelmäßig ausgeleuchtet; dabei wurde festgestellt, daß die Qualität des Mauerwerks im Inneren recht gut war. Nur bei einigen wenigen Bohrungen trat Nachfall ein; die zusammengefallenen Bohrungen wurden zwischenverpreßt und nach einigen Tagen wieder aufgebohrt.
Das Verpressen der Anker erfolgte nach dem gleichen Verfahren wie bei den kurzen Injektionsbohrungen mit Sprühnebel und Injektionslanzen.

5.3 Bohrarbeiten für senkrechte und schräge Nadelanker

Bei der Durchführung der bis zu 9,00 m langen Bohrungen in den Bögen und Wänden zeigte sich, daß der Anteil der Flintsteine in den oberen Bereichen des Mauerwerkes sehr viel höher war als weiter unten. Dieser Umstand erschwerte die Bohrarbeiten erheblich, hinzu kam die große Tageshitze auf dem Kirchendach mit Temperaturen von über 40°C. Das Personal war gehalten, mindestens fünf Liter Flüssigkeit pro Tag zu sich zu nehmen. Da es auf dem Dach keine schattigen Stellen gab, konnten die Getränke auch nicht kühl gelagert werden.

9 Bohren der Ankerkanäle längs im Mauerwerk

5.4 Herstellen der Betongurte

Das Erstellen der Betongurte war zunächst in Spritzbeton geplant, um eine Gefährdung der Deckenmalereien durch Wasseraustritt zu vermeiden! Der für den Spritzbeton geeignete Sand konnte in Israel nicht beschafft werden. Deshalb wurde ein Probestück aus normalem Beton hergestellt. Es zeigte sich, daß bei sorgfältiger Ausführung kein Risiko für die Fresken unter der Decke durch austretende Feuchtigkeit bestand. Alle Gurte wurden deshalb in Stahlbeton erstellt, was sich aus als preislich günstiger erwies. Zum Schutz gegen die Sonneneinwirkung mußten die frisch betonierten Teile mit Jutebahnen abgedeckt und ständig feucht gehalten werden. Die schubfeste Verbindung der Stahlbetongurte mit den Bögen und Wandkronen wurde über Dübel aus Gewistahl ø 20 mm hergestellt. Diese wurden in zwei Reihen entsprechend den rechnerischen Schubkräften angeordnet. Die Länge dieser Dübel betrug 50 - 60 cm. Der Anschluß an die vorhandenen alten Betonüberzüge mußte sehr sorgfältig ausgeführt werden. Dieser Beton war von geringerer Güte. Er mußte an den Anschlußstellen vorsichtig abgestemmt werden, bis ausreichende Anschlußlängen für die neuen Bewehrungsstäbe vorhanden waren.

6 Sicherheitsfragen

Allgemeine Aussagen über die konstruktiven Anforderungen an Bauwerksform, Aussteifung, Fugen zwischen Baukörpern und Gründung erdbebengefährdeter Bauten werden in Abschnitt 5 der DIN 4149 gemacht. Vergleichbare Regeln gelten auch in Israel.
Danach sind u.a. nachteilig:
- Baukörper mit großen Massen auf schlanken Baugliedern,
- unsymmetrische Verteilung der Aussteifungselemente,
- Gründung auf verschiedenem Baugrund und in unterschiedlicher Tiefe.

Empfohlen werden:
- Ausbildung der Bauwerke im ganzen oder der Untergeschosse als steife Kästen oder
- Streifenfundamente mit Längsbewehrung,
- zug- und druckfeste Verbindung von Einzelfundamenten oder
- kreuzweise bewehrte Fundamentplatten,
- Fugen zwischen Baukörpern unterschiedlicher Massen.

Die Mauerwerkskonstruktion der Himmelfahrtskirche weist die genannten Nachteile auf und genügt den aufgelisteten Empfehlungen nicht, insbesondere nicht im Bereich von Baugrund und Gründung.
Bei Neubauten lassen sich die in der Erdbebennorm aufgeführten Regeln, die jede für sich die Sicherheit der Gebäude erhöhen, leicht und ohne wesentlichen finanziellen Mchraufwand einplanen und umsetzen.
Bei Baudenkmälern, wie im vorliegenden Fall, führt die nachträgliche Realisierung solcher Regeln, soweit überhaupt möglich, zu unwiederbringlichem Verlust. Außerdem ist sie mit hohen Kosten verbunden. In solchen Fällen gilt es abzuwägen zwischen Denkmalwert sowie Erhalt und Schonung historischer Bausubstanz auf der einen Seite und dem Anteil bzw. Nutzeffekt der einzelnen technischen Maßnahmen bei der Anhebung der Standsicherheit des Gebäudes auf der anderen Seite.
Ziel der Sicherungsmaßnahme bei der Auguste Victoria - Himmelfahrtkirche auf dem Ölberg in Jerusalem war es, das Bauwerk für den Fall eines starken Erdbebens vor erneuten großen Schäden und partiellen Einstürzen zu bewahren, ohne Anspruch auf volle Schadensfreiheit. Dabei ließen wir uns von dem Grundsatz leiten: So wenig Eingriffe wie möglich, soviel wie nötig. Diesem Gedanken konnte sich der Bauherr anschließen, er war bereit, das verbleibende, nicht kalkulierbare Restrisiko mitzutragen.

Abbildungsnachweis

2, 7, 8 Michael Trensky (Hrsg.), Evangelische Himmelfahrtkirche und Hospiz der Kaiserin Auguste Victoria - Stiftung auf dem Ölberg in Jerusalem, Hannover 1990

Alle übrigen Abbildungen Archiv Verfasser

HARALD GARRECHT, MARTIN GÜNTER, HUBERT K. HILSDORF, JÖRG KROPP
UND JUTTA SCHÄFER

Historische Stahlbetonbauwerke. Werkstoffe, Dauerhaftigkeit und Instandsetzung

1 Beispiele historischer Stahlbetonbauwerke

Beton ist ein Baustoff mit Jahrtausende alter Geschichte. Erst vor etwas mehr als 150 Jahren begann er jedoch, zum meistverwendeten Baustoff unserer Zeit heranzuwachsen. Schon in der 1. Hälfte des 19. Jahrhunderts wurden in Deutschland Fundamente, Stützmauern und Treppen aus Beton hergestellt. Zu jenen, die solche Arbeiten ausführten, gehörte die Firma Dyckerhoff u. Widmann AG in Karlsruhe, die *„für eine ganz allgemeine Anwendung des Portlandzement-Betons eintrat und durch eine große Reihe wohlgelungener Ausführungen dessen Gleichberechtigung mit den älteren Bauweisen darzulegen vermochte“* [1]. Dem ersten Boot aus bewehrtem Beton von LAMBOTTE aus dem Jahre 1855 folgten experimentelle Untersuchungen an Stahlbetonbalken durch THADDEUS HYATT, einem Rechtsanwalt aus New Jersey, USA. Diese Versuche wurden zwar erst 1877 veröffentlicht, aber schon in den 50er Jahren des 19. Jahrhunderts durchgeführt. HYATT hat wohl als erster das Grundprinzip des Stahlbetons erkannt: Druck dem Beton, Zug dem Stahl. In der 2. Hälfte des 19. Jahrhunderts entstanden eine Reihe von Patenten für die Stahlbetonbauweise, so von F. COIGNET 1861 und J. MONIER 1867. Die Firma FREYTAG und HEIDSCHUCH erwarben 1884 J. MONIERS Patent für Deutschland und traten dieses Recht 1886 an G. A. WAYSS ab. Zusammen mit dem Preußischen Regierungsbaumeister M. KOENEN gebührt G.A. WAYSS der Ruhm, dem Stahlbeton in Deutschland die entscheidenden ersten Impulse gegeben zu haben. E. MÖRSCH lieferte 1902 eine wissenschaftlich begründete Darstellung der Wirkungsweise von Stahlbeton und entwickelte, ausgehend von Versuchsergebnissen, die erste wirklichkeitsnahe Theorie zur Bemessung von Stahlbetonbauteilen [2]. Damit waren die Voraussetzungen für eine breite Anwendung des Stahlbetons im Ingenieurbau geschaffen. Einen bedeutenden Fortschritt bildeten die 1904 erstmalig vom Preußischen Minister für öffentliche Arbeiten erlassenen „Bestimmungen für die Ausführung von Konstruktionen aus Eisenbeton“, einem Vorläufer der heutigen DIN 1045 [3].

Im 19. und zu Beginn des 20. Jahrhunderts wurde zwischen den Begriffen „Eisen“ und „Stahl“ nicht im heutigen Sinn differenziert. Entsprechend wurde im deutschsprachigen Raum daher bis nach 1930 der Begriff Eisenbeton anstelle des heute üblichen Begriffs Stahlbeton verwendet.

Auch das Stadtgebiet von Karlsruhe besitzt noch erhaltene, frühe Zeugnisse der Stahlbetonbauweise. Stahlbeton wurde hier in öffentlichen Bauwerken, im Wohnungsbau und Industriebau etwa ab 1900 zur Lastabtragung eingesetzt. Beispiele sind das in den Jahren 1899/1900 von F. RATZEL erbaute Kunstvereinsgebäude in der Waldstraße, dessen Kellergewölbe aus einer Betonkonstruktion bestehen, der in

den Jahren 1907–1913 von A. Stürzenacker erbaute Hauptbahnhof mit seinen die Eingangshalle überspannenden Stahlbetontonnen oder die vor kurzem abgerissenen Stahlbetondecken des 1913/1914 erbauten Warenhauses Knopf (heute: Karstadt).
Auch bei einigen Jugendstilvillen wurde in Karlsruhe Stahlbeton verwendet, und zwar als Skelettbau. Beispiele sind das um 1905 erbaute Atelierhaus und das Wohnhaus des Karlsruher Architekten und Hochschullehrers H. Billing, bei denen jedoch vorgesetzte Fassaden den Stahlbeton verdecken. Anwendung fand der Stahlbetonskelettbau aber auch beim Hallenbau A und beim ‚Wohlfahrtsgebäude' der von P. Manz geplanten, in den Jahren 1915 bis 1918 errichteten „Deutschen Waffen- und Munitionsfabriken" (heute IWKA bzw. Kleiderfabrik Blicker), sowie bei dem in den Jahren 1935–1938 erstellten Neubau der Oberpostdirektion am Ettlinger Tor (Architekt: H. Billing). Als noch relativ junges, aber auch für den Laien als Betonkonstruktion erkennbares Bauwerk ist die im Jahr 1953 nach Entwürfen von E. Schelling erbaute Schwarzwaldhalle zu nennen [4], [5].
Betrachtet man den südwestdeutschen Raum, so sind als Beispiele besonders markanter Stahlbetonbauwerke hervorzuheben:
- die Mitte der 20er Jahre erbaute Linachtalsperre bei Vöhrenbach im Schwarzwald,
- die in den 20er Jahren im Rahmen der Neckarkanalisierung erbauten Schleusen sowie die in den 30er Jahren im Zuge des Autobahnbaues erstellten Brücken,
- die in den Jahren 1912 bis 1914 unter dem Architekten M. Elsässer erstellte Dachkonstruktion der Markthalle in Stuttgart.
- die 1956 unter den Architekten A. Abel und R. Gutbrod erbaute Liederhalle in Stuttgart,
- sowie der 1956 erbaute, von F. Leonhardt geplante Fernsehturm Stuttgart.

2 Die Werkstoffe des Stahlbetons

2.1 Die Zemente

Grundvoraussetzung für die Herstellung tragfähiger und dauerhafter Stahlbetonkonstruktionen ist die Verwendung eines geeigneten Bindemittels, des Zementes. Die historische Entwicklung der Bindemittel reicht bis in die Anfänge der Kulturgeschichte der Menschheit und kann hier im einzelnen nicht behandelt werden. Ohne Zweifel waren es aber die Römer, die den Grundstein für die Entwicklung der modernen Zemente legten, obwohl ihre Kenntnisse im Mittelalter weitgehend verloren gegangen waren [6].
Zement gehört zur Gruppe der hydraulischen Bindemittel, die, mit Wasser angereichert, sowohl in der Luft als auch unter Wasser erhärten und nach der Erhärtung wasserbeständig bleiben. Von anderen hydraulischen Bindemitteln, z.B. den hydraulischen Kalken, unterscheidet sich der Zement vor allem durch seine schnellere Festigkeitsentwicklung und die höheren Druckfestigkeiten. J. Smeaton führte im Zusammenhang mit dem Bau des Eddystone Lighthouse im Hafen von Plymouth Untersuchungen über schnell erhärtende hydraulische Bindemittel durch und berichtete darüber im Jahre 1756 [1]. Er erkannte, daß zur Herstellung als Rohstoffe Kalkstein und Ton verwendet werden sollten. Werden diese Rohstoffe zerkleinert, in einem geeigneten Verhältnis miteinander vermischt und bei Temperaturen um 1400°C bis zur Sinterung gebrannt, so entstehen die 4 Hauptphasen des Zements:
- Tricalcium-Silicat $3CaO \cdot SiO_2$ (C_3S)
- Dicalcium-Silicat $2CaO \cdot SiO_2$ (C_2S)
- Tricalcium-Aluminat $3CaO \cdot Al_2O_3$ (C_3A)
- Tetracalcium-Aluminat-Ferrit $4CaO \cdot Al_2O_3 \cdot Fe_2O_3$ (C_4AF)

Ein hoher Gehalt der Klinkerphase C_3S bewirkt eine schnelle Festigkeitsentwicklung. Diese Klinkerphase entsteht jedoch nur bei ausreichend hoher Brenntemperatur. In der Höhe der Brenntemperatur unterscheiden sich die Zemente des 19. und 20. Jahrhunderts vor allem von ihren Vorläufern, die bei niedrigerer Temperatur hergestellt wurden. Auf die Bedeutung der Brenntemperatur wies 1845 I. JOHNSON in seinem Patent für einen Zement hin. Als Erfinder des modernen „Portlandzementes“ gilt jedoch J. ASPDIN, der 1824 ein Patent für die Herstellung eines Zements erhielt, dessen Rohstoffe von der Insel Portland zwischen Plymouth und Southamp- ton stammten.

Das Erstarren und Erhärten des Zements bei der Zugabe von Wasser beruht auf der Bildung wasserhaltiger Verbindungen, den sog. Hydratphasen. Für die Festigkeitsentwicklung ist vor allem das Calcium-Silicat-Hydrat (CSH) verantwortlich. Es entsteht aus den C_3S- und den C_2S-Phasen des Zementklinkers. Der Zeitpunkt, zu dem sich CSH-Phasen bilden, und zu dem eine merkliche Verfestigung des Zementleims entsteht, wird Erstarrungsbeginn genannt. Dieser ist wichtig für die Verarbeitbarkeit des Betons und hängt von der Zusammensetzung des Zements, dem Wasserzusatz und der Temperatur ab. Er stellt sich im allgemeinen mehrere Stunden nach dem Mischen des Zements mit Wasser ein. Mit dem Ende des Erstarrens, das nach spätestens 12 Stunden eintreten sollte, beginnt die eigentliche Erhärtung, indem die Hydratation von den Oberflächen der Zementkörner ins Korninnere vordringt.

Der zeitliche Verlauf der Erhärtung und die Endfestigkeit des Betons hängen neben der Phasenzusammensetzung des Zements von seiner Mahlfeinheit ab: Fein gemahlene Zemente reagieren schneller und erhärten schneller als grob gemahlene Zemente. Darüber hinaus sind die Lagerungsbedingungen, d.h. Feuchtigkeit und Temperatur, denen der erhärtende Beton ausgesetzt ist, von besonderer Bedeutung für Festigkeit und Festigkeitsentwicklung.

Die Hydratation des Zements ist ein exothermer Prozeß, bei dem die sog. Hydratationswärme frei wird. Die Geschwindigkeit der Wärmeentwicklung hängt von der Reaktionsfähigkeit des Zements ab, die wiederum eine Funktion der Mahlfeinheit und der Zusammensetzung des Zements ist.

Die wesentlichen Parameter, die für die Güte des Zements ausschlaggebend sind, waren in der 2. Hälfte des 19. Jahrhunderts bereits bekannt. Sie fanden ihren Niederschlag in der ersten Norm für Industrieerzeugnisse, der „Norm für einheitliche Lieferung und Prüfung von Portlandzement“ [7]. Darin sind Anforderungen an Verpackung und Gewicht, Erstarrungszeit, Raumbeständigkeit, Feinheit der Mahlung und Zug- und Druckfestigkeit von reinen Zement- und Zement-Sand-Proben festgelegt.

In der Norm wurde zwischen langsam und schnell bindenden Portlandzementen unterschieden, wobei man als langsam bindende Zemente solche bezeichnete, die nach zwei Stunden oder länger abzubinden begannen. Zur Ermittlung der Bindezeit gab es zwei Methoden: Bei der ersten Methode, der sog. Fingernagelprobe, wurde ein steifer Zementbrei angerührt und zu einem etwa 1,5 cm dicken Kuchen auf eine Glasplatte ausgegossen. Sobald der Kuchen soweit erstarrt war, daß er einem leichten Druck mit dem Fingernagel widerstand, wurde er als abgebunden betrachtet. Zur genaueren Ermittlung der Bindezeit diente als zweite Methode die auch heute noch benutzte Vicat-Nadel. Um zu übereinstimmenden Ergebnissen zu gelangen, wurde empfohlen, bei einer mittleren Temperatur des Anmachwassers und der Umgebungsluft von 15–18°C zu arbeiten.

Auch die sich während des Abbindens des Zementes entwickelnde Hydratationswärme wurde – wenn auch nur qualitativ – erfaßt. So durfte sich langsam bindender Zement nicht wesentlich erwärmen, während rasch bindende Zemente eine merkliche Wärmetönung aufweisen konnten.

Portland-Zement sollte volumenbeständig sein. Zur Probe wurde ein reiner Zementkuchen auf einer Glasplatte hergestellt, während des Abbindens vor Austrocknung geschützt und nach 24 Stunden in Wasser gelegt. Auch nach einer Beobachtung bis zu 28 Tagen durfte der Kuchen keine durch Treiberscheinungen hervorgerufenen Verkrümmungen oder Kantenrisse zeigen.

Portlandzement sollte so fein gemahlen sein, daß eine Probe von 100 g Zement auf einem Sieb von 900 Maschen pro cm^2 (entspricht einer lichten Maschenweite von 0,2 mm) höchstens 10% Rückstand hinterließ. Die Drahtstärke des Siebes war halb so groß wie die Maschenweite.

Es wurde darauf hingewiesen, daß die Festigkeit eines Zementes mit höherer Mahlfeinheit steigt. Gleichzeitig aber hieß es: *„Es wäre indessen irrig, wollte man aus der feinen Mahlung allein auf die Güte eines Zements schließen, da geringe weiche Zemente weit eher sehr fein gemahlen vorkommen als gute scharf gebrannte. Letztere aber werden selbst bei gröberer Mahlung doch in der Regel eine höhere Bindekraft aufweisen als die ersteren.“* [7]

Die Festigkeit von Portland-Zement wurde sowohl an reinen Zementsteinproben als auch an Zementmörtel-Proben geprüft. Es sollte nach einheitlichen Methoden sowohl die Zug- als auch die Druckfestigkeit geprüft werden. Die Zugprobekörper hatten eine knochenförmige Geometrie. Die Prüfung der Druckfestigkeit wurde an Würfeln vorgenommen. Um sichere Durchschnittswerte zu erhalten, waren für jede Prüfung mindestens 10 Probekörper zu untersuchen.

Zur Herstellung der Zementmörtelproben wurden 1 Gew.-Teil Zement mit 3 Gew.-Teilen Normalsand gemischt. Der Wasserzusatz betrug je nach Zement 8-10%, was einem w/z-Wert von 0,32-0,4 entspricht. Zur Bestimmung der geeigneten Wassermenge wurde die Mörtelmischung in eine Druckform gefüllt, deren Aufsatzkasten am unteren Rand mit zwei Nuten versehen war, und im Hammerapparat nach Böhme mit 150 Schlägen eingeschlagen. Der Wasserzusatz galt als richtig gewählt, wenn zwischen dem 90. und dem 110. Schlag aus einer der beiden Nuten Zementbrei auszufließen begann.

Zement-Sand-Proben aus langsam bindendem Portlandzement mußten nach 28 Tagen Erhärtung - 1 Tag an der Luft, 27 Tage unter Wasser - eine Mindestzugfestigkeit von 16 kg/cm^2 und eine Mindestdruckfestigkeit von 160 kg/cm^2 erbringen.

Für die Herstellung von Stahlbeton war zunächst nur der oben beschriebene Portlandzement zugelassen. Später wurden jedoch auch Eisenportlandzement EPZ (seit 1909), Hochofenzement HOZ (seit 1917) und Traßzement TrZ (seit 1940) aufgenommen.

2.2 Die Zuschlagstoffe

Der Zuschlag für Beton und Mörtel besteht aus einem Gemenge von Körnern aus natürlichen oder künstlichen mineralischen Stoffen. Die Körner können ungebrochen oder gebrochen sein und ein dichtes oder poriges Gefüge haben.

H. Buchartz [8] teilte zu Beginn des 20. Jahrhunderts die damals verwendeten Zuschlagstoffe folgendermaßen ein:

1. Sand:
   a) natürlicher (fertig in der Natur gefunden oder aus Natursteinen gebrochen),
   b) künstlicher (Schlackensand);
2. Kies (Geschiebe, Geröll);
3. Steinschlag (Kleinschlag, Schotter):
   a) aus natürlichen Gesteinen (Granit, Basalt, Kalkstein usw.),
   b) aus künstlichen Steinen (Ziegel, Hochofenschlacke, Betonbruch usw.);
4. Rückstände verbrannter Kohle (Asche, Koks, Schlacke, Lösche).

Kriterien zur Beurteilung der Güte und Verwendbarkeit der Zuschlagstoffe waren und sind noch heute [8]:

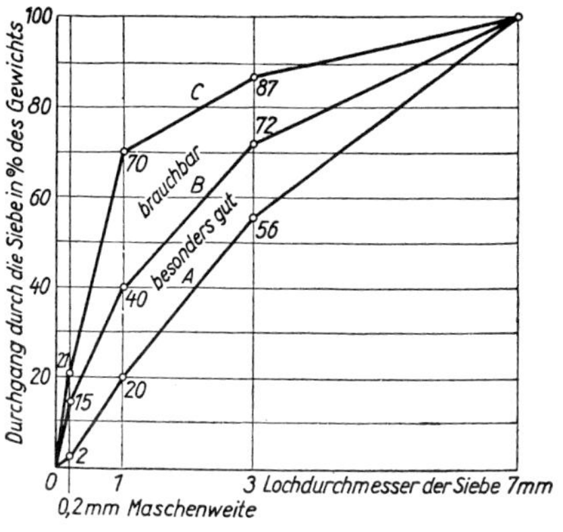

1 Sieblinie des Sandes [10]

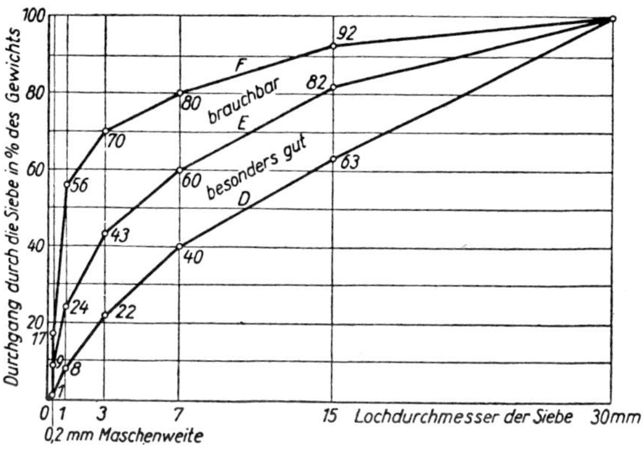

2 Sieblinie des gesamten Zuschlages [10]

a) Kornbeschaffenheit:
   1. Korngröße,
   2. Form,
   3. Oberflächenbeschaffenheit;
b) Dichtigkeitsverhältnisse des Haufwerks:
   1. Raumgewicht,
   2. Spezifisches Gewicht,
   3. Dichtigkeitsgrad,
   4. Undichtigkeitsgrad (Gehalt an Hohlräumen),
   5. Kornzusammensetzung;
c) Chemische Beschaffenheit:
   1. Gehalt an abschlämmbaren, erdigen (lehmigen oder tonigen) und kohligen Bestandteilen,
   2. Gehalt an anderen schädlichen Bestandteilen (Schwefelsäure, auswitternden Salzen),
   3. Gehalt an aufschließbaren Silikaten;
d) Festigkeit und physikalische Eigenschaften:
   1. Druckfestigkeit,
   2. Wasseraufnahmefähigkeit (Porosität),
   3. Frost-(Wetter-)Beständigkeit,
   4. Feuerbeständigkeit

Das Zuschlaggemisch sollte so zusammengesetzt sein, daß es einerseits möglichst grobkörnig, andererseits aber hohlraumarm war. Die kleineren Zuschlagkörner sollten die Hohlräume zwischen den größeren Körnern ausfüllen.

Was die Größtkorngröße des Zuschlages betraf, so durften für Stahlbeton die größten Stücke höchstens „Walnußgröße“ (etwa 2 cm ∅) haben. Die Bestimmungen für die Ausführung von Eisenbetonkonstruktionen schrieben vor [9], daß das Korn der Zuschläge so gehalten werden soll, daß die gröbsten Körner sich noch zwischen der Bewehrung sowie zwischen Schalung und Bewehrung einbringen lassen, ohne die Bewehrung zu verschieben.

Eingehende Untersuchungen über die zweckmäßigste Körnung der Zuschläge wurden Anfang der 20er Jahre durchgeführt. Es entstanden die ersten sog. Siebkurven. In die Eisenbetonbestimmungen wurde die Prüfung der Kornzusammensetzung der Zuschläge 1931 aufgenommen [10].

Die Sieblinie des Sandes sollte zwischen den Sieblinien A und C der Abbildung 1, die des Gemisches aus Sand und Feinkies oder Splitt zwischen den Linien D und F der Abbildung 2 liegen. Als besonders gute Zuschläge galten solche, deren Sieblinie zwischen den Linien A und B (Abb. 1) bzw. D und E (Abb. 2) lagen.

Hinsichtlich der chemischen Beschaffenheit der Zuschlagsmineralien galt vor allem das Vorhandensein erdiger (lehmiger oder toniger) Bestandteile als schädlich, falls diese Stoffe in zu großer Menge vorhanden waren (> 3 M.-%) und fest an den Körnern hafteten. Es war ebenfalls bekannt, daß sich Humus, torfhaltige Stoffe

§ 7.

1. Mit besonderer Sorgfalt ist darauf zu achten, daß die Eiseneinlagen die richtige Lage erhalten und dicht mit Zementmörtel umkleidet werden.

2. Der Beton ist in einzelnen Schichten einzubringen, die nicht stärker als 15 cm sein dürfen und für sich gehörig eingestampft werden müssen.

3. Durchgehende Wände sind in ihrer ganzen Länge in Angriff zu nehmen und gleichmäßig hochzuführen. Dabei ist auf einen guten Verband mit anschließenden Querwänden Bedacht zu nehmen. Schichten, die den Abschluß eines Geschosses bilden, müssen wagerecht abgeglichen werden.

4. Die Schalungen müssen hinreichenden Widerstand gegen Durchbiegungen sowie gegen Erschütterungen beim Stampfen bieten und so angeordnet sein, daß sie unter Belassung der notwendigen Stützen gefahrlos entfernt werden können.

5. Beim Entfernen der Schalungen und Stützen muß jede Erschütterung vermieden werden.

§ 8.

1. Soll auf frische Betonschichten eine neue Schicht aufgebracht werden, so genügt es, die alte Oberfläche gut anzunässen.

2. Beim Weiterbau auf erhärtetem Beton muß die alte Oberfläche aufgerauht, sauber abgekehrt und angenäßt werden.

§ 9.

Bei der Herstellung von Wänden und Pfeilern in mehrgeschossigen Gebäuden darf mit der Ausführung dieser Bauteile in dem höheren Geschoß erst nach Abnahme des darunter liegenden Geschosses begonnen werden.

§ 10.

1. Bei Frostwetter darf nicht gearbeitet werden, sofern nicht schädliche Einwirkungen des Frostes ausgeschlossen sind.

2. Nach längeren Frostzeiten (§ 12) darf beim Eintritt milderer Witterung die Arbeit erst wieder aufgenommen werden, nachdem die Zustimmung der Baupolizeibehörde dazu eingeholt ist.

§ 11.

1. Bis zur genügenden Erhärtung des Betons sind die Bauteile gegen die Einwirkungen des Frostes und gegen vorzeitiges Austrocknen zu schützen sowie vor Erschütterungen und Belastungen zu bewahren.

2. Die seitlichen Schalungen von Betonbalken und die Schalungen von Deckenplatten bis zu 1,50 m Spannweite dürfen frühestens nach 3 Tagen, die übrigen Schalungen und die Stützen frühestens nach

14 Tagen vom Schlusse des Einstampfens ab gerechnet entfernt werden.

3. Ist das Einstampfen erst kurze Zeit vor Eintritt von Frost beendet, so ist beim Entfernen der Schalung und der Stützen besondere Vorsicht zu beobachten.

4. Tritt während der Erhärtungsdauer Frost ein, so sind mit Rücksicht darauf, daß die Erhärtung des Betons durch den Frost verzögert wird, die in Absatz 2 genannten Fristen um die Dauer der Frostzeit zu verlängern.

§ 12.

Über den Gang der Arbeiten ist ein Tagebuch zu führen und auf der Baustelle stets zur Einsichtnahme bereit zu halten. Frosttage sind darin unter Angabe der Kältegrade und der Stunde ihrer Messung besonders zu vermerken.

3 Vorschriften zur Verarbeitung und Nachbehandlung von Beton aus den Bestimmungen für die Ausführung von Konstruktionen aus Eisenbeton bei Hochbauten von 1904 [3]

und schwefelhaltige Bestandteile schädlich auf die Erhärtung des Betons auswirkten.
Als Zuschlag kamen im allgemeinen nur Stoffe von hoher Festigkeit und ausreichender Wetterbeständigkeit in Betracht. Die Eigenfestigkeit der Zuschlagstoffe sollte in der Regel mindestens so groß oder größer sein als die Festigkeit, die für die aus ihnen hergestellten Mörtel oder Betone mit Rücksicht auf ihren Verwendungszweck gefordert wurden.
Das Anmachwasser wurde Anfang des 20. Jahrhunderts noch zu den Zuschlagstoffen gerechnet. Im allgemeinen galten alle in der Natur vorkommenden Wasser als geeignet, soweit sie nicht stark verunreinigt waren und somit die Erhärtungsfähigkeit des Bindemittels oder den Rostschutz des Eisens beeinträchtigten. Zu vermeiden waren stark gipshaltige, kohlensäure- und schwefelhaltige Wässer sowie solche, in denen sich Humusstoffe befanden. Meerwasser wurde vor allem für Tonerdezement ausgeschlossen. Fett- und säurehaltige Industrieabwässer durften nicht verwendet werden [1].

2.3 Der Beton

2.3.1 Herstellung und Zusammensetzung

Die wichtigsten Anforderungen, die an den Beton während der Anfänge des Stahlbetonbaus gestellt wurden, waren seine Festigkeit und seine Dichtheit. Beide Eigenschaften hängen, außer von der Verarbeitung, in erster Linie vom Mischungsverhältnis ab, in dem Zement, Zuschlag und Anmachwasser zueinander stehen.
Für Stahlbetonkonstruktionen war in den deutschen Bestimmungen ein Mindestzementgehalt vorgeschrieben, der nicht unterschritten werden durfte [11]. Dadurch sollte eine Dichtheit des Betons gesichert werden, die ausreichend war, um die Gefahr des Rostens der Stahleinlagen im Beton auszuschalten. Im allgemeinen mußten mindestens 300 kg Zement je m^3 verarbeitetem Beton enthalten sein. Bei Hochbauten durfte der Zementgehalt für Bauteile, die dem Einfluß von Feuchtigkeit und Witterung nicht ausgesetzt sind, auf 270 kg herabgesetzt werden.
Die Zuschlagstoffe wurden in Raumteilen, der Zement in der Regel nach Gewicht

gemessen. Wurde auch der Zement in Raumteilen gemessen, so war von einer Schüttdichte von 1200 kg/m³ auszugehen.

Die Wasserzugabe richtete sich nach der vorgesehenen Verarbeitung des Betons, nach der Art, dem Feuchtigkeitsgehalt und der Wasseraufnahmefähigkeit des Zuschlages sowie nach dem Mischungsverhältnis und der Witterung während des Betonierens. Der Beton war mindestens so weich zu verarbeiten, daß die Stahleinlagen vollständig und dicht von Beton umschlossen wurden. Es war schon bekannt, daß ein Wasserüberschuß die Festigkeit stark herabsetzt. Dieser sollte daher nicht größer sein, als für die gewählte Verarbeitungsweise benötigt wurde. Zur Überprüfung der Verarbeitbarkeit des Frischbetons diente schon damals der Ausbreitversuch.

Es wurde zwischen drei Betonkonsistenzen unterschieden [10]:

1. Erdfeuchter Beton (Stampfbeton):
mit dem Ausbreitversuch nicht meßbar (wurde in der Regel nicht für Stahlbeton verwendet),
2. Weicher Beton:
Ausbreitmaß < 50 cm (besonders günstig für Stahlbeton),
3. Flüssiger Beton:
Ausbreitmaß 50 cm < a < 65 cm

Seit Beginn des 20. Jahrhunderts trat an die Stelle des zuvor allgemein üblichen Betonmischens mit Kellen und Handschaufeln in der Mörtelpfanne das maschinelle Mischen. Eine Großzahl von Mischmaschinen unterschiedlicher Funktionsweisen wurde entwickelt, alle mit dem Ziel, in kürzerer Zeit größere Mengen Beton von gleichmäßiger und zuverlässiger Beschaffenheit und höherer Festigkeit mit geringerem Arbeits- und Kostenaufwand herstellen zu können.

Zur Überprüfung der Betondruckfestigkeit wurden vom Frischbeton vor seiner Weiterverarbeitung Vergleichsprobekörper hergestellt. Die Probekörper hatten Würfelform mit einer Kantenlänge von 30 cm, ihre Druckfestigkeit wurde nach einer Erhärtungszeit von 28 Tagen geprüft. Eine zu erreichende Mindestdruckfestigkeit war in den Bestimmungen für Eisenbetonkonstruktionen von 1904 noch nicht vorgeschrieben. In den vorläufigen Leitsätzen für die Vorbereitung, Ausführung und Prüfung von Eisenbetonbauten, die im selben Jahr vom Verband Deutscher Architekten- und Ingenieurvereine und dem Deutschen Betonverein aufgestellt worden waren, wurde jedoch verlangt, daß der Beton in der Regel nach 28tägiger Erhärtung unter normalen Witterungsbedingungen in Würfel von 30 cm Kantenlänge eine Druckfestigkeit von 180–200 kg/cm² besitzen sollte [12].

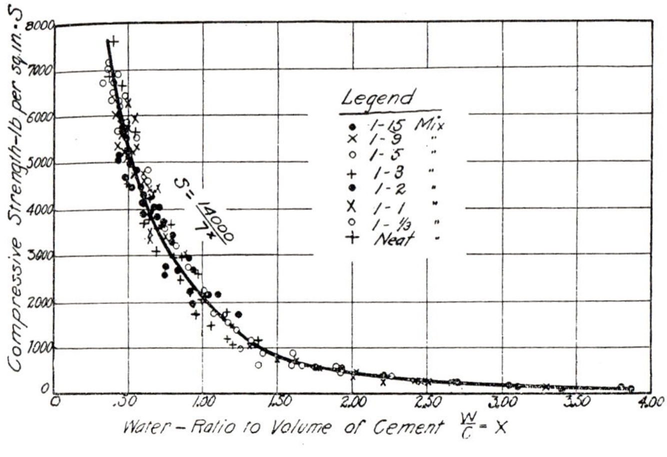

4 Betondruckfestigkeit in Abhängigkeit vom Volumenverhältnis Wasser/Zement [14]

$\omega = \frac{w}{z}$	Druckfestigkeit in kg/cm² nach:				
	Abrams	Talbot	Bolomey	Graf I	Graf II
1,25	28	46	45	43	32 ÷ 64 kg/cm²
1,0	55	71	75	65	50 ÷ 100 „
0,83	88	98	105	94	72 ÷ 144 „
0,71	130	129	135	130	98 ÷ 196 „
0,62	162	163	165	170	128 ÷ 256 „
0,55	200	195	195	214	162 ÷ 324 „
0,50	240	231	225	256	200 ÷ 400 „
0,40	310	320	300	350	312 ÷ 625 „

Tabelle 1 Berechnete Druckfestigkeiten in Abhängigkeit vom Wasser/Zement-Wert (Gewichtsverhältnis Wasser/Zement)

Die Bedeutung, die einer sorgfältigen Verarbeitung und Nachbehandlung des Betons bereits im Jahre 1904 beigemessen wurde, geht aus einem Abschnitt der ersten Fassung der Bestimmungen für Eisenbetonkonstruktionen hervor (Abb. 3) [3].

2.3.2 Mechanische Eigenschaften

Unter den mechanischen Eigenschaften des Betons ist die wichtigste seine Druckfestigkeit. Schon früh war bekannt, daß sie im wesentlichen abhängig ist vom Zementgehalt, der Eigenfestigkeit des Zements, der Art und Beschaffenheit der Zuschlagstoffe, dem Alter und den Erhärtungsbedingungen des Betons, vor allem aber vom Wasserzusatz bzw. dem sog. Wasserzementwert. Im folgenden wird eine Auswahl von Untersuchungsergebnissen vorgestellt, die vor allem in den ersten Jahrzehnten dieses Jahrhunderts an Betonproben erzielt wurden.
Unabhängig voneinander stellten ABRAMS, GRAF, BOLOMEY und andere einen unmittelbaren Zusammenhang zwischen der Betondruckfestigkeit und dem Wassergehalt des Frischbetons fest [13]. In seiner grundlegenden Arbeit aus dem Jahre 1918 wies ABRAMS den Zusammenhang zwischen Druckfestigkeit und dem Volumenverhältnis von Wasser / Zement nach, wie er in Abb. 4 dargestellt ist [14].
Er gab dafür eine allgemeingültige Beziehung zwischen der Druckfestigkeit und dem Volumenverhältnis Wasser / Zement an, die vom Zementgehalt bzw. vom Mischungsverhältnis des Betons unabhängig ist.

$$S = \frac{1400}{x}$$

wobei S = Druckfestigkeit des Betons [psi]
x = Volumenverhältnis Wasser / Zement

Ähnliche Zusammenhänge wurden auch von anderen Wissenschaftlern beobachtet, Tabelle 1 zeigt die danach berechneten Druckfestigkeiten in Abhängigkeit vom Wasser / Zement-Wert, definiert als Gewichtsverhältnis Wasser / Zement im Vergleich [13].
Physikalisch gesehen ist der Einfluß des Wasserzementwertes darauf zurückzuführen, daß bei Wasserzementwerten > 0,42 nur noch ein Teil des Anmachwassers chemisch gebunden wird und das Restwasser ein System von Poren hinterläßt, das festigkeitsmindernd ist (siehe dazu Abschnitt 3.1).

Aus diesem grundsätzlichen Zusammenhang ergeben sich eine Reihe tatsächlich sekundärer Einflüsse, z.B. der Einfluß des Mischungsverhältnisses Zement/Zuschlag oder der Frischbetonkonsistenz. Diese wurden in Untersuchungen festgestellt, bei denen häufig der Wasserzementwert nicht konstant blieb und seine Veränderung die tatsächliche Ursache für veränderte Druckfestigkeiten war.
Schon lange bekannt war der Einfluß von Probengröße und -geometrie auf die Betondruckfestigkeit: Bei gleicher Betongüte ist die ermittelte Druckfestigkeit umso geringer, je größer der Probenwürfel ist, an dem sie bestimmt wird. Dies geht aus Abb. 5 hervor, die einer Veröffentlichung von R. SALIGER entstammt [13].
Bald war auch bekannt, daß die Druckfestigkeit von Prismen geringer ist als jene von Würfeln und daß sie mit steigender Schlankheit des Prismas abnimmt. 1914 führte dazu C. VON BACH Untersuchungen an prismatischen Probekörpern konstanten Querschnitts, aber unterschiedlicher Höhe durch [15]. Eine graphische Auftragung dieser Versuchsergebnisse zeigt Abb. 6 [13].
In Abschnitt 2.1 wurde schon darauf hingewiesen, daß die mit einem bestimmten Zement erreichbare Druckfestigkeit von

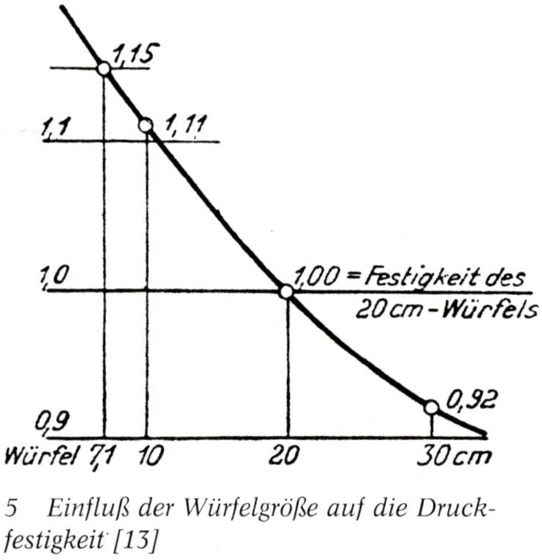

5 Einfluß der Würfelgröße auf die Druckfestigkeit [13]

der chemischen Zusammensetzung, Brenntemperatur und Mahlfeinheit des Zements abhängt. Je hochfester der Zement, desto höher ist auch unter sonst gleichen Bedingungen die damit erzielbare Betonfestigkeit. Von besonderer Bedeutung ist die Mahlfeinheit des Zements. Tabelle 2 zeigt anhand von Ergebnissen aus dem Jahre 1917 den Anstieg der Festigkeit von Zementmörtel mit kleiner werdender Korngröße [13].
C. VON BACH untersuchte auch die zeitliche Entwicklung der Betondruckfestigkeit [13]. Aus Abb. 8 geht hervor, daß bei der Verwendung der zu Beginn des Jahrhunderts üblichen Zemente und einer Druckfestigkeit des Betons im Alter von 28 Tagen von 202 kg/cm² sich bis zu einem Betonalter von 2 Jahren eine Druckfestigkeitssteigerung auf das 2,5-fache des 28 Tage-Wertes einstellte. Die Festigkeit nach 9 Jahren war noch einmal um 10% größer als jene nach 2 Jahren. Bei der Verwendung moderner Zemente ist die Festigkeitsentwicklung häufig schon nach 1 Monat, spätestens aber nach ca. 3 Monaten weitgehend abgeschlossen. Ursache für dieses unterschiedliche Verhalten moderner und historischer Portlandzemente sind neben Unterschieden in der chemischen Zusammensetzung vor allem Unterschiede in der Mahlfeinheit.
Schon frühzeitig wurden auch Untersuchungen über Porosität und Wasserundurchlässigkeit von Beton angestellt und der besondere Einfluß des Wasserzementwertes nachgewiesen. Mit sinkendem Wasserzementwert nehmen die Porosität ab und die Wasserundurchlässigkeit zu (siehe dazu auch Abschnitt 3).

2.4 Betonstahl

2.4.1 Bewehrungsarten

Heute finden zur Herstellung von Stahlbetonkonstruktionen Betonstähle Verwendung, deren mechanische, physikalische und chemische Eigenschaften den

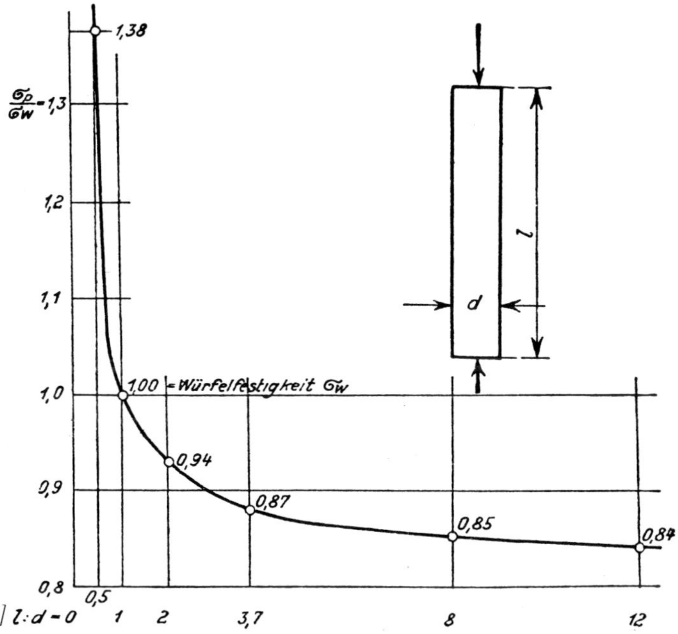

6 Einfluß der Probenschlankheit auf die Druckfestigkeit [13]

Anforderungen der DIN 488 genügen müssen [16]. In den Anfängen des Stahlbetonbaus wurden sog. Handelsflußeisen als Bewehrung eingesetzt: dies sind Stähle mit sehr geringem Kohlenstoffgehalt. Die Güteanforderungen an das Handelsflußeisen wurden in den „Vorschriften für die Lieferung von Eisen" (1911) geregelt [17]. Neben dem Handelsflußeisen wurden aber auch Handelsflußstähle verarbeitet, die sich vom Handelsflußeisen durch eine höhere Zugfestigkeit und Streckgrenze, geringere Duktilität und einem Kohlenstoffgehalt > 0,5 % unterschieden. Die ungleich höheren Kosten, die mangelnde Schweißbarkeit und das schlechte Verhalten beim Kaltbiegen führten aber nur selten zum Einsatz der Handelsflußstähle.

Bei der Bemessung von Stahlbetonbauwerken wurde von den Behörden zunächst eine zulässige Spannung für die Bewehrung gewährt, die ungefähr einem Drittel der Zugfestigkeit des handelsüblichen Flußeisens entsprach. Der preußische Ministerialerlaß von 1916 [18] definierte erstmals Anforderungen an Festigkeit und Formänderungsverhalten. Rundstähle mit Durchmessern von 7 bis 28 mm mußten dabei eine Zugfestigkeit von 370–440 N/mm^2 und eine Bruchdehnung von 20% aufweisen. Zudem führten Forschungsarbeiten zu der Erkenntnis, daß ein Verhältnis von Streckgrenze zu Zugfestigkeit im Bereich von 0,55 bis 0,65 das gewünschte Formänderungsverhalten des Eisens sicherstellt.

Da mit zunehmendem Kohlenstoffgehalt des Stahles seine Duktilität abnimmt, wurden bis nach dem 2. Weltkrieg auf den Baustellen Kaltbiegeversuche durchgeführt. Zudem mußte besonders beanspruchte Bewehrung auf Verlangen der Baupolizeibehörde auf Zug geprüft werden.

Im Frühstadium des Stahlbetonbaus wurden gewalzte Profile der verschiedensten Formen verwendet, um gegenüber den gewöhnlichen Rundstählen eine Erhöhung des Gleitwiderstandes der Bewehrung im Beton und damit eine verbesserte Verbundwirkung zu erzielen.

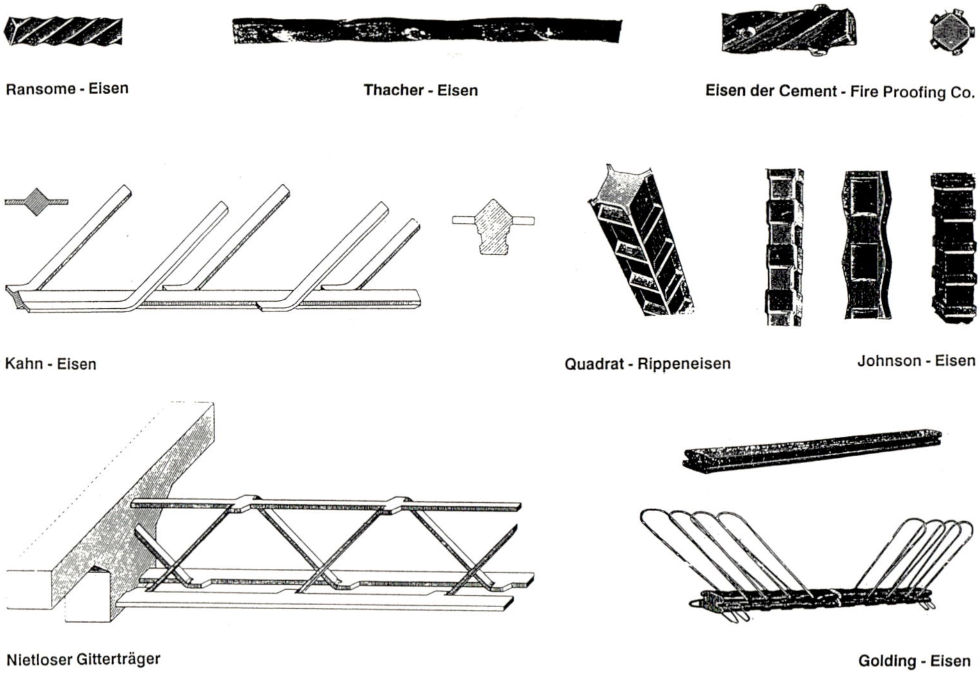

7 Profilformen der Bewehrung zu Beginn des 20. Jahrhunderts [1; 15]

In Abb. 7 sind einige Formen der vor allem in den USA eingesetzten runden und rechteckigen Profile dargestellt, denen Rippen, Höcker, Anschwellungen und Vertiefungen aufgewalzt wurden. Eine besondere Form zeigen die sog. Kahneisen, deren Aufbiegungen neben einem erhöhten Gleitwiderstand auch die Bügelbewehrung ersetzen sollten. Aber ebenso wie bei den nietlosen Gitterträgern und den Bulbeisen waren es die hohen Kosten, die Schwierigkeiten beim Einbringen des Betons unter den breiten Profilen und die fehlende Kenntnis über die Wirkungsweise der Bewehrung, daß diese Bewehrungsformen nicht lange im Handel zu finden waren. Die zwingende Notwendigkeit, wirtschaftlich zu bauen, aber auch die in zahlreichen Forschungsarbeiten gewonnenen Erkenntnisse der Verbundwirkung, führten schnell zur Auffassung, daß auch einfache Rundstähle das gewünschte Tragvermögen gewährleisten und daß mit Aufbiegungen an den Stabenden, einer günstigen Lage der Bewehrung im Beton und einer dichten und ausreichenden Betondeckung der Verbund zwischen Bewehrung und Beton sichergestellt werden kann. Dabei wurden häufig Stäbe mit sehr großen Durchmessern eingesetzt. Bei der Restaurierung der Karlsburg in Karlsruhe-Durlach fanden wir in einer Stahlbetonstütze, die im Zuge einer früheren Restaurierung eingebaut wurde, als Bewehrung Rundstähle mit einem Durchmesser von 48 mm.

1932 wurde mit der ersten Zulassung von Baustahlgeweben durch das preußische Ministerium ein weiterer wichtiger Schritt zum rationellen, wirtschaftlichen Bauen eingeleitet.

2.4.2. Verbundeigenschaften

Der Verbund zwischen Bewehrung und Beton ist eine der wichtigsten Voraus-

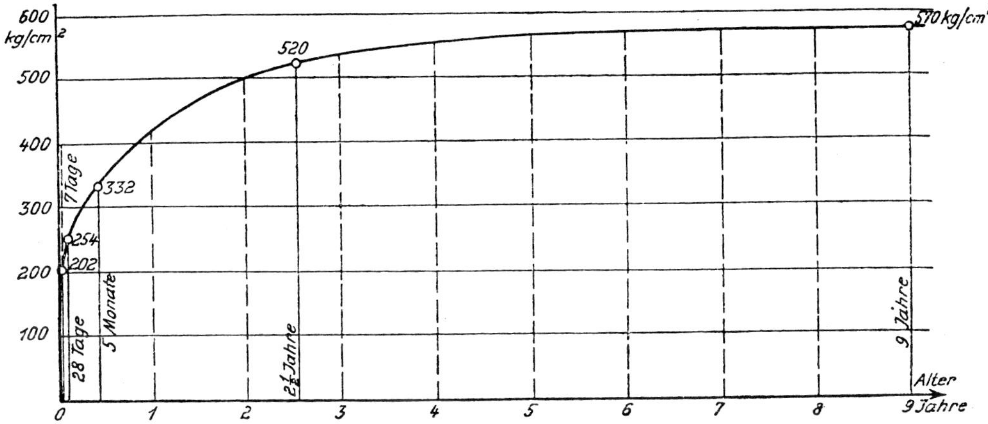

8 Zunahme der Betonfestigkeit mit dem Alter nach Versuchen von v. Bach (Mischung: 1 Teil Zement, 2 1/2 Teile Sand, 5 Teile Kies) [13]

setzungen für ein optimales Tragverhalten einer Stahlbetonkonstruktion.
Die Verbundwirkung zwischen Beton und Bewehrung beruht auf:
- der Haftung zwischen Beton und Bewehrung;
- dem Reibungs- bzw. Gleitwiderstand;
- der Verzahnung der Rippen von profilierten Bewehrungsstäben mit dem Beton.

Zu Anfang des Stahlbetonbaus wurde ein erheblicher Teil der Verbundwirkung der Haftung zwischen beiden Konstruktionswerkstoffen beigemessen. Nach heutigen Erkenntnissen können sie allerdings im Vergleich zu den anderen Mechanismen vernachlässigt werden.

Rückstand in Hundertteilen auf dem Sieb von		Raumgewicht		Zugfestigkeit kg/cm² nach			Druckfestigkeit kg/cm² nach		
900 Maschen	4000 Maschen	lose eingelaufen	eingerüttelt	7 Tagen	28 Tagen	1 Jahr	7 Tagen	28 Tagen	1 Jahr
	60	1,51	2,14	7	12	19	28	45	126
	50	1,45	2,09	11	17	28	44	81	154
7,0	40	1,39	2,03	13	18	36	65	96	—
5,5	30	1,32	1,96	15	22	41	94	135	—
4,0	25	1,26	1,90	17	23	52	97	132	—
2,8	20	1,20	1,85	17	22	51	108	158	—
2,0	15	1,14	1,78	19	23	51	121	166	—
1,2	10	1,07	1,70	—	—	—	127	170	—
0	5	1,01	1,62	—	—	—	168	216	303
0	1	0,94	1,53	—	—	—	209	291	390

Tabelle 2 Einfluß der Mahlfeinheit auf die Zementfestigkeit [13]

Dementgegen sind die Reibungs- bzw. Gleitwiderstände von großer Bedeutung. Sie werden von der Oberflächenbeschaffenheit der Bewehrung bestimmt und sind auch bei größeren Verschiebungen teilweise noch wirksam.
Heutige Betonstähle weisen bei glatter Walzhaut eine Narbentiefe von 0,03 mm und bei vernarbter Oberfläche eine Narbentiefe von 0,1 mm auf. Da die zu Beginn des Stahlbetonbaus verwendeten Bewehrungsprofile meist eine schuppige und zerrissene Walzhaut besaßen, kann angenommen werden, daß deren Reibungswiderstände einen größeren Beitrag zum Verbund leisteten als die heute verwendeten Betonformstähle.
Bei profilierten Bewehrungsstäben wird dagegen die Verbundwirkung vorrangig durch die Verzahnung der aufgewalzten Rippen, Höcker, Anschwellungen und Vertiefungen erzielt. Ihre Größe hängt von der Profilgeometrie und der Verzahnungsfläche der Bewehrung sowie vom Verformungsverhalten und der Scherfestigkeit des Betons im Verbundbereich ab.
Zur Untersuchung des Verbundverhaltens wurden bereits Anfang des 20. Jahrhunderts die verschiedensten im Handel befindlichen Profile entsprechend Abb. 9 im Beton eingebettet und durch sog. Ausziehversuche die Güte des Verbunds überprüft [1, 15]. Bei dieser Versuchsanordnung

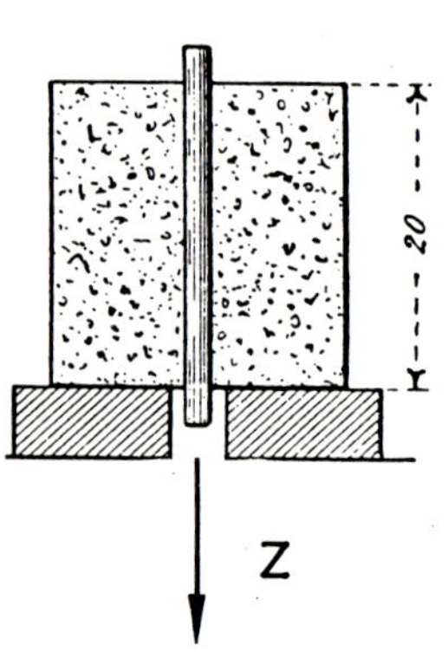

9 Ausziehkörper mit großer Verankerungslänge [15]

stellt sich im Verankerungsbereich eine Verbundspannungsverteilung ein, wie sie in Abb. 11 dargestellt ist.
Die zahlreichen Forschungsergebnisse führten in Deutschland bald zur Erkenntnis, daß die in Abb. 7 gezeigten Sonderprofile mit ihren zumeist empirisch entwickelten Profilformen zwar gegenüber glatten Rundstählen verbesserte Verbundeigenschaften aufwiesen. Wegen der rauhen unebenen Oberfläche der damaligen gewalzten Rundstäbe war diese Verbesserung aber geringer als beim Vergleich heutiger Rippen- und Rundstähle. Auch aus wirtschaftlichen Erwägungen erschien die Verwendung der in Abb. 7 gezeigten profilierten Stähle nicht gerechtfertigt.
In Abb. 10 ist für heutige Rippen- und Rundstähle die Abhängigkeit der Verbundspannung τ von der Verschiebung δ dargestellt. Beim glatten Rundstahl wird der Verbund nur über die Reibungswiderstände hergestellt, die durch fortschreitende Zerstörung der Grenzschicht und die Querkontraktion des Stahles bei zunehmender Verschiebung abnimmt. Beim Rippenstahl nimmt die Verbundspannung hingegen auch noch bei größeren Verschiebungen zu, da der Widerstand des durch die Verzahnung abstützenden Betons ansteigt.
Neben der Verbundwirkung beschäftigten sich die Forscher auch mit der Verankerung an den Stabenden. Dabei zeigten die Versuchsergebnisse, daß bei der Verwendung unprofilierter Rundstäbe die Anordnung von Endhaken zwingend erforderlich ist. Darüberhinaus wurde festgestellt, daß im Verankerungsbereich eine Querbewehrung notwendig ist, um die durch die Lasteinleitung auftretende Querzugbeanspruchung des Betons aufnehmen zu können [1, 2, 15].

2.4.3 Der Korrosionsschutz

Bereits in den Anfängen des Stahlbetonbaus wurde beobachtet, daß Stahl nicht rostet, wenn er von dichtem Beton gut

umhüllt ist. Erst etwa 1912 erkannte man als Ursache für diesen Korrosionsschutz die Passivierung des Stahls im alkalischen Beton [19, 20].
Die aus Forschungsarbeiten resultierenden Empfehlungen sowie die Richtlinien der zuständigen Behörden forderten bereits damals das Bauen mit einem guten und dichten Beton, der die Bewehrung entsprechend den Umwelteinflüssen ausreichend überdecken und schützen muß. Zur Verbesserung der Haftung und des Rostschutzes wurde zudem empfohlen, die von losen Bestandteilen gereinigte Bewehrung mit Zementleim zu bestreichen.
In einer Veröffentlichung aus dem Jahr 1915 wird auch darauf hingewiesen, daß atmosphärische Luft, die in porösen Beton eindringt, das freie Kalkhydrat, das für die Alkalität des Betons verantwortlich ist, in kohlensauren Kalk umwandelt und daß dadurch die passivierende Wirkung des Betons verlorengeht [20]. Über Korrosionsschäden als Folge dieser Karbonatisierung wird in den Anfangsjahren des Stahlbetons jedoch kaum berichtet, und eine intensive Erforschung der Karbonatisierung des Bestons setzte erst nach dem 2. Weltkrieg ein (siehe dazu die Abschnitte 3.2.1 und 3.3).

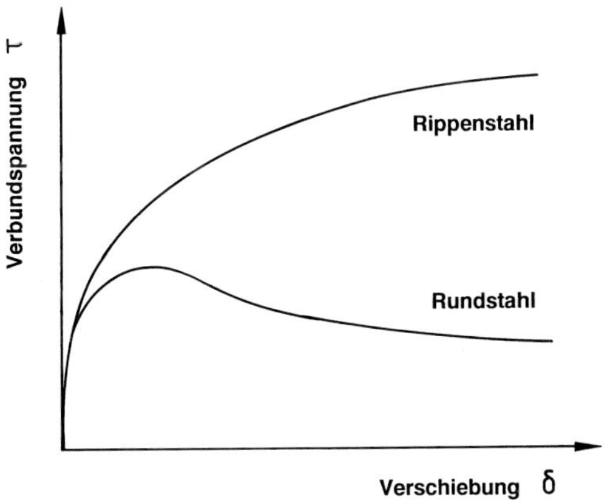

10 Verbundspannung τ in Abhängigkeit von der Verschiebung δ

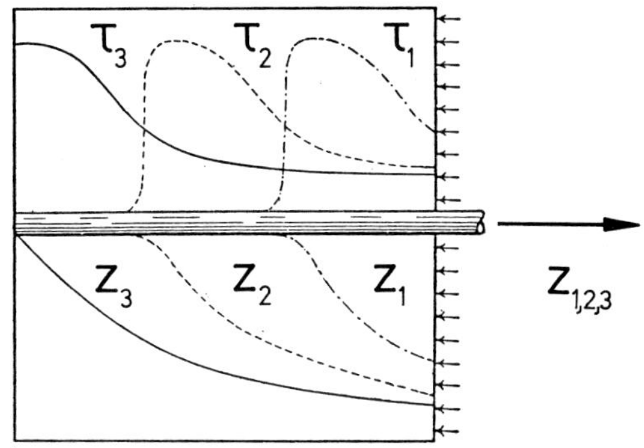

11 Verteilung der Verbundspannung (oben) und der Zugkraft entlang des Stabes (unten) [15]

3 Schädigungsmechanismen

Die Erkenntnis, daß auch manche historische Stahlbetonbauwerke Denkmalwert besitzen und damit erhaltenswert sind, setzt sich in zunehmendem Maße durch. Selten ist es jedoch mangelnde Tragfähigkeit, welche die Lebensdauer historischer Stahlbetonbauwerke begrenzt, sondern vielmehr eine durch Umwelteinflüsse begrenzte Dauerhaftigkeit des Betons und des darin eingebetteten Stahles. Ausgehend von der Struktur des Zementsteines werden daher in diesem Abschnitt einige Schädigungsmechanismen dargestellt, auf die im 4. Abschnitt bei Instandsetzungsmaßnahmen eingegangen wird.
Grundsteine der wissenschaftlichen Erkenntnisse über die Hydratation und Struktur des Zementsteins wurden Ende des 19. Jahrhunderts von W. Michaelis [21] gelegt. Trotzdem beruhen die meisten im folgenden erläuterten Zusammenhänge auf Forschungsarbeiten der letzten 50 Jahre. Besonders hervorzuheben sind dabei die Leistungen des Amerikaners T.C. Powers [22].

3.1 Die Struktur von Beton und Zementstein

Beton wird häufig als ein künstliches Gestein bezeichnet, das aus natürlichen Gesteinen, den Zuschlagstoffen und einer Bindemittelmatrix, dem Zementstein, besteht. Die Entstehung der Bindemittelmatrix ist in Abschnitt 2.1 geschildert. Ihre Bestandteile sind natürlichen Mineralien vergleichbar, zumindest aber sehr ähnlich. Neben den auf den jeweiligen Anwendungsfall optimierbaren Eigenschaften unterscheidet sich der künstliche Stein Beton von einem natürlichen Gestein auch gravierend durch sein Alter. Während für Natursteine zwischen Genese und baupraktischer Anwendung geologische Zeiträume liegen, muß sich die Genese des Betons während seiner baupraktischen Anwendung vollziehen. Zwar laufen einige Reaktionen der Zementhydratation innerhalb von Stunden oder Tagen ab, eine vollständige Umsetzung des Zements mit Wasser ist jedoch nach Jahrzehnten noch nicht erreicht. Die bereits gebildeten Hydratationsprodukte sind weitgehend amorph und daher noch chemisch reaktiv, sie bieten aufgrund ihrer extrem hohen spezifischen Oberfläche von mehreren hundert Quadratmetern je Gramm eine große Reaktionsfläche an.

Das Haupttraggerüst der Zementsteinmatrix wird von den Calciumsilikathydraten CSH aufgebaut, die durch eine dichte Verfilzung untereinander das Zementsteingel bilden. Mit fortschreitender Hydratation wachsen diese Gelräume um die ursprünglichen Zementkörner weiter zusammen und füllen zunehmend die vormals mit Wasser gefüllten Zwischenräume zwischen den Zementpartikeln aus. Diese Calciumsilikathydrate sind extrem fein verteilt und entziehen sich durch ihre geringe Größe auch unter modernen elektronenoptischen Verfahren der direkten Beobachtung. Über ihre Form existieren daher nur Modellvorstellungen, die aus physikalischen Eigenschaften des Gels abgeleitet wurden. Unabhängig von postulierten Nadel-, Folien- oder ungeordneten Plättchenagglomeraten ist wesentlich, daß das Zementsteingel über eine Mikroporosität von ca. 20% verfügt. Die Poren haben Durchmesser bis zu wenigen Nanometern und sind stets wassergefüllt. Obwohl mit einer hohen Porosität behaftet, ist das Zementsteingel sehr dicht, seine Undurchlässigkeit ist mit der von Basalt vergleichbar.

Die Zwischenräume zwischen den einzelnen Zementkörnern können nur dann vollständig mit den CSH-Gel ausgefüllt werden, wenn der w/z-Wert der Mischung den Wert von $w/z = 0{,}42$ nicht übersteigt und die Hydratation vollständig abgeschlossen wurde. Unter praktischen Bedingungen wird dieser Zustand jedoch nicht erreicht. Die nicht ausgefüllten Zwischenräume bilden das sogenannte Kapillarporensystem der Zementsteinmatrix, sein Volumen steigt mit wachsendem w/z-Wert und fallendem Hydratationsgrad des Zementes. Für Korrosionsvorgänge ist von großer Bedeutung, ob die einzelnen Kapillarporen ein zusammenhängendes Netzwerk bilden, das die Zementsteinmatrix kontinuierlich durchzieht, oder ob das Kapillarporensystem immer wieder durch das Gel unterbrochen und damit blockiert wird. In Abhängigkeit vom w/z-Wert und dem Hydratationsgrad m sind die Bedingungen für Kontinuität bzw. Diskontinuität in Abb. 12 dargestellt.

Die Kapillarporen sind ursprünglich größtenteils mit Wasser gefüllt, dieses Wasser kann jedoch entsprechend den äußeren Feuchtebedingungen durch Verdunstung abgegeben werden. Aufgrund ihrer Größe mit Durchmessern von Nanometern bis in den Bereich von mehreren Mikrometern stellen insbesondere die größeren Kapillarporen Transportadern durch die Zementsteinmatrix dar. Wasser und wässrige Lösungen werden aufgrund von Kapillarkräften aufgesogen und Gase können durch entleerte Kapillarporensysteme in die Zementsteinmatrix eindiffundieren.

Eine hohe Durchlässigkeit des Zementsteines wird dann erreicht, wenn sich

nach Abb. 12 ein kontinuierliches Kapillarporensystem ausbilden konnte. Trotz guter Verdichtung bleiben in der Zementsteinmatrix auch Verdichtungsporen aufgrund von Lufteinschlüssen zurück, mit Durchmessern im Bereich von mehreren Millimetern.
Im Beton ergibt sich an der Kontaktzone zwischen Zementsteinmatrix und den Zuschlagkörnern eine gestörte Zone, in der eine Anreicherung von grobkristallinem Calciumhydroxid auftritt. Diese Zwischenräume bewirken eine sog. Kontaktzonenporosität im Größenbereich von Mikrometern [24]. Insbesondere entlang gröberer Zuschlagkörner können in dieser geschwächten Zone Mikrorisse infolge Schrumpfens oder Schwindens der Zementsteinmatrix auftreten. Da die Zuschläge in der Regel sehr dicht sind, können Transportvorgänge für eindringende Schadstoffe vorzugsweise um die Zuschläge herum in der gestörten Kontaktzone verlaufen.

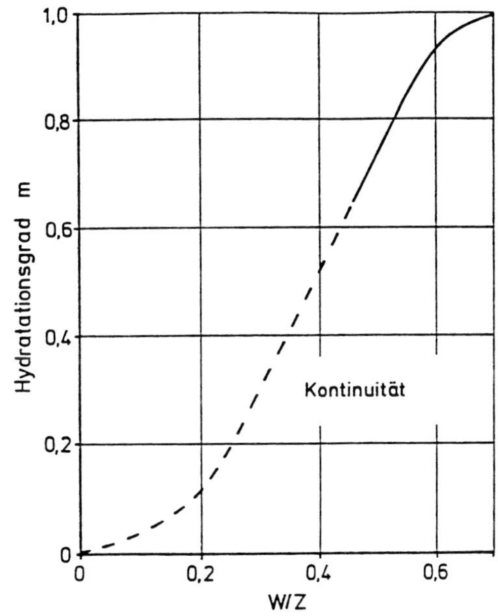

12 Kontinuität des Kapillarporensystems in der Zementsteinmatrix nach Powers [23]

3.2 Angriffe und Korrosionsreaktionen des Betons

Über die Porenräume der Zementsteinmatrix, evtl. unter Mitwirkung von Mikrorissen, kommuniziert der Konstruktionsbeton mit den jeweiligen Umgebungsbedingungen, wobei Wasser und gelöste oder gasförmige Schadstoffe aufgenommen, in einigen Fällen auch leicht lösliche Stoffe abgegeben werden können. In der Regel bleibt der Korrosionsangriff auf die Zementsteinmatrix als reaktive Komponente des Betons beschränkt. Einem Korrosionsangriff können jedoch auch Zuschläge ausgesetzt sein, z. B. können poröse Zuschläge durch Frosteinwirkung zerstört oder calcitische Zuschläge durch kalklösende Kohlensäure geschädigt werden. Ein Korrosionsangriff kann jedoch auch durch die Zuschläge selbst ausgelöst werden, z. B. infolge Treibreaktionen bei alkaliempfindlichen silicatischen oder dolomitischen Zuschlägen.

3.2.1 Karbonatisierung

In der natürlichen Atmosphäre ist Kohlendioxid in einer Konzentration von ca. 0.033 Vol.% enthalten. Dieses Kohlendioxid kann durch Diffusion in die entleerten Porenräume der Zementsteinmatrix eindringen und dort mit allen alkalischen Hydratationsprodukten reagieren, wobei jeweils als stabile Endprodukte Karbonate entstehen.
Calciumhydroxid, das in einer weitgehend hydratisierten Zementsteinmatrix aus Portlandzement ca. 20 M.-% einnimmt, reagiert mit dem eindringenden Kohlendioxid unter Abspaltung von Wasser gemäß

$$Ca(OH)_2 + CO_2 \overset{H_2O}{\rightarrow} CaCo_3 + H_2O$$

Auch das aus den CSH-Phasen gebildete Zementsteingel wird durch die Karbonatisierung betroffen. Aus dem ursprünglichen CSH-Gel bleibt ein poröses Silikathydrat zurück, das seine Gelstruktur beibehält. Aufgrund der hohen Dichtheit der CSH-Phasen verläuft dieser Angriff sehr langsam, eine abdichtende Wirkung der Karbonatablagerungen kann den Angriff auf die Oberflächen des CSH-Gels beschränken.

Die Karbonatisierung ist für den Beton selbst im allgemeinen nicht schädigend, sondern kann im Gegenteil zu einer Verbesserung der Eigenschaften der oberflächennahen Schichten führen, indem die Karbonatablagerungen vorhandene Porenräume reduzieren bzw. blockieren und chemisch reaktive Phasen in ein weniger reaktives Karbonat umwandeln. Eine Erhöhung der Festigkeit und Reduktion der Durchlässigkeit wurden für karbonatisierte Randzonen von Portlandzementbetonen beobachtet.

Besondere Bedeutung erlangt die Karbonatisierung jedoch für Stahlbetonkonstruktionen. Der sich auf alle alkalischen Bestandteile erstreckende CO_2-Angriff führt über die Bildung der neutralen Karbonate dazu, daß die Zementsteinmatrix und das darin enthaltene Porenwasser ihre ursprünglich hohe Alkalität mit $pH > 12$ verlieren. Die vollständig karbonatisierte Betonzone weist nur noch einen pH-Wert von $pH = 8.7$ auf. In diesem Milieu ist die Passivität einer Stahloberfläche nicht mehr gegeben, eine eingelegte Stahlbewehrung verliert den Korrosionsschutz.

Die Karbonatisierung des Betons ist ein natürlicher Vorgang, der an allen luftumspülten Betonoberflächen einsetzt und nach innen fortschreitet. Für Stahlbetonkonstruktionen ergibt sich deshalb die Forderung, die Karbonatisierungstiefe auch für lange Zeiträume - mindestens aber für die vorgesehene Nutzungsdauer - so weit zu beschränken, daß die äußeren Bewehrungslagen nicht erreicht werden. Die Sicherheit kann durch eine ausreichende Betondeckung erhöht werden, wesentlich ist aber, daß die Kapillarporosität der Zementsteinmatrix in der Betonrandzone gering und diskontinuierlich ist, um das Eindringen von CO_2 zu beschränken. Als diffusionskontrollierter Prozeß kann die zeitliche Entwicklung mit Hilfe der Fick'schen Diffusionsgesetze approximiert werden, die als Ergebnis eine $\sqrt{t}$-Beziehung liefern. In Abb. 13 sind entsprechende Prognosen der zu erwartenden Karbonatisierungstiefen für verschiedene Betongüten dargestellt [25]. Die Beziehung zur Betondruckfestigkeit ergibt sich dabei aus dem Wasserzementwert, der die Porosität der Zementsteinmatrix kontrolliert und damit sowohl Festigkeit als auch Durchlässigkeit bestimmt.

Die auf dem $\sqrt{t}$-Gesetz basierenden Prognosen der Karbonatisierungstiefe zeigen häufig eine unbefriedigende Übereinstimmung mit der Praxis. Die auftretenden Abweichungen werden dabei verursacht durch Strukturveränderungen in der Zementsteinmatrix infolge Karbonatisierung sowie veränderliche Feuchtekonzentrationen im Zementstein. Trockener Zementstein karbonatisiert nicht. Bei hoher Feuchtekonzentration sind die Porenräume wassergefüllt. Da die Diffusion von CO_2 in Wasser ca. 10000fach geringer ist als in Luft, karbonatisiert ein wassergesättigter Zementstein ebenfalls praktisch nicht. Die höchste Karbonatisierungsgeschwindigkeit wird für eine Gleichgewichtsfeuchte mit 50-65 % rel. Luftfeuchte erreicht. Diese Feuchteabhängigkeit der Karbonatisierungsgeschwindigkeit hat zur Folge, daß direkt beregnete Bauteiloberflächen eine geringere Karbonatisierungstiefe aufweisen als vor Regen geschützte Betonoberflächen.

3.2.2 Sulfatisierung

Eine im wesentlichen anthropogene Verunreinigung der Atmosphäre stellt das Schwefeldioxid dar, das bei der Verbrennung organischer Energieträger freigesetzt wird. Ein Teil dieses Schwefeldioxides wird in der Atmosphäre aufoxidiert zu Sulfat (SO_3) und verbindet sich dann mit dem Wasserdampf der Luft zu Schwefelsäure. Saurer Regen, der in stark bela-

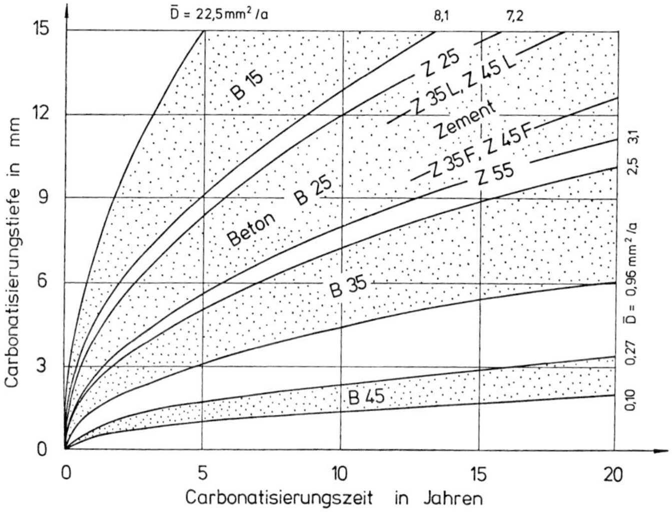

13 Entwicklung der Karbonatisierungstiefe für verschiedene Betongüten nach [25]

steten Ballungsräumen pH-Werte von pH = 3 - 4 angenommen hat, beaufschlagt dann auch Bauteiloberflächen.

Die zerstörende Wirkung dieses atmosphärischen Sulfats wurde insbesondere für calcitisch gebundene Natursteine nachgewiesen, wo das in den Stein aufgenommene Sulfat zu einer äußeren Krustenbildung mit dahinterliegender Gefügeauflockerung führt und einen fortschreitenden Materialverlust zur Folge hat.

Nach bislang vorliegenden Erkenntnissen trifft eine vergleichbare Schädigung für dem sauren Regen ausgesetzte Betonoberflächen nicht zu. Verglichen mit porösen Natursteinen verfügt Beton über eine geringe Kapillaraktivität, so daß sulfathaltiger Niederschlag kaum aufgenommen wird, sondern an der Oberfläche abrinnt. Da Zementstein jedoch säurelöslich ist, kann an der Betonoberfläche Material gelöst und mit dem Regen abgeführt werden. Aus Versuchen abgeleitete Erkenntnisse geben für einen dichten Beton einen Materialverlust von ca. 0,01 mm / Jahr an. Diese Abtragungsrate ist zwar sehr gering, sie zeigt jedoch, daß die sichtbare Betonoberfläche in beregneten Bereichen einer Rückbildung unterliegen kann. Eine tiefreichende Sulfatisierung der Betonrandzone mit Gipsbildung wurde bislang nur an direkt dem Rauchgas ausgesetzten Bauteilen beobachtet, z. B. Industrieschornsteinen.

3.2.3 Kalklösende Kohlensäure

Gebirgs-, Quell- und Grundwässer enthalten zum Teil bedeutende Mengen an Kohlendioxid CO_2. Dieses Kohlendioxid kann fest gebunden sein in Karbonate, z. B. Calciumkarbonat $CaCO_3$, halb gebunden in leicht lösliche Hydrogenkarbonate, z. B. $Ca(HCO_3)_2$ oder als freie Kohlensäure im Wasser vorliegen. Ein Teil der letztgenannten freien Kohlensäure wirkt betonaggressiv, da sie Calciumhydroxid, aber auch Calciumkarbonat, z. B. aus calcitischen Zuschlägen löst und zunächst in Hydrogenkarbonat überführt. Dieses Hydrogenkarbonat muß im Gleichgewicht stehen mit noch im Wasser vorhandener freier Kohlensäure, der sogenannten „zugehörigen“ Kohlensäure. Sinkt die Konzentration an „zugehöriger“ Kohlensäure, so wird aus der Hydrogenkarbonatlösung Karbonat ausgeschieden. An Betonquerschnitten, die kalklösender Kohlensäure ausgesetzt sind, finden diese Lösungs- und Ausscheidungsreaktionen in verschiedenen Bereichen statt, so daß sich Zonen der Auflösung bzw. Auflockerung sowie Verfestigungszonen einstellen können. Liegt ein permanenter Durchtritt von Wasser mit kalklösender Kohlensäure durch einen Betonquerschnitt vor, werden die Karbonatausscheidungen an der Austrittsoberfläche als Kalkfahnen sichtbar.

3.2.4 Weiche Wässer

Wasser, das keine oder nur sehr wenig gelöste Calcium- und/oder Magnesiumsalze enthält, kann das Calciumhydroxid des Zementsteins lösen. Die Gesamthärte des auf das Bauwerk einwirkenden Wassers sollte 3 Grad deutscher Härte nicht unterschreiten (vgl. Abschnitt 4.2.1.1) [26].

3.2.5 Frostbeanspruchung

Das im Porensystem des Betons gespeicherte Wasser ist in Abhängigkeit von der jeweiligen Porengröße unterschiedlich starken Oberflächenkräften ausgesetzt, die die physikalischen Eigenschaften des Wassers stark verändern. Für die Frostbeanspruchung von Beton ist hierbei von besonderem Interesse, daß in feinen Porenräumen das Wasser eine drastische Gefrierpunktserniedrigung erfährt, die zum Beispiel für das Wasser der feinen Gelporen eine Eisbildung erst bei sehr tiefen Temperaturen von $T < -80^\circ C$ zuläßt. Dieses stets vorhandene Gelwasser gefriert daher bei den in der Natur auftretenden Temperaturen nicht.
Mit zunehmendem Porenradius verlieren mit wachsendem Abstand von der Porenwandung diese Oberflächenkräfte an Einfluß auf das Wasser, bis schließlich in den groben Kapillarporen, in den Kontaktzonen und evtl. in Verdichtungsporen das eingelagerte Wasser wieder die Eigenschaften des freien Wassers annimmt. Eine geringe Gefrierpunktserniedrigung ergibt sich jedoch auch für dieses Wasser, da es in der Regel gelöste Stoffe enthält.
Wasser durchläuft beim Phasenübergang der Eisbildung eine Volumenexpansion von ca. 11%. Wird diese Ausdehnung behindert, da der notwendige Expansionsraum in den Poren fehlt, treten Sprengdrücke auf, die zu Gefügeauflockerungen und damit zu einer fortschreitenden Zerstörung des Betons führen. Aus diesem Mechanismus erklärt sich, daß eine reine Frostbeanspruchung ohne Mitwirkung von Taumitteln nur dann zu einer Zerstörung des Betons führt, wenn die gröberen Porenräume zum Zeitpunkt der Eisbildung weitgehend mit Wasser gesättigt sind. Dieser Zustand kann über die Adsorption von Wasserdampf aus der Luft nicht erreicht werden, sondern bedingt eine längerfristige Einwirkung von flüssigem Wasser auf die Betonoberfläche, bis über Kapillarkräfte in der Betonrandzone ein kritischer Sättigungszustand erreicht wird. Auch eine direkte Beregnung geneigter Betonoberflächen führt in der Regel nicht zu einer kritischen Wassersättigung, da das kurzzeitig aufgenommene Wasser teils abgegeben, teils umverteilt werden kann.
Neben der Zementsteinmatrix können grundsätzlich auch jene Zuschläge durch Frostbeanspruchung zerstört werden, die über eine grobe Porosität verfügen und einen kritischen Sättigungszustand annehmen. Während dichte Zuschläge, z.B. quarzitisches Material einen hohen Frostwiderstand aufweist, sind insbesondere sandsteinhaltige Zuschläge, aber auch Kalkstein gefährdet.
Ein wesentlich komplizierterer Schadensmechanismus stellt sich bei der Mitwirkung von Taumitteln ein. Der Entzug von Lösungs- und Schmelzwärme bewirkt schichtweises Tauen und Gefrieren in der Betonrandzone. Eine Anreicherung von Taumitteln in den oberflächennahen Schichten erhöht über osmotische Effekte den Sättigungsgrad des Porensystems, die Kinetik der Eisbildung wird verändert und die Anzahl der wirksamen Frost-Tauzyklen erhöht. Zusätzlich können bestimmte Taumittel in den Chemismus der Hydratationsprodukte eingreifen.

3.3 Korrosion der Bewehrung

Eisenwerkstoffe können vielfältigen Korrosionsarten unterliegen, die von der Zusammensetzung des Werkstoffes, den Bearbeitungszuständen sowie den chemischen und physikalischen Beanspruchungen im Einsatz abhängen. Für die Schädigung von duktilen Betonstählen ist jedoch fast ausschließlich die anodische Eisenauflösung mit Korrosion vom Sauerstofftyp verantwortlich.
Metallisches Eisen liegt in einem thermodynamisch instabilen Zustand vor, der durch das hohe Energieniveau infolge der Verhüttung erreicht wurde. Sofern die Umgebungsbedingungen dies zulassen, ist das Eisen bestrebt, einen energieärmeren Zustand anzunehmen. In Verbindung mit einem Elektrolyten gehen dazu Eisenionen in Lösung, die Energieabgabe erfolgt durch Freisetzen von Elektronen. Die Eisenauflösung ist damit ein elektrochemischer Vorgang. Die Stelle, an der die Bildung von Eisenionen erfolgt, wird als Anode bezeichnet, hier tritt ein fortschreitender Materialabtrag auf. Die auf der Stahloberfläche zurückbleibenden Elektronen werden bei der Sauerstoffkorrosion aufgenommen durch Sauerstoff und Wasser unter Bildung von Hydroxylionen gemäß

$$O_2 + 2H_2O + 4e \rightarrow 4(OH)^-$$

Diese Reaktion vollzieht sich an der Kathode. Anode und Kathode können auf einer Stahloberfläche unmittelbar benachbart sein, je nach Umgebungsbedingung jedoch auch weit voneinander entfernt liegen. Die im Elektrolyten vorliegenden Hydroxyl- und Eisenionen verbinden sich zu Eisenhydroxiden, wobei unterschiedliche Hydratstufen entstehen können. Die aus der Lösung ausfallenden Eisenhydroxide nehmen gegenüber dem ursprünglichen Eisen ein mehr als 3fach höheres Volumen ein.
Die anodische Eisenauflösung vom Sauerstofftyp setzt einen Elektrolyten mit $6 < pH < 10$ bei ausreichender Versorgung der Kathode mit Sauerstoff voraus.
Eine Grundvoraussetzung für die Anwendung des Konstruktionsprinzips Stahlbeton liegt in einem einfach zu erzielenden, sicheren und dauerhaften Korrosionsschutz der Stahlbewehrung, der durch den Beton aufgebaut werden kann. Ausschlaggebend für den Korrosionsschutz im Beton ist die hohe Alkalität der Hydratationsprodukte, die eine Porenlösung mit $pH > 12$ einstellen. Auf einer Stahloberfläche, die mit diesem Medium in Kontakt steht, bildet sich eine nur wenige Mikrometer dicke, aber lückenlose Schicht aus den Eisenoxiden Fe_2O_3 und Fe_3O_4, die den anodischen Teilprozeß der Korrosionsreaktionen unterbindet. Die Stahloberfläche ist passiviert und der Stahl vor Korrosion geschützt. Die Passivschicht wird jedoch abgebaut, wenn der pH-Wert der Porenlösung abnimmt und auf Werte $pH < 10$ fällt. Im Beton, der unter Verwendung von Zement mit Portlandzementklinker hergestellt wurde, ist hierfür die Karbonatisierung der Zementsteinmatrix verantwortlich. Die Korrosion der Stahlbewehrung wird dann bei ausreichendem Angebot an Elektrolyt und Sauerstoff ablaufen. Diese Bedingungen sind bei Betonoberflächen, die der natürlichen Bewitterung ausgesetzt sind, hinreichend erfüllt. Sichtbare Zeichen der ablaufenden Korrosion sind rotbraune Rostfahnen auf der Betonoberfläche sowie Rißbildung und Betonabsprengungen über den Bewehrungslagen, die durch den Sprengdruck der Korrosionsprodukte verursacht werden.

3.4 Dauerhafter Beton

Die vorangegangenen Ausführungen über die Korrosionsmechanismen zeigen, daß Beton umso dauerhafter ist, je höher sein Widerstand gegen das Eindringen von Wasser oder aggressiver Substanzen ist. Dieser Widerstand ist umso höher, je niedriger seine Porosität, d.h. je niedriger der Wasserzementwert und je höher der Hydratationsgrad, insbesondere der oberflächennahen Bereiche des Betons ist. Über weitere Einzelheiten dazu siehe z.B. [27].

Abschließend sei noch die Frage gestellt, warum manche historische Stahlbetonbauwerke nahezu 100 Jahre überstanden haben, ohne daß sie Dauerhaftigkeitsschäden in einem Umfang aufweisen, wie sie an modernen, mit hochentwickelter Technologie erstellten Stahlbetonkonstruktionen allzu häufig und schon in jungem Alter beobachtet werden. Ein Grund dafür ist das Nacherhärtungspotential des Betons zu Beginn unseres Jahrhunderts, wie es aus Abb. 8 hervorgeht: Heute, wie vor 80 Jahren, ist die Bezugsgröße der Bemessung einer Stahlbetonkonstruktion die Betondruckfestigkeit im Alter von 28 Tagen. Während historischer Beton in höherem Alter noch ein Vielfaches der 28-Tage-Festigkeit erreichte und damit nicht nur viel fester, sondern auch viel dichter wurde, haben moderne Betone im Alter von 28 Tagen nahezu ihre Endfestigkeit erreicht. Bei gleicher 28-Tage-Festigkeit sind historische Betone daher fester, dichter und vielfach auch dauerhafter als moderne Betone.

4 Erhalten und Instandsetzen historischer Stahlbetonkonstruktionen

4.1 Grundsätze

Schutz und Instandsetzung geschädigter Betonbauwerke gehören mittlerweile zu den Standardaufgaben der Bauwirtschaft. Im Mittelpunkt der Tätigkeiten stehen dabei noch relativ junge Bauwerke wie Verkehrsbauten, Industriebauten oder Wohnhausfassaden. In jüngster Zeit wurden die für den Schutz und die Instandsetzung von Stahl- bzw. Spannbetonbauwerken wichtigsten wissenschaftlichen Erkenntnisse und praktischen Erfahrungen in Richtlinien zusammengefaßt (ZTV, DAfStb) [30, 31]. Diese Richtlinien bieten dem Planenden und Ausführenden eine Hilfe bei seiner Tätigkeit, da für viele Standardfälle Konzepte für Schutz und Instandsetzung von Betonbauwerken erarbeitet wurden. Diese Instandsetzungskonzepte reichen, in Abhängigkeit des vorgegebenen Sollzustandes, von der Hydrophobierung der Betonoberfläche über Maßnahmen zum Erhalt oder der Wiederherstellung des Korrosionsschutzes der Bewehrung bis zur mehrlagigen Beschichtung der Betonoberfläche mit mineralischen oder polymeren Stoffen. Die Anwendung dieser Konzepte hat daher fast stets eine deutliche Veränderung der Struktur und Färbung der ursprünglichen Betonoberfläche zur Folge. Ist dies bei relativ neuen Stahlbetonbauwerken, bei denen keine besonderen Anforderungen an die Struktur der Betonoberfläche gestellt werden, noch akzeptabel oder vom Bauherrn vielfach sogar erwünscht, so ist eine derart deutliche Änderung der Struktur und Färbung einer Betonoberfläche mit der Zielvorgabe unvereinbar, den Gesamteindruck einer historischen Sichtbetonoberfläche zu erhalten. Die in den oben genannten Richtlinien aufgeführten Instandsetzungskonzepte können daher in der Regel nicht ohne Modifikation auf historische Stahlbetonkonstruktionen angewendet werden.

Die besondere Herausforderung für den Ingenieur liegt bei der Instandsetzung historischer Stahlbetonkonstruktionen darin, das für die Instandsetzung vom technischen Gesichtspunkt Erforderliche mit dem für die Erhaltung des historischen Gesamteindrucks Notwendigen in Einklang zu bringen. Die Lösung dieser Aufgabe setzt die Kenntnis der wissenschaftlichen Grundlagen der Korrosion und des Korrosionsschutzes von Stahlbeton voraus und erfordert ein sehr sorgfältiges und differenziertes Vorgehen bei der Schadensaufnahme, bei der Ausarbeitung von Instandsetzungskonzepten sowie bei der Ausführung der Instandsetzungsmaßnahmen. Viel mehr als bei üblichen Stahlbetonbauwerken wird das Instandsetzungskonzept auf das jeweils vorliegende Objekt zugeschnitten sein müssen. Zumeist wird es sogar erforderlich sein, innerhalb eines Bauwerks mehrere Konzepte anzuwenden.

Bei historischen Stahlbetonbauwerken muß bei der Ermittlung des Ist-Zustandes des Bauwerks verstärktes Augenmerk auf Struktur und Färbung der vorhandenen Betonoberfläche sowie auf Art und Kornzusammensetzung des Zuschlages gerichtet werden. Desweiteren sind Untersuchungen durchzuführen, die eine möglichst genaue Lebensdauervorhersage, auch der bislang noch nicht oder nur schwach geschädigten Bauteilbereiche, erlauben. Nur dann ist es möglich, den bei der Instandsetzung erfolgenden Eingriff in das Erscheinungsbild der Konstruktion auf ein Minimum zu beschränken.

An Stellen, an denen Eingriffe in die Bausubstanz notwendig sind, wird man in der Regel versuchen, die Struktur und Färbung der zu behandelnden Flächen an die übrigen Bauwerksbereiche anzugleichen. Ist dies nicht möglich, z. B. weil der Korrosionsschutz des Stahls ein Beschichten der Betonoberfläche mit polymeren Stoffen unumgänglich macht, so muß versucht werden, die Änderung der Oberflächenstruktur und -farbe flächenmäßig zu begrenzen.

Verzichtet man bewußt auf eine Angleichung von Struktur und Färbung, z.B. zur Heraushebung baugeschichtlicher Unterschiede, so können derzeit gebräuchliche Instandsetzungskonzepte unverändert auch auf historische Bauten angewendet werden.

Im anderen Fall müssen in ihrer Zusammensetzung neben technisch auch optisch auf das Bauwerk abgestimmte Materialien verwendet und Techniken der Oberflächenbearbeitung gewählt werden, die eine möglichst gute Angleichung an den erhaltenen, ursprünglichen Bauwerksbeton sicherstellen.

Geeignete Oberflächenbearbeitungsmaßnahmen am frisch eingebrachten Instandsetzungsmaterial sind z. B. Abdruck von Schalbrettern, Reiben mit Brett, Pinsel etc. Erhärtetes Instandsetzungsmaterial kann z. B. durch Spitzen, Stocken, Sandstrahlen bearbeitet werden. In beiden Fällen wird der gewünschte Effekt nur bei geeigneter Wahl der Zusammensetzung des Instandsetzungsmaterials, insbesondere des Zuschlags, erreichbar sein.

Eine Angleichung der Färbung des instandgesetzten Bereichs an die umgebende Bauwerksoberfläche kann über die Eigenfarbe des Instandsetzungsmaterials ober über eine entsprechende Lasur der Oberfläche erfolgen. Eine Beeinflussung der Eigenfarbe des Instandsetzungsmaterials ist über eine entsprechende Wahl des Zements, des Zuschlags und hier insbesondere des Sandes sowie über die Zugabe von Farbpigmenten möglich.

Sowohl bei der Beeinflussung der Struktur als auch bei der Beeinflussung der Färbung ist zu berücksichtigen, daß auch das Instandsetzungsmaterial eine Alterung erfährt, die in der Regel zu einer Veränderung des Erscheinungsbildes führt. Es ist daher möglich, die Alterung gezielt zum Angleich des Erscheinungsbildes instandgesetzter und nicht instandgesetzter Bauwerksoberflächen zu nutzen. Ähnliches gilt für die vor allem in städtischen Gebieten verstärkt auftretende Verschmutzung der Bauwerksoberflächen. Es ist daher unumgänglich, vor Beginn der Instandsetzungsarbeiten die gesamte Betonoberfläche zu reinigen.

Handelsübliche Systeme wird man ohne Modifikation in der Regel nur dann einsetzen können, wenn zur Egalisierung der Bauwerksoberfläche zusätzlich noch ein speziell auf das Erscheinungsbild der umgebenden Bauwerksoberfläche abgestimmtes Material in die Ausbruchstelle eingebracht wird.

Die Vorgabe, daß die bei der Instandsetzung verwendeten Materialien sowohl technischen als auch speziellen, optischen

14 Linachtalsperre, Kraftwerk Vöhrenbach, Schwarzwald, Blick auf das System der Pfeilerscheiben und Querriegel

Anforderungen genügen müssen, macht umfangreiche Eignungsprüfungen an diesen Materialien notwendig.

4.2 Praxisbeispiele

Verglichen mit dem Schutz und der Instandsetzung neuer Stahlbetonbauwerke liegen auf dem Gebiet der Instandsetzung historischer Stahlbetonbauwerke noch wenig Erfahrungen vor. Für ein größeres, zur Instandsetzung anstehendes Stahlbetonbauwerk, die in der ersten Hälfte der 20er Jahre erbaute Kraftwerksanlage bei Vöhrenbach im Schwarzwald, wurden in unserem Institut betontechnologische Untersuchungen durchgeführt und darauf aufbauend Konzepte der Instandsetzung erarbeitet. Bei einem weiteren Objekt, der 1956 fertiggestellten Liederhalle in Stuttgart, beginnt derzeit die betontechnologische Untersuchung der Bausubstanz.

4.2.1 Die Linachtalsperre

Das bezüglich der Stahlbetonbauweise interessanteste Bauwerk innerhalb der Kraftwerksanlage Vöhrenbach ist die in einzelne Stahlbetongewölbe aufgelöste Staumauer im Linachtal. Sie besteht aus 13 aneinandergereihten, kreisbogenförmigen Gewölben mit einem inneren Radius von 5,2 m und einem Zentrierwinkel von 130°. Die Tonnengewölbe sind um 50° gegen die Horizontale talauswärts geneigt und stützen sich gegen 12 dreieckförmige, massive Pfeilerscheiben und zwei seitliche Widerlager ab. Die Gewölbebögen sind zwischen 0,4 und 0,6 m dick. Die Dicke der größten Pfeiler im Bereich der Talsohle beträgt am Übergang zu den bis zu 10 m tief gegründeten Fundamenten ca. 1,2 m und am Pfeilerkopf ca. 0,8 m. Die Pfeilerscheiben sind durch ein System von Querriegeln ausgesteift, die biegesteif an die

Pfeilerscheiben angeschlossen sind. In jedem zweiten Gewölbe sind vertikale Dehnungsfugen in den Querriegeln und im Fußgängersteg angeordnet. Die Länge der Mauerkrone beträgt ca. 140 m, ihre Höhe in Talmitte ca. 27 m über Grund. In die Mauerkrone ist ein ca. 1,5 m breiter Fußgängersteg integriert. Der höchste Stauspiegel lag ca. 1 m unter der Oberkante der Mauer.

Abb. 14 und 15 zeigen die mittlerweile als bautechnisches Denkmal eingestufte Stahlbetonkonstruktion.

Die Talsperre wurde unter technisch und wirtschaftlich schwierigen Randbedingungen erbaut. Die Betonherstellung erfolgte vor Ort in einem 750 Liter fassenden Mischer. Das Zuschlagmaterial kam aus einem nahegelegenen Steinbruch und wurde vor Ort zu einem Gemenge mit einem Größtkorn bis zu ca. 60 mm aufbereitet.

Obwohl beim Bau der Talsperre besonderer Wert auf eine nach dem damaligen Kenntnisstand gute Betonzusammensetzung gelegt wurde, war man sich bereits beim Bau der Talsperre darüber im klaren, daß dem Konstruktionsbeton der Gewölbe keine Dichtungsfunktion zugewiesen werden konnte. Diese mußte von einer auf der Wasserseite der Gewölbe zusätzlich aufgebrachten Dichtungsschicht übernommen werden. Hierzu wählte man eine im Verbund mit dem Konstruktionsbeton liegende 40 mm dicke, mit Streckmetall bewehrte, zementreiche Spritzbetonschicht, deren Oberfläche zusätzlich mit einem zweifachen Bitumenanstrich versehen wurde.

4.2.1.1 Schäden

Im Laufe der Jahre zeigte sich, daß die Dichtungsschicht den auftretenden Beanspruchungen nicht gewachsen war. Die an der Dichtungsschicht entstandenen Schäden lassen sich nach dem heutigen Kenntnisstand auf die gegenüber dem Konstruktionsbeton der Gewölbe zu hohe Steifigkeit der Dichtungsschicht zurückführen. Dieser Steifigkeitsunterschied führte bei Verformungen des Gesamtbauwerks zu Rissen in der Dichtungsschicht und in der Folge zu Unterläufigkeiten und Froststörungen der Dichtungsschicht.

Die Gewölbe selbst waren aufgrund der Zusammensetzung des Konstruktionsbetons, insbesondere aber wegen ausgedehnter Kiesnester, undichter Arbeits- und Betonierfugen sowie signifikanter Querschnittsrisse, deren Ursache in Zwängungsspannungen zu suchen ist, nicht wasserundurchlässig. Beim Versagen der wasserseitigen Dichtungsschicht wurden daher große Bereiche des Bauwerks durchfeuchtet. Teilweise trat auf der Luftseite der Gewölbe das eingestaute Wasser quellenartig aus. Daneben bewirkte auch das ungenügend abgeführte Niederschlagswasser eine Durchfeuchtung großer Bauteilbereiche.

15 Linachtalsperre, Blick auf die Tonnengewölbe

Verbunden mit der wegen der geographischen Lage des Bauwerks starken Frostbeanspruchung des Betons traten Schäden in Form von Gefügeauflockerungen sowie Abwitterungen und Absprengungen der Betonrandzonen auf. Nicht durchfeuchtete Bauteilbereiche sind dagegen frei von Abwitterungen und Gefügeauflockerungen.

Desweiteren führte das eingestaute Wasser wegen seiner geringen Gesamthärte von einem Grad deutscher Härte zu einer Auslaugung von Bindemittel aus dem Beton (vgl. Abschnitt 3.2.4).

Die Karbonatisierungstiefe des Betons ist starken Schwankungen unterworfen. Sie liegt in Bereichen mit dichtem Betongefüge etwa bei 20 bis 30 mm. Mit abnehmendem Gehalt an Feinbestandteilen des Betons im Bereich von Kiesnestern nimmt die Karbonatisierungstiefe erwartungsgemäß deutlich zu. Gemessen an der gesamten Bauwerksoberfläche traten nur wenig Oberflächenschäden als Folge der Korrosion der Bewehrung auf. Dies ist einerseits darauf zurückzuführen, daß die Betondeckung der Bewehrung großflächig bei ca. 70 mm liegt, andererseits aber auch darauf, daß dort, wo der Stahl im Bereich karbonatisierten Betons liegt, die weiteren, für die Korrosion maßgebenden Medien Feuchte und Sauerstoff nicht in für die Korrosion ausreichendem Maß Zutritt haben.

4.2.1.2 Wesentliche Gesichtspunkte bei der Instandsetzung

Eine funktionierende, wasserseitige Abdichtung der Gewölbe ist Grundvoraussetzung für den Erhalt der Staumauer, da nur dann eine progressive Frostzerstörung bzw. Auslaugung des Betons vermieden werden kann. Hierzu wurden eine vom Untergrund mechanisch getrennte Dichtungsschicht oder eine Dichtungsschicht vorgeschlagen, die zwar im Verbund mit dem Konstruktionsbeton steht, aber eine viel geringere Steifigkeit als der Konstruktionsbeton aufweist, so daß sie bei Bewegungen der Risse und Fugen im Konstruktionsbeton schadensfrei bleibt. Das zuletzt genannte Konstruktionsprinzip ist nur unter Verwendung polymerer Beschichtungssysteme ausführbar.

Die hohe Bedeutung der wasserseitigen Abdichtung rechtfertigt dabei auch die Verwendung moderner Materialien und Arbeitstechniken. Das Erscheinungsbild der ursprünglichen Dichtungsschicht kann auch bei Anwendung polymerer Stoffe erhalten werden.

Der Austausch des Konstruktionsbetons der Staumauer kann sich auf solche Bereiche beschränken, in denen die Betonfestigkeit unter einen für die Tragfähigkeit des Bauwerks kritischen Wert abgesunken ist. Das Instandsetzungsmaterial muß dabei so zusammengesetzt sein, daß seine Verformungseigenschaften in etwa denen

16 Stuttgart, Liederhalle, Ausschnitt aus der Sichtbetonfassade

des Bauwerksbetons entsprechen. Zusätzlich sollte die Zusammensetzung des Instandsetzungsmaterials, in Verbindung mit einem geeigneten Oberflächenbearbeitungsverfahren, einen optischen Angleich der instandgesetzten Bauwerksoberfläche an die ursprünglichen Bauwerksoberflächen ermöglichen.

4.2.2 Die Liederhalle in Stuttgart

Die Untersuchungen am zweiten hier erwähnten Beispiel, der Liederhalle Stuttgart, stehen noch aus, so daß die Angabe von Instandsetzungskonzepten, die auf das Bauwerk speziell abgestimmt sind, noch nicht möglich ist. Detailliertere Angaben über die Liederhalle und die dort aufgetretenen Schäden finden sich in [30]. Sicher ist, daß hier in weitaus größerem Maß als bei der Linachtalsperre Wert auf die Erhaltung des historischen Erscheinungsbildes der Fassade gelegt werden muß, so daß die o.g. Grundsätze für die Instandsetzung historischer Stahlbetonbauwerke voll zum Tragen kommen. Insbesondere sind hier auch Maßnahmen zur Erhaltung bzw. Wiederherstellung von Details erforderlich, die das Erscheinungsbild der Betonoberfläche prägen, z.B. gestockte Oberflächenbereiche, Schalbrettfugen, Kiesnester und Lunker. Abb. 16 zeigt einen typischen Ausschnitt aus der Sichtbetonfassade der Liederhalle; Abb. 17 stellt diesem, gewissermaßen als abschreckendes Beispiel, die Oberfläche einer nach der derzeit üblichen Verfahrensweise an der Liederhalle instandgesetzten „Sichtbetonoberfläche" gegenüber.

17 Stuttgart, Liederhalle, 'instandgesetzte' Sichtbetonoberfläche

5 Zusammenfassung

Nach einem kurzen Abriß der historischen Entwicklung des Stahlbetons in Deutschland wird auf Herstellung und Eigenschaften der Werkstoffe des Stahlbetons eingegangen. Aufbauend auf der Wiederentdeckung der römischen Zemente war schon am Ende des 19. Jahrhunderts die industrielle Herstellung hochwertiger Portlandzemente möglich. Im Jahr 1878 wurde als erste Norm für ein Industrieerzeugnis eine Norm für Zemente veröffentlicht, die in vieler Hinsicht den noch heute gültigen Zementnormen gleicht. Auch die Anforderungen an die Betonzuschlagstoffe entsprachen schon zu Beginn dieses Jahrhunderts unseren heutigen Regelungen. Zwischen der Zusammensetzung und den mechanischen Eigenschaften des Betons im ersten Drittel dieses Jahrhunderts und den heutigen Betonen bestanden keine grundsätzlichen Unterschiede mit Ausnahme der Festigkeitsentwicklung. Als Folge der langsamer erhärtenden, meist gröber gemahlenen Zemente entwickelten die Betone aus der Frühzeit des Stahlbetons ihre Festigkeit langsamer als moderne Betone, hatten dadurch aber auch ein viel höheres Nacherhärtungspotential.

Während vor der Jahrhundertwende als Bewehrung vielfach Profile unterschiedlichster Formen eingesetzt wurden, schloß sich daran eine Periode, in der vorwiegend glatte Rundstähle als Bewehrung dienten. Die Entwicklung der modernen, profilierten Betonstähle setzte etwa in der Mitte der 30er Jahre ein.

In einem weiteren Abschnitt werden, aufbauend auf einer kurzen Darstellung der Mikrostruktur des Zementsteins, jene Vorgänge erläutert, welche eine Schädigung des Betons durch äußere Einflüsse auslösen und damit die Dauerhaftigkeit von Betonkonstruktionen beeinträchtigen können. Zwar wurde der Grundstein für diese Erkenntnisse schon teilweise in den 20er Jahren gelegt. Trotzdem baut dieser Abschnitt im wesentlichen auf Forschungsergebnissen der letzten Jahrzehnte auf.

Im abschließenden Kapitel wird auf Besonderheiten bei der Instandsetzung historischer Stahlbetonbauwerke eingegangen. Soll der Gesamteindruck eines historischen Stahlbetonbauwerks erhalten bleiben, so sind die bei der Instandsetzung moderner Stahlbetonbauwerke erprobten Verfahren und Werkstoffe nur in ganz eingeschränktem Maße auf die Instandsetzung historischer Stahlbetonbauwerke übertragbar.

Literatur

[1] F. Emperger, Handbuch für Eisenbeton, Band 1 und 2, Verlag Ernst und Sohn, Berlin, 1921

[2] E. Mörsch, Der Eisenbetonbau - seine Theorie und Anwendung. 1. Auflage, Konrad Wittwer Verlag, Stuttgart, 1902

[3] Bestimmungen für die Ausführung von Konstruktionen aus Eisenbeton bei Hochbauten (1904), in: Beton-Kalender 1906, III. Teil, S. 18-25

[4] Industrie-Architektur in Karlsruhe, Veröffentlichung des Karlsruher Stadtarchivs Band 6, 1987

[5] Auskünfte von Herrn Stadtkonservator Gerhard Kabierske, Rechtsreferat der Stadt Karlsruhe

[6] H.-O. Lamprecht, Opus Caementitium - Bautechnik der Römer, Beton-Verlag, Düsseldorf, 1985

[7] Normen für einheitliche Lieferung und Prüfung von Portland-Zement (1880), in: Beton-Kalender 1906, III. Teil, S. 35-41

[8] H. Buchartz, Zuschlagstoffe, in: Beton-Kalender 1910, 1. Teil, S. 163-165

[9] Bestimmungen für die Ausführung von Eisenbetonkonstruktionen (1907), in: Beton-Kalender 1910, 1. Teil, S. 272-290

[10] Bestimmungen für Ausführung von Bauwerken aus Eisenbeton (1932), in: DIN 1045, 3. Ausgabe, Mai 1937

[11] Bestimmungen für Ausführung von Bauwerken an Eisenbeton (1925), in: Beton-Kalender 1932, 1. Teil, S. 363-392

[12] Vorläufige Leitsätze für die Vorbereitung, Ausführung und Prüfung von Eisenbetonbauten (1904), in: Beton-Kalender 1910, 1. Teil, S. 296-300

[13] R. Saliger, Der Eisenbeton - seine Berechnung und Gestaltung, Alfred Kröner Verlag, Leipzig, 1933, S. 47-64

[14] D.A. Abrams, Design of Concrete Mixtures, in: Bulletins - Structural Material Research, Lewis Institute, Chicago, 1918, S. 1-22

[15] E. Mörsch, Der Eisenbetonbau - seine Theorie und Anwendung, 1. Band, 6. Auflage, Konrad Wittwer Verlag, Stuttgart 1923, S. 50

[16] DIN 488, Betonstahl, Teil 1 Sept. 1984, Teil 2-7 Juni 1986

[17] Vorschriften für die Lieferung von Eisen und Stahl, Verein deutscher Eisenhüttenleute, 1911

[18] Bestimmungen über die Ausführung von Bauwerken aus Eisenbeton, Preußisches Ministerium für öffentliche Arbeiten, 1916 (zitiert in [1])

[19] ROHLAND, Der Eisenbeton, kolloid-chemische und physikalisch-chemische Untersuchungen, Leipzig, 1912

[20] B. ZSCHOKKA, Zum heutigen Stand der Rostfrage und neue Gesichtspunkte und Mittel zur Rostverhinderung, in: Schweizerische Bauzeitung, Band 65, 1915, S. 123-126 und S. 133-136

[21] W. MICHAELIS, Die Hydraulischen Mörtel, Leipzig 1869

[22] T.C. POWERS, Physical Properties of Cement Paste, Proceedings 4th Int. Symp. Chemistry of Cement, Washington D.C., 1960

[23] T.C. POWERS, L.E. COPELAND, H.M. MANN, Capillary Continuity or Discontinuity in Cement Pastes, PCA Research Bulletin No. 110 (1959)

[24] G. REHM, P. DIEM, R. ZIMBELMANN, Technische Möglichkeiten zur Erhöhung der Zugfestigkeit von Beton, Schriftenreihe des Deutschen Ausschuß für Stahlbeton Nr. 283, Verlag Ernst und Sohn, Berlin 1977

[25] H. KLOPFER, Die Karbonatisation von Sichtbeton und ihre Bekämpfung, in: Bautenschutz und Bausanierung 1978, H. 3, S. 86-97

[26] DIN 4030, Beurteilung betonangreifender Wässer, Böden und Gase, November 1969

[27] H.K. HILSDORF, Durability of Concrete - A Measurable Quantity?, in: IABSE Symposium Lissabon, 1989, Report Vol. 1, S. 111-123

[28] Zusätzliche Technische Vorschriften und Richtlinien für Schutz und Instandsetzung von Betonbauteilen - ZTV SIB 87, Der Bundesminister für Verkehr, Abteilung Straßenbau, 1987

[29] Deutscher Ausschuß für Stahlbeton, Richtlinie für Schutz und Instandsetzung von Betonbauteilen, Teil 1 und 2, Beuth-Verlag, Berlin / Köln, 1990, Teil 3, Drucklegung 1992

[30] M. GÜNTER, H.K. HILSDORF und R. PÖRTNER, Sanierung historischer Stahlbetonkonstruktionen - Fallstudie Liederhalle Stuttgart, in: Betonsanierung. Korrosionsmechanismen und Sanierungstechniken an Stahlbetonkonstruktionen. Arbeitshefte des SFB 315, Universität Karlsruhe, Sonderheft 1989, S. 67-73

Abbildungsnachweis

Alle Abbildungen, wenn nicht anders vermerkt: Institut für Massivbau und Baustofftechnologie, Universität Karlsruhe

Stahl, Holz

ROLF BAEHRE, RUDOLF KÄPPLEIN

Zeitabhängige Änderungen von Werkstoffeigenschaften bei alten Baustählen

Alte Flußstähle weisen herstellungsbedingt einen hohen Gehalt an Stickstoff auf, der zu allmählich fortschreitenden Veränderungen mechanisch-technologischer Werkstoffkennwerte führen kann. Die vorliegende Arbeit zu diesen zeitabhängigen Vorgängen läßt erste Rückschlüsse auf Erkundungsmöglichkeiten von Gütemerkmalen alter Baustähle zu.*

1 Zum Begriff „Alterung“

Mit dem Begriff Alterung werden bei Stahl zeitabhängige Änderungen von Eigenschaften beschrieben. Diese Änderungen können sich sowohl günstig, z. B. als Zunahme von Härte und Festigkeit, als auch ungünstig, z. B. in Form von Versprödungen, d. h. einer Abnahme der Zähigkeit, auswirken. Hintergrund der Alterung sind Entmischungen aus übersättigten Mischkristallen, also Diffusionsvorgänge. Daran sind Kohlenstoff und Stickstoff beteiligt, wobei Stickstoff wegen seiner größeren Löslichkeit und schnelleren Diffusion die führende Rolle spielt. Da die hier betrachteten alten Baustähle außerdem üblicherweise einen sehr geringen Kohlenstoffgehalt aufweisen, steht bei den nachfolgenden Betrachtungen der Stickstoff im Mittelpunkt des Interesses. Als alterungsfähig erweist sich ein Stahl, wenn der Gehalt an Elementen, deren Affinität zu Stickstoff höher ist als die von Eisen, nicht ausreicht, um bereits vor oder während der Erstarrung so viel Stickstoff chemisch abzubinden, daß der verbleibende Restgehalt unter die Löslichkeitsgrenze bei Raumtemperatur absinkt.

Zu unterscheiden sind zwei Formen der Alterung:

a) Natürliche Alterung: Sie ist selbstinduzierend, z. B. bei bestimmten Werkstoffen im Gußzustand, oder tritt nach einer Kaltverformung auf (Verformungsalterung).

b) Künstliche Alterung: Hinter diesem Begriff verbirgt sich eine Wärmebehandlung mit dem Ziel, Gefüge- und Eigenschaftsänderungen zu beschleunigen (entweder zum Zwecke der Stabilisierung oder einer allgemeinen Prüfung des Alterungsverhaltens).

Die im Zuge der Alterung ablaufenden Vorgänge können in Abhängigkeit von der Auslagerungs- bzw. Beanspruchungstemperatur nach sehr unterschiedlicher Dauer zum Abschluß kommen: von einigen Minuten bis hin zu mehreren Jahren. Alterungsvorgänge in Eisenwerkstoffen, die sich über Jahrzehnte, eventuell Jahrhunderte erstrecken, sind bisher nicht bekannt, theoretisch allerdings durchaus vorstellbar. Speziell für Stahltragwerke aus der Frühzeit der Verwendung von

* Die Verfasser sind Herrn Prof. Dr. mont. Hermann Müller, Institut für Werkstoffkunde I der Universität Karlsruhe, für die intensive Unterstützung der Arbeiten sowie Frau Dipl.-Ing. Ludmilla Echtle für die sorgfältige Durchführung der metallographischen Untersuchungen zu Dank verpflichtet.

Flußstahl ergeben sich daraus verschiedene Fragestellungen.
Bei der Planung und beim Bau derartiger Tragwerke wurden die relativ kurz nach der Stahlerzeugung festgestellten Eigenschaften als zutreffend unterstellt. Als charakteristische Kenngrößen galten die im Zugversuch festgestellten Werte für Zugfestigkeit, Streckgrenze und Bruchdehnung. Dabei werden Zugfestigkeit und Streckgrenze für die allgemeine Beurteilung der rechnerischen Tragfähigkeit herangezogen. Die Bruchdehnung gilt als Maß für die Zähigkeit des Werkstoffes und des Widerstandsvermögens der Konstruktion gegenüber unfreiwilligen Beanspruchungen. Auch die Frage wiederholter Belastbarkeit im Sinne der Ermüdung ist im Blickwinkel der zeitabhängigen Werkstoffveränderung zu sehen.

2 Ziele der Untersuchung

Eine umfassende Darstellung der Beeinflussung mechanisch-technologischer Kennwerte durch Alterungsprozesse wäre mit einem großen Aufwand an Versuchen und Zeit verbunden. Ersatzweise wird hier versucht, an einem alten Flußstahl exemplarisch ermittelte Ergebnisse denjenigen aus ähnlichen Untersuchungen an neueren, bedingt vergleichbaren Werkstoffen gegenüberzustellen. Dies sind im wesentlichen Arbeiten, die sich mit der Nitrierung von Eisenproben befassen. Auf diesem Wege sind durch Vergleich mit den eigenen Versuchen zunächst Analogien im Verhalten der alten und der neuen Werkstoffe aufzuzeigen, um dann weitergehende Aussagen für die alten Baustähle aus den betrachteten Literaturbeiträgen ableiten zu können. Damit wird in einem ersten Schritt die phänomenologische Darstellung von Alterungseinflüssen bei alten Baustählen möglich. Im weiteren sollen Vorgehensweisen skizziert werden, mit deren Hilfe unter Umgehung unzulässiger Eingriffe in Bauteile aus Flußstahl zumindest eine qualitative Beurteilung der Alterungsanfälligkeit sowie eine Abschätzung des jeweils erreichten Standes der Alterungsprozesse möglich wird. Dabei handelt es sich um Ansätze auf der Basis der bisher durchgeführten Untersuchungen, die allerdings noch keine endgültigen Ergebnisse darstellen. Sie sollen in erster Linie einen gangbaren Weg aufzeigen, auf dem entsprechende Aussagen über die alten Flußstähle möglich werden.
Untersuchungen an Stählen aus Bauwerken der Jahrhundertwende zeigten, daß seit deren Herstellung Alterungsprozesse abgelaufen sind, da versprödend wirkende Stickstoffausscheidungen beobachtet wurden. Diese Alterungsvorgänge sind nicht für alle Fälle exakt zu beschreiben, da die Zahl der Einflußfaktoren zu groß ist (z.B. chemische Zusammensetzung, Umformart, Umformgrad, Umformtemperatur, Abkühlbedingungen). Nachfolgend sollen daher für einen typischen alten Flußstahl einige Zusammenhänge exemplarisch dargestellt werden.

3 Der untersuchte Werkstoff

Die für die nachfolgend wiedergegebenen Untersuchungen verwendeten Proben entstammen einer Eisenbahnbrücke, die im Jahre 1885 aus Puddelstahl errichtet und im Jahre 1902 durch Teile aus Flußstahl um ein weiteres Gleis erweitert worden war (Abb. 1). Die Probekörper wurden ausnahmslos aus einem Stegblech des

Kohlenstoff	Silicium	Phosphor	Schwefel	Stickstoff	Mangan
0,034 %	0,0019 %	0,054 %	0,069 %	0,019%	0,44%

Tabelle 1 Ergebnisse der chemischen Analyse (Masse-%)

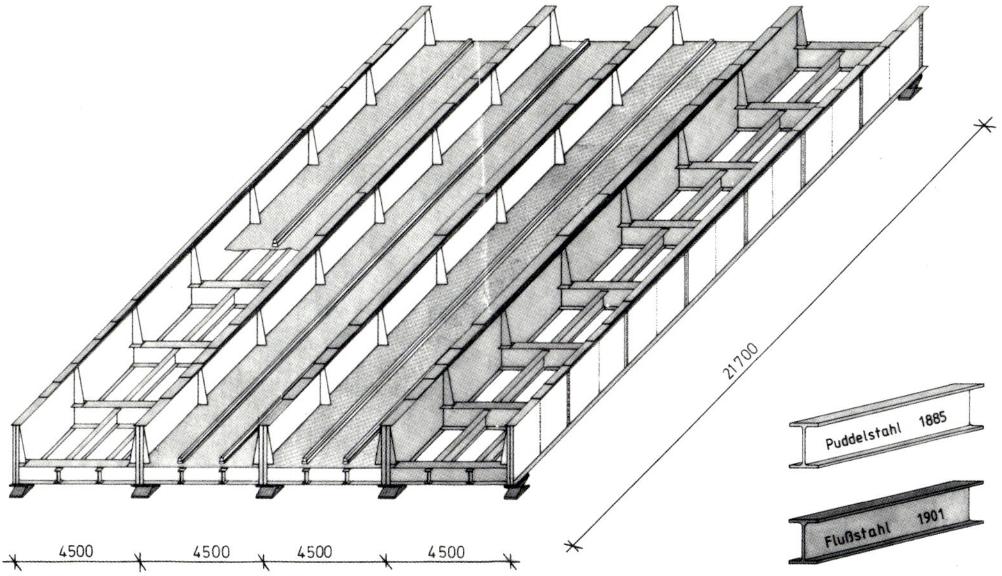

1 Entnahmebauwerk Heubachbrücke, Bahnstrecke Hausach–Schiltach, Kinzigtalbahn

1901 hergestellten Hauptträgers (Höhe: ca. 2 m) ausgearbeitet, dessen Dicke ca. 10 mm betrug. Tabelle 1 zeigt für die wichtigsten Bestandteile des Stahles die Ergebnisse der chemischen Analyse. Geringer Kohlenstoff- und hoher Stickstoffgehalt weisen darauf hin, daß der Stahl offensichtlich nach dem Thomas-Verfahren hergestellt wurde. Aufgrund der während des Frischvorganges durch den flüssigen Stahl geblasenen Luft kann es zu Stickstoffgehalten von bis zu 0,027 Masse-% kommen (die maximale Löslichkeit von Stickstoff in Eisen beträgt bei einer Temperatur von 590°C etwa 0,10 Masse-%, dagegen bei einer Raumtemperatur nur 0,014 Masse-%).

An dieser Stelle ist ein besonderer Hinweis erforderlich, der sich bei der Betrachtung alter Metallkonstruktionen schon in anderen Zusammenhängen als wichtig erwiesen hat. Werkstoffkennwerte, die an einem Bauteil ermittelt wurden, sind i.a. nicht ohne weiteres für das gesamte Tragwerk oder auch nur für andere rein äußerlich identische Konstruktionsteile zu unterstellen. Im vorliegenden Fall weichen beispielsweise die für das Stegblech des flußeisernen Vollwandträgers ermittelten Werkstoffkennwerte zum Teil deutlich von den entsprechenden Werten ab, die sich für die Proben aus einer Gurtlamelle desselben Bauteils ergaben. Eine der maßgeblichen Ursachen hierfür liegt in den beträchtlichen Unterschieden, die in der chemischen Zusammensetzung der einzelnen Bleche auftreten, sei es, weil sie aus verschiedenen Chargen bei der Erschmelzung oder aber aus unterschiedlichen Fertigungsbetrieben stammen. So weist das Lamellenblech des hier zugrundeliegenden Trägers im Vergleich zum Stegblech beispielsweise ‚nur' einen Stickstoffgehalt von 0,014% auf.

4 Zu den Untersuchungen

Den Anfang der Untersuchungen bildeten Kerbschlagbiegeversuche; sie sind am besten geeignet, das Zähigkeitsverhalten eines Stahles qualitativ zu beschreiben. Anhand des in Abbildung 2 wiedergegebenen

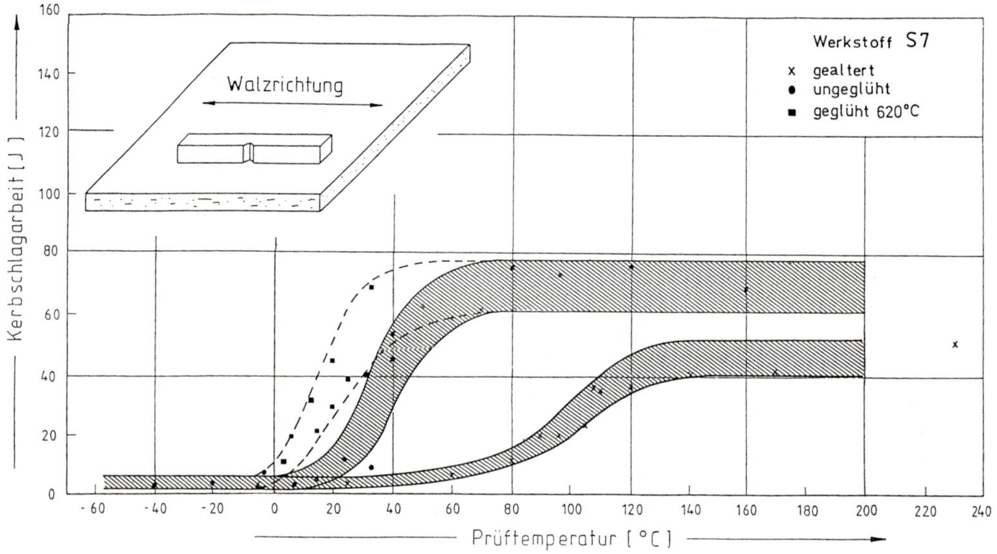

2 *Kerbschlagarbeit-Temperatur-Verhalten; ISO-v-Proben*

schraffierten Bandes erweist sich der Werkstoff, wie er aus dem Bauteil entnommen wurde, als relativ spröde: der Steilabfall liegt bei ca. 40°C. Zum Vergleich seien die bei diesem alten Stahl ermittelten Werte den Anforderungen, die gemäß DIN 17100 beispielsweise an einen Baustahl St 37 heutiger Fertigung zu stellen sind, gegenübergestellt. In der Gütegruppe 2 wird von diesem Werkstoff bei einer Prüftemperatur von 20°C eine Kerbschlagarbeit von 27 J verlangt (Erzeugnisdicke 10 bis 16 mm). In Gütegruppe 3 ist derselbe Wert vom Werkstoff in unbehandeltem Zustand bei einer Prüftemperatur von 0°C zu erfüllen bzw. bei vorausgegangener Normalglühung bereits bei –20°C. Der hier untersuchte Stahl erreicht erst bei ca. 37°C eine Kerbschlagarbeit von 27 J und genügte den in DIN 17100 gestellten Anforderungen somit nicht.

Ausgangspunkt der Untersuchungen war die Vermutung, daß es aufgrund des hohen Stickstoffgehaltes im Laufe der Zeit zu Veränderungen der Werkstoffeigenschaften gekommen ist. Insofern liegt es nahe, die entsprechenden Prozesse – welcher Art sie sind, wird in nachfolgenden Ausführungen noch zu zeigen sein – durch geeignete Glühbehandlung rückgängig zu machen. Mit Blick auf das Zweistoffsystem Eisen-Stickstoff wurden daher einige Kerbschlagbiegeproben bei einer Temperatur von 620°C geglüht. Im Zuge dieser Glühung erreicht der Werkstoff weitgehend seinen alten, d.h. unmittelbar nach der Herstellung gegebenen Zustand. Bei den Kerbschlagbiegeversuchen zeigt die Verschiebung des Steilabfalles (gestrichelt umrandetes Band) um ca. 20°C nach links, daß der Stahl offensichtlich zäher geworden ist. 27 J Kerbschlagarbeit werden bei knapp 20°C erreicht, d.h. jetzt wäre die an einen St 37-2 gestellte Anforderung zu erfüllen.

Diese Ergebnisse belegen eindeutig, daß in dem untersuchten Stahl seit seiner Herstellung vor ca. 90 Jahren versprödend wirkende Prozesse abgelaufen sind.

Sie lassen allerdings nicht erkennen, ob diese Vorgänge inzwischen abgeklungen sind oder ob – und gegebenenfalls wie schnell – sie sich künftig fortsetzen. Um zumindest eine Abschätzung für den theoretischen Endpunkt dieses Prozesses zu gewinnen, wurde ein weiterer Teil der Proben künstlich gealtert, d.h. nach einer Reckung um 5% bei einer Temperatur von 250°C ausgelagert. Diese Vorgehensweise ist durchaus üblich, um die Alterungsanfälligkeit von Stählen zu prüfen. Umso mehr ist zu betonen, daß dabei von einer Beanspruchung ausgegangen wird, die die Alterung sehr stark fördert, aber in dieser Schärfe wirklichkeitsfremd ist. Insofern kommt dem dritten in Abbildung 2 dargestellten Band in bezug auf das Verhalten des Werkstoffes im Bauteil keine Bedeutung zu. Der damit beschriebene Zustand des Stahles – der Steilabfall liegt jetzt über 100°C – kann unter realen Bedingungen nicht erreicht werden.

Im Gegensatz zu diesen eher qualitativen Aussagen bieten Zugversuche die Möglichkeit, die Beeinflussung von Werkstoffkenngrößen durch Alterungsprozesse direkt zu verfolgen. Abbildung 3 gibt die Änderung der Zugfestigkeit in Abhängigkeit von der Zeit wieder. Grundlage waren dabei Flachzugproben, die wie zuvor die Kerbschlagbiegeproben bei 620°C geglüht, anschließend allerdings unterschiedlich lange bei 75 bzw. 100°C ausgelagert worden waren. Durch die Glühung erhöht sich die nach 90 Jahren erreichte Zugfestigkeit des Stahles von 350 N/mm² um 17% auf 408 N/mm². In der ersten, relativ kurzen Auslagerungszeitspanne nach der Glühung steigt die Zugfestigkeit an, um dann nach Überschreiten des Maximalwertes gleichförmig abzufallen. Die maximale Zugfestigkeit wird bei höherer Auslagerungstemperatur früher erreicht – eine Folge der verbesserten Diffusionsmöglichkeit.

Die hier zugrunde gelegten Auslagerungsfristen von maximal neun Monaten lassen in Verbindung mit den gewählten Auslagerungstemperaturen noch nicht erkennen, gegen welchen Grenzwert die Zugfestigkeit strebt oder ob ein solcher existiert. Bei Fortsetzung der gleichförmigen Kurvenverläufe zwischen 10^3 und 10^5 min über diesen Bereich hinaus weist der Stahl bei einer Auslagerungstemperatur von 100°C nach ca. $5 \cdot 10^5$ min, d.h. nach etwa 1 Jahr, wieder den Zustand auf, den er im Bauwerk nach rd. 90 Jahren erreicht hatte. Bei 75°C dauert dies erheblich länger.

An dieser Stelle ergeben sich bei einem Vergleich dieser Ergebnisse mit Darstellungen in [1] auffällige Parallelen. H. KRZYMINSKI untersucht dort aushärtungsabhängige Veränderungen der Fe-

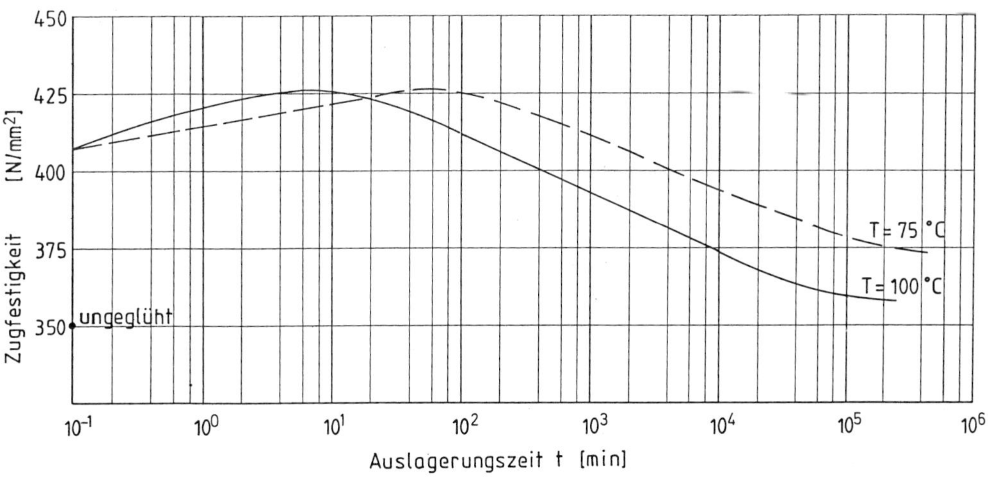

3 Zugfestigkeit in Abhängigkeit von Auslagerungszeit und Auslagerungstemperatur

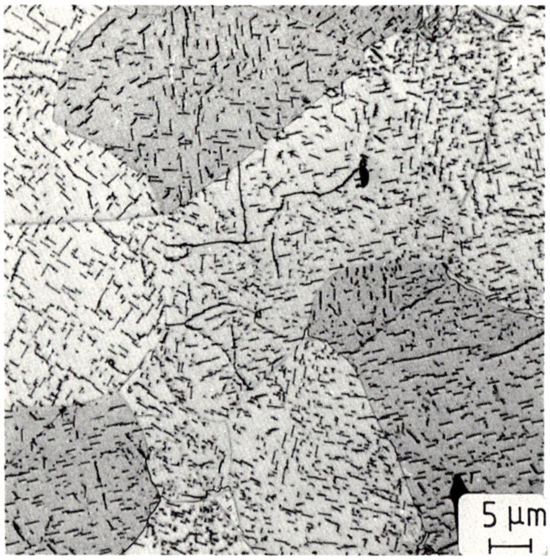

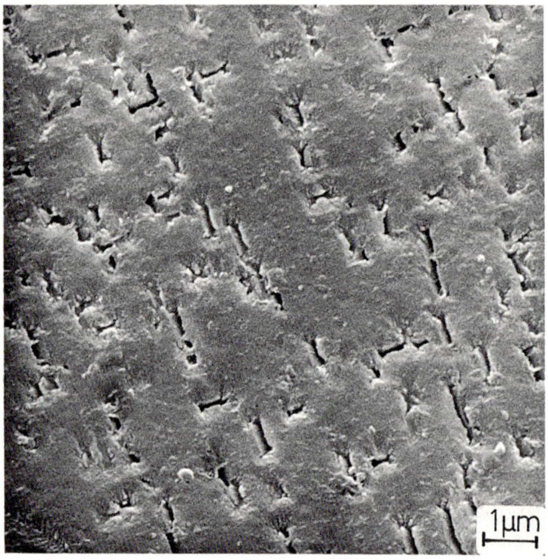

4a, b Nitridausscheidungen im Gefüge des untersuchten Werkstoffes; Zustand zum Zeitpunkt der Entnahme aus dem Bauwerk. Vergrößerung 1200- (a) bzw. 11000 fach (b)

stigkeit und des plastischen Verformungsvermögens nitrierter Proben aus Reineisen und unterschiedlichen Kohlenstoffstählen. Durch die Nitrierung weisen diese Werkstoffe einen deutlich höheren Stickstoffgehalt auf als dies bei einem Baustahl der Fall ist. Bei nicht zu hohem Kohlenstoffgehalt zeigen sich dennoch bezüglich der hier betrachteten Verhaltensweisen Ähnlichkeiten. So wird in [1] mitgeteilt, daß die an Zugproben gemessene Festigkeit – wie bei den eigenen Versuchen – mit der Auslagerungszeit zunächst ansteigt und dann nach Überschreiten eines Maximums, dessen Lage und Höhe von der Auslagerungstemperatur abhängt, sehr gleichförmig absinkt.
Prinzipiell vergleichbar stellt sich der Verlauf der Härte über der Auslagerungszeit dar. Eine direkte Gegenüberstellung mit Meßergebnissen an altem Flußstahl ist allerdings nicht möglich; er hat im Vergleich zu den in [1] betrachteten Werkstoffen einen erheblich ungleichförmigeren Aufbau, so daß beispielsweise Aufhärtungen in einzelnen Körnern des Gefüges zu beträchtlichen Schwankungen der Härtewerte führen können. Um hier künftig dennoch zu verläßlichen Aussagen zu kommen, sind durch statistische Auswertungen umfangreicher Meßreihen zunächst noch entsprechende verfahrenstechnische Grundlagen zu schaffen. An vereinzelten Proben durchgeführte Härtemessungen nach dem – nach entsprechenden Vorarbeiten auch für den Einsatz an Bauwerken vorgesehenen – UCI-Verfahren [2] zeigten jedoch bereits deutlich, daß sich bei dem untersuchten Stahl seit seiner Herstellung offenkundig auch die Härte verändert hat.
Nicht unerwähnt dürfen die in [1] hinsichtlich der Bruchdehnung ermittelten Resultate bleiben. Dieser Kennwert für das Verformungsvermögen entwickelt sich asynchron zur Härte des Werkstoffes, d.h. nach einer anfänglichen Abnahme steigt er nach Durchschreiten eines Tiefpunktes, der umso stärker ausgeprägt ist, je tiefer die Aushärtungstemperatur liegt, wieder an. Dasselbe Ergebnis erbringen Versuche mit Biegeproben, die bei 20°C ausgelagert wurden [1]. Dabei wird insbesondere deutlich, daß die zugehörigen Vorgänge

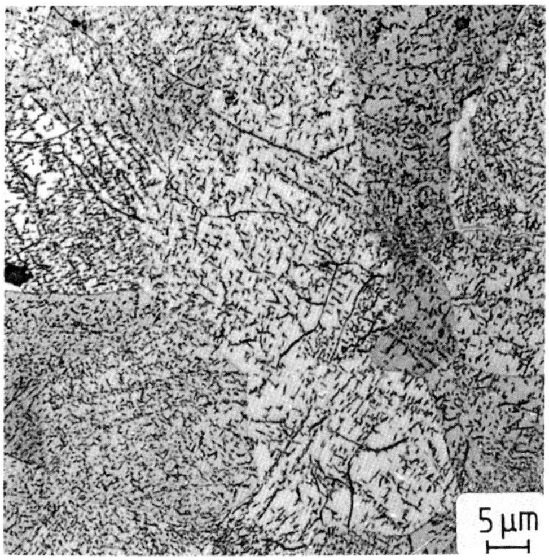

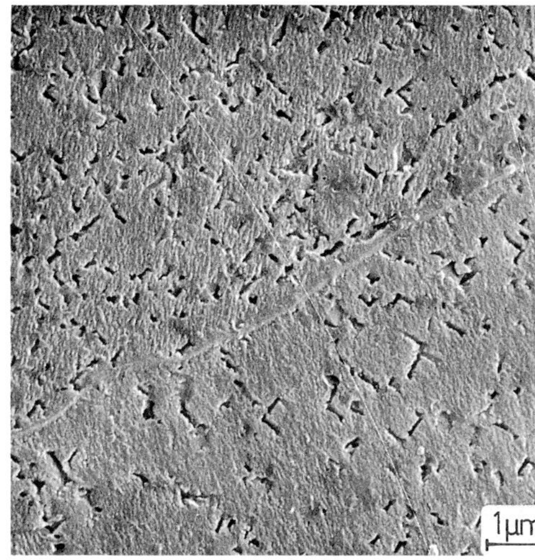

5a, b Nitridausscheidungen im Gefüge des untersuchten Werkstoffes; Zustand nach nitridauflösender Glühung und anschließender Auslagerung von 30 Tagen bei 75°C. Vergrößerung 1200- (a) bzw. 11000 fach (b)

im Werkstoff über sehr lange Zeiträume – mehrere Jahre – ablaufen können.

Angesichts der Ähnlichkeiten von eigenen und den in [1] mitgeteilten Ergebnissen ist davon auszugehen, daß die dortigen Aussagen zur Beeinflussung der Verformungsfähigkeit durch Alterungsprozesse in ähnlicher Weise auch bei alten Flußstählen mit entsprechend hohem Stickstoffgehalt zu erwarten sind. Wie stark sie hier im einzelnen zur Geltung kommen, läßt sich damit noch nicht erkennen, ihre eingehende Untersuchung, von der zunächst noch Abstand genommen wurde, ist für die Fortsetzung der Arbeiten jedoch unabdingbar.

5 Ursachen für die Änderungen der Werkstoffeigenschaften

Eine umfassende Darstellung der Hintergründe der zeitabhängigen Veränderungen der Werkstoffeigenschaften stickstoffhaltigen Stahles ist allein anhand der an altem Flußstahl bislang gewonnenen Erkenntnisse nicht möglich. Dazu erweist es sich als sinnvoller, zunächst ebenfalls auf entsprechende Untersuchungen an vergleichbaren Werkstoffen zurückzugreifen und nach vorhandenen Parallelen zu suchen.

Nach den umfangreichen Untersuchungen E. KUBALEKS [3] an Armcoeisen laufen im Rahmen der Entmischung im Werkstoff zwei wesentliche Vorgänge ab. Zunächst kommt es zu einer Ausscheidung von Nitriden einer bestimmten Phase, dann setzt das Wachstum der Teilchen ein. Der Wachstumsvorgang kann unter Umständen auch schon vor Ablauf der Ausscheidungen beginnen, so daß dann eine Überlagerung beider Effekte möglich ist. Ausscheidungsbedingte Veränderungen der Werkstoffeigenschaften werden mit zunehmender Auslagerungstemperatur demzufolge geringer. Dies ist im wesentlichen darauf zurückzuführen, daß mit steigender Auslagerungstemperatur die Zahl der ausgeschiedenen Teilchen ab-, ihre Größe aber zunimmt.

Die von KUBALEK durchgeführten Gefügeuntersuchungen zeigen, daß die je nach Auslagerungstemperatur schon nach sehr kurzer Zeit auftretenden Ausscheidungen

6 Nitridausscheidungen im Gefüge des untersuchten Werkstoffes; Zustand nach nitridauflösender Glühung und anschließender Auslagerung von 100 Minuten bei 75°C

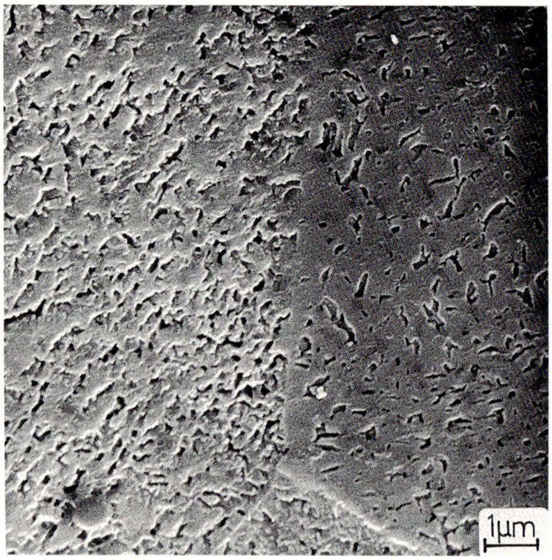

7 Nitridausscheidungen im Gefüge des untersuchten Werkstoffes; Zustand nach nitridauflösender Glühung und anschließender Auslagerung von 8000 Minuten bei 75°C

plättchenförmig und zunächst üblicherweise rechtwinklig angeordnet sind. Bei langfristiger Auslagerung ändert sich dies mehr und mehr hin zu spitzwinkligen Formen. Auch in diesem Zustand wachsen die Ausscheidungen weiter unter Verringerung ihrer Anzahl.

Kubalek zeigt schließlich, daß die rechtwinkligen, plättchenförmigen Ausscheidungen Nitride der Phasenzusammensetzung $Fe_{16}N_2$ darstellen. In dieser Form scheidet sich der übersättigt im α-Eisen gelöste Stickstoff bei isothermer Auslagerung zwischen Raumtemperatur und 300°C stets zuerst aus. Nach längerer Zeit kommt es allmählich zur Umwandlung dieser metastabilen Phase in Fe_4N (spitzwinklige Nitride). Bei Auslagerungstemperaturen unterhalb 150°C und Auslagerungsdauer bis ca. 100 Tagen besteht die Entmischung bei dem untersuchten Armcoeisen im wesentlichen aus einem Ausscheidungs- und einem Wachstumsprozeß der Nitridphase $Fe_{16}N_2$.

Die Zusammenhänge bezüglich Form und Anzahl der Nitridausscheidungen in altem Flußstahl werden anhand von metallographischen Schliffen erkennbar. Dabei zeigt sich insbesondere, daß wesentliche Aussagen Kubaleks auf die alten Werkstoffe übertragbar sind.

Abbildung 4 gibt bei 1200 facher (a) bzw. 11000 facher (b) Vergrößerung die Nitridausscheidungen im Ausgangszustand des Werkstoffes, d.h. bei Entnahme der Proben aus dem ca. 90-jährigen Bauwerk wieder. Sie treten innerhalb der einzelnen Körner des Gefüges klar erkennbar zutage und sind relativ grob ausgebildet. Deutlich feiner sind die in Abbildung 5 dargestellten Nitride strukturiert. Die diesem Schliff zugrunde liegende Probe war nach einer nitridauflösenden Glühung bei 620°C über einen Zeitraum von 30 Tagen bei einer Temperatur von 75°C ausgelagert worden. Die Abbildungen 6 und 7 zeigen Stadien der Nitridbildung, die zwischen der nitridauflösenden Glühung und dem in Abbildung 5 gezeigten Zustand durchlaufen wurden. Die Nitride sind in diesen Fällen noch zu fein, um sie auch lichtmikroskopisch nachweisen zu können. Dies gilt insbesondere für den in Abbildung 6 gezeigten Zustand nach einer Auslagerungsdauer von 100 min, der noch weitgehend den Beginn der Nitridbildung verkörpert.

6 Folgerungen

Abbildung 8 zeigt noch einmal die Entwicklung der Zugfestigkeit in Abhängigkeit von der Auslagerungszeit für eine Auslagerungstemperatur von 75°C. Dabei sind die Auslagerungszeiten der Proben, die den in den Abbildungen 4 bis 7 wiedergegebenen Schliffen zugrunde lagen, besonders markiert. Die direkte Verbindung zwischen Änderungen der mechanischen Eigenschaften sowie zeit- und temperaturabhängigen Vorgängen im Gefüge der alten Werkstoffe wird damit noch einmal verdeutlicht.

Daraus ergeben sich sowohl für die Praxis als auch für die Fortsetzung der Forschungsarbeiten Folgerungen.

Die bisherigen Untersuchungen beschränkten sich darauf, die durch Stickstoff ausgelösten, zeitabhängigen Vorgänge in altem Flußstahl offenzulegen. Ihre Auswirkungen auf das mechanische Verhalten der Werkstoffe wurden exemplarisch anhand der Beeinflussung der Zugfestigkeit dargestellt. Direkte Anknüpfungspunkte ergeben sich damit in zwei Bereichen:

- Ausdehnung der Untersuchungen auf weitere Flußstähle zur Klärung des Einflusses des Stickstoffgehaltes;
- Untersuchung der Auswirkungen der Alterung auf bislang nicht berücksichtigte Werkstoffparameter, insbesondere Härte und Verformungsvermögen sowie Verhalten bei dynamischer Beanspruchung.

Letzteres gewinnt insbesondere angesichts der auch im Bauwesen zunehmenden Anwendung bruchmechanischer Methoden zur Bewertung der Sicherheit von Konstruktionen an Bedeutung.

Mit Blick auf die Beurteilung der Standsicherheit bzw. Belastbarkeit alter Flußstahltragwerke weisen die vorgestellten Ergebnisse darauf hin, daß bislang oft von zu pessimistischen Annahmen ausgegangen wurde. Sie unterstellten im allgemeinen, daß der Stahl bei hohem Gehalt an Stickstoff zu einer Verminderung seiner Qualität, insbesondere seiner Zähigkeits-

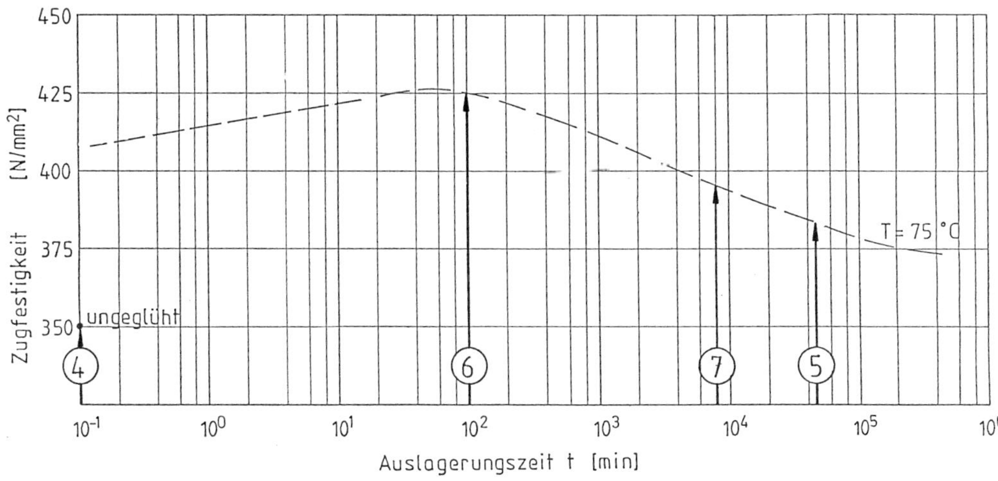

8 Einordnung der für die Schliffe (Abbildung 4 bis 7) verwendeten Proben auf der Zeitachse des Diagrammes gemäß Abbildung 3 (Auslagerungstemperatur: 75°C)

eigenschaften neigt. Demgegenüber zeigten die Untersuchungen, daß diese Tendenz offensichtlich auf eine eingrenzbare Phase nach der Herstellung des Stahls beschränkt ist und sich im Anschluß daran sogar umkehren kann. Das heißt, daß die Werkstoffe alter Stahltragwerke ‚bei genügend hohem Alter' günstiger zu beurteilen sind als in der Anfangszeit der Konstruktionen. Durch gezielte Glühbehandlung kann sowohl der ursprüngliche Zustand eines Stahles nachempfunden als auch – in Verbindung mit einer Auslagerung bei erhöhten Temperaturen – das Maß der künftig noch zu erwartenden Änderungen der Werkstoffeigenschaften untersucht werden.

Literatur

[1] Krzyminski, H.: Aushärtungsvorgänge in der Diffusionszone nitrierter unlegierter Stähle und deren Einfluß auf Festigkeit und Zähigkeit. In: Härterei-Technische Mitteilungen 23 (1968) H. 3, S. 198–207

[2] Kleesattel, C.: Das UCI-(Ultrasonic-Contact-Impedance) Härteprüfverfahren. In: das echo 27, Firma Krautkrämer, Hürth

[3] Kubalek, E.: Isothermisches Zeit-Temperatur-Entmischungs-Schaubild als Grundlagenuntersuchung zur Erklärung der Entmischungsvorgänge im System Eisen-Stickstoff. In: Härterei-Technische Mitteilungen 23 (1968) H. 3, S. 177–197

Abbildungsnachweis

Alle Abbildungen SFB 315, Teilprojekt C 3

Günther Binding

Die Datierung von Konstruktionen mittelalterlicher Kirchendachwerke in Deutschland

Trotz einer großen Zahl von Dissertationen an Technischen Hochschulen in den Jahren 1930 bis 1982 und trotz der neuerdings für die Datierung herangezogenen Dendrochronologie ist unsere Kenntnis über Typologie, Entwicklung und Datierung von mittelalterlichen Dachwerken auf Kirchen im deutschen Sprachraum gegenüber dem bisher als Standardwerk benutzten Buch von Friedrich Ostendorf über die Geschichte des Dachwerks von 1908 kaum hinausgekommen. Immer noch werden die Dachwerke in den amtlichen Kunstdenkmälerinventaren oft entweder gar nicht berücksichtigt oder ungenau beschrieben und fehlerhaft dargestellt. Durch eine kritische Auswertung der datierten Dachwerke ergibt sich eine vorläufige Vorstellung von der formalen Entwicklung und zeitlichen Einordnung (G. Binding 1991). Diese allerdings noch recht unsicheren Ergebnisse sollen kurz vorgestellt werden; sie dienen zugleich als externer Beitrag zu dem vom Jubilar als Sprecher geführten Karlsruher SFB 315.

Das Dach als oberer Abschluß eines Bauwerks gegen Witterungseinflüsse ist ein die Erscheinung des Gebäudes wesentlich mitbestimmender Bauteil, der aus Konstruktion (Dachwerk) und Deckung (Dachhaut) besteht. Die Konstruktion ist von der zu überspannenden Raumweite, von Traditionen und optischen Vorstellungen geprägt. Die Dachneigung ist von den klimatischen Verhältnissen, den Deckungsmaterialien, der Dachkonstruktion und von zeitspezifischen Gewohnheiten abhängig. Durch die kritische Auswertung der datierten Dachwerke ergibt sich für die Dachneigung von Kirchenbauten:

11./Anfang 12. Jh.	30–34°
2. und 3. Drittel 12. Jh.	40–43°
1. Hälfte 13. Jh.	44–54°
2. Hälfte 13.–1. Hälfte 14. Jh.	50–60°
2. Hälfte 14. Jh.	bis 70°
1. Hälfte 15. Jh.	über 60°
2. Hälfte 15. Jh.	über 50°
Anfang 16. Jh.	um 50°

Die harte, schwere Dachhaut der Kirchen erfordert bedeutend stärkere Dachwerke als die anfänglich leichtere Stroh-Reet- oder Schindeldeckung der Profanbauten, wobei für kleinere Pfarrkirchen bis ins 13./14. Jh. hinein ebenfalls häufig weiche Deckungsmaterialien anzunehmen sind. Die hohen und oft auch freistehenden Kirchendächer waren einem stärkeren Winddruck ausgesetzt als ländliche Bauten mit ihren niedrigen Seitenwänden oder eingebaute Stadthäuser. Sie erforderten deshalb Aussteifungen, die zu komplizierten Konstruktionen führten. Der Zimmermeister war bestrebt, das Dachwerk als dreiecksteife Binderkonstruktion horizontalschubfrei auf die Mauerkronen aufzusetzen. Ein 1527 von Albrecht Dürer erstelltes Gutachten für die Klosterkirche Gnadenberg bei Nürnberg zeugt davon: „... und das ganze Dach soll in sich selbst geschlossen sein, daß es keinen Schub mehr auf die Mauern ausüben kann ... und wie das die Zimmerleute und ihre Meister wohl gut können." Das Dachwerk hat – besonders über gewölbten Kirchen –

1 *Freiburg i. Br., Münster, Chordachwerk*

auch konstruktive Aufgaben für die Standfestigkeit des Gesamtgebäudes: bei einer dreiecksteifen Binderkonstruktion liefert das Dachwerk zusätzliche, zur Kompensation der von den Gewölben auf die Außenmauern abgegebenen Schubkraft notwendige Auflast; gleichzeitig dient sein Binderbalken, der die Mauerschwellen überkämmt, durch den aufgrund seiner Last bewirkten Reibungswiderstand auf der Mauerkrone als Anker.

Schließlich fungiert das Dachwerk während der Einwölbung als Arbeitsbühne und zur Unterhängung von Arbeitsgerüsten. Hieraus ergibt sich ein besonderes Problem bei der Datierung von Dachwerken aufgrund von Einwölbungs- oder Weihedaten: Die Weihe kann durchaus vor Einbringung der Gewölbe vorgenommen worden sein; andererseits können die Dachwerke lange vor den Gewölben aufgeschlagen worden sein; aber auch Verzögerungen in der Erstellung des endgültigen Dachwerks sind zu beobachten: so sind die Balken für das Dachwerk über dem Langhaus von St. Martin in Landshut erst 1475 gefällt worden, während die Einwölbung gegen 1460 beendet war. Die um 1360 vollendete Marktkirche in Hannover erhielt erst 1388 ihr Dachwerk. Schließlich bestehen ausreichend sichere Beispiele, die eine Wiederverwendung von Altholz (Franziskaner Kirche in Bern, 15. Jh.), ja von ganzen Gebinden, bezeugen; aber auch nachträgliche Veränderungen der Grundkonstruktion, insbesondere der nachträgliche, wohl wegen Änderung des Deckungsmaterials notwendig gewordene Einbau stehender Stühle ist nachweisbar. Weiterhin gibt es Beobachtungen, daß ganze Dachwerke nach Aufhöhung der Schiffsmauern wieder aufgesetzt worden sind. Vollständig vorbereitete Dachwerke wurden aus Flandern über See nach Holland verschifft; z.B. wurde 1985 in der ehem. Zuidersee (Ijsselmeer) ein auf Grund gelaufenes Schiff geborgen, das fertig verzimmertes und mit Abbundzeichen versehenes Bauholz für ein Dachwerk geladen hatte.
Generell wurde das Bauholz saftfrisch verzimmert, d.h. die Dendrodaten liefern das darauffolgende Baujahr; so wurde z.B. das Tannenholz für das Dachwerk der Kirche St. Nikola in Landshut im Winter 1480/81 gefällt und laut Mennigeaufschrift auf einem Balken im November 1481 von Zimmermann Gunzkofer aufgeschlagen. Andererseits wissen wir aus Lübeck, daß schon im 13. Jh. Holzmärkte bestanden, auf dem u.a. geflößtes Holz verkauft wurde. So wurde für die Marktkirche in Hannover eine Streuung der Fälldaten über drei aufeinanderfolgende Jahre, endend mit dem Winter 1387/88, festgestellt, wobei Hölzer unterschiedlicher Fälljahre im gleichen Gespärre unmittelbar nebeneinander verbaut sind. Die Wiederverwendung von einzelnen Konstruktionshölzern, besonders der aufwendigen Binderbalken, ist bei der Entnahme von Proben für die dendrochronologische Bestimmung zu berücksichtigen. Das Baumaterial war allgemein Eichenholz, sofern und so lange es zur Verfügung stand; im Alpenland verwendete man auch Rottanne und Kiefer, die dendrochronologisch bisher nicht datierbar sind. Die Sparren und andere nicht der Witterung ausgesetzte und vorrangig auf Zug beanspruchte Bauteile waren häufig aus Tanne oder Fichte, die heute recht gut zu datieren sind. Zuweilen wurden auch ganze Dachwerke aus Tanne und Fichte errichtet (u.a. Niederzell um 1134, Sindelfingen 1132, Maulbronn 1178, Konstanz 1223/36, Freiburg 1256/62 und 1301/07 [Abb. 1 u. 3], aber auch der Kranenkonvent in Lübeck 1283).
Die Ableitung der Dachwerke über Kirchen von der langen Entwicklung der Dachkonstruktion im profanen Holzbau ist allgemein üblich und auch verständlich, nur sind keine Dachwerke auf Profanbauten bekannt, die älter sind als die frühesten, aus dem 12. Jh. erhaltenen Kirchendachwerke. Die ausgegrabenen Fach-

werkkonstruktionen in Elten (1. Hälfte 10. Jh.), Basel-Petersberg (12. Jh.) und Lübeck (Ende 12. Jh.) und die immer zahlreicher nachgewiesenen Fachwerkhäuser aus der 2. Hälfte des 13. Jhs. zeigen einen so weit fortgeschrittenen Stand der Konstruktionsentwicklung, daß wir uns nicht vorstellen können, welche Formen die ersten Dachwerke hatten. Auch die Frage, ob offene Dachwerke bzw. sich an den Verlauf von Kehlbalken und Streben anlehnende Holztonnenverschalungen (Reichenau-Mittelzell 1235 ± 3 [Abb. 2], Bretagne, Normandie, Belgien 16./Anfang 17. Jh.) als frühere und flache Bretterdecken (Maulbronn 1178, St. Michael in Hildesheim 1. Viertel 13. Jh.) als die spätere Entwicklung anzusehen sind, ist nicht zu entscheiden.
Die Datierung des Dachwerks anhand der bisher angegebenen Kriterien ist also nicht

2 *Reichenau-Mittelzell, Klosterkirche St. Maria, offenes Dachwerk 1235 ± 3*

immer möglich: Weihe- und Einwölbungsdaten werden wertlos, wenn man die Bauabfolge nicht kennt, Dendrodaten bieten oft nur einen terminus post quem, und die Ableitung und Datierung der Dachkonstruktion vom Profanbau ist mangels Beispielen hinfällig. Eine weitere Datierungsmöglichkeit böte die Dachkonstruktion, wenn es gelänge, aufgrund der bekannten Beispiele ein Datierungsraster zu erstellen.
Ein Zurückgreifen auf Konstruktionszeichnungen ist hierbei nicht möglich, da diese für Dachwerke erst nach dem 30jährigen Krieg üblich geworden sind. Bis dahin genügten Vorgaben, die alle zu verrichtenden Arbeiten mit Worten beschreiben und im späten Mittelalter auch genaue Maße und die verschiedenen Holzverbindungen nennen. Die einzelnen Gebinde wurden auf der Zulage des Zimmerplatzes aufgerissen und danach zurechtgeschnitten. Die Konstruktionsweise erfolgte in handwerklicher Tradition, die durch Besprechung und Korrekturen auf dem Zimmerplatz modifiziert werden konnte.
Grundsätzlich unterscheidet sich die Konstruktion von Dachwerken über einschiffigen Kirchen oder Basiliken von denen über mehrschiffigen Hallenbauten nicht; in beiden Fällen handelt es sich um auf parallelen Mauern aufliegende Satteldächer. Auch bei spätmittelalterlichen Hallen mit parallelen Quersatteldächern liegen entsprechend der Konstruktion paralleler Längssatteldächer die Dachwerke auf Mittelschiffobermauern oder auf Übermauerungen der Gurtbogen auf. Von größerer Bedeutung für das Dachwerk ist die Ausbildung der Gewölbe, d.h. wie weit diese kuppelig oder hochbusig über die Auflager in die Dachzone aufsteigen.
Das in seiner einfachen Ausbildung urtümliche Pfettendach bestimmte das antike römische Dach; es ist auf mittelalterlichen Kirchen im deutschen Sprachraum nicht nachweisbar, kommt aber in einer Sonderform im niederländisch-westfäli-

3 *Freiburg i. Br., Dachwerk über Mittelschiff und Chor*

schen Raum am Ende des 15. und am Anfang des 16. Jhs. häufig vor (s.u.). In Frankreich sind Pfettendächer auf Kirchen seit dem ausgehenden 15. Jh. erhalten, wie bereits Ostendorf 1908 festgestellt hat; im holländisch-belgischen Gebiet sind sie entgegen allgemein verbreiteter Auffassung (Janse, Devliegher) erst im 16. Jh. nachgewiesen (Bloemink 1987).

Die allgemein im Kirchenbau anzutreffende Dachkonstruktion ist das Sparrendach mit Kehlbalken. Der altertümliche Typ des bei geringer Spannweite auftretenden, reinen Sparrendaches ist im Kirchenbau nicht anzutreffen. Bei einer Sparrenlänge von mehr als 4,50 m, d.h. bei einer Raumweite von über 6–7 m, ist eine Unterstützung der Sparren in ihrer Mitte, wo die Durchbiegung am größten ist, erforderlich. Sie erfolgt entweder durch Streben, die auf halber Länge an den Sparren und im Drittelspunkt an den Binderbalken angeblattet sind (Sindelfingen 1132) oder seit der Mitte des 12. Jhs. (Maulbronn 1178) durch waagerechte Spreizen, Sparrenriegel oder Kehlbalken, die mit den Sparren gerade, schwalbenschwanzförmig oder hakenförmig verblattet, versatzt oder seit der 2. Hälfte des 13. Jhs. (Marburg 1248? oder um 1260, Lübeck 1285) auch verzapft sind. Die Verzapfung findet erst im 14. Jh. allgemeine Verbreitung, jedoch wird weiterhin während des ganzen 14. Jhs., vereinzelt auch noch im 15. Jh. (Hof, Braunschweig, Schleswig) an der Blattung festgehalten.

Die paarweise gegeneinander gelehnten und im First durch Scherzapfen oder einfache Blattung und Holznagel kraftschlüssig verbundenen und sich gegenseitig stützenden Sparren sind am Dachfuß mit dem Binderbalken verblattet oder häufig mit

Versatz verblattet, seltener verklaut und anfangs auch mit Schlitzzapfen verbunden. Seit dem Anfang des 14. Jhs. ist das Zapfenloch für den Sparren in der Regel gegen den Binderbalkenkopf etwas zurückversetzt, um genügend Widerstand gegen Abscheren zu bieten; Zapfungen mit Vorholz beginnen in Lübeck (Heilig-Geist-Hospital 1285, Kranenkonvent 1283) und sind dann im Anfang des 14. Jhs. allgemein verbreitet (Eutin 1305, Wetzlar Anfang 14. Jh., Freising 1321, Preetz 1325, Freiburg 1. Drittel 14. Jh., Haina 1328 [Abb. 4], Notre-Dame in Paris). Das Vorholz des Binderbalkens am Sparrenfuß wird durch den Aufschiebling gedeckt, der nicht verzimmert, sondern nur durch Vernagelung gesichert ist; er reicht zumeist über den Binderbalkenkopf und die äußere Mauerkante und gewährleistet so einen ausreichenden Traufüberstand der Dachdeckung. Aufschieblinge waren eine schon zu Ende des 13. Jhs. aufgekommene Eigenart, um gegenüber der Mauervorderkante zurückstehende Balkenköpfe zu überdecken. Bis zum Anfang des 13. Jhs. wird häufig beobachtet, daß die Binderbalkenköpfe bis zu 95 cm über die Maueraußenkante überstehen und so einen weiten Traufüberstand erreichen (Ilbenstadt/ Wetterau 1159 gew.: 95 cm; Kappel: 80 cm; Elten 1129, Oewersee und Billigheim b. Mosbach 1180/90: 70 cm [Abb. 5]; Sindelfingen 1132: 68 cm; Regensburg St. Emmeram und Schiffenberg b. Gießen um 1150: 60 cm; Kanonikerhaus in Münstereifel 1167, Dietkirchen a.d. Lahn 2. Hälfte 12. Jh., Mittelheim am Rhein 1150/70, Schönhausen 1212, St. Petersberg Anfang 13. Jh.: 52-35 cm).

Die aussteifende Konstruktion findet sich in jedem der im Abstand von 80-120 cm aufgestellten Gebinde. Die Längssteifigkeit wird zumeist ausschließlich durch die dichte Dachschalung, seltener bzw. später durch untergenagelte Windrispen hergestellt. Auch findet sich im 12. und 13. Jh. das Einmauern der Binderbalken und Sparrenfüße; dabei werden die Traufmauern bis zur Mitte oder Oberkante des Binderbalkens aufgemauert (Dänemark, Mittelfrankreich, Mittelheim und Niedermendig am Rhein, Trier und Karden an der Mosel, Harlowbury in Essex/England, Vernes in Norwegen).

Sobald Gewölbe in den Dachraum hineinreichten, waren verankernde Binderbalken nur noch im Bereich der Gurtbogen möglich, so daß ein Wechsel zwischen Vollgebinden und Leergebinden notwendig wurde. Da aber auch die Leergebinde in sich steif sein mußten, wurden statt der Binderbalken kurze Balkenstücke (Sattelschwellen, Stichbalken) eingeführt, die mittels senkrechter Streben mit den Sparren verbunden wurden. Im Rhein-Mosel-Gebiet (Neuweiler, Karden, Niedermendig/Mayen) und in Hessen (Fritzlar) kommen Sattelschwellen am Anfang des 13. Jhs. auf, in Westfalen (Fröndenberg, Methler [Abb. 6], Stockum, Stromberg, Lügde) erst um die Mitte des 13. Jhs. Die Sattelschwellen können im letzten Viertel des 13. Jhs. und im 14. Jh. auch mit vorgezapften Wechselbalken an die Binderbalken angeschlossen werden (Marburg 1277, Lügde und Reelkirchen 2. Hälfte 13. Jh., St. Jacobi-Kirche in Lübeck um 1295, Eutin 1305, Preetz 1325, Adalbertkirche in Breslau um 1330, Kathedrale von Tournai, Saint-Niklaas-Kirche in Gent spätes 13. Jh.).

Mit der Kreuzstrebe, die in den einzelnen Gebinden an die Sparren angeblattet ist und einen oder mehrere Kehlbalken überblattet, wird seit der Mitte des 13. Jhs. (Freiburg ab 1256 [Abb. 3]) eine wichtige Neuerung eingeführt, die einmal eine Dreieckssteifigkeit in das sonst sehr anfällige Firstgelenk bringt, zum andern die Sparren zusätzlich zum Kehlbalken stützt und den freigespannten Kehlbalken unterstützt, ohne Last auf den Binderbalken abzugeben. Die Kreuzstrebe findet in Frankreich im 13. Jh. (Lisieux, Rouen, Angers), in England vornehmlich im 14. Jh. und im deutschen Sprachraum seit der 2. Hälfte des 13. Jhs. (Freiburg 1256/62 [Abb. 3],

4 Haina, Zisterzienser-klosterkirche, Dachwerk

Heilig-Geist-Hospital in Lübeck 1285) allgemeine Verbreitung, wobei die Kreuzstrebe in Schleswig-Holstein, aber auch am Oberrhein noch im 15. Jh. und vereinzelt im 16. Jh. als Konstruktionselement in Erscheinung tritt; in Niedersachsen und Westfalen wird sie wohl nur im 13./14. Jh. verwendet. Das kreuzverstrebte Dachwerk verliert mit dem Aufkommen des liegenden Stuhles nach 1430 an Bedeutung.

Gleichzeitig mit den französischen Dachwerken beginnt man im deutschsprachigen Raum im 13. Jh. die der Entlastung des Binderbalkens dienenden schwalbenschwanzförmig geblatteten Sparrenstreben durch häufig bis zum First reichende Hängesäulen zu ersetzen. In Frankreich sind die Säulen, die hier ausschließlich auf Zug belastet sind, sorgfältig gestaltet mit Basis, achteckigem Schaft und Kapitell, wodurch sie in ihrem Durchmesser sehr geschwächt sind (Rouen 13/13 cm, Angers 10/10 cm). Über dem 1208 geweihten Mittelschiff der Stiftskirche St. Kastor in Koblenz ist eine Säule von 11/18 cm schwalbenschwanzförmig an den Binderbalken geblattet und durch Überblattung an die beiden Kehlbalken gehängt. An Sparren und Binderbalken geblattete, schräge Streben (11/20 cm) stützen die Sparren zusätzlich, da die Sparren durch die an die Kehlbalken gehängte Säule besonders belastet sind. Die im Ostteil des Marburger Mittelschiffdachwerks 1248 oder eher 1250/60 angebrachten, abgefasten Hängesäulen mit zwischengezapften Kehlbalken und Längsriegeln mit Kopfstreben sind auf französische Anregung zurückzuführen. Das 1301, 1306 und 1311 verzimmerte Dachwerk der Zisterzienserklosterkirche Salem zeigt wie die Karmeliterkirche in Boppard Anfang des 14. Jhs. eine reiche Anwendung der Hängesäule. Durch die seit der 2. Hälfte des 13. Jhs. zwischen die Hängesäulen gezapften, verstrebten Längsriegel, die zur Unterstützung der Kehlbalken in den Leergespärren dienten, entstand die erste Längsverbindung und zusätzliche Längsaussteifung der einzelnen Gebinde.

Bei den frühen Hallenkirchen herrschte bis in die 1. Hälfte des 14. Jhs. das alle drei Schiffe überdeckende Satteldach vor, das aus einem üblichen Kehlbalkendach über dem Mittelschiff und Auflängern über den Seitenschiffen zusammengesetzt war. Danach wurde in Stralsund (1. Viertel 14. Jh.), Prenzlau (um 1340), Stendal (um 1340) und Haina (um 1328) eine neue einheitliche Konstruktion entwickelt: diese besteht im oberen Teil aus einem in traditioneller Weise behandelten Kehlbalkendach, das jedoch über den Mittelschiffmauern der Hallenkirche aufgeständert wird, so daß zwei untereinander verstrebte Ständerreihen den Dachbalken (unterster Kehlbalken) stützen; die Sparren reichen vom First bis zur Traufe der Seitenschiffe. Als Vorstufe können Hallendächer wie das über der Marienkirche in Neubrandenburg aus dem Anfang des 14. Jhs. gelten, wo die Mittelschiffmauern bis zum Sparrenansatz des untersten Kehlbalkens hochgeführt sind.

Bei Spannweiten von über 7 m, d.h. bei Kehlbalkenlängen von 3–4 m, werden die Kehlbalken, sofern nicht die Kreuzstrebe verwendet wird durch Säulen (Stuhlsäulen) unterstützt, die untereinander mit waagerechten, in Längsrichtung verlaufenden Balken (Rähm) verbunden sind und mit diesen durch Kopfbänder oder Streben versteift sind, wobei die Stuhlsäulen entweder direkt auf den Binderbalken bzw. Kehlbalken aufstehen oder auf Schwellen ruhen (Stuhlwand).

Die Einführung des stehenden Stuhles, einer für mittelalterliche Dachwerke so wesentlichen Neuerung, ist in der Literatur unterschiedlich datiert und begründet. Hier ist besondere Vorsicht geboten, weil der Begriff des stehenden Stuhles wenig sorgfältig benutzt und nicht einheitlich definiert wird, andererseits auch Fehldatierungen unterlaufen sind. Schließlich muß bei der Datierung und Beurteilung berücksichtigt werden, daß stehende Stühle oft nachträglich in doppelte oder dreifache Kehlbalkendächer eingefügt worden sind.

Wenn man die durch Definitions- und Datierungsprobleme bei A. Schneider entstandenen Frühdatierungen ausscheidet, ist im Oberrheingebiet das Dachwerk über dem Schiff der ehem. Klosterkirche St. Katharina in Colmar, deren nicht mehr vorhandener Chor 1371 geweiht worden ist und deren Kirchensaal wohl jünger ist, das früheste Beispiel eines doppelt stehenden Stuhles mit Steigbändern in Quer- und Längsrichtung. Einen stehenden Stuhl zeigt auch das von P. Eggenberger veröffentlichte Dachwerk aus Weichholz über den fünf westlichen Jochen des nach dem Erdbeben von 1356 erneuerten Mittelschiffs der von den Dominikanern erbauten Predigerkirche in Basel. Auch dieses Baseler Beispiel kann nicht als ein frühes Beispiel für die Anwendung des stehenden Stuhles genannt werden, da das Dachwerk anscheinend nachträglich, vermutlich gleichzeitig mit der Erneuerung des bei dem Erdbeben nicht zerstörten Dachwerkes über dem Chor eingefügt worden ist. Entsprechend sind die Verhältnisse bei der Franziskanerkirche in Bern, deren Dachwerk über dem Chor dendrochronologisch auf 1397 datiert ist; der unverstrebte Stuhl ist nachträglich aus wiederverwendetem Holz eingestellt. Auch das einfache Kehlbalkendach mit stehendem Stuhl auf dem Schiff dieser Kirche ist aus wiederverwendetem, 1243 bis nach 1305 geschlagenem Holz errichtet worden. Das um 1380 aufgebrachte Dachwerk auf dem Schiff von St. Peter in Basel erhielt um 1480 nachträglich eingestellte, stehende Stühle und entspricht so dem Dachwerk der ehem. Stifskirche St. Theobald in Thann (Elsaß), das durch den 1424 geweihten Hochaltar als terminus ante quem datiert ist.

In Westfalen findet H. Mennemann erst in dem möglicherweise nach dem Brand von 1396 eingebrachten, zweigeschossigen

Kehlbalkendachwerk über dem Chor der ehem. Stiftskirche in Metelen / Kr. Steinfurt die erste eindeutig datierte Anwendung eines stehenden Stuhles (St. Lambertus in Stromberg / Kr. Beckum wird von H. Mennemann ebenfalls ins 14. Jh. datiert, jedoch ohne belegbares Datum). Das Dachwerk der Soester Wiesenkirche von 1376 gehört als reife Entwicklung noch in die Gruppe der Dachwerke mit Hängesäulen und verstrebten Längsriegeln. Die ins 13. Jh. datierten Stühle von Allenbach, Lohne und Puderbach sind anders zu deuten bzw. später zu datieren. Die verbleibenden stehenden Stühle von Liesborn (1465), Lippstadt (1506), Lübbeke (1519) und Lenne (16. Jh.) sind der Konstruktion angemessen datiert. Die von F. Schnell für den Mittelrhein aufgeführten stehenden Stühle stammen frühestens aus dem Ende des 14. Jhs., die von H.W. Mehlau ins 13. Jh. datierten Braunschweiger Beispiele sind falsch gedeutet bzw. zu früh datiert. Somit ist nachdrücklich festzustellen, daß bisher kein stehender Stuhl in Kirchendächern nachgewiesen werden konnte, der vor etwa 1400 zu datieren ist. Demgegenüber scheinen im Profanbau zumindest in Süddeutschland stehende Stühle schon im 14. Jh. vorzukommen (Zeughausgasse in Biberach 1319, Mittlere Beutau 3 in Esslingen 1331, der 1386 nachträglich eingebaute, doppelt stehende Stuhl in der Webergasse 8 in Esslingen sowie das „Alte Haus“ Museumsgasse 1 in Pfullendorf / Kr. Überlingen). Besonders ausgereifte stehende Stuhlkonstruktionen finden sich in kirchlichen wie profanen Bauten in der Mitte des 15. Jhs. (Ostflügel des Klosters Hof 1445, Pfarrgasse 19 in Bad Windsheim 1442, Städt. Bauhof Holzmarkt 8 in Bad Windsheim 1442, St. Stephan in Wien nach 1440).

Um einen freien Dachraum zu schaffen und zur Entlastung des freigespannten Binderbalkens wird die Dachlast durch den im 2. Viertel des 15. Jhs. eingeführten liegenden Stuhl auf die Seiten abgeleitet. Ferner kann der liegende Stuhl in mehreren Stockwerken übereinander gestellt werden, ohne die Kehlbalken zu belasten. Für diese Vorteile gegenüber dem stehenden Stuhl muß ein hoher Holzverbrauch und eine schwierigere Verzimmerung in Kauf genommen werden. Die Stuhlsäulen sind gewöhnlich dicker als beim stehenden Stuhl. In der einfachsten und frühesten Ausführung ist die schräge Säule in den rechteckigen, gerade stehenden Rähm gezapft. Zur Verhinderung des Umkippens der schrägliegenden Säulen wird direkt unterhalb des Kehlbalkens oder um

5 Billigheim bei Mosbach, Klosterkirche, Dachwerk, 1180/90

6 *Methler, Pfarrkirche St. Margaretha, Dachwerk*

eine Balkendicke tiefer ein Spannriegel zwischen die Stuhlsäulen gezapft; weiterhin wird eine Strebe über Sparren, Säule, Spannriegel und Kehlbalken bündig schwalbenschwanz- oder sägezahnförmig geblattet, um eine biegesteife Ecke zu erreichen; nur selten dient dafür auch eine kurze, zwischen Säule und Kehlbalken bzw. Spannriegel gezapfte Strebe. Später greift die Säule um den Rähm herum. Um den dafür notwendigen größeren Querschnitt der Säule zu minimieren, findet man vereinzelt eine Verdickung im Kopfbereich der Säule (Rathaus in Oberlahnstein Ende 15. Jh., Pfarrkirche St. Peter in Herrnsheim / Worms). Günstiger gestaltet sich die Dimensionierung, wenn man den Rähm schräg unter die Sparren legt und ihn im Querschnitt dem stumpfen Winkel von Kehlbalken und Sparren anpaßt, woraus gelegentlich ein fünfeckiger Querschnitt entsteht. Obwohl der Rähm direkt am Sparren angeordnet ist und konstruktiv wie eine Pfette unmittelbar den Sparren stützt, trägt er auch den darauf liegenden Kehlbalken; dieser ist geblattet oder gezapft und verspreizt die Sparren gegeneinander. Eine solche Konstruktionsweise beim liegenden Stuhl steht damit voll in der Tradition des Kehlbalkendaches und ist nicht anders als der stehende Stuhl aufzufassen. So ist es falsch, von Pfetten zu sprechen, zumal auch Fuß- und Firstpfetten fehlen; andererseits darf nicht verkannt werden, daß gelegentlich zwischen Sparren und Stuhlsäule in halber Höhe dünne Längsbalken zur Unterstützung der Sparren eingefügt sind, die als Pfetten angesprochen werden müssen.

Von dieser Konstruktion des liegenden Stuhls ist eine im nordwestlichen Westfalen unter niederländisch-belgischem Einfluß entstandene, im letzten Viertel des 15. und im 1. Viertel des 16. Jhs. verbreitete Konstruktionsweise zu unterscheiden, die nur auf den ersten Blick den liegenden Stühlen zuzurechnen ist: Je zwei noch im Bereich der Auflager auf den Binderbalken aufsetzende, gegeneinander geneigte Stuhlsäulen sind an ihren oberen Enden durch Querbalken (Spannriegel) verbunden und durch Kopfbänder verstrebt. Die so entstehenden, rahmenartigen Böcke tragen auf beiden Enden in Firstrichtung verlaufende Balken. Diese Pfetten sind den Querbalken meistens aufgekämmt, vereinzelt aber auch nur aufgelegt und genagelt. Sie liegen auf der Pfette auf. Da bei diesen westfälischen Dachwerken aber durchgehend Fuß- und Firstpfetten fehlen, handelt es sich nicht um reine Pfettendächer, sondern weiterhin um Sparrendächer mit Unterstützung durch Pfetten und Kehlbalken.

Das Aufkommen des liegenden Stuhls in Kehlbalkendachwerken ist recht genau um die Mitte des 15. Jhs. anzusetzen. A. Schneider sieht den ersten liegenden Stuhl im dreifachen Kehlbalkendach des um 1430 erbauten Rathauses in Esslingen, bei einer oberrheinischen Kirche erstmals um 1460/65 über dem Chor der Abteikirche St. Walburg im Elsaß. F. Schnell nennt die kleine St. Michaelskapelle in Kiedrich am Mittelrhein um 1440 als das früheste Beispiel, dort kombiniert mit stehendem Stuhl und Hängesäule. Der in der Literatur immer wieder genannte, auf um 1275 datierte liegende Stuhl der Franziskanerkirche in Saalfeld / Bez. Gera ist spätmittelalterlich. Die von H. Janse und L. Devliegher in den Niederlanden und in Belgien beobachtete Entwicklung des liegenden Stuhls schon im 13. und 14. Jh. muß mit Zurückhaltung aufgenommen werden, da sie allgemein zu früh datieren, wie W. J. Bloemink 1987 zeigen konnte. Im Profanbau treten im deutschen Sprachraum liegende Stühle seit dem 2. Viertel des 15. Jhs. auf: das Kürschnerhaus in Nördlingen (1427), das Rathaus in Esslingen (um 1430), das Weinhaus Markt 13 in Burgsteinfurt (1444), ferner das Alte Rathaus in Leonberg (1462), der Steinsche Hof in Kirberg (1481) und das Rathaus in Michelstadt (1484), sowie die Kirche von Ober-Eschbach / Bad Homburg (1470).

Der vorteilhafte liegende Stuhl ist über 100 Jahre, bis zum Dreißigjährigen Krieg, die vorherrschende Konstruktion für Dachwerke mit großen Spannweiten. Er wird häufig kombiniert mit dem stehenden Stuhl und einer mittleren Hängesäule. Bis ins 18. Jh. bleibt er in Verbindung mit Hänge- und Sprengwerken wichtiger Teil der Dachkonstruktion, die nunmehr zu sehr aufwendigen längs- und querversteiften Gebilden ausgeformt wird, um dann auch die schweren und empfindlichen Stuckholzdecken zu tragen.

Literatur

[1] Becker, Bernd und V. Giertz-Siebenlist: Eine über 1100-jährige mitteleuropäische Tannenchronologie. In: Flora 159, 1970, 310-346

[2] Bedal, Albrecht und Konrad Bedal: Dachstühle im Hofer Land vor 1650. In: Beiträge zur Hausforschung 1, 1975, 126-173

[3] Bedal, Konrad: Ländliche Ständerbauten des 15. bis 17. Jahrhunderts in Holstein und im südlichen Schleswig. Neumünster 1977

[4] Bedal, Konrad: Historische Hausforschung. Eine Einführung in Arbeitsweise, Begriffe und Literatur. Münster 1978, 76-84 (= Beiträge zur Volkskultur in

Nordwestdeutschland. Hrsg. Volkskundliche Kommission für Westfalen, Landschaftsverband Westfalen-Lippe, Heft 8)

[5] BINDING, GÜNTHER: Das Dachwerk auf Kirchen im deutschen Sprachraum vom Mittelalter bis zum 18. Jahrhundert. München 1991

[6] BINDING, GÜNTHER, UDO MAINZER und ANITA WIEDENAU: Kleine Kunstgeschichte des deutschen Fachwerkbaus. 4. Aufl. Darmstadt 1989

[7] BLOEMINK, W.J.: Monumenten dendrochronologisch gedateerd. In: Bull. v. d. Kon. Nederl. Oudheidk. Bond 86, 1987, 85-90

[8] BRONNER, JOSEF: Zur konstruktiven Entwicklung der Dachstühle auf Breslauer Kirchen und Monumentalbauten. Diss. TH Breslau 1931

[9] DEINHARD, JOHANN MARTIN: Spannungen und Sicherheitsgrade historischer Holzkonstruktionen. Diss. TH Darmstadt 1962

[10] DIERKS, KLAUS (Hrsg.): Baukonstruktion. Düsseldorf 1986

[11] EHLBECK, JÜRGEN und RONNIE HÄTTICH: Tragfähigkeit und Verformungsverhalten von ein- und zweischnittig beanspruchten Holznägeln. In: Erhalten historisch bedeutsamer Bauwerke. SFB 315, Jahrbuch 1988, 281-298

[12] EITZEN, GERHARD: Dachwerke des Mittelalters. In: Lüneburger Blätter 1955, Heft 6, 25-35

[13] GRUBER, KARL: Romanische Dachstühle. In: Deutsche Kunst und Denkmalpflege, 1959, 57-64

[14] GRUBER, OTTO: Dachwerk und oberer Raumabschluß der mittelalterlichen Kirchen. In: Jahrbuch der TH Aachen, Essen 1941

[15] HAAS, WALTER: Drei mittelalterliche Dachwerke in Oberbayern: Freising, St. Johannes - Freising, St. Benedikt - Petersberg auf dem Kleinen Madron.. In: Jahrb. d. Bayerischen Denkmalpflege 35, 1981, 27-48

[16] HAHNLOSER, HANS R.: Villard d'Honnecourt. Kritische Gesamtausgabe des Bauhüttenbuches ms. fr. 19093 der Pariser Nationalbibliothek. 2. Aufl. Graz 1972, 82-83, T. 34

[17] HASAK, MAX: Der Kirchenbau des Mittelalters (= Handbuch d. Architektur 2.4.3). 2. Aufl. Leipzig 1913, 206-215

[18] HAUPT, RICHARD: Die Bau- und Kunstdenkmäler in der Provinz Schleswig-Holstein. Bd. 5 Herzogtum Schleswig. Heide 1924, 526-533. - Bd. 6 Nordelbingen. Heide 1925, 447-454

[19] HESS, FRIEDRICH: Dachstühle und Dachdeckungen. Stuttgart 1948 (= Das kleine Baufachbuch 16)

[20] HINTERLEITNER-GRAF, C.A.: Spätmittelalterliche Dachstühle in Österreich. In: Österr. Zs. für Kunst- und Denkmalpflege 14, 1960, 133-138

[21] HORNSTEIN, JOSEF FREIHERR VON: Die Tannengebälke des Konstanzer und Freiburger Münsters und ihre geschichtliche Auswertung. (Diss. München 1966). In: Alemannisches Jb. 1964/65, 239-289

[22] JANSE, H.: Middeleeuwse houten Tongewelven in Nederland. In: Bull. & Nieuws-Bull. Kon. Nederl. Oudheidkund. Bond 6, 14, 1961, 181-194

[23] JANSE, H.: Gordingenkappen in Nederland. In: Bull. v. d. Kon. Nederl. Oudheidkund. Bond 68, 1969, 1-10

[24] JANSE, H.: Kap en Toren van de Gelachuskerk te Houthem. In: Bull. v. d. Kon. Nederl. Oudheidkund. Bond 76, 1977, 115-118

[25] JANSE, H. und L. DEVLIEGHER: Middeleeuwse bekappingen in het vroegere graafschap Vlaanderen. In: Bull. v. d. Kon. Commissie voor monumenten en landschappen 13, 1962, 300-374

[26] KUBACH, HANS-ERICH und ALBERT VERBEEK: Romanische Baukunst an Rhein und Maas. Berlin 1976

[27] LUDWIG, FRANZL: Balthasar Neumann, Dachwerke seiner Landkirchen. Diss. TU Berlin 1982

[28] MAIER, KONRAD und JOACHIM GOMOLKA: Die gotische Marktkirche in Hannover und ihr Dachstuhl. In: Berichte zur Denkmalpflege in Niedersachsen 9, 1989, 140-153

[29] MEHLAU, HANS WERNER: Das Braunschweiger Kirchendach. Ein Beitrag zur Geschichte des Dachwerks. MS. Diss. TH Braunschweig 1953

[30] MENNEMANN, HANS-E.: Die Entwicklung der Dachkonstruktion westfälischer Kirchen während des Mittelalters und deren Weiterentwicklung im 17. und 18. Jahrhundert. Diss. Aachen 1980

[31] MOSER, OSKAR: Das Pfettenstuhldach. Wien 1976 (= Veröff. d. österr. Museums f. Volkskunde 17)

[32] MÜHLFELD, HANS: Das deutsche Zimmermannsdach. Berlin 1938

[33] NEISS, FRITZ: Sparrendach und Pfettensteildach. Diss. Braunschweig 1940

[34] NEU, WILHELM: Spät- und nachgotische Kirchendachstühle im Landkreis Sonthofen. In: 19. Bericht des Bayerischen Landesamtes für Denkmalpflege 1960. München 1961, 44-49

[35] NEUGEBAUER, MANFRED, SIGRID WROBEL und DIETER ECKSTEIN: Die Datierung mittelalterlicher Monumentalbauten in Lübeck: Rathaus, Katharinenkirche, St. Jakobi-Kirche. In: Lübecker Schriften zur Archäologie und Kulturgeschichte 6, 1982, 201-217

[36] OSTENDORF, FRIEDRICH: Eine eigentümliche Art der Dachbildung romanischer Kirchen in Deutschland. In: Die Denkmalpflege 6, 1904, 72 f.

[37] OSTENDORF, FRIEDRICH: Die Geschichte des Dachwerks. Leipzig-Berlin 1908 (Reprint 1982, 1987)

[38] SACHSE, HANS-JOACHIM: Dachwerks- und Gewölbekonstruktionen der Abteikirche zu Ottobeuren. In: Deutsche Kunst u. Denkmalpflege 22, 1964 (1), 20-31

[39] SACHSE, HANS-JOACHIM: Die barocken Dachwerks- und Gewölbekonstruktionen der Abteikirche zu Neresheim unter Berücksichtigung der im 19. Jahrhundert durchgeführten konstruktiven Veränderungen. Diss. TU Berlin 1966

[40] SACHSE, HANS-JOACHIM: Barocke Dachwerke, Decken und Gewölbe. Zur Baugeschichte und Baukonstruktion in Süddeutschland. Berlin 1975 (Habil.-Schrift Berlin)

[41] SCHMITT, EDWARD und THEODOR LANDSBERG: Dächer und Dachformen. Dachstuhl-Konstruktionen. 3. Aufl. Leipzig 1911 (=Handbuch der Architektur 3.2.4)

[42] SCHNEIDER, ALBERT: Historische Dachwerke am Oberrhein. Diss. TU Berlin 1982

[43] SCHNELL, FRIEDRICH: Die Entwicklung des Dachstuhls am Mittelrhein. Diss. TH Darmstadt 1915

[44] SCHÜLER, PAUL: Die Entstehung und die praktische Bedeutung des Mansart-Daches. Diss. TH Berlin 1939

[45] SEILER, MAURICE: L'évolution de la charpente en bois du XIe au XVIIe siècle. In: Bulletin de la Société Industrielle de Mulhouse 3, 1987, 131-137

[46] SMITH, J. T.: Mittelalterliche Dachkonstruktionen in Nordwesteuropa. In: CLAUS AHRENS (Hrsg.): Frühe Holzkirchen im nördlichen Europa. Katalog Hamburg 1982, 379-390

[47] STOLBERG, FRIEDRICH: Das Turmdachwerk vom Mittelalter bis zur Barockzeit, dargestellt an Landkirchen aus dem Lahngebiet. Diss. TH Karlsruhe 1947

[48] VOGELEY, JÜRGEN: Gotische Dachkonstruktion über dem Langhaus des Freiburger Münsters. MS. Diss. Karlsruhe 1981

[49] WACHHAUSEN, HORST: Die mittelalterlichen Kirchturmbedachungen auf der rechten Seite des oberen Rheintales vom Rheinknie bei Basel bis zum Main in ihren Formen und Holzkonstruktionen. Diss. TH Darmstadt 1930

[50] Wasmuths Lexikon der Baukunst 2, Berlin 1930, 91-100

Nach Abschluß des Manuskriptes sind erschienen:

[51] Janse, H.: Houten kappen in Nederland 1000-1940. Amsterdam 1989

[52] Binding, Günther: Fachterminologie für den historischen Holzbau. Köln 1990 (= 38. Veröffentlichung der Abteilung Architekturgeschichte des Kunsthistorischen Instituts der Universität zu Köln)

[53] Eckstein, Dieter, Klaus D. Busse, Uwe Lobbedey: Dendrochronologische Datierungen in Kirchendachwerken der Hellwegzone und Untersuchungen zur Datierbarkeit von weit- und engringigem Holz. In: Westfälische Zeitschrift 141, 1991, 337-392

Abbildungsnachweis

1, 3	Photo Hans Peter Vieser, Freiburg
2	Ansichtskarte (Th. Keller, Reichenau, Nr. 204)
4	Photo Jutta Brüdern, Braunschweig
5	Landesdenkmalamt Baden-Württemberg, Außenstelle Karlsruhe
6	Westfälisches Amt für Denkmalpflege, Münster

Jürgen Ehlbeck, Rainer Görlacher

Probleme bei der Beurteilung der Tragfähigkeit von altem Konstruktionsholz*

1 Einleitung

Wird für eine alte Holzkonstruktion aufgrund geänderter Belastungen durch Umnutzung oder infolge Auftretens von Schäden ein Standsicherheitsnachweis erforderlich, so wird der beauftragte Tragwerksplaner bemüht sein, die technischen Baubestimmungen, in diesem Falle insbesondere die Bestimmungen der DIN 1052 „Holzbauwerke", einzuhalten. Man geht meistens davon aus, daß damit die grundsätzlichen Anforderungen an das Bauwerk erfüllt sind, nämlich die Gewährleistung der Tragfähigkeit und der Gebrauchstauglichkeit.
Um nachzuweisen, daß alte Holzkonstruktionen mit angemessener Zuverlässigkeit die auftretenden Beanspruchungen ertragen können, werden in der Regel die zulässigen Spannungen nach DIN 1052, Teil 1, Tabelle 5 herangezogen, ohne den Nachweis zu erbringen, daß das bereits eingebaute Holz auch den angenommenen Sortierklassen nach DIN 4074 „Sortierung von Nadelholz nach der Tragfähigkeit" entspricht. Dies kann im Einzelfall zu einer gefährlichen Überschätzung der Tragfähigkeit einer alten Holzkonstruktion führen; oft wird aber auch die Tragfähigkeit unterschätzt, so daß unnötige Sanierungen und Verstärkungen oder gar der Abbruch historisch bedeutsamer Konstruktionen gefordert werden.

Im folgenden Beitrag wird diese Problematik erörtert. In weiteren Veröffentlichungen sollen Lösungsvorschläge aufgezeigt werden.

2 Sortierung von Holz

Bei der Festlegung von charakteristischen Festigkeitswerten oder auch der zur Zeit im Holzbau noch üblichen zulässigen Spannungen sind nicht nur die mittleren Festigkeiten des Materials maßgebend, sondern auch deren Streuungen. Während die Eigenschaften von Stahl und Beton durch den Herstellungsprozeß in gewissem Umfang beeinflußbar und überwachbar sind, sind die Holzeigenschaften unveränderbar vorgegeben und gleichzeitig, auch innerhalb einer Holzart und sogar innerhalb eines Bauteiles, stark streuend. Dies führte dazu, daß zu Beginn der rechnerischen Bemessung von Holzkonstruktionen die empfohlenen zulässigen Spannungen und Beanspruchungen niedriger angesetzt wurden als heute. Erst durch die wissenschaftliche Holzforschung sind Differenzierungen nach Einwirkung und sog. Güteklassen entstanden, die zu einer allmählichen Erhöhung der empfohlenen und später auch in Normen festgelegten zulässigen Spannungen führten.
Werden die in DIN 1052 festgelegten zulässigen Spannungen für einen Standsicherheitsnachweis herangezogen, kann nur dann von einer angemessenen Zuver-

* Herrn Prof. Dr.-Ing. Fritz Wenzel zur Vollendung seines 60. Lebensjahres gewidmet

lässigkeit der Bauteile ausgegangen werden, wenn die Hölzer auch den Anforderungen der DIN 4074 entsprechen. An folgende Sortiermerkmale werden dabei Anforderungen gestellt:

- Baumkante
- Äste
- Jahrringbreite
- Faserneigung
- Risse
- Verfärbungen
- Druckholz
- Insektenfraß
- Mistelbefall
- Krümmung

Nach den bisherigen Erfahrungen wird eine solche visuelle Sortierung nach der Tragfähigkeit für altes, bereits eingebautes Holz nicht bzw. nur unvollständig durchgeführt. Es wird lediglich untersucht, ob ein Bauteil mehr oder weniger stark durch Pilze oder Insekten geschädigt ist, oder ob es sichtbare Schädigungen durch Überlastungen aufweist. Die anschließend vorgenommene übliche Unterteilung in „tragfähig“ und „nicht tragfähig“, wobei für die tragfähigen Hölzer nur die zulässigen Spannungen der Güteklasse II (DIN 1052) als Maßstab gelten, stellt keine befriedigende Sortierung dar. Dies muß zwar im Einzelfall nicht unmittelbar zu Schäden führen, kann jedoch die Zuverlässigkeit alter Holzkonstruktionen reduzieren, was sich auf längere Sicht in einer Zunahme von Schäden bemerkbar machen kann. Umgekehrt ist es aber auch denkbar, daß Bauteile unnötig verstärkt werden und Sicherheiten geschaffen werden, die nicht notwendig und wirtschaftlich nicht vertretbar sind.

Für die in der Regel nicht oder nicht ausreichend durchgeführte Sortierung des eingebauten Holzes nach DIN 4074 gibt es im wesentlichen zwei Gründe:

- der Tragwerksplaner ist gewohnt, Nadelholz mit den zulässigen Werten der Güteklasse II zu bemessen; die dafür notwendige Sortierung in die Sortierklasse S 10 gehört nicht zu seinen Aufgaben;
- die in der DIN 4074 festgelegten Anforderungen an das Holz sind im eingebauten Zustand nicht oder nur unter großem Aufwand nachzuprüfen, da das Holz in der Regel nicht von allen Seiten zugänglich ist. Ein Ausbau der Hölzer ist aus wirtschaftlichen und vor allem aus denkmalpflegerischen Gesichtspunkten nicht zu vertreten.

Da während der Sortierung noch nicht bekannt ist, welche Beanspruchung im eingebauten Zustand tatsächlich auftreten wird, müssen die in DIN 4074 festgelegten Anforderungen gewährleisten, daß das danach sortierte Holz *jede* theoretisch auftretende Beanspruchungsart bei Einhaltung der entsprechenden zulässigen Spannung zuverlässig aufnehmen kann. Diese Kriterien auf ein Bauteil zu übertragen, das nachweislich nur *eine* bestimmte Beanspruchung in bekannter Größe zu übertragen hat, erscheint somit nicht notwendig. Wird zum Beispiel ein Bauteil überwiegend auf Zug oder Biegung beansprucht, so ist die Ästigkeit sicherlich von ausschlaggebender Bedeutung, während sie bei Schubbeanspruchungen ohne wesentlichen Einfluß ist. Umgekehrt können Risse im Biegeträger die Schubfestigkeiten erheblich reduzieren, während sie in querkraftfreien Bereichen nahezu ohne Bedeutung sind.

Für Bauteile, die nur geringfügig beansprucht werden, sind also Güteanforderungen denkbar, die eindeutig unterhalb denjenigen nach DIN 4074 liegen. Ebenso sind aber auch Kriterien notwendig, die es ermöglichen, hochwertiges Holz für hochbeanspruchte Bauteile zu erkennen und zu klassifizieren. Hierbei wird es nicht ausreichen, das Holz lediglich visuell zu untersuchen, da einerseits die visuell erkennbaren Eigenschaften für die Feststellung der Tragfähigkeit nicht ausreichend zuverlässig sind, und andererseits eine visuelle Untersuchung in gewissem Umfang subjektiv bleibt. Für die Klassifizierung von hochwertigem Holz sind daher ähnlich wie bei einer maschinellen Holzsor-

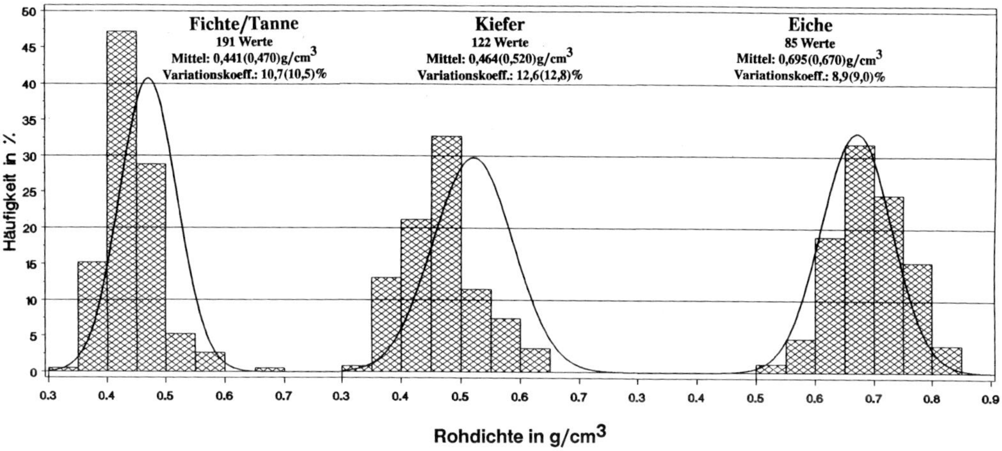

1 Häufigkeitsverteilung, Mittelwert und Variationskoeffizient der Rohdichte der untersuchten alten Hölzer im Vergleich mit den Kennwerten für neues Holz (Werte in Klammern, Normalverteilung vorausgesetzt) nach DIN 68364

tierung Meßgeräte und Meßverfahren erforderlich, die reproduzierbare und überprüfbare Ergebnisse liefern.
Auch sei darauf hingewiesen, daß altes Holz prinzipiell andere Festigkeiten aufweisen kann als neues Holz, wodurch eine Anwendung der zulässigen Spannungen nach DIN 1052 für altes Konstruktionsholz ein gegenüber neuem Holz anderes, nicht zu rechtfertigendes Sicherheitsniveau entstehen läßt.
Einige Gründe für unterschiedliche Eigenschaften von altem und neuem Holz sind:
- andere Wuchsbedingungen in früherer Zeit,
- anderer Holzeinschlag,
- andere nicht nachvollziehbare Holzsortierung durch die Zimmerleute,
- Veränderung der Holzeigenschaften durch Langzeitbelastungen, durch Überlastungen oder durch Pilz- und Insektenbefall.

Aufgrund dieser Überlegungen ergaben sich drei Aufgabenbereiche, die im Rahmen des Sonderforschungsbereiches (SFB) 315 „Erhalten historisch bedeutsamer Bauwerke“ an der Universität Karlsruhe in den letzten Jahren bearbeitet wurden:
- Ermittelung der Festigkeit von altem Holz,
- Entwicklung und Erprobung von zerstörungsfreien Prüfverfahren, mit denen am Bauwerk Holzeigenschaften ermittelt werden können,
- Erstellung von Sortierkriterien für altes Konstruktionsholz, die es dem Tragwerksplaner ermöglichen, mit Hilfe zerstörungsfreier Prüfverfahren die Festigkeit einzelner Holzbauteile abzuschätzen.

3 Festigkeit von altem Konstruktionsholz

Über die ersten Ergebnisse von Festigkeitsuntersuchungen an altem Konstruktionsholz wurde bereits von Ehlbeck und Görlacher 1988 berichtet. Diese Untersuchungen sind noch nicht endgültig abgeschlossen, die bisherigen Ergebnisse lassen aber eine Tendenz erkennen, die nachstehend kurz zusammengefaßt werden soll. Untersuchungen von Werkstoffeigenschaften an altem Konstruktionsholz, durchgeführt an kleinen fehlerfreien Proben, ergaben, daß die Druck-, Biege- und Scherfestigkeiten von altem Holz den Werten für neues Holz entsprechen.

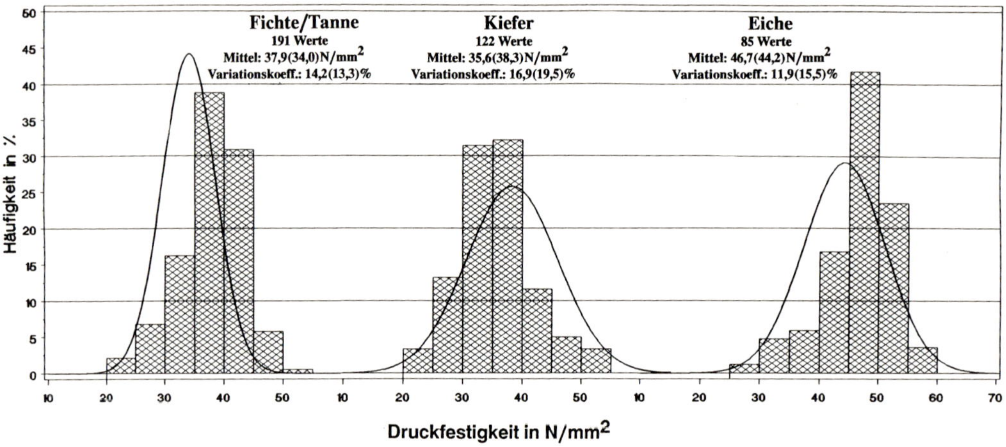

2 Häufigkeitsverteilung, Mittelwert und Variationskoeffizient der Druckfestigkeit der untersuchten alten Hölzer im Vergleich mit den Kennwerten für neues Holz (Werte in Klammern, Normalverteilung vorausgesetzt) nach DIN 68364 (Holzfeuchte u = *15%)*

In Abbildung 1 sind die Verteilungen der bisher ermittelten Rohdichten von Fichte/Tanne, Kiefer und Eiche angegeben. Zusätzlich sind noch die Normalverteilungen eingezeichnet, die sich aus den in DIN 68364 „Kennwerte von Holzarten“ angegebenen Mittelwerten und Variationskoeffizienten ergeben.

Man erkennt, daß die Rohdichte der bisher untersuchten Hölzer bei Fichte/Tanne und insbesondere bei Kiefer unter den Erwartungswerten nach DIN 68364 liegen. Dies läßt sich dadurch erklären, daß ein großer Teil der untersuchten Hölzer aus der Rheinebene stammte, wo durch günstigere Wuchsbedingungen die Bäume schnell wachsen und somit in der Regel geringere Rohdichten als in anderen Regionen Deutschlands aufweisen.

Die Normendruckfestigkeiten, ermittelt an Proben mit den Abmessungen 4×4×8 cm, wurden von der zum Zeitpunkt der Prüfung vorhandenen Holzfeuchte nach der Beziehung

$$\beta_{D_{\parallel} 15} = \beta_{D_{\parallel} u} \cdot \frac{17}{32 - u}$$

auf eine Holzfeuchte von 15% umgerechnet. Nach der gleichen Beziehung wurden auch die Druckfestigkeiten nach DIN 68364, die für $u = 12\%$ gelten, umgerechnet (Abb. 2). Die Abweichungen von den für neues Holz geltenden Werten sind nicht außergewöhnlich und können durch zufällige Streuungen der Holzeigenschaften erklärt werden.

Die mittleren Normenbiegefestigkeiten von Proben der Abmessungen 4 × 4 × 8 cm betrugen für Fichte und Tanne, ermittelt an 54 Proben, 73,1 N/mm² ($\rho = 0{,}47$ g/cm³), von Kiefer, ermittelt an 14 Proben, 66,8 N/mm² ($\rho = 0{,}49$ g/cm³) und von Eiche, ermittelt an 22 Proben, 88,7 N/mm² ($\rho = 0{,}73$ g/cm³). Sie zeigen keine auffälligen Abweichungen von Werten, die von neuem Holz bekannt sind.

Die Prüfung von 70 Scherproben erfolgte in Anlehnung an DIN 52187, wobei anstatt einer Würfelprobe eine wechselseitig gestufte Blockscherprobe verwendet wurde. Es ergab sich eine mittlere Scherfestigkeit von Fichte/Tanne von 9,6 N/mm² (Variationskoeffizient 9,5%, Holzfeuchte 12–13%), wie sie auch bei neuem Holz erwartet wird.

Bisher wurden also keine niedrigen Festigkeiten nachgewiesen, die auf eine Alterung des Holzes hindeuten würden.

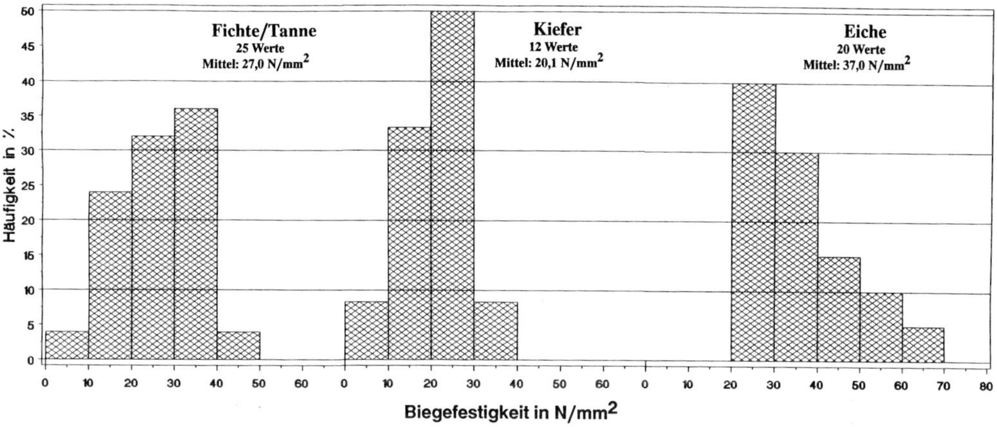

3 Häufigkeitsverteilung und Mittelwerte der Biegefestigkeit der untersuchten Konstruktionshölzer

Außergewöhnlich hohe Festigkeiten aufgrund guter Holzauswahl oder besonderer Behandlung der Hölzer in früherer Zeit (Winterfällung, Wasserlagerung) konnten aber auch nicht beobachtet werden. Ein systematischer Unterschied zwischen altem und neuem Holz besteht nach den bisherigen Erfahrungen somit nicht. Dies gilt selbstverständlich nur für fehlerfreie Proben, die keine Schädigungen durch Pilz- oder Insektenbefall aufweisen.

Die Biegefestigkeit von Bauteilen aus 13 Gebäuden wurde an 57 Prüfkörpern (Deckenbalken, Unterzüge, Sparren, Pfetten) ermittelt. Die Gebäude standen in unterschiedlichen Regionen, das Alter der Bauteile lag zwischen 100 und 500 Jahren (Abb. 4).

Die Häufigkeitsverteilungen der Biegefestigkeit sind in Abbildung 3 für Fichte/Tanne, Kiefer und Eiche zusammengestellt. Diese Festigkeiten lagen erwartungsgemäß weit unter den entsprechenden Festigkeiten des fehlerfreien Holzes. Dieser Effekt läßt sich wie bei neuem Holz durch Holzfehler, Äste und andere Wuchsunregelmäßigkeiten erklären.

Teilweise lagen diese Bauteil-Biegefestigkeiten jedoch deutlich unter den Werten, die für neues Bauholz zu fordern sind, wenn es als tragendes Bauteil der Güteklasse II verwendet werden soll. Der Grund für diese Erscheinung liegt in einer Reduzierung des tragenden Querschnittes infolge Pilz- oder Insektenbefall oder bei anderen Unregelmäßigkeiten, wie Aus-

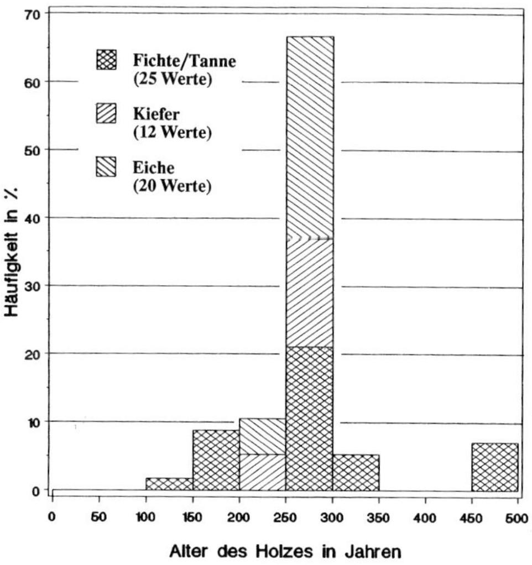

4 Häufigkeitsverteilung des Alters der untersuchten Konstruktionshölzer aus dendrochronologischen Analysen (57 Werte)

sparungen oder größere Baumkanten. Da es bisher für altes Konstruktionsholz aber keine bauaufsichtlichen Regeln gibt, ab wann ein Querschnitt als nicht mehr tragfähig zu gelten hat oder wie seine Resttragfähigkeit zu ermitteln ist, wurden alle Versuchswerte ungeachtet der o.g. Mängel dargestellt.
Auffallend ist weiterhin, daß für den Bereich hoher Festigkeiten wenige Versuchswerte vorliegen („schiefe“ Häufigkeitsverteilung in Abb. 3). Dies kann durch die Art der Probenentnahme erklärt werden. Es steht zwangsläufig wenig Holz aus Gebäuden, deren Konstruktion in Ordnung ist, zur Verfügung, da diese Gebäude möglichst erhalten werden sollen oder das ausgebaute Holz wiederzuverwenden ist. Holz aus Objekten, die aufgrund ihres schlechten Zustandes abgerissen oder saniert werden müssen, stand für die bisherigen Untersuchungen in weitaus größeren Mengen zur Verfügung. Trotz dieser etwas ungünstigen Probenauswahl kann aber festgestellt werden, daß zwischen altem und neuem Holz bezüglich der Werkstoffeigenschaften kein signifikanter Unterschied besteht. Dies bedeutet, daß die für Holz bekannten Abhängigkeiten der Festigkeit von festigkeitsrelevanten Parametern – wie zum Beispiel Rohdichte, Ästigkeit oder Elastizitätsmodul – auch für altes Holz zutreffen. Dies ist für die Entwicklung von Kriterien von Bedeutung, die es ermöglichen sollen, hochwertiges Holz im eingebauten Zustand zu erkennen und nach seiner Tragfähigkeit zu klassifizieren. Es ist jedoch zu beachten, daß altes Holz durch Insekten- oder Pilzbefall, durch Baumkanten und weitere Fehlstellen geschwächt sein kann. Diese festigkeitsmindernden Eigenschaften sind bei einer Klassifizierung von altem Holz zusätzlich zu berücksichtigen.

4 Ausblick

Eine Schadensaufnahme, wie sie bisher bei der Sanierung alter Holzkonstruktionen vorgenommen wird, kann nur die offensichtlich völlig geschädigten Hölzer aussortieren. Sie stellt somit nur eine Vorstufe der Sortierung dar, da sie keine Aussage über die Tragfähigkeit der übrigen Hölzer machen kann. Da die Übergänge zwischen geschädigtem und ungeschädigtem Holz fließend sind und auch die Festigkeit der ungeschädigten Hölzer in einem weiten Bereich schwanken kann, sollten die in der Holzkonstruktion verbleibenden Hölzer einer Sortierung nach der Tragfähigkeit unterzogen werden.
Wie eine Sortierung nach der Tragfähigkeit von bereits eingebautem Holz durchzuführen ist und welche Ergebnisse (Sortierklassen) sich daraus ergeben können, kann bisher noch nicht abschließend angegeben werden. Nach den bisherigen Erfahrungen hat sich aber gezeigt, daß eine Untersuchung in vier Schritte unterteilt werden sollte:
- visuelle Untersuchung,
- Ermittlung der Holzfeuchte,
- Ermittlung der Rohdichte,
- Ermittlung des Elastizitätsmoduls.

Je nach den Anforderungen an das Holzbauteil können die ersten beiden Untersuchungsschritte bereits ausreichend sein.
Die *visuelle Untersuchung* ermittelt den Zustand der Konstruktion und des Holzes anhand visuell feststellbarer Sortiermerkmale. Dazu gehört das Feststellen von Schäden durch Pilz- und Insektenbefall sowie durch Überlastungen. Diese Untersuchungen werden in der Regel im Rahmen der sogenannten Schadensaufnahme durchgeführt. Es ist aber insbesondere für biege- und zugbeanspruchte Bauteile auch notwendig, die Ästigkeit zu ermitteln und bei Schubbeanspruchungen das Holz auf Risse hin zu untersuchen. Die Ermittlung verdeckt liegender Unregelmäßigkeiten gehört ebenfalls in den Bereich der visuellen Sortierung, obwohl hierzu vielfach Meßgeräte unterstützend herangezogen werden müssen. Dazu gehört zum Beispiel die visuelle Begutachtung durch ein Endoskop oder die Entnahme eines Bohrker-

nes mit anschließender visueller Beurteilung. Bohrwiderstandsmessungen und Ausreißwiderstandsmessungen sind weitere vielversprechende Methoden, über die zu einem späteren Zeitpunkt berichtet werden soll.

Die *Ermittlung der Holzfeuchte* sollte aus mannigfachen Gründen bei keiner Holzuntersuchung fehlen. Hier gibt es eine große Anzahl von Geräten verschiedener Hersteller, die meist auf dem Prinzip der Messung des elektrischen Widerstandes beruhen. Besonders geeignet sind Geräte, deren Elektroden mehrere Zentimeter ins Holz eingetrieben werden können und somit auch Aufschluß über die Feuchteverteilung über den Querschnitt erlauben.

Soll nachgewiesen werden, daß das eingebaute Holz eine besonders hohe Tragfähigkeit besitzt, so ist es in der Regel erforderlich, seine *Rohdichte* zu kennen, da die Festigkeit nicht nur von der Ästigkeit, sondern auch von der Rohdichte abhängt. Die Ermittlung der Rohdichte kann anhand von Bohrkernen erfolgen. In vielen Fällen genügt auch eine Abschätzung der Rohdichte über eine Eindringwiderstandsmessung (GÖRLACHER 1987). Die bereits erwähnten Bohrwiderstandsmessungen und Ausreißwiderstandsmessungen sind hierfür ebenfalls geeignet.

Der *Elastizitätsmodul* ist mit der Festigkeit am besten korreliert. Seine Ermittlung an Holz im eingebauten Zustand erfordert jedoch einen relativ großen Aufwand, der sich in der Regel erst dann lohnt, wenn mit den bisher beschriebenen Methoden kein befriedigendes Ergebnis erzielt werden kann. Aus einem Belastungsversuch (Biegebeanspruchung) kann der Elastizitätsmodul auch im eingebauten Zustand bestimmt werden. Anstelle dieses recht aufwendigen Verfahrens, das jedoch ohne großen apparativen Aufwand auskommt, kann der Elastizitätsmodul auch aus der Laufzeit einer Longitudinalwelle, die durch einen Ultraschallimpuls oder durch einmaliges Anschlagen erzeugt werden kann, berechnet werden (STECK und GÖRLACHER 1987). Über die Anwendung des Ultraschallverfahrens an alten Holzkonstruktionen wurde von KLINGSCH und NEUM (1989) berichtet. Die Laufzeitmessung wurde auch im Rahmen der Arbeiten im SFB 315 untersucht. Dabei wurde ein Verfahren verwendet, bei dem die Welle durch ein einmaliges Anschlagen des zu prüfenden Holzes erzeugt wird. Auch über dieses Verfahren, das sich für eine Anwendung am Bauwerk sehr gut eignet, und über die Ergebnisse aus solchen Messungen soll später berichtet werden.

5 Zusammenfassung

Um nachzuweisen, daß eine alte Holzkonstruktion mit angemessener Zuverlässigkeit die auftretenden Beanspruchungen aufnehmen kann, ist es erforderlich, die Bauteile einer Sortierung nach der Tragfähigkeit zu unterziehen. Ein Feststellen der Schäden infolge Pilz- oder Insektenbefall oder infolge Überlastungen ist hierfür zwar notwendig, kann aber nicht generell als ausreichend angesehen werden. Erst durch weitergehende visuelle Untersuchungen der im Bauwerk verbleibenden Hölzer, durch Ermittlung der Holzfeuchte oder bei Bedarf der Rohdichte und des Elastizitätsmoduls kann eine Aussage über deren Tragfähigkeit gemacht werden. Im vorliegenden Beitrag wurde ein Überblick über die Verfahren gegeben, die im Rahmen des SFB 315 untersucht, entwickelt und weiterentwickelt wurden und die sich für eine Anwendung *in situ* eignen. Durch weitere Veröffentlichungen sollen diese Verfahren und die Ergebnisse der Praxis zugänglich gemacht werden.

Literatur

[1] Ehlbeck, J., Görlacher, R. (1988): Erste Ergebnisse von Festigkeitsuntersuchungen an altem Konstruktionsholz. Erhalten historisch bedeutsamer Bauwerke, Jahrbuch 1987, Ernst und Sohn, Berlin, S. 235-247

[2] Görlacher, R. (1987): Zerstörungsfreie Prüfung von Holz: Ein „in-situ"-Verfahren zur Bestimmung der Rohdichte. In: Holz als Roh- und Werkstoff 45 (1987) S. 273-278

[3] Klingsch, W., Neum, U. (1989): Zerstörungsfreie Lokalisierung äußerlich nicht sichtbarer Holzschädigung mittels Ultraschall. In: bauen mit holz 91 (1989) S. 421-423

[4] Steck, G., Görlacher, R. (1987): Methoden der zerstörungsfreien und zerstörungsarmen Prüfung von Bauholz - eine Literaturauswertung. Erhalten historisch bedeutsamer Bauwerke, Jahrbuch 1986, Ernst und Sohn, Berlin, S. 191-210

Abbildungsnachweis

Alle Abbildungen Versuchsanstalt für Stahl, Holz und Steine, Abteilung Ingenieurholzbau, Universität Karlsruhe

1 *Bredon Barn, near Tewkesbury. East side after reconstruction*

F. W. B. CHARLES

Method and Approach to the Restoration of four Medieval Timber-Framed Structures in England

In the following article I have tried to give an impression of our theory and approach to the conservation of timber-framed buildings and timber roofs. This is not easy, as no two buildings are ever alike and it is each building – its history, design, structure, condition and intended function – that for us has always determined what had to be done.

The four examples I have selected should illustrate some of the variety of problems and the different ways in which we tried to solve them, always within the discipline of structural authenticity, historical integrity and economy of means.

Cheylesmore Manor, Coventry

One of the earliest restorations we undertook was Cheylesmore Manor House in Coventry, in 1965. All that was left of the once Royal Manor, dating back to the twelfth century, was its gate-house with two bays of what had been extensive ranges at either end of it (Fig. 2).

The City Council acquired the Manor House in 1705 after it had many times changed hands under the Crown, each subsequent lord making changes to it. Part of the west wing, before the Dissolution of Monasteries in 1536–40, was occupied by the Greyfriars whose hospital was divided from it only by a four foot thick stone wall. The City in turn rented out the various buildings.

Weaving was a staple industry of Coventry and in 1738 a weaver was proposing to make a tenement of the original solar wing. A hundred years later all the remaining buildings had either been divided into tenements, for living on the ground and first floors (each bay representing one dwelling) while the roof extending over the whole series of bays was the workshop, or otherwise converted without the least regard for the original design or structure.

By the time we were commissioned, the City had demolished the solar, and a row of brick "top-shops" – the name given to these weavers' tenements – still stood at right angles to the west wing (Fig. 3). It was built over a stone wall running east-west of the same thickness as the Greyfriar's wall, probably both contemporary with the medieval city wall. The opposite east wing and adjacent bay of the gatehouse had last been a comfortable Victorian house, but empty for some years, and the other end was intermittently occupied by theological students – perhaps the final link with the friars.

To the people of Coventry, Cheylesmore was known to be an historic building but its architectural significance was practically *nil*. No timber-framing was visible externally (Fig. 4). The whole of it had been rendered in hard stucco, brick had taken the place of practically all the original framing of the east wing, and there were brick lean-to structures added to both wings on the south side of the gatehouse. The interior had been subdivided into mean rooms with ceilings and plastered walls, again concealing all the framework. The new use was to be marriage rooms for the City Registrar, and a new range of of-

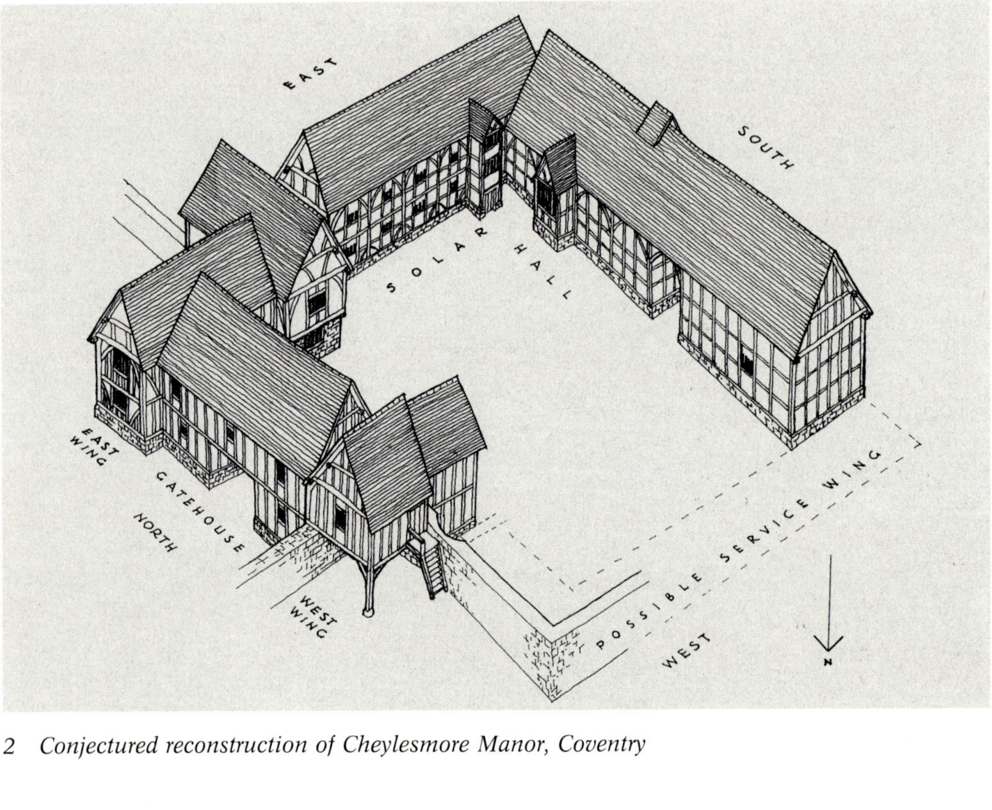

2 *Conjectured reconstruction of Cheylesmore Manor, Coventry*

3 *"Top Shops", weavers' tenements, built onto the original west wing*

4 *The north front of the gatehouse and the two gabled wings – east wing in foreground*

fices for his department was to be built alongside the west wing. This was to be designed by the City Architect and it would be modern, two storeys high, in deference to its neighbour, and of dark-brown brick divided by deep-set, narrow vertical window-openings the full height of the building, vaguely emulating close-spaced timber studs.

Our experience of conservation and restoration was limited. We therefore overlooked the need for a complete structural survey *before* letting the contract, even before designing for new use. We should have had the services of a builder, working closely with us throughout our survey, as we have had in later contracts whenever the client could be persuaded of the advantages, and when we have managed to avoid the dictates of English Heritage.

First, external render, unless it is the quite different original pargetting of Essex and some parts of the south-eastern counties of England, must be removed, at least in areas sufficient to assess the state of the timbers underneath. Stucco or cement rendering, as opposed to lime-washing which has been the normal method for protecting timber and panels alike probably ever since the buildings were built and right through the eighteenth century, was one of the many bad practices of the nineteenth century. It holds moisture, prevents the timbers from breathing and causes rot and infestation by death-watch beetle, the worst scourge of oak which is otherwise more resistant to decay from fungi and insects than any other native wood.

Secondly, since the building had to be replanned for its new use, all partitions, ceilings, fittings and staircases, none earlier than the last century, should have been removed, so eliminating inaccessible dark corners and cupboards containing wet pipes and rubbish that had been festering for years. And thirdly, the fireplaces, three of which were eventually found to be the original fifteenth century fireplaces, should have been opened up. But none of this was done until the contractor was on the job, and since he worked from one end, the west wing, next the gatehouse and finally the east wing, the extra work necessitated by rotten timber and defective, even falling, brickwork was continuous throughout the contract.

As it was, our survey conducted in the vilest conditions, crawling through (once falling through) unsafe roof spaces, hacking off plaster and breaking through partitions, if only to pass measuring tapes through the openings, revealed the essentials of the original construction, the form of roof-trusses, by which the separate buildings could be dated, most of the timber-framing that had survived and the form of the frames no longer there. Thus the drawings were able to show the extent

5 *South front of restored buildings showing high level windows of west wing*

6 *Stair incorporating sixteenth century newel post and string in their original position*

of re-framing that would be necessary for stability and new use.

The survey was also thorough enough to reveal the history of the buildings. In this respect it was a fortunate coincidence that the historians of the Victoria History of the Counties of England were in Coventry revising the three Warwickshire volumes of this enormous work. Their research was helped by several details uncovered at Cheylesmore, just as their knowledge made sense of them for us and explained their historical reasons.

The unexpected form and function of the west wing must be mentioned. Bay 1 of this wing had been a covered porch, open to the west and north, and enclosed on the east and south by the stone walls already noted. There was an enormous ogee-arched doorway through the south wall, opening oddly enough not into the manor, but into the porch. In 1359 the Black Prince, eldest son of Edward III (1327–1377) who spent a considerable time at Cheylesmore with his grandmother, Queen Isabel, gave permission to the friars to have a postern, or private way, through the manor for carrying out their sick (or dead). The door was opened outwards by the guards and the byre carried in and through the west bay of the gatehouse (there are doors opposite each other in this bay), into the carriageway and thence into the city without entering the courtyard of the manor. This information also enabled us to account for the different construction and mouldings of the timbers of the upper floor of the wing (Fig. 7). The room over the porch was built by different carpenters from those of the manor. Probably therefore it had been built by the friars, and bay 2 upstairs was found to have had only high level windows as well as a doorway in the west wall that would have led directly into the friary (Fig. 5). This bay was thus also accessible to the monks, probably to obtain the guards' permission to bring out their dead. The high windows prevented their seeing into the manor courtyard.

I mention these historic details as a sample of the immense historic interest of Cheylesmore, discoverable only by taking the buildings apart.

7 Junction of room over porch, built by friars, and south room belonging to manor house. Note difference in jointing of the purlins into the trusses

The Cheylesmore contract was a lesson in many other things, not least that the carpenter of today has all the skills of his forebears. He is only restricted by lack of opportunity. We also learnt that the material is not just oak, but must be selected, converted and used in the way the traditional builders had acquired through centuries. Most notably Cheylesmore retains in the north gable of the east wing every trick of the trade (Fig. 8). The swept braces, struts, even the corner posts were obtained by halving the log, so that each pair is a mirror image and the whole presents perfect symmetry. As will be seen below, this technique of halving is the essence of timber-framed architecture. But mainly the contract taught us the value of the historical-structural survey.

Cheylesmore now reveals its history, excepting that of its decline from the late eighteenth century onwards. What is now to be seen is the original framework inside and out; windows which conform with their original openings but make no pretence to be older than they are; a new entirely functional staircase and another repaired in the same way but retaining its original sixteenth century newel-post and string (Fig. 6); the open porch and giant stone doorway, and all the re-opened roofs with their variety of trusses. The fireplaces are also re-opened and restored, but the chimney stacks of no historical value have gone. It was also possible to preserve some internal wattle-and-daub panels with vestigial mural decoration and an original window no longer external.

The rest is modern – softwood matchboarding for some of the internal walls and the full range of services for sanitation, heating and lighting. There is no copying of the past.

Marriages are now conducted in surroundings as different from those of the ordinary registry office as they are from the cathedral or church, but they share with the latter a history and architecture that creates its own atmosphere. The Registrar reported that the number of civil marriages in Coventry had increased significantly after the opening of Cheylesmore!

8 North elevation of east wing showing halved corner posts and braces

9 *Middle Littleton Tithe Barn, Interior, Stainless steel rods tying feet of trusses*

Middle Littleton Tithe Barn

The two great barns, Middle Littleton and Bredon, both owned by the National Trust, are in total contrast to Cheylesmore. They are both of the fourteenth century, Middle Littleton the earlier by fifty years, c. 1300. They are approximately the same size 40 m × 12 m, and their height from floor to ridge roughly the same as their width. Middle Littleton is of what is known as base-cruck construction (Fig. 10), Bredon is aisled.

Although medieval barns in the last hundred years have disappeared practically to extinction, the few left have not suffered the depredations and decay of most domestic buildings. They have remained open from floor to roof so that the timbers have always been able to breathe, and their frames have not been so mutilated. Restoration was only necessitated by long-term neglect or sudden disaster.

At Middle Littleton the roof was leaking, not through lack of maintenance (replacing slipped stone-slates was a routine occupation of the owner), but because the timber structure was becoming progressively less stable, since the two eastern porches in opposite walls had been demolished about a hundred years ago. The introduction of additional posts and beams had done little to prevent spreading under the weight of the roof (Fig. 11).

The common theory was that the base-cruck trusses had been unstable from the start, overlooking the fact that any arch, stone or timber, must either be tied at the

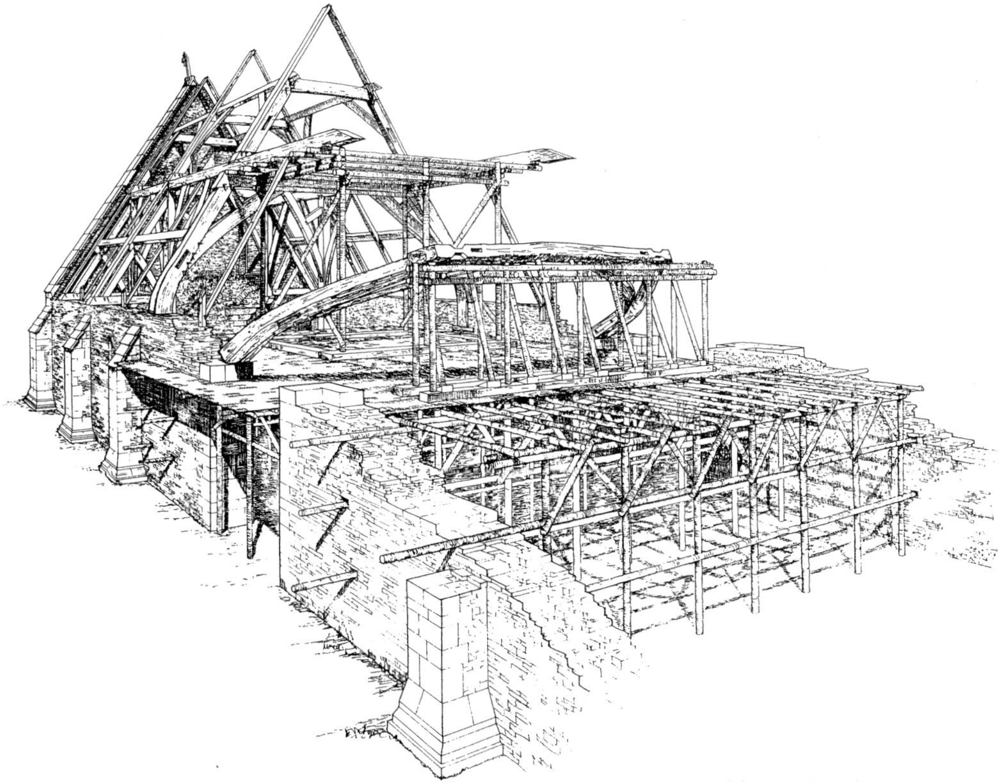

10 Drawing showing base-cruck construction at Middle Littleton Tithe Barn, during rearing of truss III

11 Inserted posts and beams in attempt to prevent spread

springing or buttressed. It is unlikely, if not impossible, that spreading of the roof began before the two porches were demolished. It is much more likely that this was the beginning of the trouble, and once started with the opening of the timber joints (practically all of them had been strapped) the movement could not be reversed. Moreover the walls were leaning out - an inclination of 1 in 10 at the worst. Rebuilding the porches and much of the lateral walls was out of the question, not only economically but because that would have been Restoration with a big "R". So tying was the only answer.

But the cruck-blades on the south side of those trusses between the porches had decayed along their top edge through persistent leaking. The roof also had to come off. Its covering of Cotswold stone slates laid in diminishing courses was failing through slipped pegs and bent and broken laths.

It was intended to carry out the repairs from the west (upper) end, two bays at a time, replacing the slates as the work progressed. This was probably impracticable since slaters, of this skilled Cotswold craft, like to have the entire structure ready before they start. It was made impossible by the contractor's employing anything but skilled craftsmen, who in stripping the roof hurled most of the precious slates to the ground.

The timber repairs however were carried out in bay sequence. The purpose was stabilization, not re-alignment, and everything was done from internal scaffolding. Four cruck-blades had to be replaced, and since cruck-shaped trees (or branches) are no longer in demand (it must have been insatiable in the days of wooden ships), we were lucky to find two enormous bent butts that had lain at the bottom of the timber merchant's yard for longer than he could remember. Not only had there been no use for them, but they were too heavy and unwieldy to go through the bandsaw. They were halved in the yard, but their shaping had to be done on site, using the existing crucks as templates and reviving the old art of axing and adzing. For other members - the long arch-braces, windbraces, purlins and the rest - a whole vocabulary of repair joints had to be designed, not without plenty of discussion with the carpenter in charge (Fig. 12).

12 Repair joints of collar beam

13 Middle Littleton. Exterior of restored barn

The final operation was threading half-inch stainless steel rods through the base-cruck trusses, as near as possible to their feet, and tightening the nut and washer at each end of them. This has effectively prevented further spread, without re-aligning them (Fig. 9).

Middle Littleton, with its floor cleared of extraneous posts and its trusses still with the old iron straps reinforcing the opened joints but lacking the inserted cross-beams, may again be seen as the vast internal space designed by the Abbots of Evesham to store their tenants' tithes – the tenth of their crop.

Externally, the barn without its eastern porches lacks symmetry, but it remains imposing in the flat landscape, and once again has its strange Viking-like finials on every gable (the barn gables and west porches) instead of only two (Fig. 13).

Bredon Barn

Bredon Barn (Fig. 1 and 16) was built by the Bishop of Worcester at c. 1350. It is a remarkable building in all respects. The late date for such buildings and its quality of design suggest that it might have been built to enhance the value of the bishops' estate for renting out or even selling. After the Black Death in 1355, with consequent rural depopulation and decline of arable farming, there was no longer a need for vast tithe barns and estate barns such as this. Thus Bredon may be the last great barn to have been built in medieval times. Its design and quality of timber-framing make it a classic. Each of the cross-frames forming the nave have halved arch-braces from posts to tiebeam, so that while each frame is mathematically symmetrical, looking down the nave from one end to the other it may be seen that no two are exactly alike (Fig. 18). One pair of braces is smoothly curved, the next more-elbowed than curved, the next pair elbowed slightly higher, the next almost straight, and so on. The arcade-bracing down the length of the building also consists of halved arch-braches in each bay. In every case the halved-face faces into the nave or in the cross-frames toward the upper end – that is the south gable where construction and erection began.

Erection sequence and method are also made clear by the design of the cross-frames and numbering of the timbers. This is so completely orderly and logical as to leave no doubt that the Bishop used his own carpenter to obtain, convert and organize the timbers for erection exactly according to his design. The jointing of the big arcade-plate of which a long tapered tenon fits the mortice of the already laid member just beyond each post is unique, in our experience, and visually expresses how the load is transferred gradually from the laid member to the next (Fig. 15). There are many examples in medieval carpentry of designing according to the visual behaviour of structures and components. The cambered tie-beam is the most obvious example, and the fact that compressive stress is often seen where (according to modern engineering science) tension exists, does not detract from architectural quality and elegance of the whole structure, but, on the contrary, creates it. It may be said that England leads other, continental countries in this respect, attributable in the final analysis to climatic influence on the way the oak tree grows. The great roof of Westminster Hall and the timber vaulting of the crossing at Ely Cathedral are the outstanding examples, but there are many others right down to the medieval farmhouse.

In erecting the barn, the south gable had been built before the first timbers were erected. The posts of truss I stood against the wall on heavy corbel stones (Fig. 22). The second truss was framed on the floor and reared through ninety degrees to be caught and restrained by the arcade-plates and arcade braces. Once the tiebeam of the second truss had been lowered onto the plates, the truss was locked, and the superimposed top truss could be erected.

This operation was repeated down to the second from the last truss while the masons were building the side walls. The aisle frames could be set up in sequence as the masons reached wall-head level. But they could not build the north gable wall until this truss (truss IX) had been reared, for there would not have been sufficient length of floor space to lay it out and frame it (Fig. 14). Nor could the final truss (truss X) have been erected until the gable wall *had* been built, at least high enough to lean the posts against it. Like the first truss, this truss has no strainer beam to

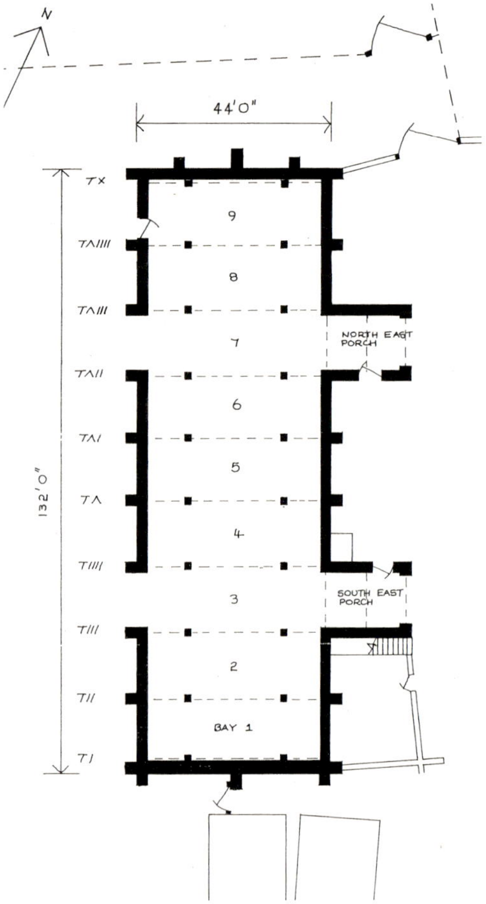

14 Key plan of Bredon barn showing truss numbers

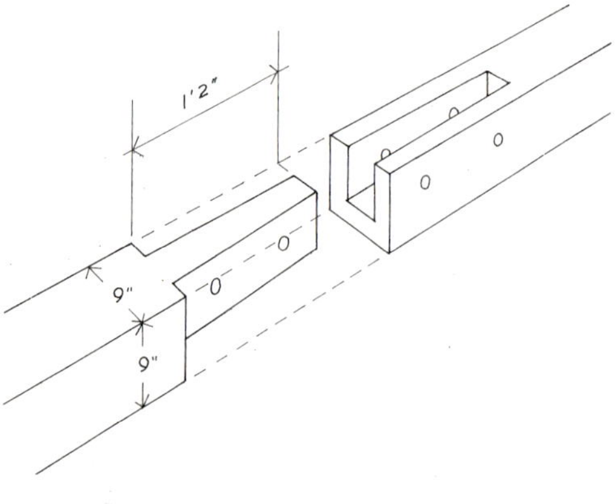

15 Tapered bridle joint of arcade-plate

16 East side of Bredon Barn after the fire

hold the posts as the frame is reared; both were assembled "en aire". Incidentally, the slenderness and relatively poor quality of masonry of this gable, compared with the south gable, strongly suggests that it was built in a hurry. Perhaps also the money was running out.

The south-east porch at Bredon also singles it out from other barns. This is of two storeys with a bailiff's office on the upper floor, reached by an external stone stair. The office was probably lived in; it has a fireplace, still with its original chimney (medieval chimneys in any building are very rare), a garderobe and a wall recess containing a stone basin. A door at the back of the room led into a gallery overlooking the interior of the barn.

The National Trust had done some minor repairs and re-roofed Bredon when they acquired it in 1951. They also made a thirty-year lease agreement so that it could continue to be used, not by the new owner of the adjacent manor house, but a farmer. An unforeseen result was that Bredon barn was threatened, not by dilapidation as Middle Littleton, but mis-use. The farmer lived at a distance, only visiting his land at Bredon when there was work to be done. Over the years the barn was filled to the ridge with hay and straw. The local people, with strong feeling for its safety, were in touch with the National Trust and had two reports from the Evesham Fire Officer condemning the fire danger. The isolation of the building, after the owner of the Manor House had built a high wall between his garden and the barn, and the absence of the farmer or anybody else, left it a wide open attraction for children coming home from school.

On Friday, 18th April 1980 (only a year before the farmer's lease expired) two boys crawled into the bales of hay and flicked a cigarette lighter. They got out and shouted. A visitor, looking for the farmer, heard the cries and said he could then have put out the fire if only he had found a bucket, let alone a fire extinguisher. Being a stranger he could not even find the village telephone. When he did, it was too late.

The Fire Brigade fought the fire throughout the night and through Saturday. It had been started near the north-west doorway. Everything was burnt in the two bays between this doorway and the north gable wall. According to the Fire Officer, the heat built up in the roof, which because of the bedded slates was unventilated, and swept the length of the barn to its south end, where the stonework of that gable was worse damaged than the north.

For a week the straw and hay kept flaring to burn the feet of the posts. The only cross-frames not burned were the two next to the south-east porch from where the firemen were able to fight the flames without the immediate risk of slates crashing in heavy sheets onto them. The whole of the upper roof structure and the trusses above tie-beam level were destroyed, and the damage to the substructure of posts, arcade-plates and cross-frames was progressively worse to south and north of the porch (Fig. 21).

17 Bredon Barn, Repaired and new trusses after re-erection

After some hesitation, the Trust commissioned us for emergency repairs. These were replacing the burnt-out lintels of doors and windows to save further collapse of masonry, making secure the timbers that still stood, and taking down some that were grotesquely hanging, literally by a peg. There was considerable pressure by the press and those living in Bredon village to re-build it. We received a complete survey from an archaeologist and photographs from many sources. But we also had surveyed it and taken dendrochronological borings with Walter Horn and his team of researchers from the United States and Germany several years earlier. Horn and I had already published in the American Journal of Architectural Historians our surveys of three other great barns, one of which itself had been burnt down in the sixteenth century and rebuilt. Bredon was next on our list for publication.

During the six months it needed for the National Trust to debate the ethical, philosophical and practical problems of rebuilding, we were able to keep the contractor on the job with the "emergency repairs". For we knew that once work stopped and the site fenced in, the chances of resuming would be remote indeed. We were even able to obtain the Trust's permission to re-frame a truss, combining old and new timber, to demonstrate that the work could be done.

The alternatives were to preserve the remains as a ruin; to rebuild only the southern half, terminating in a new gable wall; to complete the barn in its original form, but utilising new materials such as steel or concrete instead of oak. The trust insisted that an engineer should be called in. He designed a space-frame structure for the burnt out north end, showing (not without intention) that this would be more costly than total restoration, and completely pointless.

18 Bredon Barn, Interior view looking south showing symmetry of each truss but variation as between trusses

The same debate has taken place recently, when the eighteenth century mansion house, Uppark, was burnt two years ago. If the decision of the National Trust to rebuild it took less time than it did for Bredon, there is little doubt that the experience of Bredon had had some influence. Bredon was rebuilt, using every charred piece of timber that could still perform its function. The sequence from south end to north was repeated, but the method of erection was by crane instead of rearing, less dramatic but more practical and economic having regard to the number of men, ropes, tackle, props and winches that would have been required. But except for those frames still standing into which repaired components could be pieced in from the scaffolding, every frame still had to be dismantled, assembled on the floor and erected piece by piece (Fig. 17). Thus more dismantling than that achieved by the fire (this time slightly more methodically) was still necessary. Only cross-frames III and IV were unchanged. Frames VII, VIII and IX and X were entirely new.

The selection and conversion in the timber merchant's yard also had to be as originally – boxed-heart logs squared up for the posts and arcade-plates and the other members of square, or almost square, section; halved logs for the braces, each pair from the same log, and quarter-sawn for the lesser members such as principal rafters and ridge-pieces.

Only rafters presented a problem. The original rafters were probably obtained from coppice, the practice of cutting the oak tree at ground level and permitting shoots to grow from the stool, yielding long slender poles. "Flitterns", or young oak growing in woodlands, are now the only substitute. They must be die-straight on the face lying on the ridge, purlins and plates, but may have a degree of wander along the edges. Square sawn straight rafters would have been alien to the character of the barn. The poles were sawn along the heart for the top face and squared on the bottom face. Finishing on site should have been simply axing the edges. But the axe was too slow. Instead a line to define the wandering edge had to be marked out, then sawn with a chainsaw. What was once the most obvious and economical practice must now be paintstakingly contrived to produce the same effect. We only stopped short of planing off the sawmarks (Fig. 19).

Erecting the top trusses and laying the reafters and wind-braces (also mirror-

19 Rafters as delivered to the site, sawn on top and bottom faces

20 Re-framing of truss with burnt and new timbers

21 Bredon Barn, Interior after fire

22 Bredon Barn. Truss I supported on corbel stones in south gable wall

pairs in each bay), was the follow-on operation after completing the cross-frames. The only mishap was that the arcade-plates finished up some nine inches too high for their original seatings in the north gable. Probably this wall, on sloping ground, had subsided through the centuries and the longitudinal frame had gradually gone down with it. That was a detail not measured on our, or the archaeologist's survey. The carpenter in charge spent sleepless nights anticipating dismantling at least the last three cross-frames, adjusting every post and arcade-brace and then rejointing them at an angle not quite a right-angle and re-erecting them. That would have been an impossible task as well as demoralising.

Instead we decided that if the original framing had taken a form not exactly as erected, this new framing could do likewise, but in a very much shorter length of time. We did a considerable amount of drawing to large scale to try to check the effects on the joints and distortion of components that would result from reducing the height of the end posts (truss X) by nine inches, the next by six inches, then four and finally truss VII by two inches. Then we put the experiment in hand. I believed it would take some months to let the timbers take up the new profile without endangering the joints, but the contractor was anxious not to hold up work on the superstructure which had already progressed from the south end to half the length of the barn.

We trimmed the first pair of posts by nine inches and they did not move. After a week they had dropped by half-an-inch, after a fortnight one inch. We then, in one afternoon, trimmed the rest of the posts according to our formula. We of course had means of letting the framework down very gradually, if it would come at all, and the posts were strutted along the barn to prevent their kicking backwards. By adjusting both props and struts gradually the entire framework acquired its new profile without visible deformation or signs of strain on the joints, even though the posts had to be forced under considerable pressure to sit centrally on their plinths. The props were dispensed with as soon as no daylight could be seen between the stone plinths and the post feet, but the struts had to be retained until the full weight of the roof, with its stone slates, assured that the posts were in compression sufficiently to prevent their slipping.

The roof, which is the same as Middle Littleton's and done to the same specification – sawn laths and aluminium pegs, without bedding, and nearly 100,000 slates – was a revelation in the manner and speed of its laying. We had a true Cotswold roofer. His men (including his own son) could select without hesitation the right slate from a pile stacked upright in a row and it would firmly fit the lower course, as if it had always been there.

We finally restored the unburnt porch mainly because, in comparison with the rest, it looked shabby. All was finished in October 1983, almost three years after the contract had been signed, and the cost was £250,000. The first building, in the mid-fourteenth century, according to documents of the Bishop of Worcester, took one year, and cost between £50 and £80. Perhaps the imprecision in costing casts doubt on the accuracy of the "one year".

There was a party of all the contractor's men and ourselves before the National Trust re-took possession. We showed slides of the burnt out shell on a very large screen, and those who had seen the fire could again smell the smoke.

For the first visitors, after the official opening, it was easy to distinguish the always yellow new oak, full of tanning acid staining the stone in contact with it, from the burnt timbers that had only a quarter to half-inch of charring scraped off. But today in the subdued but contrasting light that characterises barns, it is difficult to see much difference. Both old and new have "greyed". The only obvious record of the fire (described by one of our more eminent conservation architects, as but "an event in a very long life") is the oak plaque mounted on the north gable wall, naming each worker who had a part in the restoration. The foreman carpenter also received a national award from the William Morris Society for the Protection of Ancient Buildings.

Once the rebuilding of Bredon had been decided by the National Trust and received the promise of a grant, not from English Heritage, but from the then separate Ancient Monuments Department, there could be no interference during the course of the contract. They were content to leave it to us. Our final example is a very different story.

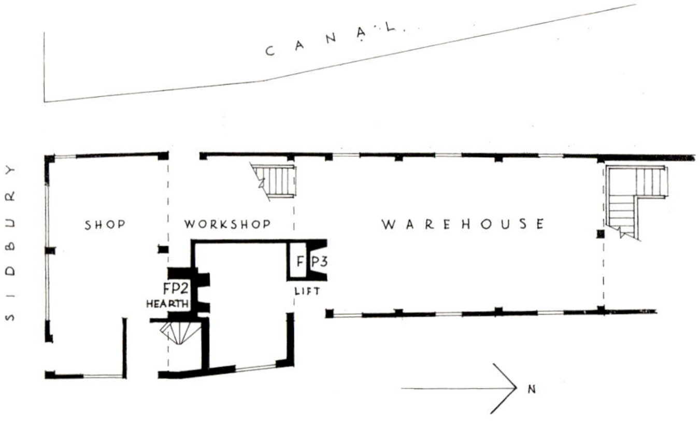

23 The Commandery, Worcester, Ground floor plan

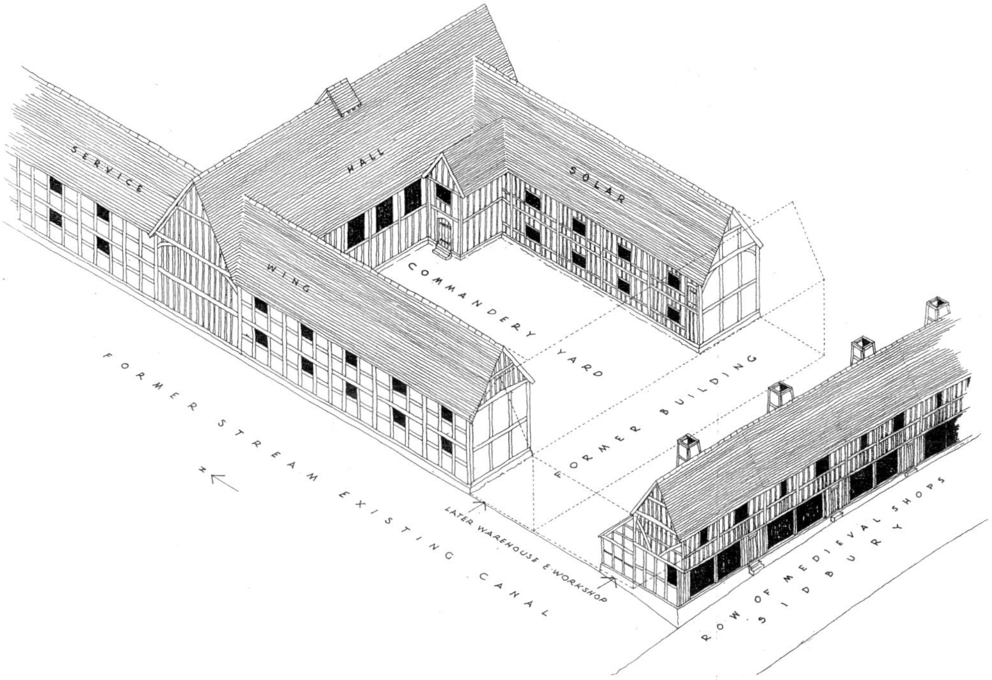

24 Partially conjectured aerial view of Commandery before 1500 A.D. showing existing buildings and buildings known or likely to have existed before that date

The Commandery, Worcester

The history of the Commandery (Fig. 24) is better told elsewhere. For our present purposes, it was St. Wulstan's Hospital, founded in 1085, as a religious foundation for the old and infirm. None of the first buildings exists, but the Great Hall of c. 1450 is a rare example of a hammer-beam roof in a timber-framed building. The Solar wing of the same date, though cased in eighteenth-century brick with "Georgian" windows, is hardly less outstanding.

After many changes of ownership (the last owner was a printer who converted most of the Canal Range for a printing press and machine stores), the City of Worcester acquired the Commandery in 1973, and, after some repairs and internal alterations, opened it to the public in 1978 as a "The Civil War Museum". It was King Charles II's headquarters at the Battle of Worcester in 1651 where the Royalists were routed by the Roundheads – a story also better told elsewhere. It is only necessary to say that the City Council's interest in that one event of the Commandery's history has outweighed every other, and visitors must now learn about the buildings mainly from the guide-books.

Apart from our earlier restoration of the two end bays of the Solar, following the destruction (by the City itself) of the medieval roof of one of them, this was the first contract in which we had to experience the full force of English Heritage "policy". We had failed to learn the lessons of the earlier restoration, even though it had taken four years, largely spent in "negotiation" with English Heritage, to defend our approach and argue technical points, of which our experience was considerably longer than that of any of their inspectors.

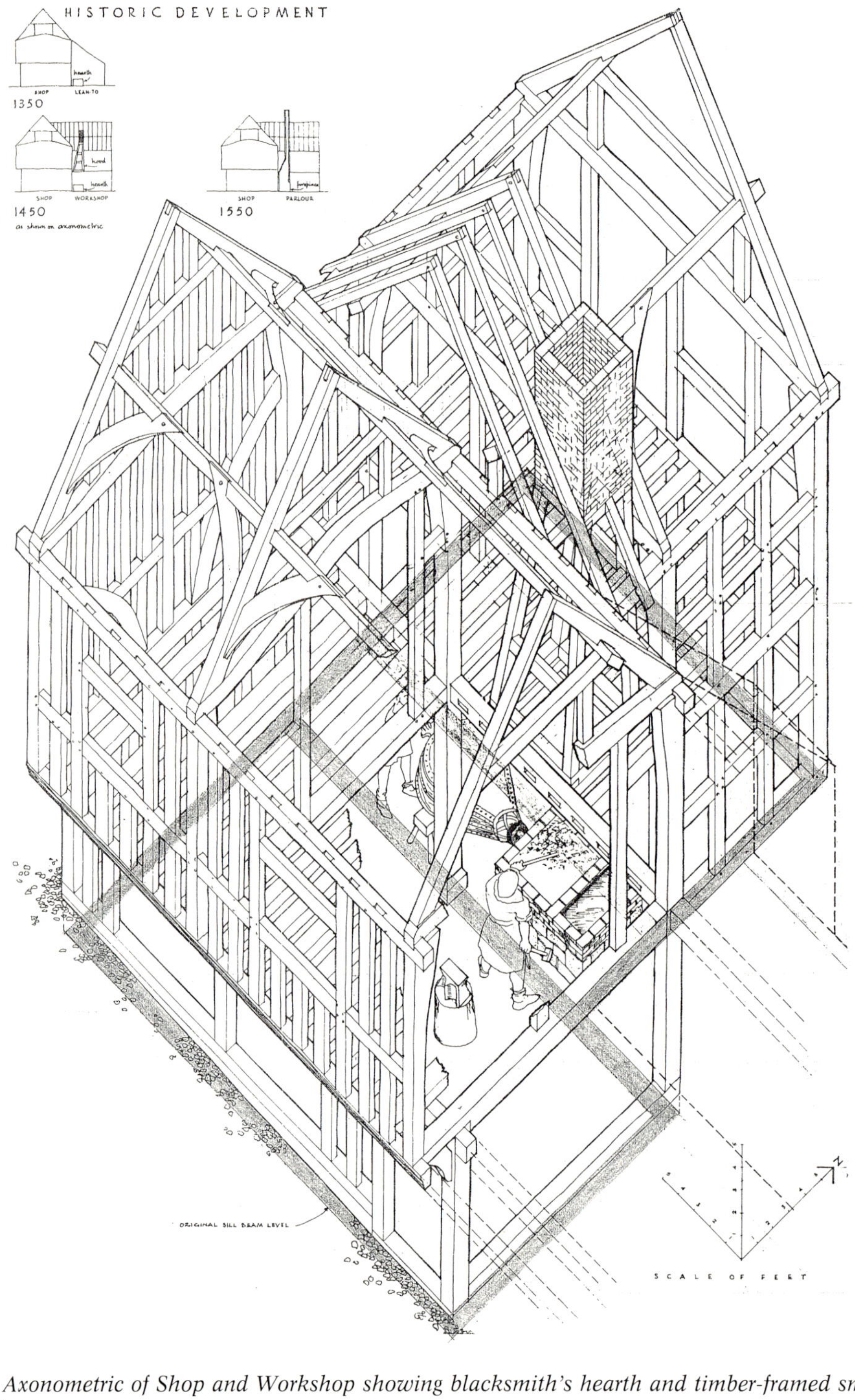

25 Axonometric of Shop and Workshop showing blacksmith's hearth and timber-framed smoke hood

In this contract, we were concerned only with three buildings, the Shop, Workshop and Warhouse, at the south end of the Canal Range (Fig. 23), previously converted for residential use and lived in by the two caretakers of the Commandery. The City required additional space for their museum, especially a shop-front to Sidbury, to advertise it and sell the usual tourist bric-a-brac. The contract had to be phased for the opening of the shop before the rest had hardly been started.

Our surveys as usual uncovered the history of the three buildings and some more of the Commandery as a whole. First, the shop and workshop were no part of the original hospital. They were the survivors from a row of early medieval workshops of c. 1350. The single-bay building at the back of the two-storey jettied shop had replaced a former lean-to, probably c. 1400 (Fig. 25).

The original blacksmith's hearth, of which the evidence was conclusive, had been converted into a fireplace, facing the workshop which at the same time was extended by one timber-framed bay eastwards and converted for domestic use. This was during the late sixteenth or early seventeenth century. But the fireplace, with huge stone lintel and stone jambs, was of an earlier date. Its design and the introduction of two heavily moulded wall-plates in the extension (the only decorative timbers in the entire buildings) suggested they had come from the hospital itself. The fireplace and wall-plates may safely be dated to c. 1450, their insertion into the converted workshop, c. 1600. At this time the Commandery, as all religious houses, had come into secular ownership, and was undergoing radical alteration.

Another alteration was the building of the warehouse, c. 1650. Its original function has not been traced, but from remnants is likely to have been leatherwork. It also had a fireplace of which practically nothing remained earlier than the nineteenth and twentieth centuries. The name "Warehouse" is noted on a nineteenth century plan.

In 1814 the building of the Birmingham to Worcester canal caused a disaster which largely accounts for the structural state of the buildings as we found them. The whole of the canal wall must have subsided into the excavations. It was rebuilt in cheap brick without thought of design, remnants of the original frames were built-in, beams were simply cut off and propped up on single-skin brick partitions, the roof structures were canted downwards from east to west, the south-west corner of the shop was sliced off to make way for horses drawing barges from the adjacent lock, and, with the building of the canal bridge in place of the original ford, the ground level must have been raised at least two metres at the south-west corner of the shop (Fig. 26). The floors internally were also raised but probably not more than half-a-metre or less. All of this is evident in the squat fireplaces and low ceiling heights of the ground floor.

Both of the chimney stacks were late in date, altered and ruinous, FP 2 had to come down, at any rate to first floor to gain access to primary timbers bedded and rotted within its brickwork. FP 3 suffered two partial collapses before I ordered, for the sake of safety, its demolition down to the same level.

FP 2 should have been reconstructed to reveal the original arrangement of the shop with its hearth (Fig. 25), and to re-expose the old fireplace in the workshop. The timber-framed smokehood would have been the only conjectured element, but such means for extracting smoke were general until the seventeenth century or later.

FP 3 should have been demolished. It had a ruinous seventeenth century fireplace and the rest was of no architectural or historic interest. Its position was exactly suitable for a disabled person's lift, now a statutory requirement for all new buildings entered by the public. It would have

26 The Commandery, Worcester, Shop before restoration

been welcomed by the City Council and their museum staff and its cost would have been hardly more than that of restoring the chimney stack.

Yet all of this was disallowed by English Heritage.

Nevertheless, the completed building fulfils its new purpose, and much more of its long history is visible again. Best of all, the spaces of the original structures are restored so that architectural character of traditional timber-framing is as clear as it is in all our other restored buildings, regardless of their type or function.

Summary

We give below a brief explanation of the official and other bodies mentioned in the text and of their role in conservation, with particular reference to our own experience.

First, the National Trust is the most important non-governmental body for preservation and conservation. Set up in 1895 as a private company, not trading for profit, to acquire and preserve "beautiful historic places", the Trust has become the largest private landowner in England and Wales. It possesses vast stretches or regions of countryside, woodlands and coastline, as well as mansion houses, farm buildings, barns, town buildings and even pubs. The Trust employs private architects, but also has its own qualified staff for every aspect of the conservation of its own properties. It relies to some extent on government funding, as well as private contributions, and must conform with planning law in obtaining planning per-

27 View of shop front as restored, presented by the author

mission and listed building consent for all the work it does.

Secondly, Local Authorities, such as the City Councils of Coventry and Worcester exercise planning control, including planning permission and listed building consent, but application for the latter must also be submitted to English Heritage. They include Districts, Counties and County Boroughs, each with its own area. London, since the former Greater London Council was disbanded, now has boroughs only, and a large part of its conservation functions, notably the surveys of historic buildings, together with its staff, have been taken over by English Heritage. The local authorities rely on government grants for all conservation, including individual historic buildings and what are termed "Conservation Areas". For the former the grant is assessed by English Heritage on twenty-five per cent of the cost of structural repairs only, but the definition of "structure" is fairly wide.

The larger local authorities have in our experience preferred to dispense with grants, They are then at least relatively free from bureaucratic control and delays in awaiting permissions for the inevitable variations of a restoration contract. The saving of time more than compensates for their dispensing with such a relatively small proportion of the total cost. They are, of course, still subject to English Heritage, but where government funds are not at issue visits by official inspectors are significantly less frequent.

Thirdly, the Society for the Protection of Ancient Buildings (SPAB) was established by William Morris in 1877, mainly in protest against the then current Restoration of cathedrals and minsters. Morris' manifesto pleads *"to put Protection in the place of Restoration"*, and the principles the Society has derived from it have been the prime influence on conservation today, not only in Britain. They mark the total break with "stylism" and "historicism" of nineteenth century Restoration.

Lastly, English Heritage, correctly, the Royal Commission on Historical Monument, is the central conservation authority under the governmental Department of the Environment. It was set up by Act of Parliament in 1984 in succession to the Historic Buildings Council, whose functions they have taken over, but with enormously expanded organisation and administration. They have absolute control over grants for nationally important listed buildings, assessing the amount of grant, issuing conditions for its payment to the building owner and carrying out inspections as the work proceeds.

English Heritage policy, it needs hardly be said, is based on SPAB principles. Probably every architect concerned with conservation would agree with those principles, even though the range of buildings and the circumstances of their need for "conservation", ranging from decay to catastrophe or radical change of use, have so expanded since Morris' time that the possibility of literally applying them is as remote as the likelihood of finding an architect today who would or could carry out Restoration as did Sir Giles Gilbert Scott. The principles simply represent a philosophy of architectural honesty.

The danger of them is misapplication, by which the conservative approach may, as we experienced at the commandery, both prevent authentic restoration and bringing the building up-to-date for its new function.

28 Standard Detail 5, Typical Repair Joints:
A & B Horizontal square-section timbers – beams, joists, plates,
C Rafters,
D & E Vertical halved-section timbers – studs, braces,
F & G Vertical square-section timbers – posts,
H Steel strap.
Scarfed joints – length of scarf = 3 times depth of timber except F = 4 times.
All scarfs are skew-pegged and draw-bored to minimise differential movement between new and old timber as result of drying.
Joints are not generally strapped unless necessitated by differential movement and danger of failure. Straps may be fitted after drying out.

Illustration acknowledgments

1, 9, 11–13, 16–18, 21, 22 Martin Charles

All other illustrations by the author

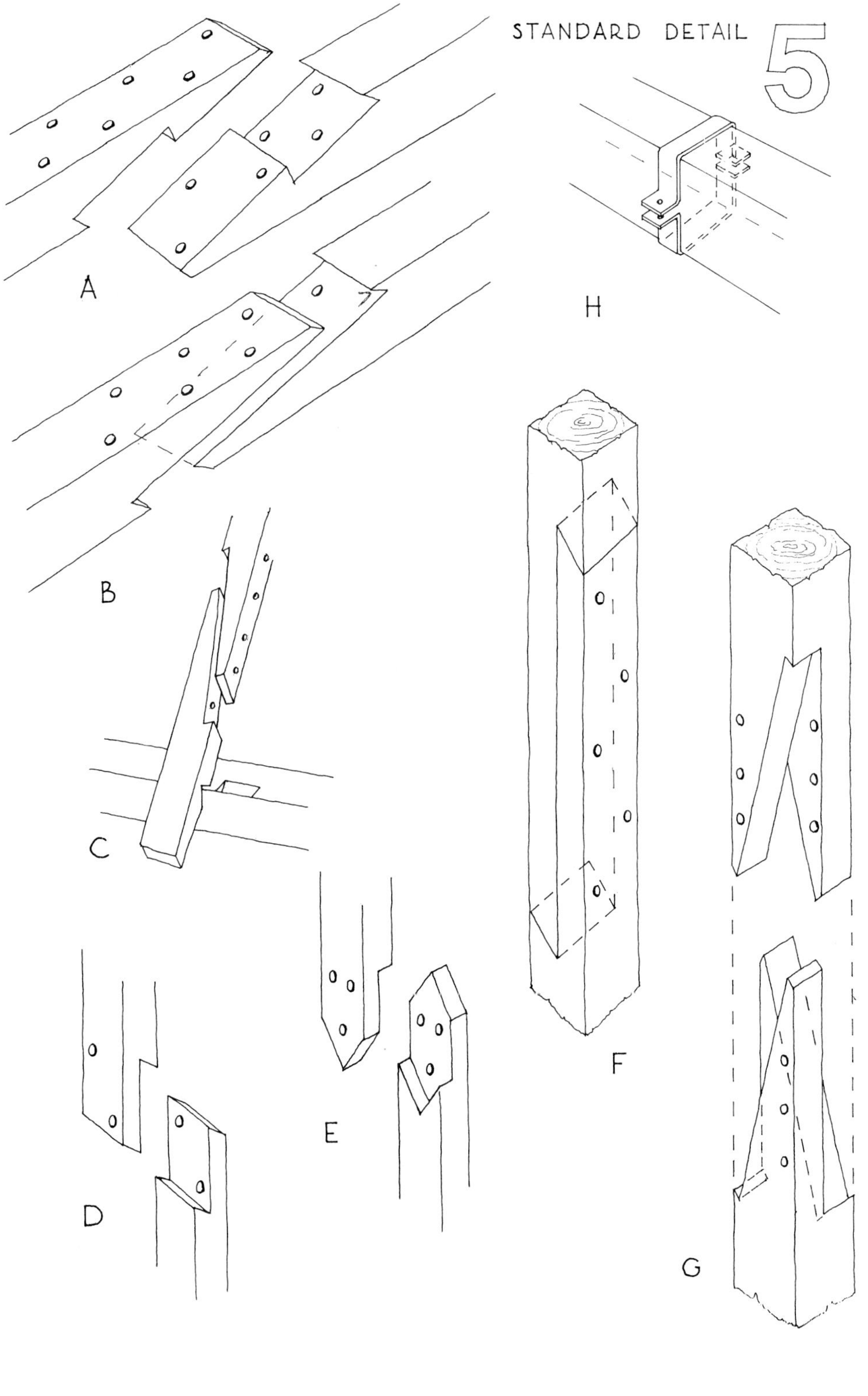
STANDARD DETAIL 5
A
B
C
D
E
F
G
H

Gründungen

Gerd Gudehus

Zum bodenbedingten Einsturz historischer Bauwerke

1 Einführung

Wenn ein altes Bauwerk schief steht oder große Risse aufweist, fragt der Laie: Wann wird es einstürzen, und wie kann man es retten? Der Sonderforschungsbereich „Erhalten historisch bedeutsamer Bauwerke“ (SFB 315) in Karlsruhe soll wissenschaftlich begründete Antworten darauf geben. Oft rühren die Schäden vom Boden her – daher ist die Bodenmechanik am SFB 315 beteiligt. Die ersten Jahre dienten vor allem dazu, das Verhalten weicher Böden am Beispiel des Konstanzer Seetons zu untersuchen. Scheinbar unabhängig davon entstanden Beiträge zur Sicherung alter Stützmauern. Es ist nun Zeit, auf die oben gestellte Hauptfrage aus der Sicht der Bodenmechanik einzugehen. Die Frage reicht allerdings weit, so daß die Antworten in diesem Aufsatz eher vorläufig sind.

Fest gefügte Stützmauern kommen hier zuerst (Abschnitt 2), weil ihre Standsicherheit allein vom Boden bestimmt sein kann. Sie dienen geradezu als Prüfstein der für Erddruck und Grundbruch entwickelten Berechnungsverfahren und sind Musterbeispiele des neuen, statistisch begründeten Sicherheitskonzepts. Genau besehen läßt sich aber die Frage nach dem Zeitpunkt des Einsturzes nicht beantworten. Da die Bodeneigenschaften und die Einwirkungen nie vollständig bekannt sind, kann man nur die Wahrscheinlichkeit des Einsturzes innerhalb einer gegebenen Zeit abschätzen; ein Berechnungsverfahren wird dafür im Anhang (Abschnitt 5) vorgelegt.

Wer sich der Bodenmechanik und zugleich der Bauwerkserhaltung verschrieben hat, kommt am schiefen Turm von Pisa nicht vorbei (Abschnitt 3). Mit dem heutigen Wissen über weiche Böden lassen sich Ursache und Zunahme der Setzung und Neigung erklären sowie die Wahrscheinlichkeit des Umkippens abschätzen. Der besseren Lesbarkeit halber steht die Theorie im Anhang, und Zahlen fehlen weitgehend, um einer weiteren Untersuchung nicht vorzugreifen. Die Bodenmechanik vermag einige Lücken der Bau- und Setzungsgeschichte zu schliessen; sie ist auch bei der nun erforderlichen Sicherung unentbehrlich.

Wenn ein Bauwerk auf zu wenig tragfähigem Boden nicht einfach umkippt, sondern vorher oder währenddessen zerbricht, führen Berechnungen noch nicht weit, aber Meßbeobachtungen genügen auch nicht (Abschnitt 4). Da Abmessungen, Festigkeiten und Bodenverhältnisse in jedem Einzelfall wesentlich anders sein können, sollte man auch nicht rein empirisch vorgehen. Eine Hauptaufgabe des SFB 315 ist es daher, mechanische Modelle der Wechselwirkung alten Mauerwerks mit dem Baugrund zu entwickeln, wobei die Baugeschichte eine gebende und nehmende Rolle spielt.

1 *Stützmauer in Kislau bei Bruchsal*

2 Kippen von Stützmauern

Die Umfassungsmauern der barocken Schloßanlage von Kislau stehen stellenweise bedrohlich schief (Abb. 1). Alte Reparaturstellen und Stützpfeiler deuten darauf hin, daß manche Stücke früher ganz oder beinahe eingestürzt sind. Aus Gerichtsakten geht hervor, daß große Abschnitte schon wenige Jahre nach dem Bau (1746) einstürzten. Dem mit der technischen Erhaltung der Anlage befaßten Bauingenieur stellen sich heute folgende Fragen:

- Wann spätestens müssen die verkanteten Abschnitte provisorisch gestützt werden?
- Wie sind diese dauerhaft und denkmalschonend zu sichern?
- Reichen Schutzmaßnahmen ohne Eingriffe unmittelbar an der Mauer aus?

Abbildung 2 zeigt einen Querschnitt, der verkantet ist. Da ein Untergraben im schwächsten Bereich nicht in Frage kam, sind die Angaben über das Fundament, die Schichtgrenzen und die Bodenfestigkeit lückenhaft. Der herkömmlich ermittelte Sicherheitsfaktor beträgt etwa 2; wir wissen aber, daß dieses Ergebnis gerade bei alten Stützmauern eine zu hohe Sicherheit vortäuscht (Schwing 1991).

Eine Berechnung gemäß Abb. 8 mit den im Labor ermittelten Scherparametern ergab *Grenzgleichgewicht*; vereinfacht gesagt war die Mauer also dem Umkippen sehr nahe. Daraufhin wurden die stark geneigten Abschnitte provisorisch gestützt (Abb. 2). Wir haben vorgeschlagen, einen Teil des Bodens durch einen Hochdruck-Injektionskörper zu ersetzen und die am stärksten geneigten Abschnitte durch Einpressen darunter leicht zurückzuneigen. Wenn außerdem das Mauerwerk nur in geschwächten Bereichen schonend verpreßt wird, bleibt die Denkmalsubstanz weitgehend erhalten.

Warum hat sich die Mauer soweit geneigt, und könnte man sie auch ohne Eingriffe schützen? Berichtet wird, daß gegen einen Teil der Mauer vorübergehend Erdreich geschüttet wurde. Andere, nicht derart vorbelastete Abschnitte scheinen sich allmählich weiter zu neigen; jüngere Risse deuten darauf hin. Durch Schwankungen des Grundwasserspiegels und Erschütterungen von einer nahen Bahnlinie dürfte die Neigung zugenommen haben; da sich diese Einflüsse bislang rechnerisch kaum verfolgen lassen, könnte man sich aber auf eine Abschirmung im Untergrund nicht verlassen.

An Ecken blieb die Mauer lotrecht stehen, da sie sich selbst wie durch Pfeiler stützt. Dort konnten wir daher unbedenklich Schürfe graben. Zu den geneigten Abschnitten hin ist die Mauer in Grundriß und Schnitt gekrümmt und infolgedessen stellenweise aufgerissen. So werden vom Boden nicht genügend gestützte Abschnitte seitlich mitgehalten, solange das Mauerwerk nicht zerbricht.

Wie sollte man bei anderen notleidenden alten Stützmauern vorgehen? Wir setzen zunächst kompetentes Mauerwerk voraus, so daß nur ein Umkippen ohne gleichzeitiges Brechen in Frage kommt, aber zuverlässig vermieden werden muß, da die historische Substanz unersetzlich ist. Wie in Abschnitt 5 dargelegt, läßt sich die *Wahrscheinlichkeit* p_f *des Einsturzes* in einem angenommenen Zeitraum allenfalls grob abschätzen. Informationen über die Bau- und Leidensgeschichte helfen, die Bodenkennwerte statistisch besser einzugrenzen; p_f läßt sich damit realistisch ermitteln, wenngleich ohne Zeitangaben (SCHWING 1991). Ergibt sich p_f größer als etwa 10^{-3} bis 10^{-1} (je nach möglichen Schadensfolgen), ist die Mauer zu sichern, und zwar zunächst provisorisch, damit sie nicht bei der Reparatur umkippt.

Da schon manche Mauer über Nacht umgekippt ist, fragt sich, ob sich dieser Einsturz ankündigt und mit Hilfe einer Meßüberwachung vorhersagbar ist. Wenn das Tragsystem den Grenzzustand erreicht hat, treten Beschleunigungen auf, denn das Gleichgewicht ist dann labil. Ob die Zähigkeit des Bodens das Kippen soweit bremst, daß die Zeit zur Stützung reicht, läßt sich kaum vorausberechnen. Wenn die Lage der Mauer längere Zeit präzise vermessen wurde, kann man die zukünftige Neigung durch Extrapolation abschätzen. Da sich die zu einem Grenzzustand gehörende Neigung allenfalls statistisch eingrenzen läßt, bleibt aber der Zeitpunkt des Umkippens unvorhersagbar.

Hier ist ein Wort zur sogenannten *Beobachtungsmethode* angebracht. In der Geotechnik weist man die Standsicherheit oft mit Hilfe baubegleitender Messungen nach. Wenn beobachtete Verformungen praktisch nicht mehr zunehmen, wird ein sicheres Gleichgewicht vermutet. Im Entwurf der neuen DIN 1054 ist dieses Vorgehen mit drei Bedingungen verknüpft:

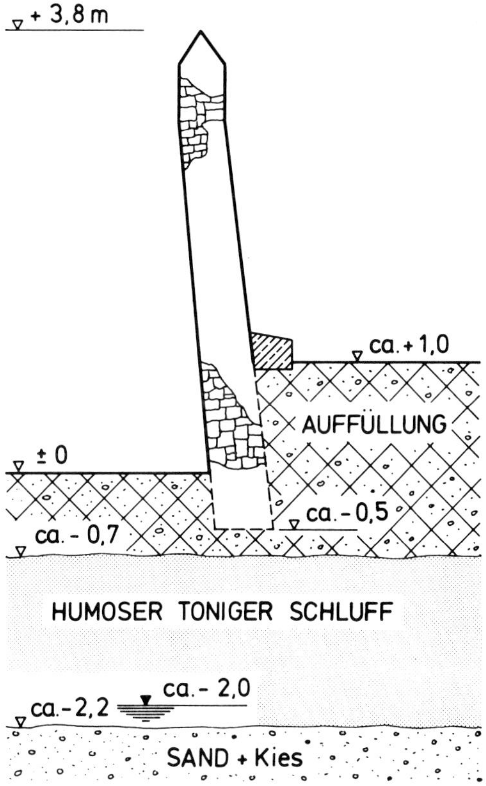

2 *Schnitt durch die Mauer in Abb. 1*

– Das Meßprogramm ist durch eine Prognose aufgrund vorläufiger Daten zu begründen;
– Bei günstigen oder ungünstigen Abweichungen der Meßwerte von der Prognose darf bzw. muß der Entwurf für die weiteren Arbeiten geändert werden;
– Die Baustelle ist so einzurichten, daß unverzüglich Sicherungsmaßnahmen getroffen werden können, wenn die verbesserte Prognose diese erforderlich erscheinen läßt.

Solange die Vorgänge nur monoton verlaufen können, ist gegen eine solche schrittweise verbesserte Extrapolation nichts einzuwenden. Der Übergang eines Tragsystems zum Kollaps, wie z. B. die Beschleunigung des Kippens, ist aber aus einer schlichten Extrapolation nicht zu erkennen. Es bedarf dann vielmehr eines me-

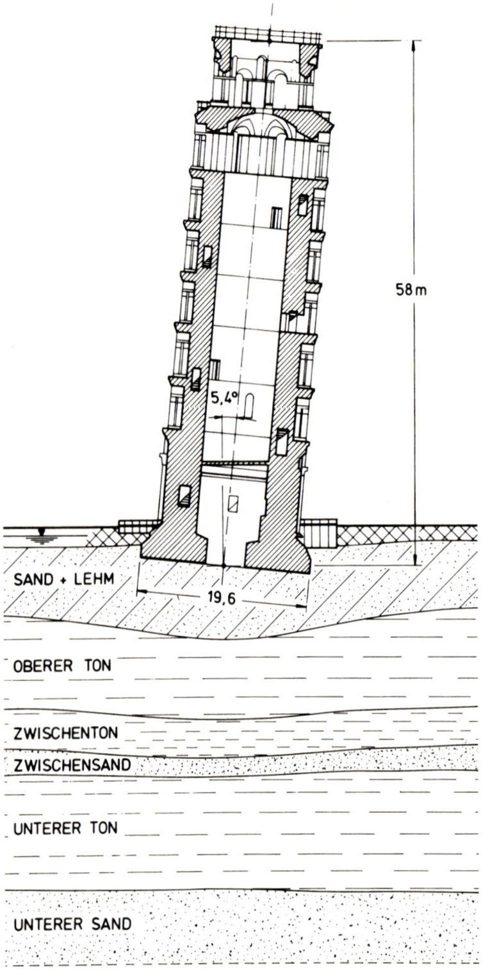

3 Schnitt durch den Pisa-Turm mit Untergrund

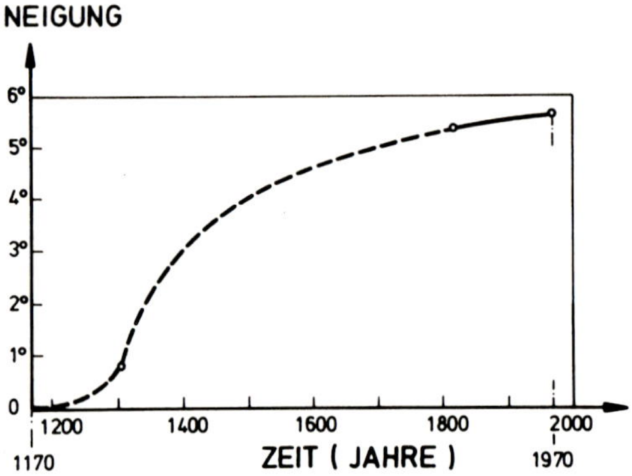

4 Neigungszunahme des Pisa-Turms

chanischen Modells, das den Kollaps theoretisch vorherzusagen gestattet.

Wenn ein Grenzgleichgewicht nahe bevorsteht, wirken sich Imperfektionen und kleine Störungen stärker aus. Beispielsweise wird eine Stützmauer sich dort rascher neigen, wo die Fußbreite etwas geringer ist, und bei Erschütterungen mehr nachgeben als früher. Praktisch nützt dieser Gedanke wenig, denn man kennt die Imperfektionen und die frühere Reaktion auf Erschütterungen kaum jemals. Zum Vorteil alter Stützmauern ist aber das mechanische Modell ihres Umkippens gut entwickelt und nicht zu schwierig, so daß der verantwortliche Ingenieur nicht nur nach der Methode von Versuch und Irrtum vorgehen muß.

3 Kippen von Türmen

Der schiefe Turm von Pisa scheint wieder in Bewegung geraten zu sein: Vor seinem baldigen Einsturz wurde erneut gewarnt, ab Januar 1990 ist er für das Publikum gesperrt. An den Geotechnik-Ingenieur richten sich unverändert die Fragen:

- Warum steht der Turm so schief?
- Wann wird er umkippen?
- Wie kann man ihn sichern?

Mit den ersten beiden Fragen beschäftigte sich Prof. SCHULZE (1969). Wir übernehmen von ihm das Schnittbild (Abb. 3) und das Neigungs-Zeit-Diagramm (Abb. 4). Nach dem heutigen Stand der Bodenmechanik fallen die Antworten freilich anders aus.

1173 bis 1178 wurden die ersten vier Stockwerke gebaut, 1272 bis 1278 die nächsten vier, 1360 bis 1370 wurde der Turm fertig (LIZZI 1988). Da Setzung und Neigung bis Anfang dieses Jahrhunderts nicht registriert wurden, kann man diese allenfalls rekonstruieren. Gelände- und Wasserspiegelhöhe dürften geblieben sein. Vermutlich stand das Grundwasser schon bei Baubeginn knapp unter Gelände, und man hat es sicher nicht abgesenkt. Da der Fundamentmittelpunkt heute 5 m tief

liegt, muß er sich um etwa 4 m gesetzt haben. So tief hat sich auch die Schichtgrenze zwischen Sand und Ton eingedellt, wenn sie vorher waagerecht verlief.
Der Turm hat sich also nicht - wie oft gesagt wurde - geneigt, weil die weiche Unterlage an einer Seite dicker war. Es ist auch auszuschließen, daß ein Stapel von Baumaterial neben dem Turm den Boden dort nennenswert eindrückte; er hätte nämlich unrealistisch hoch sein müssen. Eher ist anzunehmen, daß sich der Turm infolge eines Grundbruches zu neigen begann. Für einen Grundbruch spricht schon die große Setzung; mit typischen Bodenkennwerten ergibt sich infolge Zusammendrückung nicht mehr als etwa 0,5 bis 1,5 m. Mit einer realistisch angenommenen Anfangsfestigkeit des oberen Tons konnte die Sohlfläche kaum mehr als die Hälfte des heutigen Turmgewichts tragen. Derart hohe Sohldrücke hatte es vorher in Pisa wohl kaum gegeben. Solange der Turm nur einsank, womit der Bodenwiderstand etwas zunahm, baute man offenbar weiter. Erst als er wie ein Schiff zu kentern begann, mußte man aufhören. Dies könnte schon 1178 geschehen sein. Daß ein schlankes Gewicht auf einem weichen Boden kentern kann, machen Modellversuche deutlich (Abb. 5). Nach dem ersten Modellgesetz von Galilei muß die Bodenfestigkeit proportional zur Länge sein, also hier sehr gering. Wir haben solche Versuche vor allem durchgeführt, um unsere Theorie zu überprüfen (Abschnitt 5). Wohin sich das Gewicht neigt, bleibt unvorhersagbar, und wie weit, ist noch ungeklärt.
In der Zeit von 1178 bis 1272 verdichtete sich der Boden so weit, daß er die nächsten vier Stockwerke tragen konnte. Danach mußte der Turm sich weiter neigen, denn der Boden wurde auf einer Seite mehr gedrückt. Der schmalere Glockenstuhl wurde offenbar lotrecht aufgesetzt; aus seiner heutigen Neigung folgt ein Punkt in Abb. 4.
Ab 1370 neigte sich der Turm zunächst

5 *Modellversuch mit schiefem Turm*

von selbst weiter: Der Boden drückte sich unter einer Seite stärker zusammen und erhielt dort durch die wachsende Exzentrizität des Turmgewichts noch mehr Druck. Dieser Vorgang hätte aber nach etwa 100 Jahren konvergieren müssen, denn länger dauert der Ausgleich der Porenwasserdrücke nicht. Auch die sogenannte Sekundärsetzung hätte sich bis heute auf kaum noch meßbare Beträge verringern müssen (Gudehus 1981). Daß der Turm sich weiter geneigt hat und noch neigt, dürfte an der Empfindlichkeit des Bodens gegen Störungen liegen. Man weiß heute, daß feingeschichtete, weiche Sedimente schon auf winzige Spannungsänderungen mit von Mal zu Mal zunehmender Sackung reagieren (Gudehus u.a. 1990). Die größte Störung gab es beim Bau eines neuen Eingangs 1838; leider hat man dabei nicht gemessen. Die präzisen Neigungsdaten ab 1911 zeigen zwar absolut geringe, aber nicht schwächer werdende Zunahmen (Abb. 6, nach LIZZI 1988). Um 1935 wurde im Eingangsbereich Zement eingepreßt – prompt nahm die Neigung rascher zu. Für den Sprung 1974 liegt keine Erklärung vor. Später gab es einige kleinere Erdbeben – daher vermutlich der unruhige Kurvenverlauf.

Kleine, aber häufige Störungen entstehen vor allem durch Grundwasserschwankungen, das Wetter und die Besucher. Der Boden beruhigt sich darunter nicht; sonst müßte die Setzungsrate allmählich abnehmen. Irgendwann erreicht der Turm eine derartige Neigung, daß er infolge eines erneuten Grundbruchs umkippt. Berechnen läßt sich dieses Datum selbst mit noch so umfangreichen und korrekten Verfahren nicht, denn die Verteilung der Bodeneigenschaften ist ebensowenig genau bekannt wie die künftigen Störungen.

In Abschnitt 5 ist beschrieben, wie man die Wahrscheinlichkeit des Umkippens in einem gegebenen Zeitraum abschätzen kann. Mit einem geprüften Rechenmodell und angenommenen Streuungen der Bodenfestigkeit läßt sich ermitteln, wie wahrscheinlich ein Grundbruch bei einer gegebenen Neigung ist. Aus den Inklinometerdaten läßt sich abschätzen, wie sich die Neigung bis zum Grundbruch weiter entwickeln kann. Aus der Kombination ergibt sich ein Maß der Standsicherheit, das den Informationsstand rational wiedergibt. Auch bei beliebig großem Aufwand bleibt dieses Maß aber zum Teil subjektiv. Immerhin belegen unsere Untersuchungen die akute Gefahr: Die Modelltürme kippten bei ca. 6° Neigung von selbst um.

Da die hochgenauen Meßgeräte am Turm eine Beschleunigung sofort anzeigen würden, fragt sich, ob dann noch genügend Zeit zur Sicherung wäre. Der schiefe Turm von Burano, im 16. Jhdt. erbaut, neigte sich etwa seit 1900 rascher und konnte gesichert werden (MARRA 1971). Dort ist die Deckschicht 10 m dick und das Fundament 7,5 m breit; das Durchstanzen war damit weniger bedrohlich als in Pisa.

Den Hunderten von Sicherungsvorschlägen soll hier nicht noch einer hinzugefügt werden. Hingewiesen sei nur darauf, daß es vor jedem Eingriff in den Boden einer Hilfsstützung des Turms bedarf, die den Boden nahe dem Fundament nicht belasten darf; konsequent hält sich daran nur LIZZI (1988). Ab welcher Einsturzwahrscheinlichkeit der Turm gesichert werden müßte, bleibt eine Ermessensfrage – wie immer, wenn es um die Vermeidung unersetzlicher Schäden geht.

Zu anderen schiefen Türmen mögen einige Bemerkungen genügen. Über die Tigerberg-Pagode in Suzhou (China) hat Prof. ZHU im Jahrbuch 1988 des SFB 315 berichtet; die Wahrscheinlichkeit des Umkippens wurde nicht ermittelt und interessierte nach der Sicherung nicht mehr. In Surrhusen in Ostfriesland steht der Kirchturm ebenso schief wie in Pisa und stützt sich bereits auf das Kirchenschiff daneben; vor dem Eingriff müßte die Wahrscheinlichkeit des Zusammenbruchs geprüft werden. Die Oude Kerk in Delft scheint schief zur Ruhe gekommen zu sein (Abb. 7); da der Untergrund gut bekannt ist, kann dieser Fall zur Prüfung bodenmechanischer Theorien dienen.

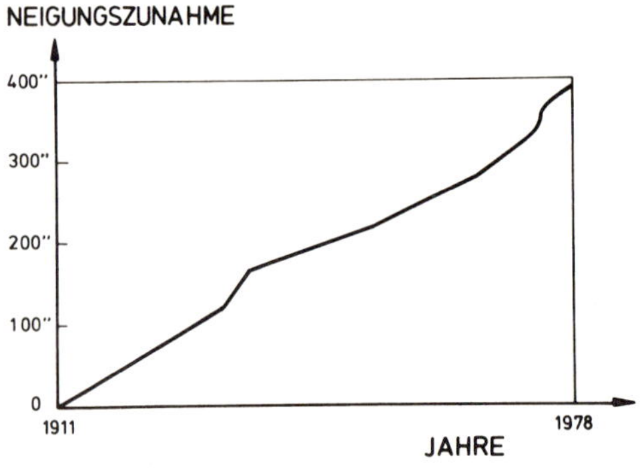

6 *Neigungszunahme des Pisa-Turms*

4 Das Mauerwerk bricht vom Boden her

7 Oude Kerk in Delft

In manchen Lehrbüchern der Bodenmechanik findet man außer dem Campanile von Pisa als Beispiel ungleichmäßiger Kompressionssetzung denjenigen von San Marco in Venedig als Beispiel eines Grundbruches. Das zweite Beispiel paßt aber noch weniger als das erste. Anfang dieses Jahrhunderts entstand in der Mitte des Turmfußes plötzlich ein lotrechter Riß, und der Schaft kippte anschließend um. Ursache war der Spreizschub an der Fundamentsohle, der sich stark entwickelte, weil das steife Bauwerk den Setzungsdifferenzen des weichen Bodens nicht folgen konnte.

Ein ähnliches Beispiel hat den SFB 315 bereits beschäftigt (Borrmann 1991). 1702 begann Andreas Schlüter in Berlin (dort, wo heute der „Palast der Republik" steht) einen Turm zu bauen, der mit 90 m der höchste weit und breit werden sollte. Er spickte den weichen Untergrund mit Pfählen; die reichten aber – anders als beim 1849 daneben gebauten Neuen Museum Stülers – nicht bis zur festen Unterlage. Der halbfertige Turm setzte sich ungleichmäßig, riß vertikal von unten auf und wurde aufgegeben; damit war Schlüters Laufbahn zu Ende.

Ein solcher Spreizbruch entzieht sich mehr als das Kippen von Mauern oder Türmen bisher einer mechanischen Berechnung. Man kann die Spreizkraft allenfalls abschätzen, aber kaum den Widerstand des Mauerwerks gegen sie – trotz gut entwickelter Bruchmechanik und Geomechanik. Eine genaue Beobachtung von Rissen und Verschiebungen liegt nahe; sie erlaubt aber Zeitpunkt und Tempo des Zusammenbruchs nicht vorherzusagen – es ist fast wie bei der Erdbebenprognose.

Noch schwerer zu durchschauen oder gar vorherzusagen ist der Kollaps von Türmen, wenn die Risse zuerst hoch über den Fundamenten entstehen. Der große Kirchturm in Pellworm wurde im Mittelalter auf Marschboden ca. 50 m hoch gebaut. Gut 200 Jahre später stürzte die obere Hälfte ein, die untere steht mit deutlichen Rissen bis heute. Jüngst stürzte ein Campanile in Pavia ohne Vorwarnung zusammen; auch dort dürfte es am Boden gelegen haben.

Daß auch andere als turmartige historische Bauwerke vorwiegend vom Boden her Schaden nehmen, betont Pieper (1983). Man denke an die vielen Kirchengewölbe, die zunehmend Risse erleiden; manche Stützpfeiler auf weichem Boden haben die Schäden noch verstärkt. Es sei erwähnt, daß Coulomb mit seiner Denkschrift 1773 nicht nur die Erddrucktheorie, sondern auch die Traglasttheorie der Gewölbe begründet hat.

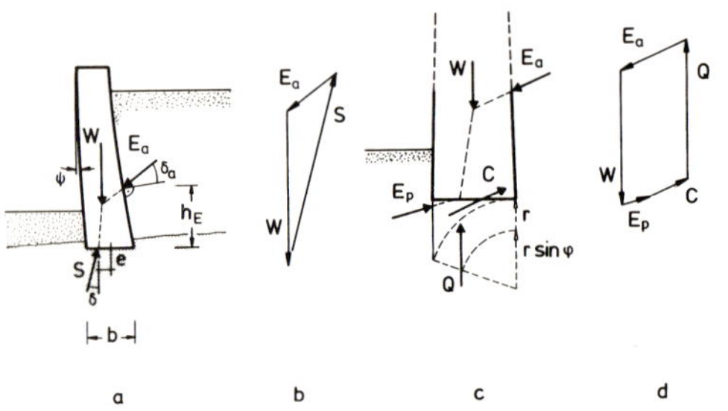

8 Zur Statik einer Stützmauer

Anhang: Zu bodenmechanischen Kippberechnungen

Eine bereits verkantete *Stützmauer* kippt beschleunigt um, wenn das Mauergewicht W, der kleinstmögliche Erddruck E_a und die Widerstandkraft S des Untergrundes sich gerade kompensieren (Abb. 8). W läßt sich berechnen, wenn Geometrie und Baustoff bekannt sind. E_a ergibt sich genau genug nach Coulomb mit $\delta_a = \varphi$ und der Angriffshöhe $h_E = h/3$ (GUDEHUS und SCHWING, 1987). Der Grundbruchwiderstand S läßt sich mit der aus W und E_a folgenden Lastneigung δ und der aus der Lage von W und E_a folgenden Exzentrizität e aus den Scherparametern des Untergrundes berechnen (z.B. GUDEHUS 1981).

Mit welcher *Wahrscheinlichkeit* p_f kippt nun eine Mauer innerhalb einer gegebenen Zeit um? Die üblichen totalen Sicherheitsfaktoren sagen ebensowenig wie e/b (‚klaffende Fuge') etwas über p_f. Eine Abschätzung über den sogenannten Sicherheitsindex β ist ebenfalls fragwürdig: das so berechnete p_f bezieht sich auf ein fiktives Ensemble von Mauern und Böden, die vereinfachten Grenzzustandsgleichungen genügen und angenommene Variationskoeffizienten aufweisen. Zutreffender ergibt sich p_f, wenn die erdstatischen Ansätze korrigiert und baugeschichtliche Vorinformationen herangezogen werden (SCHWING 1991).

Die Ermittlung von E_a und h_E ist für $c = 0$ durch Modellversuche belegt. Verbesserte Scherparameter c und φ ergeben sich oft aus der Überlegung, daß eine Steilböschung früher stellenweise brach, so daß die Mauer gebaut werden mußte. Wie in Abbildung 8 gezeigt, kann man anstelle der recht ungenauen Grundbruchformel den Erdwiderstand E_a an einer gedachten lotrechten Fläche und die Kräfte an einem möglichst ungünstigen Gleitkreis ansetzen. Wenn der Untergrund gesättigt und bindig ist, wirkt beim raschen Umkippen nur die Kohäsion c_u des undrainierten Bodens.

Die Scherfestigkeit ist im Boden ungleichmäßig verteilt und ändert sich mit der Zeit. Entscheidend für p_f sind die räumlichen Mittelwerte m_c und m_φ sowie deren Variationskoeffizienten V_c und V_φ. Man kann abschätzen, wie m_c mit der Wassersättigung schwankt und infolge Verdichtung zunimmt. V_c und V_φ sind empirisch nur grob schätzbar; beide hängen auch von den Schichtgrenzen und den Streuwellenlängen ab. Bei gegebener Mauerneigung ψ läßt sich damit aus der Grenzzustandsgleichung über β ein p_f ermitteln; es ist zum Teil subjektiv, da man die statistischen Parameter nicht vollständig kennt.

Nun ist die Zunahme von ψ mit der Zeit t

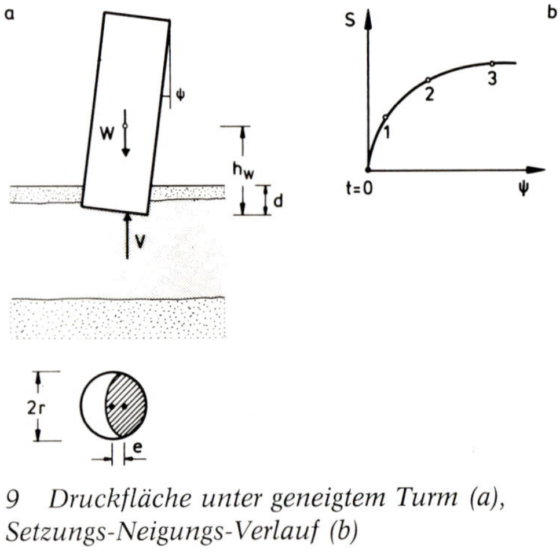

9 Druckfläche unter geneigtem Turm (a), Setzungs-Neigungs-Verlauf (b)

abzuschätzen. Die infolge Ausquetschen von Porenwasser und Zähigkeit des Erdstoffs verzögerte Zusammendrückung läßt sich wegen der ungleichmäßigen Bodenschichtung nicht scharf vorhersagen (GUDEHUS 1981). Sackungen infolge veränderlicher Lasten und Erschütterungen lassen sich noch schlechter vorhersagen (GUDEHUS u.a. 1990). Hinzu kommt eine Art positiver Rückkopplung: der Bodendruck nimmt mit ψ einseitig zu (SCHULZE 1968). Selbst wenn ψ eine zeitlang gemessen wurde, lassen sich daher für einen Fächer denkbarer Verlängerungen $\psi(t)$ die Wahrscheinlichkeiten p_t allenfalls abschätzen. Die Wahrscheinlichkeit p_f des Umkippens in einer gegebenen Zeit folgt nun aus der Integration des Produkts $p_\psi \cdot p_t$ (Abb. 10).

Um diesen Gedankengang auf einen *Turm* zu übertragen, sind das Fehlen ständiger Horizontallasten und der räumliche Bodenwiderstand zu berücksichtigen. Warum und wohin neigt sich ein Turm, wenn die Schichtgrenzen unter ihm – wie es oft der Fall ist – waagerecht verlaufen? Während eines raschen Hochmauerns kann ein bindiger gesättigter Baugrund sich kaum verdichten, so daß oft schon mit lotrechter zentrischer Last ein Grenzzustand erreicht wird. Da die Traglast mit Drehung etwas geringer als ohne diese ausfällt, kippt der Turm in irgendeine Richtung; ähnlich wie beim Knicken findet also eine *Verzweigung* statt.

Mit dem Einsinken nimmt die Gründungstiefe und damit der Bodenwiderstand zu, mit der Neigung nimmt die tragende Sohlfläche jedoch ab (Abb. 12). In der kreisrunden Sohlfläche kann man sich eine um $e = h_w \cdot \tan\psi$ exzentrische Ellipse mit dem Flächeninhalt $A = \pi\sqrt{r(r-e)^3}$ denken, die den Bodenwiderstand

$$V = A(\bar{c}_u N_c s_c + \gamma d) \quad (1)$$

erfährt (Gründungstiefe d). Mittlere Kohäsion $\bar{c}_u$, Tragfähigkeitsfaktor N_c und Formbeiwert s_c seien zunächst gegeben. Beim Einsinken sind Bodenwiderstand und

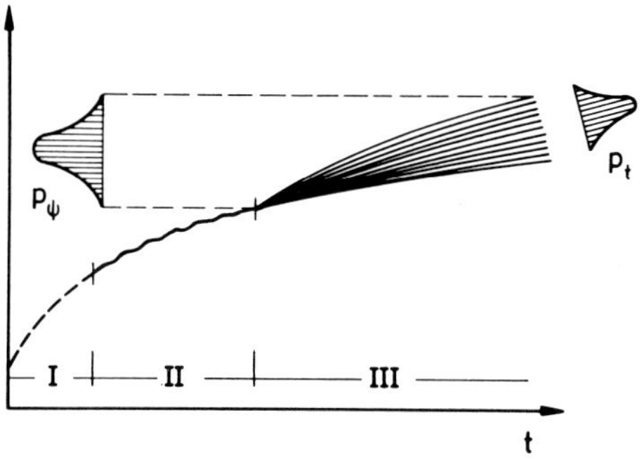

10 Wahrscheinlichkeit der Neigungszunahme und des Umkippens (I rekonstruiert, II gemessen, III prognostiziert)

Turmgewicht W gleich, also ist die Grenzzustandsgleichung

$$f: = \pi\sqrt{r(r-h_\omega \tan\psi)^3} \cdot (\bar{c}_u N_c s_c + \gamma d) - W = 0 \quad (2)$$

Die Gründungstiefe nimmt vom Anfangswert d_0 durch Setzung s und Verkantung ψ an der tiefsten Stelle auf

$$d = d_0 + s + r\tan\psi \quad (3)$$

zu. Anfangs nimmt nur s zu, beim Umkippen nur noch ψ. Anfangs wird das Einsinken durch die Setzungszunahme gebremst, was sich mit Hilfe der Zähigkeit des Bodens nachrechnen ließe (GUDEHUS 1981). Labil ist das Grenzgleichgewicht bei $\partial f / \partial\psi < 0$; ja nach der Schlankheit h_ω / r kann es bei verschiedenen Wertepaaren s und ψ dazu kommen.

Setzung und Verkantung lassen sich allein aus dem Grenzgleichgewicht nicht herleiten. Modellversuche entsprechend den Ähnlichkeitsgesetzen geben nützliche Hinweise (Abb. 5). Grundsätzlich helfen numerische Berechnungen mit finiten Elementen und differentiell nichtlinearen Stoffgesetzen weiter. Große Verformungen, Verzweigungen und Porendruckänderungen sind zu berücksichtigen.

Wenn ein Turm seit langem schief steht

und überwacht wurde, ist das denkbare Umkippen anders zu analysieren. Durch Konsolidation hat die Kohäsion im stark gedrückten Teil des Bodens zugenommen von c_{u0} auf

$$c_{u1} \cong \kappa W / (\pi r^2)$$

worin der Bodenkennwert κ etwa zwischen 0,3 und 0,4 liegt. Der Anteil m der Gleitflächen mit c_{u1} läßt sich rechnerisch abschätzen, womit die mittlere Kohäsion

$$\bar{c}_u = (1 - m) c_{u0} + m c_{u1}$$

beträgt. Ab einer gewissen Verkantung nimmt m nicht mehr zu.

Die störungsbedingte Zunahme der Setzung und Verkantung läßt sich rechnerisch nur grob abschätzen. Wie bei Stützmauern erlauben jedoch Meßwerte eine stochastische Extrapolation. Mit Hilfe der empirischen Variation von c_u ergibt sich aus Gleichung 2 über β für jede Neigung ein $p_\psi = P[f \leq 0]$. Daraus kann man die Versagenswahrscheinlichkeit p_f für einen angenommenen Zeitraum ermitteln (Abb. 9).

Diese Prognose ließe sich nur mit erheblichem Aufwand verbessern. An ungestörten Proben sind in Triaxialversuchen die mechanischen Bodenkennwerte zu bestimmen. Stochastische Bodenparameter ergeben sich aus Flügelsondierungen, Bohrkernen und Pumpversuchen. Da nur einige Untersuchungspunkte in Frage kommen (nicht unter dem Turm!), bleibt auch die so verbesserte Bodenbeschreibung unsicher. Eine genauere Berechnung von Grenzzuständen mit Hilfe finiter Elemente müßte mit dem Spektrum möglicher Bodenkennwerte stattfinden. Wegen der Feinschichtung des Bodens ist die Streuung der verzögerten Setzungen und der erschütterungsbedingten Sackungen besonders groß. Deshalb ist es abwegig, den Zeitpunkt des Umkippens vorhersagen zu wollen.

Literatur

[1] Borrmann, M. (1991): Zur Entwicklung historischer Pfahlgründungen. In: Arbeitshefte des SFB 315, Heft 10, S. 87–91

[2] Gudehus, G. (1981): Bodenmechanik, Enke, Stuttgart

[3] Gudehus, G., Jagau, H. und Neidhart, T. (1990): Zur dynamischen Einwirkung auf weiche Böden, Vortrag Baugrundtagung, Karlsruhe. Eigenverlag der Deutschen Gesellschaft für Erd- und Grundbau, Essen

[4] Gudehus, G. und Schwing, E. (1987): Sicherung alter Stützmauern, In: Jahrbuch des SFB 315, Ernst und Sohn, Berlin

[5] Lizzi, V. (1988): The consolidation of the Leaning Tower of Pisa etc., Proceedings Symposium Geotechnical Aspects of Restoration etc., Asian Institute of Technology, Bangkok

[6] Marra, M. (1971): Il rafforzamento statico del Campanile di Burano, Rivista Italiana Geotechnica, No. 4, 175–182

[7] Pieper, K. (1983): Sicherung historischer Bauwerke, Ernst und Sohn, Berlin

[8] Schulze, E. (1969): Die Standsicherheit schiefer Türme, Veröffentlichungen des Instituts für Verkehrswasserbau und Grundbau, Aachen

[9] Schwing, E. (1991): Standsicherheit historischer Stützwände, Veröffentlichungen des Instituts für Boden- und Felsmechanik, Heft 121, Karlsruhe

Abbildungsnachweis

Alle Abbildungen Lehrstuhl für Bodenmechanik und Grundbau, Institut für Bodenmechanik und Felsmechanik, Universität Karlsruhe, außer: 7 (Zeichnung Verfasser)

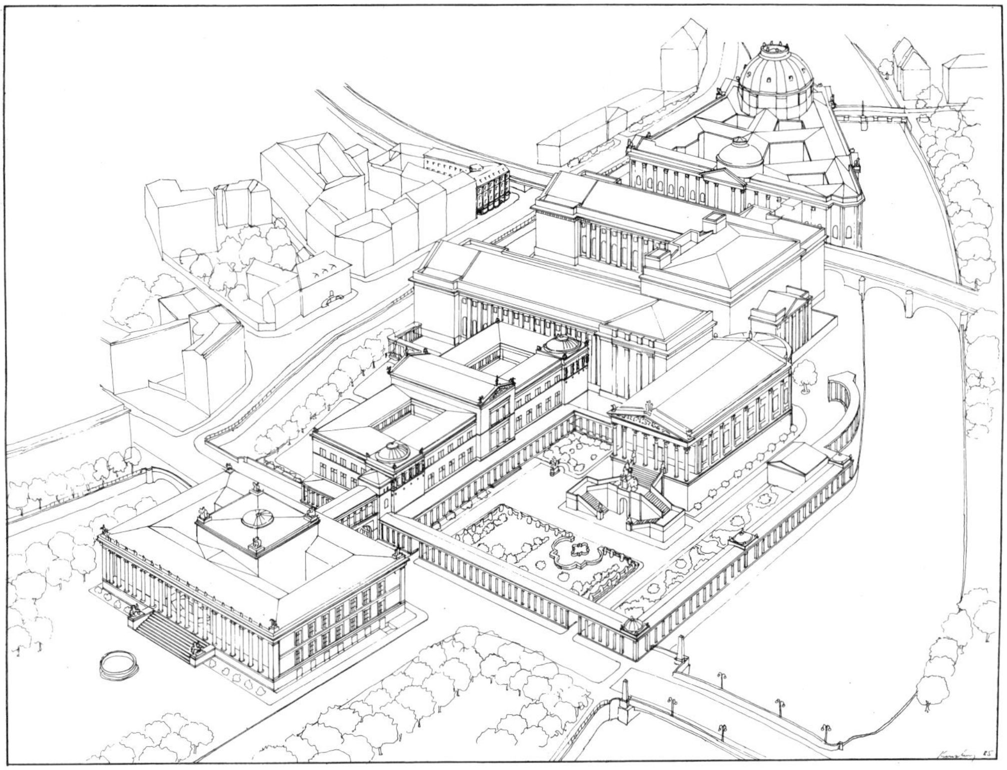

1 Berlin, Bauten der Museumsinsel, Zustand um 1940

JÜRGEN SCHECHERT, KARL SCHRÖDER

Planung und Ausführung der Neufundamentierung des Neuen Museums Berlin

1 Bauwerk und Ausstattung

Im Jahr 1841 genehmigte der preußische König Friedrich Wilhelm IV. die Bebauung der heutigen Museumsinsel Berlin mit dem Ziel, „die ganze Spree-Insel hinter dem Museum (Altes Museum) zu einer Freistätte für Kunst und Wissenschaft umzuschaffen". Mit der Planung beauftragte er den Architekten Friedrich August Stüler, den nach Schinkels Tod führenden preußischen Architekten. Zeitgleich mit der baulichen Gesamtkonzeption der Museumsinsel im Jahr 1841 wurden die Pläne zum Bau des Neuen Museums erarbeitet und für einen unverzüglichen Baubeginn vom preußischen König bestätigt.
Im Jahre 1850 wurden der Öffentlichkeit die Räume des Neuen Museums zugänglich gemacht. Insbesondere durch um-

fangreiche dekorative Wandmalereien zog sich die abschließende Fertigstellung des Gebäudes bis zum Jahre 1863 hin.
Das Neue Museum ist ein spätklassizistisches dreigeschossiges Bauwerk mit einem leicht vortretenden Mittelrisalit und flach überkuppelten Eckbauten. Um zwei Innenhöfe ordnen sich nach dem Rundgangprinzip die Ausstellungssäle an (Abb. 2 und 3). Im Mitteltrakt ist ein überdimensionales Haupttreppenhaus angeordnet.
Mehr als 30 Maler gestalteten den größten Teil der Räume mit sammlungsbezogenen Wandbildzyklen aus. Als namhaftester Künstler schuf der aus München engagierte W. v. Kaulbach im Haupttreppenhaus 6 großformatige Historienbilder zur Entwicklungsgeschichte der Menschheit.
Die innenarchitektonische Gesamtgestaltung wurde in starker Anlehnung an antike Vorbilder geschaffen. So dominiert im südlichen Innenhof ein an 3 Seiten umlaufender Fries mit der Darstellung des Unterganges von Pompeji. Der Fries wurde durch den Bildhauer Herrmann Schievelbein, einen Schüler Christian Daniel Rauchs, geschaffen.

2 Bauwerksschäden in der Gründung und im Aufgehenden

Das Gebäude steht auf einem moorigen Baugrund und wurde auf Holzpfählen gegründet (siehe auch Abschnitt 4.1). Durch die Tiefenlage des tragenden Baugrundes im Nordwestbereich des Gebäudes konnte Stüler nur eine schwimmende Gründung für diesen Baubereich realisieren. Die ungünstigen geologischen Verhältnisse führten schon wenige Jahre nach der Fertigstellung des Gebäudes zu Gebäudeschiefstellungen und Setzungsrissen. Heute kann mit hoher Wahrscheinlichkeit festgestellt werden, daß sich das Gebäude während seiner Standzeit um ca. 470 mm über die Gebäudediagonale unterschiedlich gesetzt hat.
Wandschiefstellungen und Risse waren die Folge der ungleichmäßigen Setzungen, obwohl nach dem 1. Weltkrieg das Gebäude im Kellerbereich durch Zuganker – z.B. 6 × ø 80 mm – umspannt wurde. Die Setzungen und damit verbunden die Hochbauschäden wurden durch umfangreiche Grundwasserabsenkungen in der Stadtmitte von Berlin begünstigt. Die

2 Berlin, Neues Museum, Grundriß 1. Obergeschoß

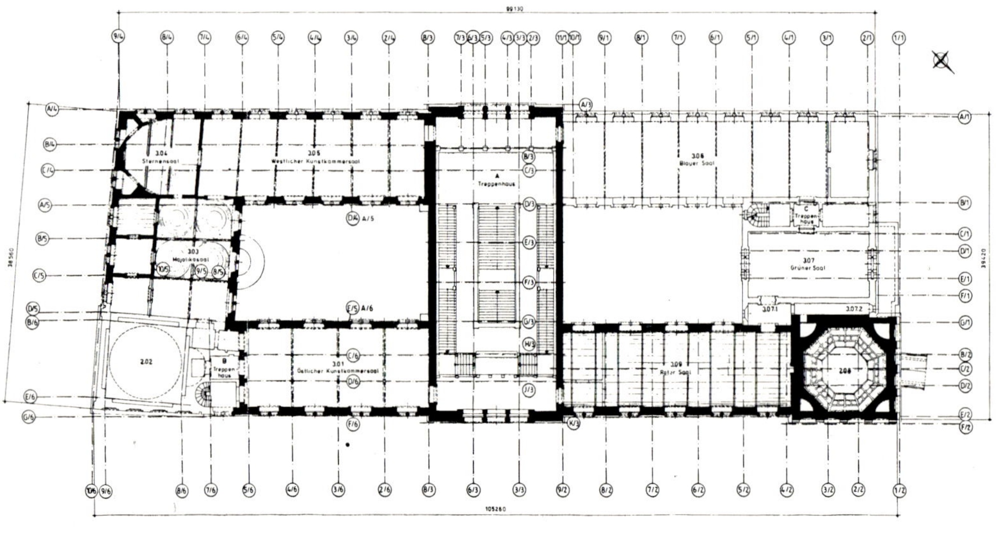

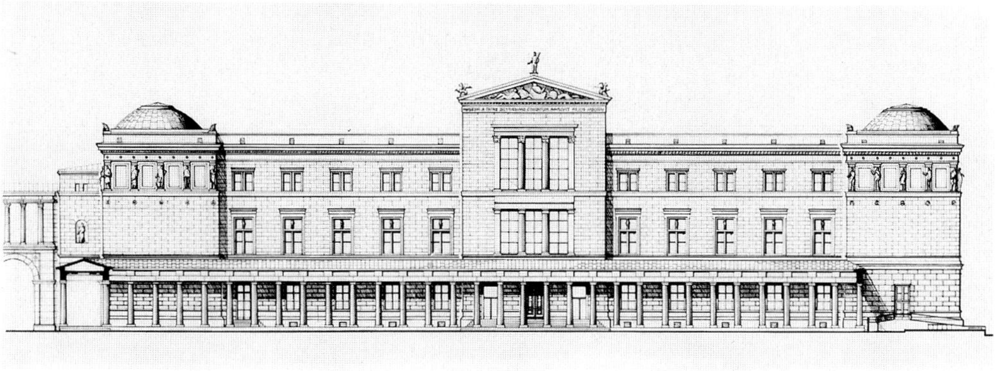

3 *Berlin, Neues Museum, Aufriß der Ostseite*

Grundwasserabsenkungen, z. B. beim Bau des Pergamonmuseums, der U-Bahn oder des Palastes der Republik, setzten in den Pfahlkopfbereichen mit hoher Wahrscheinlichkeit die Fäulnisprozesse in Gang, die heute vorgefunden werden. Diese Fäulnisprozesse, aber auch die Folgen der schwimmenden Gründung erfordern Ersatzgründungsmaßnahmen für das Gebäude (Abb. 4).

Im Februar 1945 wurde das Neue Museum durch Spreng- und Brandbomben stark beschädigt. Die südliche Seitenkuppel und der nördliche Innenhof mit den seitlichen und hinteren Ausstellungssälen erlitten einen Totalschaden.

Das Haupttreppenhaus und die südlichen Ausstellungssäle des Rückfrontbereiches blieben nur noch mit ihrem aufgehenden Wandmauerwerk erhalten. Diese Schäden wurden durch Witterungseinwirkungen noch verstärkt, so daß heute zusätzliche umfangreiche Sicherungsmaßnahmen erforderlich werden.

4 *Zustand der Holzpfähle*

3 Zielstellung der Instandsetzungsmaßnahmen sowie des Wiederaufbaues

Die Planung für den Wiederaufbau des Neuen Museums weist Ausstellungsflächen von ca. 6700 m^2 auf und bezieht entgegen der historischen Fassung das Kellergeschoß, das Dachgeschoß und die ehemaligen Innenhöfe als voll funktionsfähige Bereiche mit ein. Für das Gebäude wurden mehrere museologische Zielstellungen in Übereinstimmung mit den räumlichen Nutzungsmöglichkeiten erarbeitet. Nach dem 9. November 1989 ist die vollständige Zusammenführung des Bestandes der Staatlichen Museen Preußischer Kulturbesitz und der Staatlichen Museen zu Berlin unstrittig, so daß die Nutzungskonzeption z. Z. nochmals überarbeitet wird, obwohl Bauausführungsleistungen bereits durchgeführt werden. Ein größerer Teil der Bauteile kann in den historischen Fassungen unter Berücksichtigung des noch vorhandenen Bestandes wiederhergestellt werden, dazu gehören

- die Fassaden einschließlich der Kolonnaden und der Grüngestaltung,

5 *Kalottensaal im 2. OG*

- die Innenräume; Vaterländischer Saal, Kugelkalottenräume und Niobidensaal sowie
- die Nordkuppel.

Internationalen wie auch nationalen Empfehlungen zum Schutz des Kulturgutes entsprechend, ist eine Raumklimabegrenzung unbedingt erforderlich:

	Sommer	Winter
Raumlufttemperatur	23 ± 1,5°C	18 ± 2°C
relative Luftfeuchte	50 ± 5%	50 ± 5%

Diese Forderungen machen eine Klimaanlage unerläßlich. Deshalb wird in jeder Gebäudehälfte eine Klimazentrale im 3. Geschoß im Bereich der ehemaligen Innenhöfe angeordnet.

Die Belastungsanforderungen an die Geschoßdecken werden sowohl nach den gesetzlich festgelegten Mindestanforderungen von 4 kN/m^2 für Museen als auch den tatsächlichen Lasten in Abhängigkeit der Ausstellungskonzeption bestimmt.

6 Saal im 2. OG

Sie ergeben folgende Normlasten

- Kellergeschoß 20 kN / m²
- 1. Geschoß 10 kN / m² bzw. Einzellast von 20 kN
- 2. Geschoß 4 kN / m² bzw. Einzellast von 10 kN
- 3. Geschoß 4 kN / m² bzw. Einzellast von 10 kN

Die historischen Decken über dem Erdgeschoß und dem 1. Obergeschoß wurden von Stüler nur für eine Deckenbelastung von ca. 2 kN / m² ausgebildet, deren Tragfähigkeit noch in großen Bereichen vorhanden ist. Die Decke über Kellergeschoß ist als einzige in der Lage, die geforderten Lasten nach einer Sanierung aufzunehmen.
Für die anderen Decken sind zur Realisierung der Nutzungskonzeption Deckenverstärkungen erforderlich.

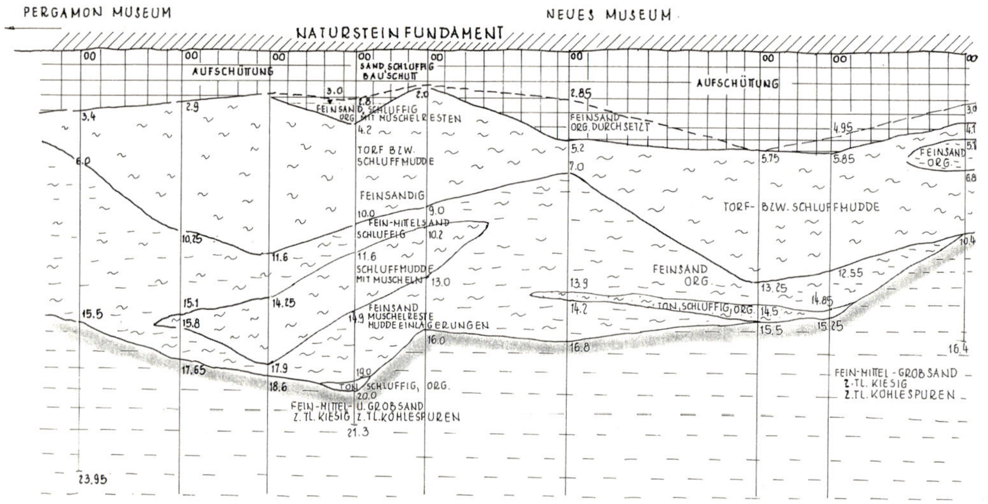

7 *Baugrund-Längsschnitt Neues Museum Berlin*

4 Herstellung der Standsicherheit des Gebäudes

4.1 Geologisches Profil

Der Gebäudestandort befindet sich am Rande eines tiefen, mit organischen bzw. organisch durchsetzten Erdstoffen ausgefüllten Kolkes, der in die Talsande des Berliner Urstromtales einschneidet (Abb. 7).

Das Gebäude steht in einem steil abfallenden Kolk, so daß im südöstlichen Gebäudebereich die tragenden Schichten bei ca. 6 m unter OFG und an der Nordwest-Gebäudeecke bei ca. 30 m unter OFG angetroffen werden. Eine Vielzahl von Baugrundaufschlüssen ergab folgende Schichtung: (jeweils mit Angabe der Mächtigkeit)

- Auffüllungsschicht (Sand und Bauschutt) ... 6 m
- Sand- und Kiessandschichten 0 ... 3 m
- Torf- und Schluffmuddeschichten 2 ... 6 m
- organisch durchsetzte Flußsandschichten teilweise mit Muschelresten und Mudde einlagerungen 0 ... 13 m
- Sand- bzw. Kiessandschicht

Aus den hydrologischen Untersuchungen sind folgende Grenzwerte zu nennen:

- Sulfat-Ionen: 903 mg/l
- Chlorid-Ionen: 96 mg/l
- Nitrat-Ionen: Spuren
- Sulfat-SO_4^2: 3500 mg/kg (wässrige Aufschlämmung)

4.2 Ersatzgründung auf Mikropfählen

Die Holzpfahlgründung des Neuen Museums besteht aus ca. 2500 Holzpfählen, wobei die Länge der 1842 gerammten Pfähle zwischen 7 m und 18 m variiert. Die größeren Pfahllängen sind im westlichen Gebäudeteil, vornehmlich im Bereich des Nordwestflügels, vorhanden. Wie aus holzschutztechnischen Untersuchungen hervorgeht, ist die Tragfähigkeit der Holzpfähle sowie des Balkenrostes durch Fäulnisprozesse bedeutend reduziert.

Folgen dieser Einwirkungen sind zusätzliche Gebäuderisse, die sich mit den Setzungsrissen überlagern. Die z.Z. vorhandenen Sicherheiten einiger Fundamentbereiche wurden mit $\nu = 1{,}1$ ermittelt. Deshalb muß zur Stabilisierung des Gründungs- und Hochbauteiles aber auch zur erweiterten Nutzung des Gebäudes eine Ersatzgründung geschaffen werden. Sie liegt im unteren Fundamentbankett, ca. 1,50 m unterhalb des alten Kellerfußbodens. Nach umfangreichen Forschungsarbeiten [4] wurde für das Gebäude eine Mikropfahlgründung entwickelt, die nach heutigen Erkenntnissen die einzige ökonomisch vertretbare Gründungsvariante ist und unter den Arbeitsbedingungen in den niedrigen Kellerräumen eine realisierbare Ersatzgründung darstellt. Die Forschungsarbeiten zur Mikropfahlentwicklung wurden unter der Leitung von Prof. Sperling von der TH Leipzig, Lehrstuhl Grundbau, und für Teilbereiche vom VEB Schachtbau Nordhausen, von der Aufbauleitung der Staatlichen Museen zu Berlin und der Bauakademie der DDR durchgeführt.

Die Mikrobohrpfähle haben einen Außendurchmesser von ca. 200 mm, sind mit einem Stahlrohr bewehrt und können bis zu einer Tiefe von 35 m abgeteuft werden. Gegenüber normalen Bohrpfählen wird bei diesen Pfählen die zulässige Belastung durch ihre innere Tragfähigkeit bestimmt, obwohl eine Knickgefährdung der Pfähle (Scherfestigkeit der Baugrundschichten > 10 kN/m^2) nicht vorliegt. Die innere Tragfähigkeit eines Pfahles ergibt sich für die Zementsteinsäule ø 200 mm analog der Betonklasse BK 25 (5% Fraktilwert), bewehrt mit einem Rohr 108×6 aus St 35 b-2 zu:

Grenztragkraft: 600 kN
Normtragkraft: 476 kN

Die äußere Tragfähigkeit der Pfähle wurde durch umfangreiche Versuche bestimmt und als Grenztragkraft ≥ 600 kN ermittelt. Für den Prüfpfahl Nr. 6, der z.Z. zu 300 Stück produzierten Pfähle, sind die Setzungskurven in den Abbildungen 9 und 10 dargestellt. Die Technologie der Pfahlherstellung ist Abbildung 8 zu entnehmen.

8 Mikrobohrpfähle. Zur Technologie der Pfahlherstellung

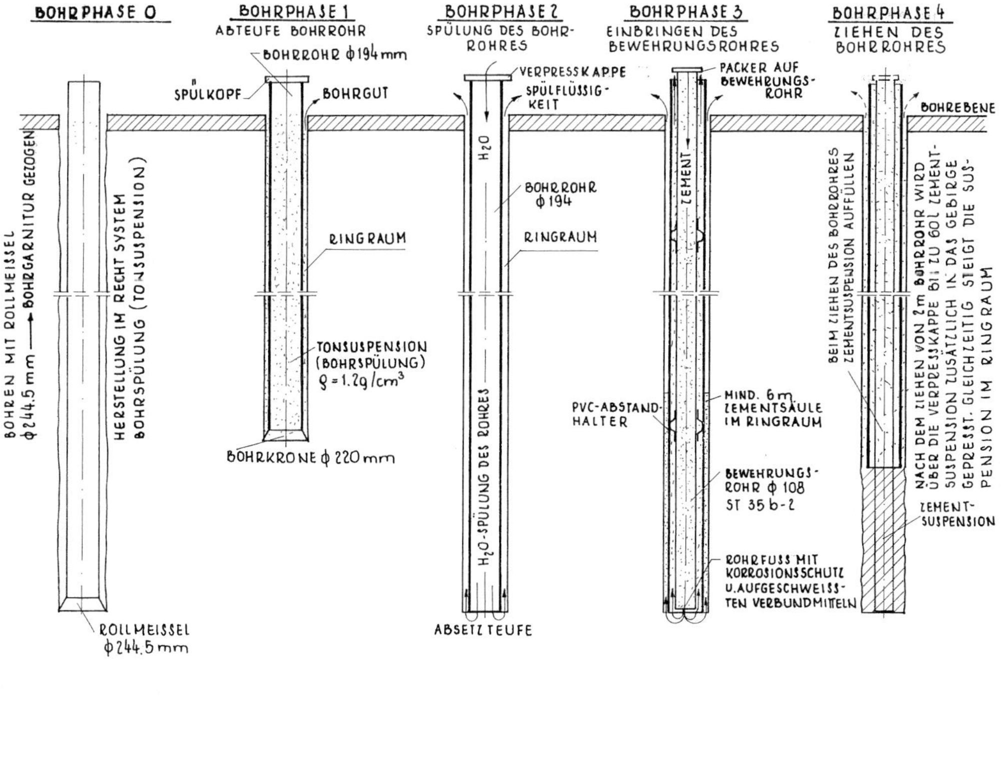

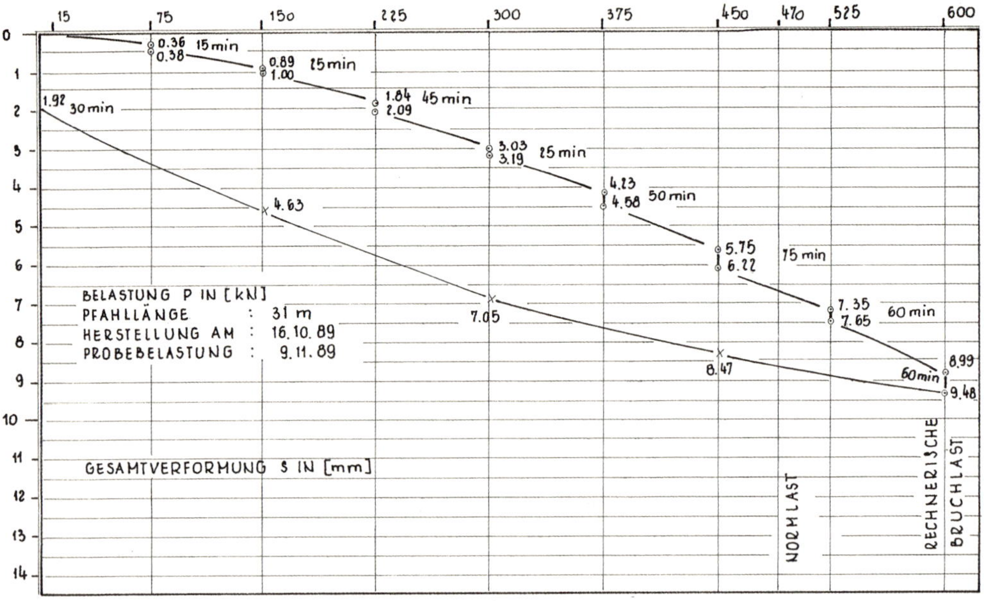

9 *Lastverformungskurve, Prüfpfahl Nr. 6*

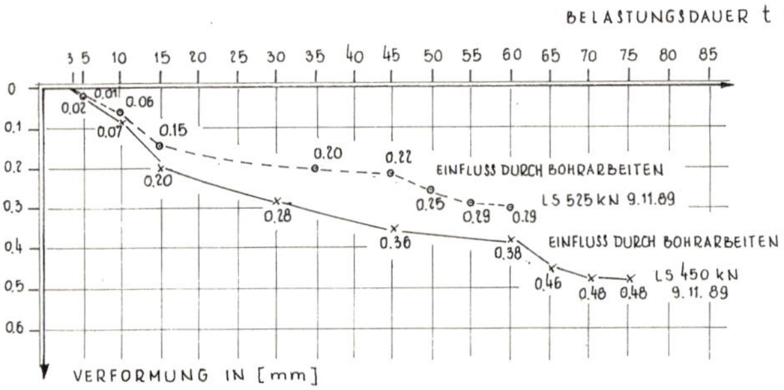

10 *Zeitsetzungskurve, Prüfpfahl Nr. 6, Pfahllänge 31 m*

4.3 Lastübertragungskonstruktionen

Besondere Schwierigkeiten ergeben sich für die Lastübertragungen von den Wänden oder Stützen auf die Mikropfähle, da z.B. Lasten von 1000 bis 1300 kN je m Wandlänge zu übertragen sind. Hierbei mußte zuerst eine Entscheidung darüber getroffen werden, ob die Lasten infolge Druckvorspannung zwischen Mikropfahl und Übertragungskonstruktion kurzfristig oder über längere unbekannte Zeiträume weich in die Ersatzgründung eingetragen werden.

Infolge des unterschiedlichen Setzungsverhaltens der Mikropfähle (Verhältnis der Setzungen gleichartiger Pfähle von 1:2 als Folge des heterogenen Baugrundes) und der komplizierten technologischen Lösungen wurde vom Projektanten (Aufbauleitung der Staatlichen Museen Berlin) die weiche Lastübertragung gewählt. Nur die weiche Lastübertragung sichert, daß durch das Kriechen des Baugrundes sowie der Betonkonstruktionen die Mikropfähle trotz des unterschiedlichen Lastsetzungsverhaltens annähernd gleichmäßig belastet werden und die unvermeidbaren

Zwängungen im Hochbauteil durch elastische sowie unelastische Verformungen abgebaut und Risse weitgehend vermieden werden. Nach Abschluß der technologischen und Tragfähigkeits-Untersuchungen zu den Mikropfählen mußte von der Aufbauleitung der Staatlichen Museen Berlin die Lastübertragungskonstruktion zwischen Mauerwerk und Pfahl entwickelt werden [3]. Diese Aufgabe umfaßte sowohl die Ermittlung von Rechenfestigkeiten des Mauerwerkes sowie der erforderlichen Korrosionsschutzmaßnahmen für Stähle im Kalksteinmauerwerk als auch die Untersuchung mehrerer Querkraftübertragungsvarianten.

Zur Ermittlung der Druckfestigkeit des Mauerwerkes im Bereich der Ersatzgründung wurden Druckfestigkeitsprüfungen an Großbohrkernen ø 300 mm und Steindruckfestigkeiten an Bohrkernen ø 50 mm durchgeführt. Da in der DDR Tragfähigkeitsnachweise auf der Grundlage der Berechnungsmethode mit Teilsicherheitsfaktoren (Berechnungsmethode nach Grenzzuständen) zulässig sind und diese Methode Tragfähigkeitsreserven besser als die Methode der zulässigen Spannung erschließt, wurden die Bohrkernergebnisse statistisch bewertet. Hierbei wurde vorausgesetzt, daß die Stichprobenwerte mit den Ergebnissen der Grundgesamtheit identisch und normal verteilt sind.

Ausgehend vom 5%-Fraktilwert der Druckfestigkeit $\beta_{5\%}$) bei der Schlankheit Null und unter genäherter Berücksichtigung von Langzeitlasten wurden die Grundrechenfestigkeiten (R^0_m) als 0,1%-Fraktilwert definiert.

Der Material-Teilsicherheitsfaktor (γ_m) konnte für das Kalksteinmauerwerk zu

$$\gamma_m = \frac{\beta_{5\%}}{\beta_{0,1\%}} = \frac{\beta_{5\%}}{R^0_m} \approx 2$$

ermittelt werden und gilt für technologisch einfach herzustellendes Mauerwerk, wobei der Kriecheinfluß gering einzuschätzen ist. Für technologisch schwieriger herzustellendes Mauerwerk, z.B. Pfeilermauerwerk, oder bei günstigen Spannungsverhältnissen, z.B. örtlicher Druck bei Teilbelastung, wurde der Materialwert (γ_m) durch sogenannte Anpassungsfaktoren korrigiert:

bei Wänden: $\gamma_m = \frac{1}{1{,}00} \cdot 2 = 2{,}0$

bei Pfeiler: $\gamma_m = \frac{1}{0{,}70} \cdot 2 = 2{,}85$

bei örtl. Druck: $\gamma_m = \frac{1}{1{,}3} \cdot 2 = 1{,}55$

Für das Fundament-Kalksteinmauerwerk im Neuen Museum wurden folgende Festigkeitswerte ermittelt;

$\beta_{5\%}$ = 5,54 N/mm² (Mauerwerk)
f_b ≈ 25 N/mm² (mittlere Kalksteinfestigkeit)
f_m ≈ 3,5 N/mm² (mittlere Mörtelfestigkeit)

Hiermit ergeben sich die rechnerischen Festigkeiten zu

$$R_m = \frac{\beta_{5\%}}{\gamma_m};$$

für Wände: $R_m = \frac{5{,}54}{2} \approx 2{,}6$ N/mm²

für Pfeiler: $R_m = \frac{5{,}54}{2{,}85} \approx 1{,}8$ N/mm²

bei örtlichem Druck: $R_m = \frac{5{,}54}{1{,}55} \approx 3{,}4$ N/mm²

Die R_m-Werte wurden nach unten gerundet, um den ungünstigen Einfluß von Dauerlasten gegenüber Versuchskurzzeitlasten nach Erfahrungswerten zu berücksichtigen. Nachweise der Mauerwerkstragfähigkeit werden somit nach den Grundlagen des Eurocode 6 „Gemeinsame einheitliche Regeln für Mauerwerksbauten" vereinfacht geführt zu:

$$\gamma_G \cdot G + \gamma_Q \cdot Q \approx \gamma_{G,Q}(G + Q) \leq R_m \cdot A_m$$

Hierbei wurde der summarische Last-Teilsicherheitsfaktor $\gamma_{G,Q}$ nach den DDR-Vorschriften zu $\gamma_{G,Q} = 1{,}20 \cdot 1{,}05 = 1{,}26$ fest-

11 Großversuch - Verdübelungskonstruktion (vom Prüfstand abgehoben)

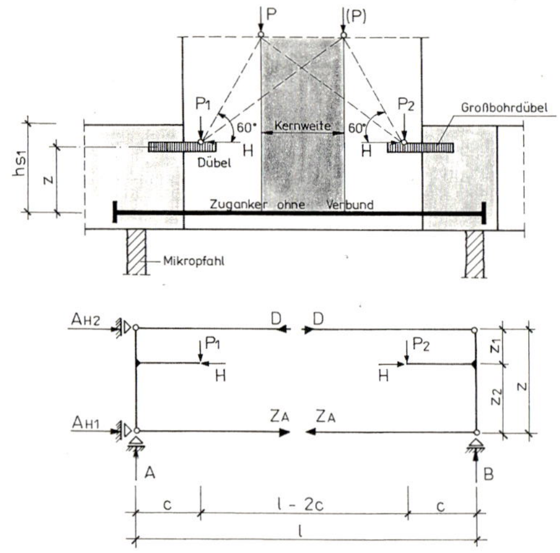

$$A = \frac{1}{l}\left[P_1\,(l-c) + P_2 \cdot c\right]$$

$$B = \frac{1}{l}\left[P_2\,(l-c) + P_1 \cdot c\right]$$

$$D = Z_A - H$$

$$A_{H1} = -A_{H2} = \frac{c}{z}\,(P_1 - P_2)$$

12 Verdübelungskonstruktion; idealisiertes statisches System

gelegt, wobei der Teilfaktor 1,05 die Wertigkeit des Gebäudes berücksichtigt. A_m ist die beanspruchte Mauerwerksfläche.

Als Lastübertragungskonstruktionen Mauerwerk/Mikropfahl wurden 5 Varianten untersucht:

1. Biegeträgerkonstruktion
2. Konsolartig angespannte Streichbalken
3. Biegeträger-Verbundkonstruktion, mit Querkraftübertragung durch ins Mauerwerk eingefräste Konsolen
4. Vernadelungskonstruktion
5. Verdübelungskonstruktion

Der Verdübelungskonstruktion (Abb. 12) wurde der Vorzug gegeben, weil sie

- nur eine geringe Bauhöhe erfordert,
- geringer manueller Aufwand benötigt wird,
- korrosionsbeständige Lösungen einfach ermöglicht und
- kostengünstig ist.

Nachteilig sind die hohen örtlichen Mauerwerksbeanspruchungen, insbesondere in Dübelbereichen. Deshalb wurden 6 Großversuche mit insgesamt 36 Dübeln durchgeführt. Alle Versuchskörper wurden durch Versagen der Biegetragfähigkeit zerstört, wobei der Zuganker beim Erreichen der Streckgrenze den Biegedruckbruch einleitete (Abb. 11). Selbst in der Bruchlaststufe waren im Dübelbereich Mauerwerksschäden nicht erkennbar, was durch die Lage des Dübels in der Druckzone und dem damit verbundenen mehrachsigen Spannungszustand erklärbar ist. Die Zugbeanspruchungen im Zuganker führten zu Mauerwerksrissen, die in Abhängigkeit des Verbundes zwischen Mauerwerk und Zuganker unterschiedliche Rißbilder zeigen.

Die Rißbildung verlangt einen dauerhaften passiven Korrosionsschutz für die Zuganker, weil selbst bei guter Zementsuspensionsumhüllung Rißbreiten > 0,4 mm im Gebrauchszustand nicht ausgeschlossen werden können. Deshalb wurde die Passivumhüllung nach Abbildung 13 entwickelt. Diese Entwicklung entschied gleichzeitig darüber, daß der Zuganker ohne Verbund im Mauerwerk angeordnet wird und infolge der biegeweichen Mikropfähle zu dem in Abbildung 12 angegebenen idealisierten statischen System führt.

Die Großbohrdübel (Bohrloch ø 172 mm) werden in der Regel 800 mm lang gefertigt und 400 mm im Mauerwerk eingesetzt und mit Zementsuspension aus Zement PZ 35 R-HS verpreßt. Die zulässige Tragfähigkeit eines Dübels beträgt 200 kN im Kalksteinfundament.

Da der aktive Korrosionsschutz unzureichend ist, werden die Dübel aus korrosionsbeständigem Stahl der Güte X 20 Cr 13 hergestellt.

Die Großversuche mit 36 Dübeln lassen die Schlußfolgerung zu, daß die Verdübelungskonstruktion den Anforderungen genügt und auch statistisch gesichert ist, wenn man die Mindestbruchlast dem 5%-Fraktilwert gleichsetzt (Streuung sehr gering).

Somit kann bei einer Ausfallwahrscheinlichkeit von 5% die Verdübelungskonstruktion Versagenslasten von 2384 kN/m Wandlänge übertragen. Da vor Ort nochmals Bestätigungsversuche durchgeführt wcrdcn und das vorhandene Gebäude genau erfaßt werden kann, ist ein summarischer Sicherheitsfaktor $\nu = 1{,}5$ ausreichend, so daß im Kalksteinfundament Wandlasten vor 1300 kN/m übertragbar sind. In Abhängigkeit von den Materialgüten und geometrischen Möglichkeiten wurde ein Bemessungsalgorithmus erarbeitet, der durch die Versuchsergebnisse bestätigt wird und Grundlage für die Projektierung ist (Abb. 12).

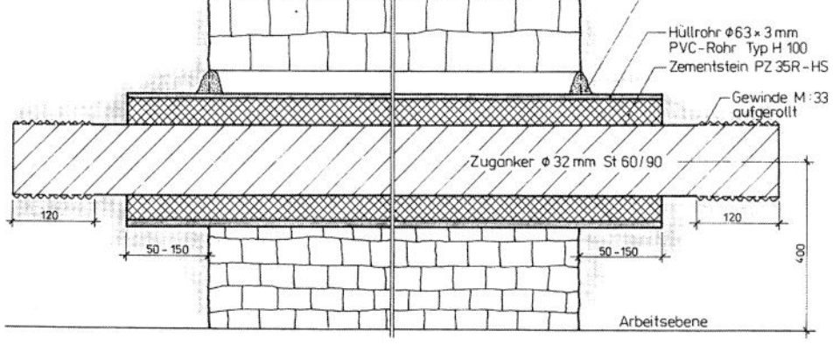

13 Zuganker mit Korrosionsschutz (vorgefertigt)

5 Sanierung, Rekonstruktion und Wiederaufbau der Hochbaukonstruktion

Die Konstruktion des Gebäudes wurde vom Baumeister C.W. Hoffmann sehr differenziert angelegt. Bei der Mehrzahl der Säle sind die Decken durch Säulen gestützt, die im Erdgeschoß aus Sandstein mit Stuckmarmor-Bekleidung, im ersten Geschoß aus echten Marmorstützen und im 2. Geschoß aus Gußeisen gefertigt wurden. Zwischen den Säulen sind Bögen gespannt, die teilweise aus Vollziegeln oder aus Topfziegeln hergestellt wurden.

Im südlichen Gebäudeteil wurden Kugelkalottendecken aus Topfziegeln ausgeführt, die unmittelbar auf Stützen lagern. Bei den flach gewölbten Decken sind gußeiserne ⊥-Träger als Unterzüge eingesetzt worden, die in Deutschland als früheste Beispiele dieser Art gelten. Über 2 Sälen liegen diese ⊥-Träger unmittelbar auf unterspannten gußeisernen Bogenträgern. Die Zuganker der Bogenträger bestehen aus englischem Schmiedeeisen ø 65 bzw. 78 mm, aus 7 Zugstangen zusammengesetzt.

Die Topfgewölbe sind infolge fehlender Notdächer teilweise frostgeschädigt, so daß sie in ihrer Tragfähigkeit stark reduziert sind; einem Gutachten entsprechend müßten sie abgerissen werden. Aus bauhistorischer Sicht ist das jedoch nicht vertretbar, so daß zur Zeit Sanierungsmaßnahmen geprüft werden.

Als eine mögliche Sanierungsvariante wird die Ausbildung einer Topfgewölbe-

14 Bogenträger im Niobidensaal

Stahlbetongewölbe-Verbundkonstruktion angeboten. Hierzu müssen Grundlagen noch erarbeitet werden.

Aus brandschutztechnischer Sicht sind die gußeisernen Bogenträger als Haupttragelement nur bedingt vertretbar. Sie müssen aber aus denkmalpflegerischen Gründen erhalten werden. Hierzu sind erste konzeptionelle Überlegungen erarbeitet worden, die darauf hinauslaufen, daß sich im Brandfall die Träger mit einfacher Sicherheit an eine Sonderkonstruktion anhängen.

Durch die Erhöhung der Verkehrslasten, aber auch infolge veränderter Stabilitätsvorschriften für Stützen sind die gußeisernen Stützen nicht mehr hinreichend tragfähig. Zur Sanierung dieser Stützen sind nur hochwertige dünnwandige Umschnürungen möglich, die gleichzeitig den bautechnischen Brandschutz verbessern.

Unabhängig von z.Z. vorhandenen desolaten Hochbauteilen sind durch die Ersatzgründung noch nach Jahrzehnten Einflüsse, z.B. Risse, auf den Hochbau zu erwarten. Hierzu muß mit aller Deutlichkeit gesagt werden, daß es auch für dieses kulturhistorisch erstrangige Gebäude nicht richtig wäre, wenn die uns nachfolgenden Generationen sich mit diesem Bauwerk nicht mehr beschäftigten.

Auch die nachfolgenden Generationen müssen Bauschäden verhindern bzw. beseitigen, insbesondere deshalb, weil wir diese heute noch nicht erkennen oder in ihrem Ausmaß nicht erwarten.

Aus heutiger Sicht kann jedoch davon ausgegangen werden, daß die möglichen Folgeschäden der Ersatzgründung minimiert auftreten.

15 Saal an der Südseite, 1. OG

Literatur

[1] Staatliche Museen Berlin, Aufbauleitung: Projektierungsrichtlinie zur Ersatzgründung des Neuen Museums Berlin 1988/1989

[2] Staatliche Museen Berlin, Aufbauleitung: Mauerwerksfestigkeiten im Neuen Museum Berlin, September 1989

[3] Staatliche Museen Berlin, Aufbauleitung: Abschlußbericht zur Lastübertragungskonstruktion mittels Verdübelung, Versuchsauswertung und Bemessungsvorschrift

[4] Technische Hochschule Leipzig, Sektion Ingenieurbau: Projektierungsgrundsätze zur Gründungsrekonstruktion des Neuen Museums Berlin, Juni 1988

[5] D. König: Holzschutztechnischer Untersuchungsbericht, 1986

[6] K. Schröder: Erläuterungen zur Vorschrift StBA Nr. 158/85, Mauerwerk aus künstlichen Steinen, Projektierung und Ausführung, 1986

[7] Carl Wilhelm Hoffmann: Beitrag über den Bau des Neuen Museums, Notizblatt des Architekten-Vereins zu Berlin, 1845, S. 167 ff.

Abbildungsnachweis

Alle Abbildungen Archiv Verfasser